ibo Schriftenreihe

Organisation

Band 1

ibo Schriftenreihe

Band 1

Götz Schmidt • Axel-Bruno Naumann

Organisation und Business Analysis – Methoden und Techniken

16., vollständig überarbeitete Auflage

Verlag Dr. Götz Schmidt, Gießen

ISBN 978-3-945997-17-8

Verlag Dr. Götz Schmidt, Gießen

Vorwort

Dieses Werk liegt nun in seiner 16. Auflage vor; die Gesamtauflage hat die Grenze von 100.000 Exemplaren weit überschritten. Damit ist dieses immer wieder aktualisierte und überarbeitete Buch im Laufe von 40 Jahren zu einem Standardwerk geworden. Um auch langfristige Kontinuität sicherstellen zu können, konnte mit Axel-Bruno Naumann ein qualifizierter und engagierter Co-Autor gefunden werden, ein anerkannter Fachmann auf dem Gebiet Organisation und Business-Analyse.

Auch wenn sich mit dieser stark überarbeiteten und aktualisierten Auflage einiges geändert hat, ist das Anliegen unverändert geblieben. Nach wie vor geht es darum, Hilfen für eine professionelle Organisations- und Projektarbeit zu bieten. Das Werk wendet sich nicht nur an die klassischen Organisatoren, sondern an alle, die mit organisatorischen Veränderungen zu tun haben. Da sich die Rolle der Business-Analysten als Mittler zwischen Fachbereich und IT heute weitgehend etabliert hat, wurden die Instrumente für diese Zielgruppe in dieser Auflage noch einmal vertieft und aktualisiert.

Unverändert weist das Systems Engineering den roten Faden durch dieses Buch. Für alle Phasen eines Projekts und für alle Schritte im sogenannten Zyklus werden Hilfen in Form von Werkzeugen (Techniken) geboten. Allerdings wird nun deutlich größerer Wert darauf gelegt, auch die inzwischen bedeutsamen Formen der iterativen oder agilen Bearbeitung von Vorhaben angemessen zu berücksichtigen und dafür Hilfen anzubieten.

Neben vielen kleinen Änderungen wurden insbesondere die folgenden Themen neu gestaltet:

- Ausbau der methodischen Ansätze zum iterativen und agilen Vorgehen in Projekten und Vorhaben
- Straffung des Wasserfallmodells
- Straffung des Systemdenkens
- Straffung der Techniken zu Analyse und Lösungsentwurf
- Vertiefung und Aktualisierung des Kapitels zur Anforderungsermittlung
- Aktualisierung der Kapitel Techniken der Aufbau- und der Prozessorganisation.

Beim Vergleich mit früheren Auflagen wird aber sehr schnell ersichtlich, dass vieles Bewährte auch beibehalten wurde. Viele neuere Entwicklungen lassen sich gut mit den bewährten Methoden und Techniken vereinbaren oder bauen auf ihnen auf. Unverändert werden alle Teilthemen in ein umfassendes Modell eingebettet. Unverändert ist auch das Anliegen, lediglich praxiserprobte Instrumente darzustellen. Einige Werkzeuge, die in der Praxis nicht so intensiv genutzt werden, wurden herausgenommen bzw.

gekürzt. Unverändert ist auch das Anliegen, die Inhalte möglichst klar und leicht verständlich darzustellen. Dazu dienen unter anderem mehr als 200 Begriffsübersichten, Beispiele und Grafiken. Trotz aller Neuerungen ist es gelungen, Übersichtlichkeit zu bewahren und das Werk schlanker zu gestalten.

Wir danken allen, die direkt oder indirekt zu diesem Buch beigetragen haben. Rückmeldungen von Lesern und Dozenten zu früheren Auflagen wurden ebenso berücksichtigt wie fachliche Hinweise und Ergänzungen. Ein besonderer Dank geht an unsere Kollegen in der ibo-Gruppe und der SGO Business School, deren Anregungen einen wertvollen Beitrag zu diesem Werk geleistet haben. Namentlich hervorheben möchten wir Dagmar Hofmann-Kahlke und Andreas Schmidt für die engagierte, kompetente und sorgfältige Umsetzung der Grafiken und Texte.

Wettenberg, Juni 2020

Götz Schmidt und Axel-Bruno Naumann

Inhaltsverzeichnis

1 Grundlagen

Ziele dieses Kapitels – Was können Sie erwarten?

- Sie kennen das Anliegen dieses Buches und seine Adressaten
- Sie wissen, welche organisatorischen Elemente und Dimensionen es gibt und durch welche organisatorischen Beziehungen sie miteinander verknüpft werden
- Sie kennen ein ganzheitliches Modell der Organisationsarbeit
- Sie wissen, welche Bedeutung der Mensch als Beteiligter und Betroffener in betrieblichen Projekten spielt
- Sie wissen, wie Widerstände in Projekten entstehen und welche Maßnahmen zur Überwindung der Widerstände ergriffen werden können.

1.1 Ausgangssituation

Hohe Bedeutung der Organisation

Die Bedeutung der Organisationsarbeit für Unternehmungen und Verwaltungen ist unbestritten. Managementkonzepte wie zum Beispiel Digitale Transformation, Sourcing, Lean Management, Continuous Improvement, Supply Chain Management etc. stehen nicht nur für strategische Veränderungen. Aus diesen strategischen Ausrichtungen leiten sich umfassende organisatorische Anpassungen ab. Gleiches gilt für strategisch-methodische Ansätze wie z. B. Balanced Scorecard. Auch hier spielt die Organisation eine zentrale Rolle. Die immer größere Dynamik der Märkte erfordert immer mehr und schnellere organisatorische Veränderungen. Damit steigen auch die Anforderungen an die organisatorische Kompetenz der Unternehmen und Verwaltungen.

Weniger Organisationsexperten

Trotz dieser zunehmenden Anforderungen haben viele Unternehmen Experten für Organisation abgebaut. Organisationsarbeit wurde oft in die betroffenen Unternehmensbereiche oder Abteilungen verlagert. Damit sind immer mehr Mitarbeiter auf den unterschiedlichsten hierarchischen Ebenen mit organisatorischen Aufgaben befasst.

Neue Experten für Organisation

Außerdem wurden in der Wirtschaftspraxis weitere Rollenprofile entwickelt wie zum Beispiel Inhouse Consultants oder Unternehmensentwickler. Diese Rollen haben je nach Unternehmen unterschiedliche Zuständigkeiten und fachliche Anforderungen. Gemeinsam ist ihnen allerdings, dass sie auch für organisatorische Tätigkeiten zuständig sind.

Rollenprofil Business-Analyst

In diesem Zusammenhang gewinnt ein Profil schärfere Konturen, das im angelsächsischen Sprachbereich als Business-Analyst bezeichnet wird und unter diesem Namen auch im deutschen Sprachbereich anzutreffen ist – deswegen soll dieser Begriff auch in dieser Schrift benutzt werden.

Rollenprofil Business-Analyst

Insbesondere in der Planung und Einführung von IT-Anwendungen spielen Business-Analysten eine wichtige Rolle. In solchen Projekten, die letztlich ebenfalls organisatorische Fragestellungen beinhalten, ist der Business-Analyst in der Mittlerrolle zwischen Fachabteilung und IT. Oft wird der Business-Analyst mit einem Requirements-Analyst gleichgesetzt, also mit einem Experten, der für die Anforderungen an neue Anwendungen zuständig ist. Dazu muss er die zu erledigenden Aufgaben aus der Benutzersicht heraus erheben und verstehen. Gemeinsam mit den Betroffenen, anderen Experten und mit eigenen Ideen soll er dann über bessere Wege der Aufgabenerledigung nachdenken und sie in Anforderungen umsetzen, die sowohl Anwender als auch Experten verstehen.

In einem weiteren Sinne ist der Business-Analyst auch für Projekte zuständig, in denen es um allgemeine betriebswirtschaftliche Fragestellungen geht. Dabei kann es sich um die Vorbereitung von Investitionsentscheidungen, die Mitwirkung bei Marktuntersuchungen für neue Produkte, die Auswahl von Standorten und viele andere Problemstellungen handeln. Die Organisationseinheit Business Analysis ist in der Regel eine Assistenzeinheit, die ähnlich wie eine Organisationsabteilung für Aufträge der Linie zuständig ist und damit Stabsaufgaben übernimmt. Business Analysis wird somit im Rahmen von Veränderungsvorhaben (Projekten) tätig, was die große Nähe zur klassischen Organisationsarbeit deutlich macht.

Fachliche Anforderungen an Organisationsexperten und Business-Analysten

Nicht immer sind die mit organisatorischen und analytischen Aufgaben betrauten Mitarbeiter ausreichend vorbereitet worden, anspruchsvolle Projekte zu bearbeiten. Es gibt immer noch Entscheider, die den „gesunden Menschenverstand" als ausreichende Qualifikation ansehen. Ohne jeden Zweifel ist ein gesunder Menschenverstand eine notwendige Voraussetzung für erfolgreiche Analyse- und Organisationsarbeit, allerdings reicht er nicht aus. Das geistige Rüstzeug für das Management betrieblicher Projekte wie auch die Werkzeuge (besser „Denkzeuge") der Organisationsarbeit können dazu beitragen, schneller und kostengünstiger zu besseren Ergebnissen zu kommen. Damit sind auch schon die Ziele skizziert, die mit diesem Buch angestrebt werden.

1.2 Ziele der Abhandlung

Durch diese Schrift soll das Wissen vermittelt werden, das notwendig ist, um Organisations-, IT- und sonstige betriebliche Vorhaben möglichst erfolgreich abzuwickeln. Diese Schrift wendet sich hauptsächlich an:

- Spezialisten der Organisation und Informationstechnik (IT)
- Business-Analysten
- Inhouse Consultants

Adressaten dieser Schrift

- Mitarbeiter in Fachabteilungen, die neben ihren Fachaufgaben organisatorische Aufgaben haben oder in Organisationsprojekten mitarbeiten
- Führungskräfte, die in organisatorischen Vorhaben weisungsberechtigt sind
- Fachbereichsbetreuer oder Benutzervertreter als Interessenvertreter der Anwender
- Studierende der Wirtschaftswissenschaften und Informatik, die sich auf die genannten Funktionen vorbereiten wollen.

Diesem Buch liegen zwei wesentliche Annahmen zugrunde:

- Projektarbeit ist Stabsarbeit
- Projekte müssen den Anwendern bzw. dem Unternehmen dienen.

Arbeitsteilige Projektarbeit

Projekte – auch solche, die in der Verantwortung der Fachabteilung liegen – werden in aller Regel arbeitsteilig bewältigt. Diejenigen, die planen, realisieren und einführen, sind normalerweise nicht diejenigen, die auch über die Planung, Realisation und Einführung entscheiden können. Projektarbeit erfordert damit immer auch die bewusste Übernahme von Rollen und die Beachtung von Regeln über das Zusammenspiel von Entscheidungsvorbereitern und Realisierern einerseits und Entscheidern andererseits. Diese Rollen und Regeln müssen nicht nur die Projektbeteiligten kennen. Sie müssen allen Mitgliedern des Managements, die von Projekten betroffen sind, bewusst sein.

Kunde entscheidet über Qualität

Über die Qualität einer Lösung entscheidet der Kunde (Benutzer), nicht der Planer, Analyst oder Systementwickler. Nicht die technisch perfekte oder die IT-gerechte Lösung ist anzustreben, sondern die Lösung, welche die (internen oder externen) „Kunden" zu vertretbaren Kosten möglichst gut unterstützt.

Thematische Schwerpunkte

Aus diesen Überlegungen heraus werden in diesem Buch folgende Themenschwerpunkte behandelt: Es werden

- Verfahren und Modelle vorgestellt, mit deren Hilfe situativ flexibel oder langfristig geplante, einfache wie auch komplexe Projekte oder Vorhaben bearbeitet werden können (Methoden)
- die Aufgaben erläutert, die im Rahmen einer systematischen Projektbearbeitung wahrgenommen werden müssen (Funktionen im Projekt)
- die Beteiligten an Projekten und deren Rollen dargestellt (Projektaufbau)
- Werkzeuge angeboten, mit deren Hilfe betriebliche Sachverhalte erfasst, dokumentiert, ausgewertet, gestaltet und „verkauft" werden können (Techniken)
- Hinweise gegeben, dass nicht einfach die „perfekte" Lösung anzustreben ist, sondern eine Lösung, die von den Betroffenen

Thematische Schwerpunkte

auch akzeptiert wird. Nur dann kann sie auch erfolgreich sein. Organisations- und Projektarbeit bedeutet, mit anderen Menschen und für andere Menschen tätig zu sein. Damit sind die Regeln des Change Management zu beachten. Erfolgreiche Projektarbeit setzt bei den Beteiligten eine hohe „soziale Kompetenz" voraus. Eine fundierte Abhandlung zur „menschlichen Seite" der Projektarbeit findet sich in Berger, M.; Chalupsky, J.; Hartmann, F.: „Change Management – (Über-)Leben in Organisationen" (Band 4 dieser Schriftenreihe).

In dieser Schrift werden keine Lösungen der Aufbau- und Prozessorganisation behandelt. Diesen Themen sind zwei weitere Bände der Schriftenreihe gewidmet: Schmidt, G.; Konz, C.: „Organisation gestalten – Stabile und dynamische Unternehmensstrukturen" (Band 5) und Fischermanns, G.: „Praxishandbuch Prozessmanagement" (Band 9).

Fokus auf Methode und Techniken

Die Schwerpunkte dieses Buches liegen in der methodischen Projektbearbeitung und in den Werkzeugen, die zusammengenommen den weitaus größten Teil dieser Publikation beanspruchen. Hier können und sollen nicht alle heute bekannten Verfahren und Ansätze berücksichtigt werden. Es werden jedoch für alle wesentlichen Aufgaben, die in betrieblichen Projekten zu bearbeiten sind, geeignete Instrumente angeboten.

Mit den hier behandelten Themen soll ein Beitrag dazu geleistet werden, insbesondere die fachliche Kompetenz der Mitarbeiter zu steigern, die sich mit betrieblichen Projekten beschäftigen. Sie soll die professionelle Bearbeitung von Projekten fördern. Die Schrift wendet sich damit ebenso an den „alten Hasen", der keine systematische Ausbildung erhalten hat, wie an den Berufsanfänger.

Praktischer Nutzen im Vordergrund

Aus den genannten Zielsetzungen heraus erklärt sich, dass hier keine theoretische Abhandlung angestrebt wird. Auswahlkriterium für alle dargestellten Inhalte ist deren praktische Verwertbarkeit. Dabei wurde allerdings versucht, auch theoretischen Ansprüchen gerecht zu werden.

Ganzheitliches Vorgehen

Ein letztes Ziel sei hier noch erwähnt: Es wurde versucht, alle Teilthemen in einen Zusammenhang zu bringen und diesen Zusammenhang auch grafisch zu verdeutlichen. Dem Leser soll bewusst werden, dass nicht das Erlernen einzelner Teilgebiete oder Techniken ausreicht. Erst das Zusammenspiel aller hier behandelten Themen ermöglicht eine wirkungsvolle Organisations-, Analyse- und Projektarbeit.

Methode ist nicht alles, aber ohne Methode…

Schließlich sei noch festgehalten, was diese Schrift nicht leisten kann. Projektarbeit erfordert zwar ein methodisches Vorgehen und sie kann durch Techniken wirkungsvoll unterstützt werden. Dabei darf aber nicht übersehen werden, dass eine schöpferisch-gestaltende Leistung darüber hinaus analytisches Denken, Vorstellungskraft, Kombinationsgabe und vor allem auch soziale Kompetenz voraussetzt, die durch dieses Buch nicht vermittelt werden können.

Zusammenfassung

In dieser Schrift wird das Wissen dargestellt, das zur effizienten Bearbeitung organisatorischer Vorhaben notwendig ist. Sie wendet sich an Organisatoren, Business-Analysten und Systementwickler sowie an alle, die in betrieblichen Projekten in nennenswertem Umfang mitwirken. Dazu werden methodische Ansätze zur Projektplanung und -durchführung sowie ein umfangreiches Instrumentarium an Techniken dargestellt, mit deren Hilfe die praktische Arbeit unterstützt und verbessert wird.

1.3 Begriffliche Grundlagen

Organisation – Was wird organisiert?

Organisieren heißt regeln oder gestalten. Im Kern geht es um zielorientierte Regelungen zur Erledigung von Aufgaben. Dabei ist es unerheblich, ob Menschen, Maschinen oder Computer eingesetzt werden. In diesem Sinne sind IT-Projekte ebenso Organisationsvorhaben wie beispielsweise Auswahlentscheidungen für Sachmittel. In allen diesen Fällen geht es letztlich um die gleichen Gestaltungsinhalte, allerdings mit unterschiedlichen Schwerpunkten. Die Gestaltungsinhalte – das, was geregelt wird – beschreiben den Gegenstand der Organisation. Hier soll auf diese Inhalte nur kurz eingegangen werden. Weitere Details dazu finden sich in den oben erwähnten Bänden 5 und 9 dieser Schriftenreihe. Die Hinweise hier sollen lediglich helfen, Methoden und Techniken besser einordnen zu können.

Zur Verdeutlichung wichtiger Gestaltungsinhalte soll eine Arbeitsanweisung dienen. Eine Arbeitsanweisung zur Auftragsabwicklung regelt beispielsweise unter anderem:

Regelung	Beispiel
Aufgaben	▪ Bestellung prüfen, Lagerauftrag erstellen, Lieferfähigkeit prüfen
Aufgabenträger	▪ Zuständig ist der Sachbearbeiter im Vertrieb
Zeitliche Aufgabenerfüllung	▪ Erst Bestellung prüfen, dann Bestellung ergänzen, dann Lieferfähigkeit prüfen, dann Lagerauftrag erstellen
Räumlicher Fluss	▪ Weiterleiten der schriftlichen Bestellung an die Datenerfassung
Sachmittel	▪ Bildschirmmaske 11.27 zur Erfassung des Lagerauftrags
Informationen	▪ Lagerbestand „Dispo“ abfragen

Abb. 1.01: Beispiele für Inhalte der Gestaltung

Allgemein gesagt handelt es sich bei den Inhalten der organisatorischen Gestaltung um

- Elemente (Aufgaben, Aufgabenträger, Sachmittel, Informationen), die durch
- Beziehungen (Aufbau-, Ablaufbeziehungen) miteinander verknüpft werden, wobei die
- Dimensionen (Zeit, Raum und Menge) zu regeln sind.

Organisatorische Elemente

Was ist zu tun?

Das Kernelement der Organisation ist die Aufgabe. Wenn es keine Aufgabe gibt, sind auch alle übrigen Elemente (Aufgabenträger, Sachmittel und Informationen) entbehrlich. Insofern nimmt die Aufgabe eine ganz besondere Stellung ein. Die Kenntnis der zu bewältigenden Aufgaben ist eine notwendige Voraussetzung, um überhaupt eine Regelung schaffen zu können.

Wer ist zuständig?

Aufgabenträger sind Menschen, die eingesetzt werden, um Aufgaben zu bewältigen. Normalerweise werden bestimmte typische Qualifikationen unterstellt, die ein Aufgabenträger besitzen muss – Berufsbilder –, um die Aufgabe wahrnehmen zu können. Es gibt aber auch Fälle, wo die Organisation für eine konkrete Person maßgeschneidert wird (gebundene Organisation).

Die Beurteilung der Qualifikation eines Menschen gehört in den Zuständigkeitsbereich der Spezialisten für Personal (Personalabteilung/Human Resources). Bei der organisatorischen Gestaltung müssen die Fähigkeiten, Neigungen und Erwartungen der Menschen berücksichtigt werden. Es ist nicht allein die Leistungsfähigkeit maßgeblich für die Leistung. Die Leistungsbereitschaft und die Arbeitszufriedenheit hängen auch von der gewählten Organisation ab. So bringt die „perfekte" Vertriebsorganisation keinen Fortschritt, wenn die betroffenen Spezialisten den Eindruck haben, dass ihre Bedürfnisse nicht ausreichend berücksichtigt sind. Deswegen muss auch der Frage nachgegangen werden, was normalerweise motivationssteigernd und was motivationshemmend ist, was die Arbeitszufriedenheit fördert und was sie beeinträchtigt.

Sachmittel unterstützen die Aufgabenerfüllung oder übernehmen klar definierte Aufgaben „selbstständig" (Automaten, Computer). Hier wird ein sehr umfassender Sachmittelbegriff verwendet. Das Spektrum reicht vom Schreibgerät über den Vordruck zu den Möbeln und Räumen bis hin zu Automaten und IT-Systemen. Wenn Menschen und Sachmittel (Technik) zusammenwirken wird auch von sozio-technischen Systemen gesprochen.

Was macht/ unterstützt die Technik?

Die Bewältigung von Aufgaben setzt Informationen voraus. So muss ein Mitarbeiter im Vertrieb Informationen über Preise und Lagerbestände haben, um überhaupt arbeiten zu können. Darüber hinaus benötigt er vielleicht noch eine Hilfe-Funktion für die von ihm genutzte Software. Diese Hilfe beinhaltet ebenfalls Informationen. Die Aufgaben selbst, die er bewältigt, sind zu einem großen Teil Aufgaben der Informationserfassung und -verarbeitung: Auskünfte geben, Bestände ermitteln, Bestellungen erfassen usw.

Was muss wer wissen?

Jede organisatorische Lösung wird aus den vier Elementen Aufgabe, Aufgabenträger, Sachmittel und Information zusammengebaut.

Organisatorische Beziehungen

In Theorie und Praxis hat es sich durchgesetzt, von Aufbau- und Prozessorganisation (früher meistens als Ablauforganisation bezeichnet) bzw. von Aufbau- und Prozessbeziehungen zu sprechen. In IT-Projekten geht es um die Automatisierung von Arbeitsprozessen wie beispielsweise auch um die Gestaltung von Informationssystemen (z. B. Datenbankorganisation), also ebenfalls um die Aufbau- und Prozessorganisation.

Beispiele für Inhalte der Aufbauorganisation zeigt die folgende Übersicht (siehe Abbildung 1.02):

Beispiele

Inhalte der Aufbauorganisation	
Stelle/Rolle	▪ Bündeln von Aufgaben ▪ Zuordnung von Kompetenzen
Leitungssystem	▪ Über- und Unterordnung von Stellen/ Rollen und Abteilungen ▪ Stellvertretung
Informationssystem	▪ Bereitstellung von Informationen ▪ Regelung des Zugriffs auf Informationen ▪ Struktur von Datenbanken
Kommunikationssystem	▪ Einrichtung von Wegen zum Informationstransport
Sachmittelsystem	▪ Auswahl und Einsatz geeigneter Sachmittel

Abb. 1.02: Inhalte der Aufbauorganisation

Die Prozessorganisation regelt die Aufgabenerfüllungsprozesse, wie an den folgenden Beispielen kurz demonstriert wird.

Beispiele

Inhalte der Prozessorganisation – logische Folgebeziehungen	
Nacheinander von Aufgaben	▪ Erst Sendung zusammenstellen, dann Lieferpapierkopie beifügen, dann Sendung verpacken, dann Sendung zum Versand geben
UND-Nebeneinander	▪ Im Lager: Artikel zusammenstellen ▪ Im Rechnungswesen: Rechnung erstellen
ODER	▪ Lieferfähigkeit prüfen; wenn lieferfähig, dann Auslieferung veranlassen; wenn nicht lieferfähig, Kunden informieren
Rückkopplung	▪ Nach Eingang der Bestellung wird sie auf Vollständigkeit geprüft. Wenn eine Information fehlt, wird sie ergänzt; dann wird wieder geprüft, ob die Bestellung vollständig ist – dieser Zyklus wird so lange durchlaufen, bis alle erforderlichen Informationen vorliegen.

Abb. 1.03: Inhalte der Prozessorganisation

Die Trennung zwischen Aufbau- und Prozessorganisation ist nur gedanklich möglich. Faktisch handelt es sich um zwei Seiten derselben Sache. Veränderungen an aufbauorganisatorischen Beziehungen haben in aller Regel auch Veränderungen in den Prozessen zur Folge und umgekehrt. Beide Sachverhalte sind stark miteinander verwoben. Dennoch ist es sinnvoll, nach diesen Begriffen zu unterscheiden, weil man sich gedanklich nacheinander mit diesen Sachverhalten auseinandersetzen muss.

Aufbau und Prozess immer zusammen

Viele Techniken, die in den folgenden Kapiteln behandelt werden, können der Aufbau- bzw. der Prozessorganisation zugeordnet werden.

Organisatorische Dimensionen

Zeit, Raum und Menge werden als organisatorische Dimensionen bezeichnet.

Dimensionen im Prozess

Die Prozessorganisation ist durch logisch-zeitliche Folgen von Aufgaben, räumliche (Wege) und quantitative (z. B. Größe von Bearbeitungsstapeln) Regelungen gekennzeichnet.

Dimensionen im Aufbau

Auch in der Aufbauorganisation werden die Dimensionen Zeit, Raum und Menge geregelt. Durch aufbauorganisatorische Regelungen wird z. B. festgelegt, wie viel Platz (Raum) einem Stelleninhaber zugemessen wird und welche Menge von Aufgabenträgern für bestimmte Aufgaben benötigt werden. Vereinfacht ermittelt sie sich über die Menge von Aufgaben multipliziert mit der Zeit pro Aufgabenerfüllung geteilt durch die Zeit, die pro Aufgabenträger zur Verfügung steht. Das wird als Personalbemessung bezeichnet. Diese Beispiele zeigen, dass die Aufbauorganisation ebenfalls Regelungen über die Dimensionen erfordert.

Dimensionen als Eigenschaften von Elementen

Schließlich sind die Dimensionen auch noch Eigenschaften der Elemente, unabhängig von den gewählten Regelungen. So entstehen Aufgaben zu bestimmten Zeiten, an bestimmten Orten, in einer bestimmten Menge. Aufgabenträger stehen an bestimmten Orten nur in einer bestimmten Menge und auch nur zu begrenzten Zeiten (z. B. tarifvertraglich geregelt) zur Verfügung. Die Dimensionen der Elemente bilden den Bedingungsrahmen, innerhalb dessen sich die Organisationsarbeit bewegt.

Der Organisationswürfel (Gestaltungsinhalte)

Elemente, Beziehungen und Dimensionen der Organisation sind die Gestaltungsinhalte. Diese Gestaltungsinhalte können in der Form eines Würfels dargestellt werden. Etwas salopp kann man sagen, dass organisieren nichts anderes bedeutet, als „an dem Würfel drehen“.

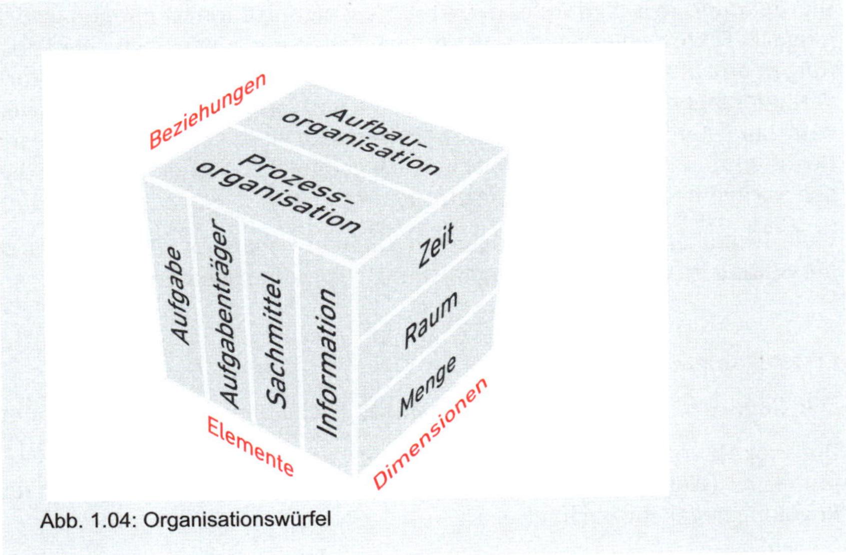

Abb. 1.04: Organisationswürfel

Zusammen-
fassung

Organisation ist die dauerhaft gültige Regelung von zielorientierten sozio-technischen Systemen. Lösungen werden aus den Elementen Aufgabe, Aufgabenträger, Sachmittel und Information gestaltet. Zwischen diesen Elementen werden Aufbau- und Prozessbeziehungen hergestellt. Sowohl in der Aufbau- wie in der Prozessorganisation sind die Dimensionen (Zeit, Raum, Menge) zu regeln.

1.4 Gesamtmodell der Organisation

Um den Würfel richtig „in den Griff zu bekommen", muss der Organisationsplaner/Analyst

- systematisch vorgehen (Methode)
- die Aufbauorganisation des Projekts regeln (Projektmanagement)
- geeignete Werkzeuge einsetzen (Techniken)
- die betroffenen und beteiligten Menschen angemessen berücksichtigen (Change Management).

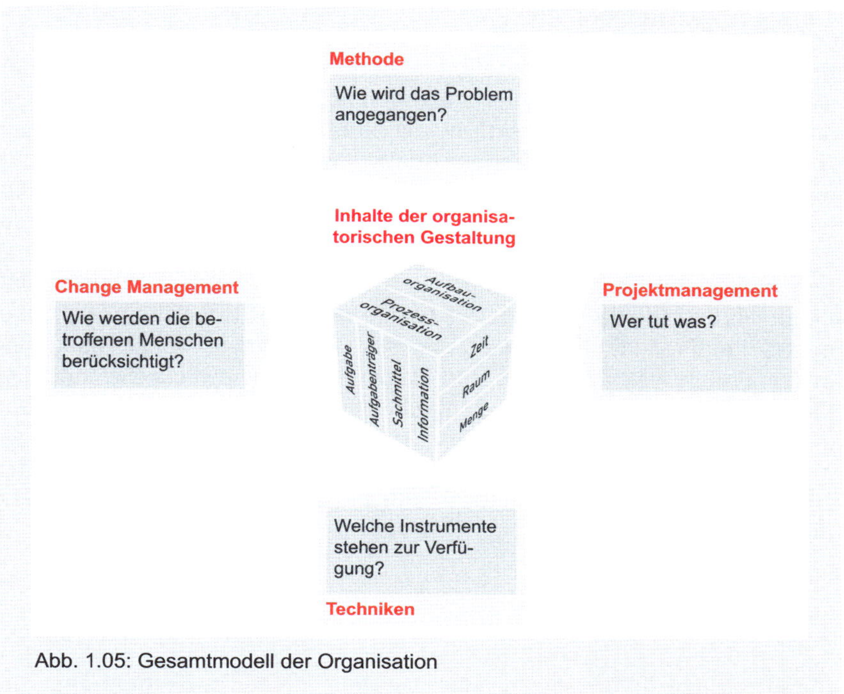

Abb. 1.05: Gesamtmodell der Organisation

Die Abbildung 1.05 soll diese Gesamtzusammenhänge verdeutlichen. Die Gliederung des Buches orientiert sich an diesem Modell. Lediglich der Bereich Change Management wird hier nicht näher behandelt, da er wie erwähnt in einer eigenständigen Schrift ausführlich dargestellt wird. Einige kurze Ausführungen zur Rolle des Menschen und seiner Bedeutung für die Projektarbeit finden sich unter dem Gliederungspunkt 1.4.4 „Change Management" und in Kapitel 14.

1.4.1 Methode

Projektablauf und Systemdenken = Methode

Eine Methode regelt die Abwicklung (Organisation) betrieblicher Projekte oder Vorhaben[1]. Zur Methode gehört zum einen der zeitliche Ablauf von Projekten/Vorhaben – was wird in welcher Reihenfolge bearbeitet? Zum anderen gehört zur Methode das Systemdenken. Das Systemdenken bietet Hilfen zur Beschreibung, Analyse und Abgrenzung von Projekten und Teilprojekten und zur Integration von Teilergebnissen. Klassische und agile, dynamische Methoden bilden ein zentrales Thema dieses Buches. Methoden und Systemdenken werden in den Kapiteln 2 und 3 ausführlich behandelt.

[1] Hier wird überwiegend von Projekten gesprochen, wenn es um Änderungsvorhaben geht. In der Praxis ist oft erst dann von einem Projekt die Rede, wenn eine Mindestgröße eines Vorhabens erreicht und eine formelle Projektorganisation eingerichtet wird.

1.4.2 Projektmanagement

Initiative, Rollen, Funktionen und Führung im Projekt

Die Organisation einer Unternehmung oder einer Verwaltung ist normalerweise auf die wiederkehrenden Aufgaben ausgerichtet. Für einmalige Vorhaben wie betriebliche Projekte bestehen oft nur allgemeine Regelungen. Diese müssen für jedes Vorhaben situativ angepasst und maßgeschneidert werden. Die Gesamtheit dieser Regelungen wird hier unter dem Begriff Projektmanagement zusammengefasst. In diesem Zusammenhang ist festzulegen, wie Projekte überhaupt zustande kommen (Projektinitiative) und wer in dem Projekt welche Rolle übernimmt, z. B. als Projektleiter, als Projektmitarbeiter, als Entscheider usw., welche Rechte er hat und in welchem Ausmaß er mitarbeitet (Projektaufbau). Weiterhin ist zu bestimmen, welche Funktionen in dem Projekt wahrzunehmen sind. Dazu gehören beispielsweise Initiative, Planung, Führung, Zusammenarbeit und Ausführung, Projektdiagnose und -steuerung und der Abschluss. Dem Projektmanagement ist ebenfalls ein eigener Abschnitt (Kapitel 4) gewidmet (vertiefende Informationen finden sich in Pfetzing, K.; Rohde, A.: „Ganzheitliches Projektmanagement", Band 2 dieser Schriftenreihe).

1.4.3 Techniken

Die Werkzeuge der Projektarbeit werden als Techniken bezeichnet. Hier wird unterschieden nach den sogenannten Arbeitstechniken und den Techniken des Projektmanagements.

Arbeitstechniken zur Gestaltung des Würfels

Die Arbeitstechniken sind Instrumente, mit deren Hilfe direkt an dem Vorhaben gearbeitet wird. Sie unterstützen die Ermittlung der Benutzeranforderungen, Erhebung und Analyse von relevanten Informationen, die inhaltliche Auseinandersetzung mit einer geeigneten Lösung, die Bewertung von Lösungsvarianten usw. Mit diesen Techniken wird „am Würfel gearbeitet".

Managementtechniken unterstützen Projektfunktionen

Die Techniken des Projektmanagements unterstützen demgegenüber die Planung, Steuerung, Kontrolle, Dokumentation und Präsentation eines Projekts. Darüber hinaus können die Techniken der Gruppenarbeit und Moderation zu den Managementtechniken gerechnet werden. Diese Techniken unterstützen die oben genannten Funktionen der am Projekt Beteiligten.

Zusammenfassung

Sollen hochwertige und akzeptierte Lösungen mit einem möglichst geringen Aufwand entstehen, sind Projekte planmäßig (methodisch) zu bearbeiten. Es ist eine geeignete Aufbauorganisation für das Projekt zu wählen und es sind wirkungsvolle Techniken einzusetzen, die sowohl die Arbeit an der Lösung als auch die Funktionen des Projektmanagements unterstützen.

In dieser Schrift werden die folgenden Techniken behandelt (Kapitel 5-14):

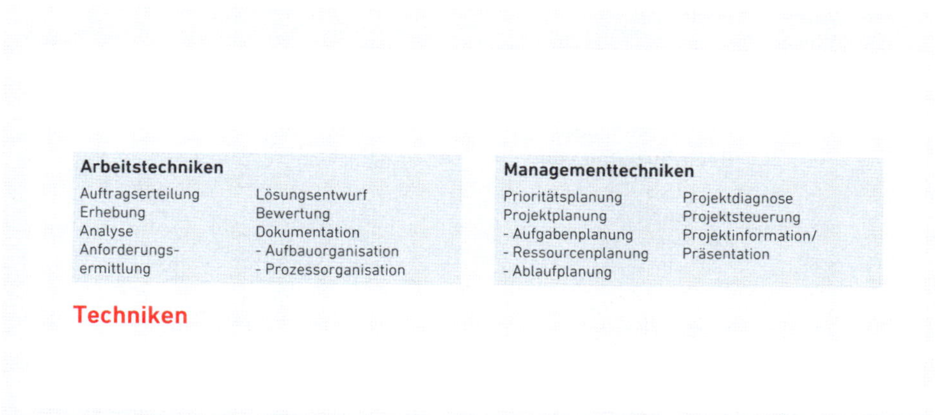

Arbeitstechniken		Managementtechniken	
Auftragserteilung	Lösungsentwurf	Prioritätsplanung	Projektdiagnose
Erhebung	Bewertung	Projektplanung	Projektsteuerung
Analyse	Dokumentation	- Aufgabenplanung	Projektinformation/
Anforderungs-	- Aufbauorganisation	- Ressourcenplanung	Präsentation
ermittlung	- Prozessorganisation	- Ablaufplanung	

Techniken

Abb. 1.06: Übersicht der Techniken

1.4.4 Change Management

1.4.4.1 Der Mensch im Projekt

Organisation wird für Menschen gemacht

Menschen sind Beteiligte und Betroffene betrieblicher Vorhaben. Es genügt normalerweise nicht, einfach in der Sache gute Lösungen zu erarbeiten. Ob eine Lösung gut oder schlecht ist, hängt ganz entscheidend auch von der Wahrnehmung der jeweiligen Menschen ab – also von einem ganz subjektiven Vorgang. Soll eine organisatorische Lösung gut funktionieren, setzt dieses voraus, dass die betroffenen Menschen die Lösung akzeptieren. Daraus folgt, dass der/die für die Organisation Zuständige sich mit den Menschen, ihren Zielen, Ängsten und Problemen auseinandersetzen muss, dass er/sie bewusst auf die vorhandenen sozialen Strukturen – z. B. informale Rollen – Rücksicht nehmen bzw. sie in seine Überlegungen einbeziehen muss.

Wie gehen wir mit den Menschen um?

Unter dem Begriff Change Management werden alle Strategien und Maßnahmen verstanden, die dazu beitragen können, Akzeptanz zu fördern bzw. Widerstände abzubauen, die Motivation der Beteiligten und Betroffenen zu erhalten oder auszubauen, Konflikte konstruktiv zu nutzen, vorhandene Machtstrukturen zugunsten des Projekts einzusetzen und möglichst störungsfrei miteinander zu kommunizieren, um die wichtigsten Beispiele zu nennen.

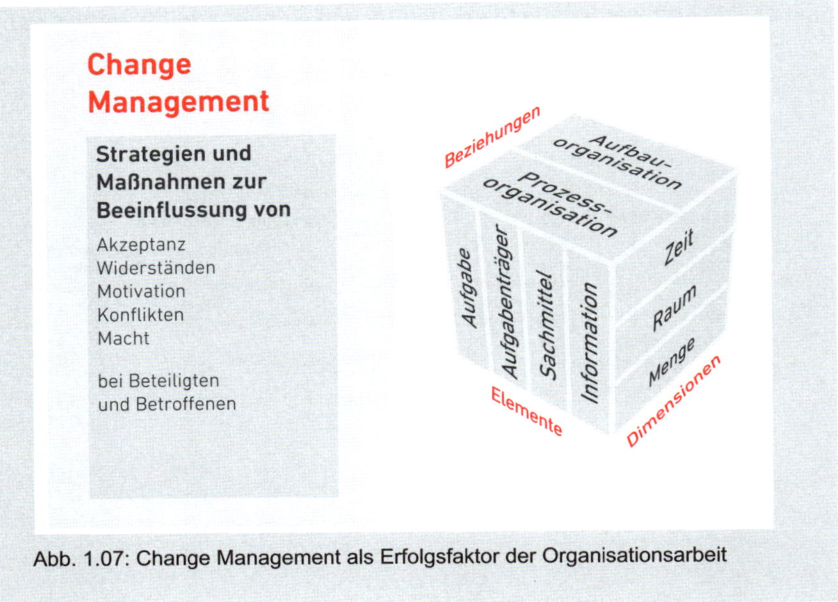

Abb. 1.07: Change Management als Erfolgsfaktor der Organisationsarbeit

Keine Manipulationstechniken

Da dieses Anliegen nur bedingt durch Techniken unterstützt werden kann, sondern soziale Kompetenz und den bewussten Umgang mit den Betroffenen voraussetzt, werden hier keine Instrumente zur „Manipulation von Menschen" angeboten. Die folgenden Ausführungen sollen lediglich das Bewusstsein für diese Seite der Projektarbeit fördern. Sie sind als Mahnung zu verstehen, betriebliche Probleme nicht ausschließlich technokratisch anzugehen, sondern den Menschen als einen wesentlichen und wichtigen Bestandteil jeder Veränderung anzuerkennen.

Am Beispiel von Widerständen gegen organisatorische Maßnahmen soll gezeigt werden, welche „menschlichen" Ursachen es für Widerstände gibt und welche Maßnahmen dagegen ergriffen werden können.

1.4.4.2 Widerstände – Ursachen und Maßnahmen

Ursachen für Widerstände

Organisatorische Maßnahmen schaffen selten etwas völlig Neues. Normalerweise handelt es sich um Eingriffe in bestehende Strukturen. Bei solchen Reorganisationen, die nicht auf den ausdrücklichen Wunsch der Betroffenen zurückgehen oder die durch gesetzliche Vorschriften zwingend notwendig sind, treten gelegentlich erhebliche Widerstände auf, für die es eine Reihe möglicher Ursachen gibt.

Die wohl wichtigste Ursache für Widerstände ist eine allgemeine Neuerungsfeindlichkeit des Menschen. Er ist eher bereit, Unzulänglichkeiten zu ertra-

Ursachen für Widerstände

gen als diese abzustellen. Vorhandene Probleme werden heruntergespielt und die Notwendigkeit der Umorganisation wird bezweifelt. „Das haben wir schon immer so gemacht, das hat sich im Großen und Ganzen bewährt", so oder ähnlich lautet eine nicht sehr überzeugende, aber dennoch oft zu hörende Formulierung. Diese Änderungsfeindlichkeit beruht zu einem großen Teil auf dem elementaren Sicherheitsbedürfnis des Menschen. Organisatorische Neuerungen stellen neue Anforderungen; neue Aufgaben, neue Technologien müssen beherrscht werden. Die Betroffenen sorgen sich, sie könnten den Anforderungen unter Umständen nicht gewachsen sein. Häufig werden auch Einbußen an Ansehen, Kompetenzen, Statussymbolen usw. befürchtet. Aus diesem Blickwinkel erscheint es nur natürlich, dass Neuerungen als Bedrohung empfunden oder zumindest innerlich abgelehnt werden.

Empfundene Kritik

Häufig wird eine Neuerung, die von Dritten stammt und nicht von den Betroffenen vorgeschlagen wurde, als direkte oder indirekte Kritik empfunden. Gerade die Betroffenen, aber auch deren Vorgesetzte, empfinden Organisationsvorhaben als unterschwelligen Vorwurf, als Beanstandung eines Weges, den sie jahrelang gegangen sind und der ihnen auch als geeignet erscheint. Durch die Reorganisation wird die „bewährte Praxis" kritisiert, was oft als Kränkung empfunden wird und leicht dazu führt, dass neue Vorschläge kategorisch abgelehnt oder als wenig praxisnah abqualifiziert werden.

Selektive Wahrnehmung

Eine weitere Ursache für Widerstände liegt in der Neigung des Menschen, vorzugsweise solche Informationen wahrzunehmen, die die Richtigkeit früherer Entscheidungen bestätigen. Die bevorzugte Suche nach bestätigenden Informationen geschieht unbewusst, führt aber zu einer verstärkten Wahrnehmung (Selektion) positiver Erfahrungen und trübt den Blick für notwendige Änderungen. Auf der gleichen Ebene liegt auch die Erfahrung, dass eher „der Splitter im Auge des Nächsten" als „der Balken im eigenen Auge" gesehen wird. Störungen und Probleme werden eher in Nachbarbereichen als im eigenen Bereich gesucht und gefunden.

Nutzen oft schwer nachzuweisen

Nicht nur die von Neuerungen unmittelbar Betroffenen wehren sich gegen die Veränderungen. Widerstände sind auch bei Führungskräften zu erwarten, die ihre Einwilligung zu Organisationsvorhaben geben sollen. Bei vielen organisatorischen Projekten ist der Aufwand relativ leicht zu ermitteln, aber nur sehr selten kann der Nutzen quantifiziert oder „bewiesen" werden. Wie groß ist beispielsweise der Nutzen, wenn Informationen schneller zur Verfügung stehen? Diese Frage ist kaum zu beantworten. Besonders schwierig wird es, wenn andere Bereiche einen wesentlich größeren Nutzen zu erwarten haben, der eigene Bereich aber einen großen Teil der Last (im Projekt oder durch die Umstellung) zu tragen hat. Auch in diesem Fall genügt es nicht, gute Ergebnisse zu erarbeiten; sie müssen „verkauft" werden. Die Entscheider sollten von der Notwendigkeit der Maßnahme überzeugt werden.

Zu viele Neuerungen

Widerstände sind besonders dann zu erwarten, wenn die Betroffenen gerade erst eine Reorganisation hinter sich haben und noch unter den „Nachwehen" leiden oder sie noch in frischer Erinnerung haben. Zu häufige organisatorische Eingriffe bringen für die Betroffenen hohe Belastungen mit sich, die oft unterschätzt werden. Unter diesen Umständen kann es besser sein, abzuwarten, bis der Bereich eine neue „Organisationsoperation" ertragen kann.

Mächtige Sponsoren fehlen

Wenn schon zu Beginn eines Projekts deutlich wird, dass von betroffenen Mitarbeitern und deren Vorgesetzten massive Widerstände zu erwarten sind, wenn darüber hinaus keine ranghohen Personen als Sponsoren für das Projekt gewonnen werden können, sollte überprüft werden, ob das Projekt begonnen bzw. fortgesetzt werden soll. Viele Projekte versanden nach erheblichem Aufwand, weil sie „politisch" nicht durchgesetzt werden können. Hier soll nicht dem Weg des geringsten Widerstandes das Wort geredet werden, aber Organisation ist auch Politik und damit die Kunst des Möglichen.

Zusammenfassung

Widerstände resultieren u. a. aus einer allgemeinen Neuerungsfeindlichkeit, aus der empfundenen Kritik am Hergebrachten, aus der begrenzten Fähigkeit, eigene Fehler zu sehen und aus dem nicht erkennbaren eigenen Nutzen. Entscheider stehen Neuerungen oft ablehnend gegenüber, weil die Kosten offensichtlich sind, der Nutzen jedoch vielfach nur schwer zu messen ist.

Maßnahmen gegen Widerstände

Die genannten Vorbehalte und Widerstände lassen sich nicht immer völlig ausräumen. Es gibt aber mehr oder weniger geeignete Vorgehensweisen und Maßnahmen, die dazu beitragen können, Abwehrhaltungen abzubauen und eventuell sogar in eine konstruktive Zusammenarbeit umzuwandeln.

Beteiligung der Betroffenen

Betroffenen Einfluss geben

Mit der Einrichtung zentraler Stäbe und mit dem Einsatz externer Berater verloren in der Vergangenheit die Fachabteilungen immer mehr Einfluss auf die Organisation des eigenen Bereiches, auf die Regelungen, nach denen sie arbeiten müssen. Dritte zerbrachen sich den Kopf darüber, was für die Betroffenen gut oder schlecht sei. Es ist deswegen kaum verwunderlich, wenn solche Ergebnisse, die von Dritten erdacht wurden, von den Betroffenen als praxisfremd, nicht anforderungsgerecht, umständlich, zu aufwendig etc. abgewehrt wurden. Am Ende standen sich häufig verunsicherte, sich missverstanden fühlende Anwender und frustrierte Planer gegenüber.

Die Lösung des Dilemmas ist naheliegend: Miteinander statt gegeneinander, die Betroffenen zu Beteiligten machen sind altbekannte Schlagworte.

Vier unterschiedlich intensive Formen der Beteiligung lassen sich unterscheiden:

- Betroffene werden punktuell beteiligt, z. B. in der Form von Interviews durch Mitglieder des Projektes
- Betroffene arbeiten voll- oder nebenamtlich in der Projektgruppe mit
- Die Fachabteilung übernimmt definierte Rollen und Funktionen, wie z. B. die Zuständigkeit für die Formulierung der funktionalen Anforderungen bei einer IT-Anwendung
- Betroffene bearbeiten die Projekte selbst, Dritte sind „Berater" der Fachabteilung und unterstützen die Fachabteilung in ihrer Projektarbeit.

Formen der Beteiligung

Mit der Beteiligung tauchen allerdings meistens neue Probleme auf. Zum einen sind die Betroffenen so vom Tagesgeschäft belastet, dass sie sich kaum in der Lage sehen, „nebenbei" auch noch im Projekt zu arbeiten. Zum anderen können – insbesondere in großen Unternehmen – immer nur einige wenige Repräsentanten in den Projekten mitarbeiten. Die übrigen Betroffenen bleiben „machtlos".

Grenzen der Beteiligung

Information der Betroffenen

Die wichtigste Vorkehrung gegen Widerstände ist eine umfassende, vorbehaltlose Information der Betroffenen – eine Politik der offenen Tür. Im Dunstkreis fehlender Information und mangelhafter „Öffentlichkeitsarbeit" entstehen Gerüchte und Mutmaßungen, die fehlendes Wissen ersetzen. Je schlechter der Informationsstand desto breiter ist die Basis für Spekulationen. Pessimisten, Nörgler und Opponenten finden ein offenes Ohr; die subjektiv empfundene Bedrohung ist meistens sehr viel größer als die tatsächliche. Aus dieser Sicht ist es in aller Regel besser, selbst unbequeme Wahrheiten offenzulegen, als sie zu verschweigen.

Offenheit, ein Schlüssel zum Menschen

Einführungsvorbereitung

Aus organisatorischer Sicht ist die Vorbereitung der Einführung wichtig für die Akzeptanz von Lösungen. Sorgfältige Schulung und Hilfestellung sollen die Angst vor dem Neuen nehmen, allmählich Selbstvertrauen aufbauen und damit emotionale Abwehrhaltungen beseitigen oder verhindern (siehe dazu auch Kapitel 14).

Sorgfältige Einführung

Organisation der Organisation

Schließlich muss die Organisationsarbeit selbst möglichst gut organisiert werden, die „Organisation der Organisation" muss stimmen. Pannen, Terminverzögerungen, nicht eingehaltene Zusagen und ähnliche Probleme bestärken negative Erwartungen nach dem Motto: „Wenn die mit ihrer eigenen Arbeit nicht zurechtkommen, wie wollen sie uns dann helfen?"

Vorbild geben

Psychologische Maßnahmen gegen Widerstände

Neben der Beteiligung, der Information, der gezielten Einführungsvorbereitung und den erwähnten organisatorischen Maßnahmen gibt es noch einige psychologische „Regeln“, die helfen, organisatorische Lösungen zu verkaufen.

Organisationsarbeit ist Verkaufsarbeit

Eine griffige Beraterregel heißt „See and sell to everyone“. Frei übersetzt: „Suche Kontakt zu jedem, der irgendetwas mit dem Projekt zu tun hat und verkaufe ihm Deine Lösung“. Neben der sachlichen Information wird allein das Bemühen vom Angesprochenen als Aufwertung empfunden. Es gilt auch der Umkehrschluss: Wer nicht zum Kreis derer gehört, um die man sich bemüht, wird oft schon aus diesem Grund opponieren.

Bei der Information ist darauf zu achten, dass der subjektive Nutzen des Angesprochenen in den Vordergrund rückt, weil jedem Menschen die persönlichen Belange mehr am Herzen liegen als das Wohlergehen des Unternehmens. In diesem Sinne stimmt der Satz: Der Köder (das Argument) muss dem Fisch (Angesprochenen) schmecken und nicht dem Angler.

Sponsoren gewinnen

Weiterhin ist es wichtig, nicht nur die Betroffenen zu gewinnen, sondern auch die Vorgesetzten zu überzeugen. Aus dieser Einsicht wurde auch die Rolle von „Sponsoren“ oder „Paten“ geboren. Das sind ranghohe, angesehene Mitarbeiter, die sich für das Projekt stark machen. Sie verschaffen dem Vorhaben „Rückenwind“ und helfen in schwierigen Phasen mit ihrer Autorität weiter.

Verständlich reden

Viele Schwierigkeiten sind auf Kommunikationsprobleme zurückzuführen. Die Fachsprache von Spezialisten wird von Laien nicht (oder anders) verstanden. Fachchinesisch fördert die Verunsicherung.

Ein letzter Punkt auf der sicherlich nicht vollständigen Liste: Der Projektverantwortliche sollte sich mit seiner Arbeit und mit den Ergebnissen identifizieren, sie mittragen und sich engagieren.

Zusammenfassung

Widerstände gegen organisatorische Neuerungen können verringert oder beseitigt werden, indem die Betroffenen beteiligt, alle Betroffenen möglichst persönlich und offen informiert und Einführungen gründlich vorbereitet werden. Projektarbeit muss – auch gegenüber der Hierarchie – verkauft werden. Dem Betroffenen muss der persönliche Nutzen besonders bewusstgemacht werden.

Abschließend soll das diesem Buch zugrunde gelegte Übersichtsmodell im Zusammenhang dargestellt werden.

Methode

Vorgehen

Planbasiert
Iterativ
Agil

Projektablauf

Initiative
Planung
Systembau
Einführung
Erhaltung

Planungszyklus

Erhebung/Analyse
Anforderungs-ermittlung
Lösungs-entwurf
Bewertung
Auswahl
Auftrag

Systemdenken

Systemgrenze definieren
Einflussgrößen ermitteln
Unter-/Teilsysteme abgrenzen
Schnittstellen ermitteln
Analysieren von Unter-/Teilsystemen
Gemeinsamkeiten feststellen

Change Management

Strategien und Maßnahmen zur Beeinflussung von

Akzeptanz
Widerständen
Motivation
Konflikten
Macht

bei Beteiligten
und Betroffenen

Beziehungen
Aufbau-organisation
Prozess-organisation
Aufgabe
Aufgabenträger
Sachmittel
Information
Elemente
Zeit
Raum
Menge
Dimensionen

Projekt-management

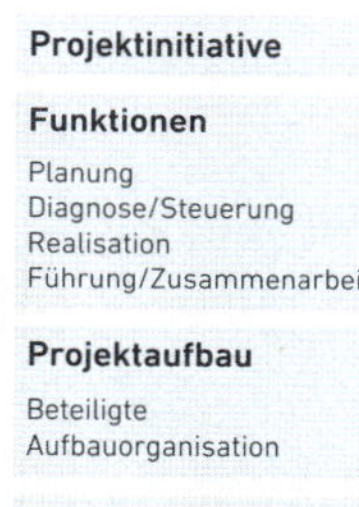

Projektinitiative

Funktionen

Planung
Diagnose/Steuerung
Realisation
Führung/Zusammenarbeit

Projektaufbau

Beteiligte
Aufbauorganisation

Projektabschluss

Arbeitstechniken

Auftragserteilung
Erhebung
Analyse
Anforderungs-ermittlung
Lösungsentwurf
Bewertung
Dokumentation
- Aufbauorganisation
- Prozessorganisation

Managementtechniken

Prioritätsplanung
Projektplanung
- Aufgabenplanung
- Ressourcenplanung
- Ablaufplanung

Projektdiagnose
Projektsteuerung
Projektinformation/
Präsentation

Techniken

Abb. 1.08: Organisation im Gesamtzusammenhang

Literatur zu Kapitel 1

Berger, M.; Chalupsky, J.; Hartmann, F.: Change Management – (Über-)Leben in Organisationen. 7. Aufl., Gießen 2013

Bühner, R.: Betriebswirtschaftliche Organisationslehre. 10. Aufl., München u. a. 2004

Fischermanns, G.: Praxishandbuch Prozessmanagement. 12. Aufl., Gießen 2021 (in Vorbereitung)

IIBA® International Institute of Business Analysis (Hrsg.): BABOK® v3 – Leitfaden zur Business-Analyse. BABOK® Guide 3.0. 3. Aufl., Gießen 2017

Krüger, W.: Organisation der Unternehmung. 4. Aufl., Stuttgart 2004

Naumann, A.-B.: Business-Analyse – Systematisches Anforderungsmanagement für nutzerorientierte Lösungen. Gießen 2018

Rosenstiel, L. v.; Nerdinger, F. W.: Grundlagen der Organisationspsychologie. 7. Aufl., Stuttgart 2011

Schmidt, G.: Organisatorische Grundbegriffe. 15. Aufl., Gießen 2014

Senge, P. M.: Die fünfte Disziplin. Kunst und Praxis der lernenden Organisation. 11. Aufl., Stuttgart 2017

Vahs, D.: Organisation: Ein Lehr- und Managementbuch. 10. Aufl., Stuttgart 2019

Wenger, A. P.; Thom, N.: Organisationsarbeit – eine Tätigkeit im Wandel. Glattbrugg 2005

2 Methoden

Ziele dieses Kapitels – Was können Sie erwarten?

- Sie wissen, was Projekte sind und kennen die wichtigsten Phasen und Schritte im Projekt
- Sie wissen, dass für organisatorische Vorhaben unterschiedliche methodische Vorgehensweisen gewählt werden können
- Sie kennen die Unterschiede zwischen einem planbasierten, einem iterativen und einem agilen Vorgehen
- Sie kennen Kriterien dafür, ob für Veränderungsvorhaben planbasierte oder eher agile Vorgehensweisen geeignet sind
- Sie kennen die Ziele eines methodischen Vorgehens
- Sie kennen ein Modell zum planbasierten Vorgehen
- Sie kennen Varianten des planbasierten Vorgehens und wissen, welche Vor- und Nachteile damit verbunden sind
- Sie kennen Modelle iterativer und agiler Vorgehensweisen und Sie wissen, welche Ziele damit verfolgt werden

2.1 Begriff

Methode regelt das Vorgehen

Eine Methode dient ganz allgemein dazu, ein zielführendes und wirtschaftliches Vorgehen zu gewährleisten. In betrieblichen Vorhaben bietet die Methode Hilfen sowohl für die Abwicklung von Projekten wie auch für die Bearbeitung von Vorhaben, die nicht die formalen Merkmale von Projekten erfüllen (siehe Kapitel 1.4)[1].

Projekte von Aufgaben zu unterscheiden

Als Projekte werden Vorhaben bezeichnet, die in dieser konkreten Form einmalig sind. Darin unterscheiden sie sich von Aufgaben, die immer wieder gleichartig vorkommen. Jedes Projekt hat somit einen bestimmbaren Anfangs- und Endtermin – es beginnt zu einem Zeitpunkt und es ist zu einem bestimmten Zeitpunkt erledigt. Unerheblich ist, wie viel Zeit ein Projekt erfordert. So gibt es Projekte, die wenige Tage dauern, und solche, die etliche Mitarbeiterjahre beanspruchen.

[1] Zur Erinnerung: Wenn hier vorwiegend von Projekten die Rede ist, gelten die Aussagen in aller Regel auch für sonstige Vorhaben, die nicht offiziell als Projekt deklariert sind.

In der Praxis spricht man normalerweise erst dann von Projekten, wenn sie einen Mindestumfang haben und für sie besondere organisatorische Vorkehrungen getroffen werden (Zuständige und Entscheider werden festgelegt, ein Projektkonto wird eröffnet, Budgets werden bewilligt, Termine vereinbart etc.), wenn also eine formelle Projektorganisation installiert wird. Die Methoden können (und sollten) aber auch bei anderen Vorhaben genutzt werden, in denen geplant, umgesetzt und eingeführt wird.

2.2 Grundlagen

2.2.1 Planbasierte, iterative und agile Ansätze

Zusammenhänge und Umfeld bekannt

Unter planbasierten Ansätzen werden hier solche methodischen Vorgehensweisen verstanden, die unterstellen, dass eine umfangreiche und detaillierte Planung des gesamten Vorhabens vor der eigentlichen Umsetzung und Einführung notwendig und möglich ist. Dieses setzt voraus, dass Ziele und Anforderungen vorab eindeutig ermittelt werden können, dass alle Zusammenhänge erkannt und beherrscht werden können, dass sich alle notwendigen Informationen ermitteln lassen und dass das relevante Umfeld bekannt ist. Weiter wird unterstellt, dass sich weder Ziele und Anforderungen noch die Umfeldbedingungen im Verlauf des Projektes wesentlich ändern. In der heutigen Zeit gibt es vermutlich nur noch relativ wenige Vorhaben, auf die diese Voraussetzungen zutreffen. Bauprojekte oder die Ablösung eines Altsystems sind Beispiele, in denen ein planbasiertes Vorgehen sinnvoll sein kann.

Anforderungen vorab kaum vollständig zu ermitteln

Verändern sich die Ziele im Laufe des Vorhabens, ergeben sich neue oder andere Anforderungen, sind nicht alle Zusammenhänge bekannt und müssen schrittweise Wirkzusammenhänge „ausprobiert" werden, verändern sich die Umfeldbedingungen sowohl innerhalb des Unternehmens wie auch in dessen Umfeld, dann kann eine langfristige, umfangreiche Planung schnell überholt und damit unbrauchbar sein. Insbesondere bei der Neuentwicklung von IT-Anwendungen ist es tatsächlich außerordentlich schwierig, frühzeitig alle funktionalen und nicht-funktionalen Anforderungen zu erkennen. Deswegen kommt es bei planbasierten Vorgehen immer wieder zu Nachbesserungen, Verzögerungen und Kostenüberschreitungen. Diese Probleme sind besonders gravierend, wenn wichtige Anforderungen der Anwender erst in der Einführung bewusst werden. Ein weiteres wesentliches Argument kommt hinzu. Ohne schnelle, greifbare Ergebnisse und Erfolge steigt das Risiko erheblich an, dass ein Projekt versandet oder dass die Kosten aus dem Ruder laufen. Außerdem wird an dem planbasierten Vorgehen (auch Wasserfall-Modell genannt) kritisiert, dass die späteren Benutzer viel zu wenig eingebunden werden, dass die Entwickler in ihrer eigenen Welt leben und zu wenig Verständnis für die eigentlichen Anforderungen der Anwender haben. Schließlich wird kritisiert, dass es viel zu lange dauert, bis Ergebnisse vorliegen und dass Kosten- und Terminüberschreitungen eher die Norm als die Ausnahme sind.

Einige der berechtigten Kritikpunkte lassen sich durch eine intelligente Anwendung des Wasserfall-Modells entkräften. Deswegen werden neben dem reinen Modell auch mehrere Modifikationen des Wasserfall-Modells vorgestellt.

Vorgehen (nicht nur) für IT-Anwendungen

Sind die Bedingungen für ein planbasiertes Vorgehen nicht gegeben, dann sollten andere methodische Ansätze gewählt werden, die hier als iterative und als agile Vorgehen bezeichnet werden. Diese Ansätze sind nicht ziel- und planlos. Vielmehr gehen sie schrittweise voran, setzen sich begrenzte Ziele und versuchen überschaubare Anforderungen zu erfüllen. Nach jedem Schritt – jeder Iteration – wird geprüft, wie erfolgreich dieser war und was als nächstes zu tun ist. Oft liegt sehr wohl ein grober Rahmenplan vor, der aber situativ erweitert, präzisiert oder auch geändert wird.

Die folgende Übersicht lehnt sich an das Cynefin-Framework von Dave Snowden an. Anhand der verwendeten Kriterien kann entschieden werden, ob ein eher planbasiertes, ein iteratives oder ein agiles Vorgehen geeignet erscheint.

Kontext	Einfach	Kompliziert	Komplex	Chaotisch
Ursache und Wirkung	Zusammenhang zwischen Ursache und Wirkung ist ersichtlich	Zusammenhang kann analysiert und geprüft werden	Zusammenhänge lassen sich nicht vorab bestimmen; (evtl.) erst im Rückblick	keine (zu erkennende) Beziehung zwischen Ursache und Wirkung
Wissen und Anforderungen	Vorhandenes Wissen kann genutzt werden. Anforderungen sind bekannt	Fachwissen ist vorhanden. Anforderungen sind bekannt.	Anforderungen sind dynamisch und nur teilweise im Voraus bekannt	Unbekannte, sich laufend verändernde Anforderungen. Vorhandenes Wissen ist nur teilweise nützlich
Umfeld	Übersichtliches und stabiles Umfeld	Umfeld scheint bekannt und beherrschbar	Umfeld ist nur teilweise bekannt und wenig stabil	Umfeld ist unsicher

Abb. 2.01 (Teil 1): Cynefin-Framework mit Kriterien für methodisches Vorgehen

Kontext	Einfach	Kompliziert	Komplex	Chaotisch
Beispiele	stabile, standardisierte und automatisierte Geschäftsprozesse	Ablösen technischer Systeme, Bauvorhaben, Ausrollen von Lösungen nach einer Testphase	Entwicklung neuer Software, es bilden sich spontan und dynamisch neue Anforderungen, Eigenschaften und Strukturen	Organisationen im Umbruch
Durch Cynefin empfohlene Schritte	erkennen, kategorisieren, reagieren	erkennen, analysieren, reagieren	probieren, erkennen, reagieren	handeln, erkennen, reagieren
Planung und Vorgehensweise	Planbasiertes Vorgehen (z. B. mit Wasserfall-Modell)	Planbasiertes Vorgehen, alternativ iteratives Vorgehen	Agile Vorgehensweisen (z. B. Scrum)	Selbst agile Vorgehensweise stoßen hier an ihre Grenzen

Abb. 2.01 (Teil 2): Cynefin-Framework mit Kriterien für methodisches Vorgehen

Aus der Übersicht wird ersichtlich, dass die heutigen Bedingungen sehr oft für iterative oder agile Vorgehensweisen sprechen oder auch für Mischformen von planbasierten und agilen Ansätzen. Auf diese verschiedenen Modelle wird im Folgenden näher eingegangen.

Neben der Unterscheidung in planbasierte, iterative und agile Ansätze gibt es noch die Unterscheidung in empirisches und konzeptionelles Vorgehen. Diese Vorgehensweisen sollen nun kurz dargestellt werden.

2.2.2 Empirisches und konzeptionelles Vorgehen

Empirisches Vorgehen

Politik der kleinen Schritte

Beim empirischen Vorgehen orientiert man sich am Istzustand und versucht, diesen Zustand (punktuell) zu verbessern. Die empirische Vorgehensweise wird auch im japanischen Kaizen genutzt (vgl. Kapitel 2.6.7.2). Sie kann auch als „Politik der kleinen Schritte" bezeichnet werden. Kennzeichnend für das Kaizen ist darüber hinaus die Einbindung der Mitarbeiter und Führungskräfte mit dem Ziel einer kontinuierlichen, schrittweisen Perfektionierung.

Konzeptionelles Vorgehen

Radikale Neuerungen

Bei einem konzeptionellen Vorgehen wird der vorgefundene Zustand grundsätzlich infrage gestellt. Man denkt über völlig andere Lösungen nach. Das ist bei vielen Digitalisierungsprojekten der Fall. Dabei soll nicht der alte – möglicherweise noch analoge – Zustand digitalisiert werden, sondern es soll eine neue Lösung auf einem „weißen Blatt Papier" begonnen werden, was der Aufforderung gleichkommt, den Istzustand zu vergessen und sich ausschließlich auf die Anforderungen an die zukünftige Lösung zu konzentrieren.

Diese beiden Vorgehensweisen werden in der folgenden Übersicht skizziert und bewertet.

Empirisches Vorgehen	Konzeptionelles Vorgehen
Zielt primär auf die punktuelle Beseitigung von Schwachstellen des Istzustandes.	Zielt primär auf grundlegend neue Lösungsmodelle zur Optimierung.
Erfordert eine detaillierte Erhebung und Analyse.	Erfordert nur die Erhebung und Analyse von allgemeinen, eher groben Informationen und Rahmenbedingungen.
Ein empirisches Vorgehen wird gewählt, wenn ▪ die Lösung prinzipiell funktioniert ▪ punktuelle Verbesserungen gesucht werden ▪ eine grundlegende Neuerung als zu riskant oder zu aufwendig erscheint ▪ der Fachbereich das Projekt bearbeitet. Oft werden Projekte intuitiv empirisch bearbeitet, wenn man sich also über das Vorgehen wenig Gedanken gemacht hat.	Die Entscheidung für ein konzeptionelles Vorgehen fällt normalerweise bewusst am Ende einer Voruntersuchung, wenn ▪ der Istzustand hoffnungslos überholt ist ▪ Planer echte, attraktive Alternativen zum Istzustand kennen oder suchen ▪ von vornherein Neuland betreten werden soll.
Vorteile: ▪ Geringes Risiko ▪ Niedrige Kosten ▪ Schnell vorliegende Ergebnisse ▪ Weniger Änderungswiderstand im Fachbereich ▪ Leichtere Einführung, weniger Umstellungsprobleme ▪ Weniger „anstrengend".	Vorteile: ▪ Große Chance für eine substanzielle Verbesserung ▪ Ideallösung (zumindest gedanklich) möglich ▪ Fremde Ideen können adaptiert werden ▪ Vielfältige, innovative Ideen sind möglich.

Abb. 2.02: Empirisches und konzeptionelles Vorgehen

Empirische wie auch konzeptionelle Vorhaben können sowohl planbasiert als auch agil bearbeitet werden. Das gewählte Vorgehen hängt auch in diesen Fällen unter anderem von den oben (Abbildung 2.01) genannten Kriterien ab.

Zusammenfassung

Empirisches Vorgehen orientiert sich an dem vorgefundenen Zustand und strebt punktuelle Verbesserungen an. Bei der konzeptionellen Arbeit wird der Istzustand grundsätzlich infrage gestellt.

2.3 Ziele methodischer Arbeit

Ganz gleich ob es sich um formale Projekte oder um sonstige Vorhaben handelt, die planbasiert, iterativ oder agil bearbeitet werden, soll ein methodisches Vorgehen dazu beitragen, zielorientiert, d. h. effektiv (die richtigen Dinge tun) und effizient (die Dinge richtig tun) zu arbeiten. Die folgende Übersicht zeigt die wesentlichen Ziele methodischer Arbeit, die letztlich für alle unten vorgestellten methodischen Ansätze gelten.

Wenn in der Abbildung 2.03 von Stakeholdern gesprochen wird, dann sind damit alle Personen oder Institutionen gemeint, die Interesse(n) mit dem Vorhaben verfolgen.

Ziele	Erläuterungen
Zielorientiertes Vorgehen	Es soll sichergestellt werden, dass die Ziele der Verantwortlichen (Entscheider) und aller Stakeholder erkannt und verfolgt werden.
Begleitende Steuerung sicherstellen	Der oder die verantwortlichen Entscheider sollen kontinuierlich den Fortschritt steuern. Die Betroffenen und die übrigen Stakeholder sollen eingebunden werden, um deren Anforderungen so weit wie möglich zu erfüllen. ▪ Die Qualität steht ständig auf dem Prüfstand ▪ kostspielige Fehlentwicklungen können frühzeitig erkannt werden ▪ Entscheider können den Fortschritt besser nachvollziehen.
Planungshilfen durch einen Vorgehensleitfaden	Die Arbeit soll sich an einem Ablaufmodell orientieren, sodass ▪ ein standardisiertes Vorgehen möglich ist, das die Koordination aller Beteiligten erleichtert ▪ die Grundstruktur eines Vorhabens nicht jedes Mal wieder neu geplant werden muss.

Abb. 2.03 (Teil 1): Ziele methodischer Arbeit

Ziele	Erläuterungen
Begrenzungen erkennen	Es sollen nur für solche Bereiche Vorschläge erarbeitet werden, die auch verändert werden dürfen. Den Handlungsspielraum einengende Vorschriften – was ist zu beachten, welche Restriktionen sind einzuhalten, was darf nicht herauskommen, was muss unbedingt herauskommen – sollen so früh wie möglich bekannt sein.
Beherrschen komplizierter Probleme	Es soll gewährleistet werden, dass ▪ die gedankliche Auseinandersetzung mit einem Problem systematisiert (geordnet) und vereinfacht wird ▪ bei der Arbeit im Detail der Überblick erhalten bleibt ▪ Einzellösungen miteinander verträglich sind, Insellösungen also vermieden werden.
Rationalisierungspotenziale nutzen	Bei der Entwicklung komplizierter betrieblicher Lösungen soll sichergestellt werden, dass ▪ mehrfach benötigte Faktoren (Informationen, Sachmittel, Programme etc.) möglichst nur einmal entwickelt oder bereitgestellt werden ▪ Teilergebnisse möglichst standardisiert werden.
Dokumentation sicherstellen	Parallel zum Vorhaben muss eine Dokumentation entstehen, die für alle Beteiligten und Betroffenen nachvollziehbar ist.
Akzeptanz fördern	Neben der formalen Qualität der Ergebnisse spielt die Akzeptanz eine wichtige Rolle für den späteren Erfolg. Soll die Akzeptanz gewährleistet werden, müssen ▪ Plattformen zur Kommunikation bereitgestellt werden ▪ Entwickler und Anwender partnerschaftlich miteinander umgehen.

Abb. 2.03 (Teil 2): Ziele methodischer Arbeit

Im Folgenden werden hier vier verschiedene Gruppen von Vorgehensleitfäden vorgestellt, aus denen die jeweils wichtigsten Methoden detaillierter behandelt werden:

- Planbasiertes Vorgehen – Wasserfall-Modell
- Iteratives Vorgehen
- Agiles Vorgehen
- weitere Ansätze.

2.4 Planbasiertes Vorgehen – Wasserfall-Modell

2.4.1 Wasserfall-Modell und Projektarbeit

Vorhaben, die nach dem Wasserfall-Modell abgewickelt werden, sind immer Projekte. Sie sind in der konkreten Form einmalig, haben eine hohe Bedeutung für das Unternehmen, betreffen in der Regel mehrere Bereiche, sind eher kompliziert und so umfangreich, dass sie eine eigene, zeitlich befristete (Projekt-)Organisation rechtfertigen. Es gibt also definierte Auftraggeber, Entscheider und Mitarbeiter.

2.4.2 Grundstruktur des Wasserfall-Modells

Das hier vorgestellte Wasserfall-Modell bietet ein Vorgehensmodell als zeitlichen Leitfaden der Projektarbeit und regelt somit die Prozessorganisation von Organisations- und anderen Projekten.

Prozess-standard

Das Vorgehensmodell ist ein Standardablauf, der situations- und aufgabengerecht modifiziert werden muss. Grundsätzlich hat er sich in der hier vorgestellten Form bewährt. Varianten dieses Modells und deren Anwendungsbedingungen werden weiter unten behandelt.

Neben dem Projektablauf gehört das Systemdenken zu dieser Methode. Da das Systemdenken aber nicht nur im Wasserfall-Modell, sondern prinzipiell bei jedem Vorhaben angewendet werden kann, wird es in Kapitel 3 getrennt behandelt.

Die folgende Übersicht zeigt die Bestandteile eines methodischen Vorgehens nach dem Wasserfall-Modell. Aus der Abbildung 2.04 wird deutlich, dass das allgemeine Modell des Projektablaufs (siehe Abbildung 1.08) in mehrere Planungsphasen (Vorstudie, Hauptstudie, Teilstudien) unterteilt wird. Das Modell geht also von einem mehrstufigen Planungsprozess aus, in jeder Planungsphase wird ein Planungszyklus durchlaufen. Das soll im Weiteren näher erläutert werden.

Methode

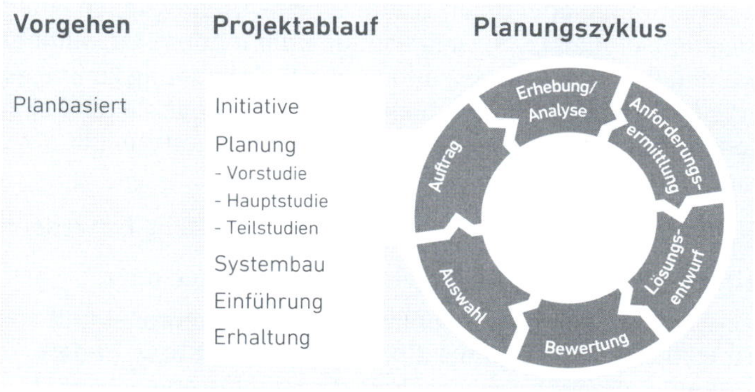

Vorgehen	Projektablauf	Planungszyklus
Planbasiert	Initiative Planung - Vorstudie - Hauptstudie - Teilstudien Systembau Einführung Erhaltung	Erhebung/ Analyse Anforderungs-ermittlung Lösungs-entwurf Bewertung Auswahl Auftrag

Abb. 2.04: Bestandteile des Wasserfall-Modells

Die Projektphasen regeln die Grobstruktur des Ablaufs betrieblicher Projekte. Das Vorgehen in den einzelnen Planungsphasen strukturiert der Planungszyklus. Mit dem Phasenmodell werden folgende Ziele verfolgt:

Ziele des Phasenmodells

- Planungshilfe – durch einen Vorgehensleitfaden wird der Ablauf des Projekts strukturiert
- Einbindung des Auftraggebers und der Anwender – es werden Ereignisse definiert, zu denen über das weitere Vorgehen entschieden werden muss
- Erleichterter Umgang mit komplizierten Problemen – durch das Vorgehen vom Groben ins Detail ist eher möglich, den Überblick zu bewahren und Zusammenhänge zu erkennen.

In den folgenden Abschnitten sollen erst die Projektphasen im Projektablauf und daran anschließend der Planungszyklus behandelt werden. Dabei ist allerdings zu beachten, dass der Zyklus innerhalb der Planungsphasen durchlaufen wird, dass also eigentlich beide Aspekte gemeinsam behandelt werden müssten. Die Trennung wird hier deswegen gewählt, weil viele grundsätzliche Aussagen zu den Schritten des Zyklus für alle Planungsphasen gemeinsam gelten.

2.4.2.1 Projektphasen

2.4.2.1.1 Initiative

Proaktive oder reaktive Organisationsarbeit

Projekte können durch eine strategische Neuorientierung, durch die Aufnahme neuer Produkte oder durch grundsätzliche Überlegungen einer zentralen Organisationseinheit (z. B. Organisation oder Inhouse Consulting) angestoßen werden (proaktive Organisationsarbeit). Sehr häufig kommt es auch vor, dass die Fachabteilung ein Problem hat, die Geschäftsleitung einen Auftrag gibt, oder dass der Gesetzgeber neue Anforderungen stellt (reaktive Organisationsarbeit).

Der Projektstart kann unterschiedlich formalisiert sein. Entweder

Formeller Projektstart?

- besteht ein geregeltes Projektantragsverfahren oder
- die Anträge kommen mehr oder weniger ungeordnet und ungefiltert in die Organisations-/IT-Abteilung bzw. zu dem Mitarbeiter, der für dieses Projekt zuständig gemacht wird.

Bei einem geregelten Projektantragsverfahren müssen für alle Vorhaben, unabhängig von dem Verursacher, grundsätzlich schriftliche Projektanträge gestellt werden – Ausnahmen sind nur in besonders dringlichen und wichtigen Fällen etwa bei Pannen oder Störungen zulässig. Das geregelte Verfahren und die Rollen der daran Beteiligten werden in Kapitel 4 näher beschrieben.

Für den Fall, dass Projektanträge ungefiltert und nicht formalisiert eingereicht werden, ist eine gründliche Vorabklärung mit dem Auftraggeber unerlässlich.

Informationen zu Beginn

In beiden Fällen muss zu Beginn eines Projekts versucht werden, die eigentlichen Ziele des Auftraggebers wie auch die Zielvorstellungen der übrigen Stakeholder und insbesondere der späteren Anwender zu erkennen. Zusätzlich braucht der Auftragnehmer weitere Informationen, die für jedes Projekt wieder neu festgelegt werden müssen und die zu einem vollständigen Projektauftrag gehören:

- der Bereich, der organisatorisch verändert werden darf
- Restriktionen wie Budgets oder Muss-Bestandteile der Lösung
- das verantwortliche Entscheidungsgremium
- die zur Mitarbeit im Projekt benannten Personen
- der nächste Entscheidungspunkt und weitere Meilensteine im Projekt
- Berichtspflichten (wann ist wem in welcher Form Bericht zu erstatten?).

Ein Muster für einen Projektauftrag findet sich in Kapitel 5.6.

Auftragsklärung

Die praktische Erfahrung zeigt, dass sehr häufig die Auftragnehmer keinen vollständigen Auftrag erhalten. Dann empfiehlt es sich, dass der Auftragnehmer einen vollständigen Projektauftrag nach bestem Wissen und Gewissen selbst formuliert. Dazu muss er versuchen, sich in die Lage des Auftraggebers zu versetzen, um dessen Vorstellungen gedanklich nachzuvollziehen (in Kapitel 5 wird gezeigt, wie die Suche nach den Stakeholdern und nach den Zielen unterstützt werden kann). Der so entstandene Entwurf für einen Projektauftrag wird dann mit dem Auftraggeber und möglichst auch mit den übrigen Stakeholdern abgestimmt. In der Sprache der Juristen handelt es sich bei einem Projektauftrag also um eine Holschuld des Projektleiters.

Die hier vorgeschlagene Formalisierung erscheint auf den ersten Blick sicherlich bürokratisch. Sollen aufwendige Missverständnisse und Fehlentwicklungen vermieden werden, ist jedoch ein formeller Projektauftrag als Vertrag zwischen Auftraggeber und Auftragnehmer unverzichtbar. Nach der Abklärung des Auftrages ist das Projekt zu registrieren und nach der Vergabe der Projektpriorität (vgl. Kapitel 13.2) in den Gesamtbestand der Projekte einzuordnen.

Zusammenfassung

Projektaufträge müssen vom Projektleiter überprüft, wenn nötig nach eigenen Überlegungen vervollständigt und mit dem Auftraggeber abgestimmt werden (Holschuld des Projektleiters).

2.4.2.1.2 Vorstudie

Vom Groben ins Detail

Die Vorstudie ist die erste Planungsphase im Projekt. In dieser Phase setzt man sich zwar nur sehr grob – ohne in Einzelheiten einzusteigen – aber dafür sehr breit mit dem Projekt auseinander. Alle überhaupt infrage kommenden Wege werden untersucht. Von dieser Regel sollte nur in den Fällen abgewichen werden, in denen bereits eindeutig feststeht, wie eine neue Lösung auszusehen hat, beispielsweise weil der Auftraggeber oder der Gesetzgeber klare und eindeutige Vorgaben gemacht haben.

Zweck einer Vorstudie

Die Vorstudie hat den Zweck, unter anderem zu klären,

- ob das richtige Problem angefasst wird
- ob es vernünftig ist, eine Lösung für das Problem zu suchen
- für welche Bereiche die Lösung erarbeitet werden soll
- welchen Anforderungen die Lösung grundsätzlich genügen soll
- ob die Lösung eher punktuelle Verbesserungen oder grundlegende Neuerungen bringen soll (vgl. Kapitel 2.2.2)
- ob es Lösungen gibt, die in technischer, wirtschaftlicher und sozialer Hinsicht realisierbar erscheinen (Machbarkeitsstudie)
- ob die Realisierung solcher Lösungen aufgrund von Kriterien, die im Rahmen der Vorstudie zu erarbeiten sind, wünschenswert ist (positive und negative Wirkungen des Projekts).

Voraussetzungen für die Ermittlung der Anforderungen

Um zu diesen Punkten Aussagen machen zu können, muss der vorhandene Zustand in groben Zügen erhoben werden. Stärken und Schwächen im Istzustand und die ihnen zugrunde liegenden Ursachen sind zu ermitteln. Chancen, die in der Zukunft liegen, sind ebenso zu beachten wie zukünftige Risiken. Wie in der Auftragsklärung sind auch hier die späteren Anwender und die übrigen Stakeholder zu beteiligen. Aus den erarbeiteten Ergebnissen sind die zu verfolgenden Ziele und Kriterien zur Messung der Zielerreichung abzuleiten. Hier geht es um solche Ziele, die nicht schon bei der Abklärung mit dem Auftraggeber erkannt wurden. Da auch die späteren Anwender und die sonstigen Stakeholder befragt oder beteiligt werden, lassen sich deren Ziele besser erkennen und berücksichtigen. Aus diesen Zielen können dann die konkreten Anforderungen abgeleitet und bewertet werden. Das ist besonders wichtig, um praxisnahe Lösungen zu erarbeiten, die von den Betroffenen auch akzeptiert werden.

Ein besonderes Augenmerk wird in der Vorstudie auf die an das Projekt angrenzenden, nicht zum eigentlichen Gestaltungsbereich gehörenden organisatorischen Einheiten oder Systeme gerichtet. Auf diese Weise sollen die wichtigsten Nahtstellen ermittelt werden, um sicherzustellen, dass das neu zu gestaltende System sich später auch reibungslos in seine Umgebung einfügen lässt (vgl. Kapitel 3).

Um den Aufwand in Grenzen zu halten, sind die bisher genannten Sachverhalte nur grob zu ermitteln. Es ist also wichtig, sich auf das Notwendige zu beschränken und nicht bereits in Details einzusteigen.

Erarbeitung mehrerer Varianten

Als nächstes sind Groblösungen für das Gesamtprojekt zu erarbeiten. Der Einstieg in das Projekt sollte so breit wie eben möglich gewählt werden, um frühzeitig das überhaupt denkbare Lösungsspektrum zu erkennen. Zu den möglichen Lösungen gehört grundsätzlich auch der Istzustand. Je mehr Lösungen erarbeitet werden, desto leichter fällt das Urteil über die Eignung einer bestimmten Variante.

Machbarkeitsstudie

Nach der Erarbeitung von Varianten ist ganz grundsätzlich zu prüfen, ob das Projekt überhaupt machbar ist (technische oder rechtliche Restriktionen können im Weg stehen), ob es durchsetzbar ist („politische“ Hindernisse oder Widerstände von mächtigen Interessengruppen können dagegen sprechen), ob es finanzierbar ist usw.

Bewertung und Vorschlag

Sind Grobkonzepte erarbeitet und bestehen keine grundsätzlichen Zweifel an der Machbarkeit des Projekts, schließt sich eine Kosten-Nutzen-Schätzung an. Dazu werden die Ziele den Lösungsvarianten gegenübergestellt und die Kosten der einzelnen Varianten grob geschätzt. Es folgt ein Vorschlag an den Entscheider bzw. an das entscheidungsberechtigte Gremium, das Projekt in einer bestimmten Richtung weiterzuführen oder abzubrechen.

Die hier allgemein dargestellten Bearbeitungsschritte in der Vorstudie werden in Kapitel 2.4.2.2 weiter detailliert und konkretisiert.

In der Vorstudie wird geprüft, ob es sich lohnt, das Projekt weiter zu verfolgen und in welcher Richtung es gegebenenfalls weitergehen soll. Dazu müssen Varianten erarbeitet, bewertet und zur Entscheidung vorgelegt werden.

Zusammenfassung

2.4.2.1.3 Hauptstudie

In der Hauptstudie wird nur noch der Weg weiterverfolgt, der nach den Untersuchungen in der Vorstudie als der erfolgsträchtigste angesehen wird. In begründeten Fällen können auch zwei Varianten weiterverfolgt werden, das sollte jedoch die Ausnahme bleiben.

Vertiefung einer Variante

Die Hauptstudie unterscheidet sich also von der Vorstudie dadurch, dass sie sich nur noch mit einem eingegrenzten Gebiet auseinandersetzt, dieses Gebiet nun aber intensiver ausleuchtet.

Bei mittleren und größeren Projekten wird versucht, die Komplexität in den Griff zu bekommen, indem das Gesamtproblem in kleinere Problemfelder (Unter- und Teilsysteme) zerlegt wird. Das dazu notwendige Instrumentarium wird in Kapitel 3 behandelt.

Aufgliederung des Problemfeldes einer Variante

Einer der Kernpunkte der Hauptstudie ist die detaillierte Ermittlung der Anforderungen der Nutzer und sonstigen Stakeholder. Dazu sollten die späteren Nutzer intensiv eingebunden werden. Die Interessen von Nutzer und Auftraggeber fallen oft auseinander. Der Bearbeiter muss deswegen versuchen, in dieser Phase so gründlich wie möglich die Anforderungen der späteren Nutzer und der sonstigen wichtigen Stakeholder herauszufinden, um gute Lösungen zu finden. Der Projektverantwortliche muss anschließend gegenüber den Anwendern wie auch gegenüber anderen Gruppen (Entscheider, Meinungsführer, Vertreter von Interessengruppen wie Arbeitnehmervertretungen etc.) die Projektergebnisse gut begründen und „verkaufen" – eine Aktivität, die als Projektmarketing bezeichnet werden kann.

Benutzer intensiv einbinden

In der Hauptstudie werden Groblösungen für die abgegrenzten Problemfelder (Teilprojekte) erarbeitet. Dabei wird darauf geachtet, dass die Teilergebnisse mit den anderen Teilen und mit ihrer Umgebung verträglich sind (Beachtung der Schnittstellen). Für jedes Teilprojekt werden wiederum – soweit möglich und sinnvoll – Varianten konzipiert. Damit der/die Entscheider über das weitere Vorgehen beschließen können, müssen ihnen für jedes Teilprojekt Kosten-Nutzen-Analysen und Empfehlungen für die favorisierten Varianten vorgelegt werden.

Planungszyklus für Teilprojekte

Schließlich muss in der Hauptstudie das weitere Vorgehen für die nächste(n) Phase(n) geplant werden.

Zusammenfassung

In der Hauptstudie werden für abgegrenzte Teilprojekte grobe Lösungsmodelle erarbeitet und anhand von Zielen bewertet.

2.4.2.1.4 Teilstudien

Der bisherige Ablauf in Vor- und Hauptstudie verdeutlicht, dass dieses Modell ein Vorgehen vom Groben ins Detail fordert. Man setzt sich erst mit den Details auseinander, wenn sichergestellt ist, dass die Entscheider die Lösung akzeptieren. Dadurch werden auch nur für solche Varianten Details erarbeitet, die wirklich realisiert werden sollen.

In den Teilstudien werden die Grobentwürfe aus der Hauptstudie so weit detailliert, dass diese Planung dann umgesetzt bzw. realisiert werden kann.

Ausführungsreife Planung

Zum Abschluss der Teilstudien müssen die realisationsreifen Detailpläne von den Entscheidungsberechtigten verabschiedet werden. Sie prüfen, ob die Vorgaben aus der Hauptstudie eingehalten werden, entscheiden über Einzelheiten, die erst in dieser Planungsstufe aufgetaucht sind und entscheiden über die Realisierung und die dafür benötigten finanziellen, personellen und sonstigen Mittel.

Zusammenfassung

In den Teilstudien erfolgt die ausführungsreife Planung. Dabei sind insbesondere die späteren Anwender intensiv zu beteiligen. Am Ende der Teilstudien werden mit der Entscheidung für die Realisation (Systembau) auch die benötigten Ressourcen freigegeben.

2.4.2.1.5 Systembau/Realisierung

Im Systembau werden die Konzeptionen aus den Teilstudien realisiert. Dabei ist es auch möglich, iterativ einzelne Teilprojekte nacheinander umzusetzen (hybrides Vorgehen wie z. B. im Haubentaucher-Modell – siehe Kapitel 2.5.5).

Bei konventionellen aufbau- und ablauforganisatorischen Vorhaben ist die Hauptarbeit schon fast getan, es sei denn, mit dem Projekt wären bauliche Maßnahmen oder die Installation von Geräten bzw. Maschinen verbunden. Bei IT-Projekten sind die Anwendungen/Module zu erstellen, zu testen und zu integrieren.

Es folgt die Fertigstellung der Dokumentation. Zum einen ist die Projektdokumentation abzuschließen. Diese Dokumentation ist während des gesamten Projektfortschritts laufend erstellt worden. Zum anderen muss die Abschlussdokumentation erarbeitet werden. Sie besteht aus der Verfahrensdokumentation für die Spezialisten (z. B. Dokumentation der Datenbank) und aus der Benutzerdokumentation für die Anwender (z. B. Handbuch für die Nutzer). Liegen fertig ausgetestete Ergebnisse vor, ist die Einführung vorzubereiten.

Am Ende des Systembaus liegt ein fertig installiertes, betriebsbereites System vor.

Auch nach Abschluss dieser Phase ist eine Entscheidung einzuholen. Dabei geht es um die Freigabe für die Einführung und damit auch um die Bewilligung der dazu notwendigen Mittel.

Zusammenfassung

Im Systembau werden die Ergebnisse der Teilstudien umgesetzt. Die Projektdokumentation ist abzuschließen und die Benutzerdokumentation wird erstellt. Die Einführung wird vorbereitet. Am Ende liegt ein fertig installiertes, betriebsbereites System vor.

2.4.2.1.6 Einführung

Die Einführung eines Projekts muss von langer Hand vorbereitet werden. Es wäre viel zu spät, sich mit der Einführung erst dann auseinanderzusetzen, wenn die Planung und die Realisation abgeschlossen sind. Die Planung und die Vorbereitung der Einführung müssen spätestens im Systembau abgeschlossen sein, normalerweise beginnen sie jedoch bereits in der Hauptstudie.

Da Maßnahmen zur Akzeptanzsteigerung und weitere wesentliche Aspekte bei der Einführung in planbasierten Vorgehen sich nicht grundsätzlich von anderen methodischen Modellen unterscheiden, werden Details zu diesen Themen weiter unten behandelt (siehe dazu Kapitel 14).

2.4.2.1.7 Erhaltung

Die Erhaltung soll die technische Betriebsbereitschaft (die Anwendung läuft) und die funktionale Betriebsbereitschaft (die Anwendung leistet das, was sie leisten soll) gewährleisten. Dazu müssen Störungen ermittelt und behoben werden. Treten Störungen auf, wird ein – normalerweise eilbedürftiger – Reparaturauftrag ausgelöst, aber kein neues Projekt.

Nach der Einführung, möglichst sogar nach einem längeren Praxisbetrieb, sollte das Projekt kontrolliert werden. Dabei geht es um drei Aspekte:

Qualitätskontrolle

- Wird die Lösung so praktiziert wie geplant?
- Sind die versprochenen oder erwarteten Ergebnisse eingetreten?
- Wie sind Kosten und Nutzen dieser Anwendung zu beurteilen?

Letztlich geht es hier um die Qualität der Projektarbeit. Diese Frage können die zuständigen Projektverantwortlichen kaum objektiv beantworten. Andererseits sind sie oft die einzigen, die überhaupt die notwendigen Fachkenntnisse besitzen, um ein solches Urteil abzugeben.

Zusammenfassung

Die Erhaltung dient der Sicherung der technischen und funktionalen Betriebsbereitschaft. Nach der Einführung sollte überprüft werden, ob die ursprünglichen Ziele mit einem akzeptablen Aufwand erreicht und ob die bereitgestellten Leistungen auch genutzt werden.

Übersicht zu den Projektphasen

In den folgenden Übersichten werden die wichtigsten Inhalte der Projektphasen zusammengefasst. Dabei ist zu beachten, dass es durchaus möglich ist, beispielweise ab der Phase Teilstudien ein iteratives Vorgehen zu wählen, das heißt, dass Teilprojekte nacheinander geplant, umgesetzt und eingeführt werden, damit schneller Ergebnisse vorliegen. Das ist methodisch auch deswegen sinnvoll, weil die Gesamtzusammenhänge der Teilprojekte und deren Schnittstellen durch die Vor- und Hauptstudie zumindest grob bekannt sind (siehe dazu auch die Kapitel 2.4.3 und 2.5).

Phase		
Initiative	**Ziel**	Ermittlung der Vorgaben des Auftraggebers sowie der Aufbauorganisation des Projekts
	Ergebnis	Abgestimmter Auftrag
Vor-studie	**Ziel**	Feststellen, ob das Projekt weiter verfolgt werden soll und, falls ja, in welche Richtung
	Ergebnis	Ein bewerteter Vorschlag für die Lösungsrichtung
Haupt-studie	**Ziel**	Konkretisieren der Lösung in Form von Grobkonzepten für abgegrenzte Teilprojekte; detaillierte Ermittlung der Benutzeranforderungen
	Ergebnis	Bewertete Vorschläge für Teilprojekte
Teil-studien	**Ziel**	Freigabe der Realisation
	Ergebnis	Abgeschlossene, ausführungsreife Detailpläne
System-bau	**Ziel**	Umsetzen der Planung in eine betriebsfertige Lösung
	Ergebnis	Fertiggestelltes, betriebsbereites System
Ein-führung	**Ziel**	Ein formell abgenommenes, voll funktionsfähiges System
	Ergebnis	Nutzungsfreigabe = Projektende
Erhal-tung	**Ziel**	Aufrechterhaltung der technischen und funktionalen Betriebsbereitschaft
	Ergebnis	Ein angepasstes, funktionsfähiges, genutztes System

Abb. 2.05: Ziele und Ergebnisse der Projektphasen

Vorstudie: Welche realisierbare Richtung sollen wir einschlagen?

- Erheben und Analysieren von Informationen
- Modellieren der Situation
  - Abgrenzen des Projekts
  - interne Wirkungszusammenhänge darstellen
- externe Beziehungen und Einflüsse ermitteln
- Verfeinerung der Ziele
- Ermittlung der wichtigsten Anforderungen an die Lösung (was muss, soll sie leisten können)
- Erarbeitung grober Lösungsvarianten bzw. prinzipieller Lösungsrichtungen
- Realisierbarkeit prüfen, u. a. nach den Kriterien
  - machbar
  - durchsetzbar
  - sozial verträglich
  - wirtschaftlich sinnvoll (Vergleich mit der Null-Variante)
- Bewertung (Kosten, Nutzen)
- Erarbeiten einer Empfehlung
- Vorbereiten und Durchführen einer Entscheidungspräsentation

Bewerteter, machbarer Lösungsvorschlag zur Weiterverfolgung in der Hauptstudie

Hauptstudie: Was braucht der Benutzer?

- Verfeinerung der modellierten Situation
- Zerlegung des Projekts in abgrenzbare Teilprojekte
- Ermittlung der Schnittstellen zwischen den abgegrenzten Teilprojekten sowie den Teilprojekten und der Projektumwelt
- Weitergehende Erhebung und Analyse zu den abgegrenzten Teilprojekten sowie den Teilprojekten und der Projektumwelt
- Ermittlung der fachlichen Benutzer-/Kundenanforderungen im größtmöglichen Detaillierungsgrad
- Ermittlung bzw. Detaillierung von Qualitätsanforderungen mit Entscheidern und Anwendern
- Erarbeitung grober Lösungsvarianten für die abgegrenzten Teilprojekte
- Verfeinerung der Ziele und Anforderungen für die Teilprojekte
- Bewertung der Lösungsvarianten (Kosten, Nutzen, Umsetzungszeit)
- Prüfung der Verträglichkeit von Teillösungen
- Ermittlung der Prioritäten für Teilprojekte

Umfang ist geklärt, Auswirkungen auf Kosten und Zeit sind bekannt, Vorgehensvarianten sind entschieden

Abb. 2.06 (Teil 1): Übersicht der Inhalte der Phasen des Wasserfall-Modells

Teilstudien: Wie sieht die Lösung auf dem Papier oder als Modell aus?

- Bedarfsabhängig weitere Erhebung und Analyse von Informationen
- Komplettieren, Aktualisieren der Anforderungen und der Ziele
- Erarbeiten ausführungsreifer Pläne
- Elementare Funktionen, Datenfluss und Schnittstellen beschreiben
- Ermittlung des quantitativen und qualitativen Bedarfs an Personal, Raum/Gebäuden und sonstigen Sachmitteln
- Anforderungskatalog (Lastenheft) und Pflichtenheft erstellen
- Erstellen der Ausschreibungsunterlagen
- Einholen von Angeboten und Bewertung der Angebote
- Einführung planen

Abgeschlossene inhaltliche Planung bis zu ausführungsreifen Detailplänen

Systembau: Wie bauen wir die Komponenten funktionsfähig zusammen?

- Umsetzen der Pläne in arbeitsfähige Lösungen
- Vergabe und Überwachung von Fremdaufträgen
- Durchführung baulicher Maßnahmen
- Installation notwendiger Sachmittel
- Erstellung von Programmen
- Einstellung von Funktionsparametern und Tabellen
- Testdaten bereitstellen
- Komponenten zusammenführen
- Abschlusstests
- Fertigstellung der Projektdokumentation
- Fertigstellung der Benutzerdokumentation
- Einführungsvorbereitung abschließen
- Qualitätssicherung durchführen

Fertiggestelltes, betriebsbereites System

Abb. 2.06 (Teil 2): Übersicht der Inhalte der Phasen des Wasserfall-Modells

Einführung: Wie machen wir die Betroffenen mit dem neuen System vertraut?

- Information der indirekt Betroffenen
- Schulung der direkt Betroffenen
- Unterstützung der Anwender in der Anfangsphase
- Sicherstellen des störungsfreien Funktionierens (Stabilisierung der Lösung)
- Vorbereitung der Entscheidung für die Nutzungsfreigabe

Nutzungsfreigabe

Erhaltung: Wie erhalten wir die Nutzung dauerhaft aufrecht?

- Sammlung von Betriebs- und Nutzungsinformationen
- Störungsdiagnose und Behebung von Störungen
- Überprüfung auf sachgerechte Ergebnisse
- Überprüfung, in welchem Ausmaß Regelungen eingehalten werden bzw. die Lösung genutzt wird
- Soll-Ist-Vergleich: In welchem Ausmaß sind die Ziele erreicht worden?
- Ermittlung von Anpassungs-/Änderungsbedarf (ggf. Anstoß für ein neues Projekt)

Anpassung während der Nutzung

Abb. 2.06 (Teil 3): Übersicht der Inhalte der Phasen des Wasserfall-Modells

2.4.2.2 Planungszyklus

Bei der Darstellung der Projektphasen wurde schon darauf hingewiesen, dass die drei Planungsphasen die gleiche Grundstruktur aufweisen. Sie unterscheiden sich lediglich in der Abgrenzung und im Detaillierungsgrad der jeweils bearbeiteten Problemfelder. Es ist allerdings zu beachten, dass

Flexibel zu handhaben

- nicht immer alle Schritte im Zyklus bearbeitet werden müssen (wenn z. B. die benötigten Informationen schon vorliegen, erübrigt sich deren Ermittlung)
- der Zyklus keine Einbahnstraße darstellt (in späteren Schritten kann es sich beispielsweise herausstellen, dass Informationen noch fehlen, so dass nachgearbeitet werden muss).

Checkliste für den Projektleiter

Der Planungszyklus soll dem Projektverantwortlichen als Checkliste dienen. Sie weist auf vermutlich notwendige Bearbeitungsschritte hin. Diese Checkliste dient aber nur als Empfehlung für den Normalfall. Sie ist nicht „sklavisch“ abzuarbeiten.

Der Planungszyklus, erweitert um die Phasen Systembau sowie ggf. Einführung und Erhaltung, kann auch als Leitfaden für agile Vorhaben dienen (vgl. Kapitel 2.5.2). Diese werden in mehreren, kürzeren Zeiträumen durchlaufen, die oft als Iterationen bezeichnet werden. Wenn in den weiteren Abschnitten von „Phasen" gesprochen wird, so sind analog auch Iterationen agiler Vorgehensmodelle gemeint.

Abb. 2.07: Planungszyklus in den Planungsphasen

2.4.2.2.1 Auftrag

Es wurde bereits erwähnt, dass die Projektverantwortlichen für andere tätig werden. Da sie normalerweise keine Entscheidungsbefugnisse besitzen, werden sie durch Aufträge gesteuert. Der Auftrag für die Vorstudie wird bereits in der Phase Initiative erarbeitet (vgl. Kapitel 2.4.2.1.1).

Für jede Phase einen Auftrag

Ein Projekt wird nicht mit einem einzelnen Auftrag gesteuert, sondern mit einer Kette von Aufträgen. Für jede Phase eines planbasierten Projekts, d. h. sowohl für die Planungsphasen als auch für den Systembau und die Einführung, sind einzelne Aufträge zu erteilen. Dies gilt analog auch für die Iterationen agiler Projekte. Das hat zwei einander ergänzende Wirkungen:

- Der Projektleiter bekommt jedes Mal nur grünes Licht (d. h. auch Personal, Budget usw.) für eine Phase oder eine Iteration. Er darf ein Projekt nicht bis zu dessen Ende durchziehen, ohne Zwischenentscheide eingeholt zu haben

- Der Auftraggeber kann sich nicht aus der Verantwortung für seine Steuerungsaufgaben heraushalten. Damit ist die projektbegleitende Steuerung durch den Auftraggeber sichergestellt.

Mit dem Projektfortschritt wächst der Wissensstand über das Vorhaben, sodass die nachfolgenden Projektaufträge immer detaillierter und präziser werden. Diese Projektaufträge sind praktisch identisch mit den Beschlüssen am Ende der Vorphase und den dort getroffenen Vereinbarungen für das weitere Vorgehen. Der Projektleiter muss deswegen am Ende jeder Phase seine Entscheidungsvorlage so vorbereiten, dass sie die Inhalte für den nächsten Projektauftrag (Phasenauftrag) beinhaltet.

Zusammenfassung

Projekte werden durch Aufträge gesteuert, die jeweils für eine Phase oder Iteration gelten.

Weitere Einzelheiten und Techniken im Zusammenhang mit der Auftragsabstimmung finden sich in Kapitel 5.

2.4.2.2.2 Erhebung/Analyse

Unter einer Erhebung wird die Sammlung von Informationen verstanden. Als Analyse wird die Ordnung (Aufbereitung) des erhobenen Informationsmaterials bezeichnet.

Ausgangssituation und zukünftige Entwicklung klären

Nach der Auftragserteilung müssen Informationen über den Istzustand erhoben werden. Dabei kann es sich um Informationen über Aufgaben, deren Volumen, Zeit und Ort des Aufgabenanfalls, über Aufgabenträger, über Sachmittel, über bestehende Verfahren, kurz gesagt über die Inhalte des sogenannten Organisationswürfels handeln. Es sind aber nicht nur Informationen über das Ist sondern auch über die zukünftige Entwicklung zu erheben. Lösungen werden für die überschaubare Zukunft erarbeitet. Damit wird es häufig notwendig sein, zukünftige Entwicklungen – z. B. die Entwicklung des Mengengerüstes – in die Überlegungen miteinzubeziehen, sonst können Lösungen schon bei der Einführung überholt sein.

Vom Groben ins Detail

Die notwendige Breite und Tiefe der Informationen hängen vom Projektfortschritt ab. Die Regel heißt, dass in der Vorstudie und teilweise auch noch in der Hauptstudie eher breit und grob, in den Teilstudien dagegen für eng begrenzte Untersuchungsbereiche so detailliert wie notwendig erhoben wird. Es ist nicht sinnvoll, bereits in einer Vorstudie detaillierte Erhebungen anzustellen, da noch nicht zu erkennen ist, welcher Lösungsweg am ehesten Erfolg versprechen dürfte. Auch steht der Untersuchungsbereich zu Beginn normalerweise noch nicht fest, sodass auch aus diesem Grund die Erhebung eher breit angelegt wird. Je weiter man im Projekt voranschreitet, desto klarer ist der Informationsbedarf zu erkennen, der auch im Detail ermittelt werden muss. Das Prinzip muss auf jeder Stufe also heißen: Soviel erheben wie unbedingt nötig.

Das Prinzip „Vom Groben zum Detail" gilt auch bei agilen Vorgehen. Um in den Iterationen nützliche und wertvolle (Teil-)Ergebnisse zu erstellen, kann allerdings ein „Abtauchen" in einen jeweils begrenzten Untersuchungsbereich sinnvoll und notwendig sein.

Von der Qualität der erhobenen Informationen hängt zu einem erheblichen Teil die Qualität der späteren Lösung ab. Aus diesem Grund gibt es eine ganze Reihe von Werkzeugen, die die Erhebungsarbeit unterstützen, die sogenannten Erhebungstechniken, die in Kapitel 6 ausführlich behandelt werden.

Aufbereitete Informationen über das Ist

Die erhobenen Informationen müssen – wenn dieses nicht bereits durch eine entsprechende Strukturierung in der Erhebung geschehen ist – zusätzlich aufbereitet, geordnet, ausgewertet und systematisiert werden. Diese Ordnung wird hier als Analyse bezeichnet. Analyse ist von der Bewertung zu unterscheiden. Es geht also nicht um gut oder schlecht, sondern um die Ordnung/Klassifizierung des erhobenen Materials.

Beispiel

Bei der Untersuchung der Schadensfälle einer Versicherung wurden alle Fälle des zurückliegenden Jahres gesammelt. An diese Erhebung schließt sich dann die Analyse an. So werden die Fälle gegliedert nach der Höhe der Schadenssumme, der Art des Schadens, der Altersstruktur der Beteiligten, nach den Regionen, in denen der Schaden entstanden ist etc. Das erhobene Material wird also geordnet, und zwar nach Kriterien, die sich aus der Zielsetzung des Projekts ergeben.

Durch spezielle Techniken wird beispielsweise die Analyse von Aufgaben, Informationen und Mengen unterstützt (siehe dazu die Techniken der Analyse in Kapitel 7).

Wertfreie Aufbereitung

Oft ist es möglich, bereits bei der Erhebung Merkmale der Analyse zu verwenden, sodass Erhebung und Analyse im Gleichschritt erfolgen.

Zusammenfassung

Die Erhebung beinhaltet die Sammlung von relevanten Informationen. Analyse ist die wertfreie Ordnung der erhobenen Informationen. Sowohl für die Erhebung als auch für die Analyse stehen organisatorische Techniken zur Verfügung.

2.4.2.2.3 Ermittlung der Anforderungen

IREB-Definition

Die Ermittlung der Anforderungen der verschiedenen Parteien, die ein Interesse an der Lösung haben, kann ohne Übertreibung als eine der wichtigsten Aufgaben in jedem Projekt bezeichnet werden. Mit Parteien sind die sogenannten Stakeholder gemeint, deren Anforderungen an die Lösung für den Erfolg des Projekts maßgeblich sind. IREB (International Require-

IREB-Definition

ments Engineering Board) definiert eine Anforderung als (1) einen Bedarf, der durch einen Stakeholder wahrgenommen wird, (2) eine Fähigkeit oder Eigenschaft, die ein System haben sollte, (3) eine dokumentierte Repräsentation eines Bedarfs, einer Fähigkeit oder einer Eigenschaft.

Anforderungen der Stakeholder

Die Ermittlung der Anforderungen ist besonders schwierig, wenn „auf der grünen Wiese" Lösungen gefunden werden sollen. Dann fällt es den Beteiligten und insbesondere den Anwendern ausgesprochen schwer, Vorstellungen über die zukünftigen Anforderungen zu entwickeln.

Anforderungen lassen sich bespielweise aus der Unternehmensstrategie bzw. aus den Zielen eines Unternehmens ableiten. Allerdings sind eine Unternehmensstrategie und Unternehmensziele eher abstrakt und allgemein gehalten. Durchaus konkrete Anforderungen lassen sich aber aus solchen Zielen ableiten, die für betriebliche Vorhaben „operationalisiert" wurden (zu dem Begriff Operationalisierung siehe Kapitel 5.4.3.6). Die Anforderungen beschreiben dann, was benötigt wird, um ein Ziel zu erreichen.

Handelt es sich demgegenüber um die Weiterentwicklung einer vorhandenen Lösung, wird normalerweise auf den gemachten Erfahrungen aufgebaut, um daraus die Anforderungen an die Weiterentwicklung abzuleiten. Die Würdigung einer bereits bestehenden Lösung setzt sich wertend mit dem Ist-zustand auseinander. Sie fragt nach Stärken und Schwächen, Chancen und Risiken dieser Lösung, um daraus die Anforderungen zu entwickeln.

Stärken und Schwächen, Chancen und Risiken

Schwächen sind meistens der Ausgangspunkt für organisatorische Vorhaben. Weil etwas unbefriedigend ist, möchte man es ändern. Allerdings sind zu Beginn eines Projekts meistens nicht alle Schwächen bekannt. Sie müssen planmäßig gesucht und auf ihre Ursachen zurückgeführt werden.

Die Suche nach Schwachstellen darf aber nicht den Blick für die Stärken des Istzustands versperren. Oftmals ist man sich dieser Stärken gar nicht recht bewusst. Wie gut die bisherige Lösung war, merkt man erst dann, wenn es zu spät ist, wenn nämlich die neue Lösung schon eingeführt wurde. Die Kenntnis der Stärken ist genauso wichtig wie die Kenntnis der Schwachstellen. Nur wenn man sich der Stärken bewusst ist, kann man dafür sorgen, sie auch für die Zukunft zu erhalten oder, falls das nicht möglich ist, zusätzliche Maßnahmen ergreifen, um den Verlust einer Stärke zu kompensieren.

Darüber hinaus sollten auch die zukünftigen Chancen und Risiken des Istzustands ermittelt werden. Nur erkannte Chancen können bewusst genutzt, nur erkannte Risiken können bewusst vermieden werden. Auch hier ist darauf zu achten, eine Verbindung zur Strategie und zu den Unternehmenszielen herzustellen.

Stärken und Schwächen, Chancen und Risiken müssen auf ihre Ursachen untersucht werden, um mit neuen Lösungen nicht am Symptom zu kurieren. Sind z. B. die Ursachen für Schwächen bekannt, ist es oftmals relativ einfach, auch sinnvolle Lösungen zu finden. Sind die Ursachen für Stärken bekannt, fällt es leichter, sie zu erhalten.

Ermittlung von Ursachen

Nach der Ermittlung und Bewertung der Stärken und Schwächen, der Chancen und der Risiken sind die Ziele im Projektauftrag und die Anforderungskataloge zu überarbeiten. Aus Schwächen (Problemen) werden ebenso Ziele (z. B. lange Durchlaufzeiten im Ist werden zum Ziel „kurze Durchlaufzeiten“) wie aus Stärken (z. B. gute Beziehungen zum Kunden wird zum Ziel „Kundenbindung fördern“). Aus Chancen können ebenso Ziele abgeleitet werden (z. B. Erweiterungsfähigkeit einer Lösung, wenn die Chance besteht, Marktanteile auszubauen) wie aus Risiken (wenn z. B. der Lieferant von Hardware ausfallen könnte, dann wäre ein denkbares Ziel „Sicherung der technischen Unterstützung“). Bei bekannten Risiken können frühzeitig vorbeugende Maßnahmen ergriffen werden, an die sonst niemand gedacht hätte.

Ziele und Anforderungskataloge

Ergebnis dieses Schrittes sind die Anforderungen der Benutzer, der Kunden, der Entscheider und aller übrigen Stakeholder an die spätere Lösung. Die Qualität einer Lösung hängt letztendlich davon ab, inwieweit deren Anforderungen erfüllt werden. Jede betriebliche Lösung muss dafür sorgen, dass die Erwartungen der Kunden so gut wie möglich erfüllt werden. Nur dann bleiben sie als Kunden erhalten und sichern die Existenz der Unternehmung. Die Kunden können nur dann bestmöglich versorgt werden, wenn alle Mitarbeiter auf Lösungen und Systeme zurückgreifen können, die solche Bestleistungen ermöglichen. Darüber hinaus gibt es aus der Sicht der Entscheider (Management) Anforderungen, die sich nicht immer hundertprozentig mit den Anforderungen der Nutzer decken, ja ihnen sogar widersprechen können.

Kunden und Anwender wichtige Stakeholder

Zur Ermittlung, Dokumentation und Analyse der Anforderungen können verschiedene Techniken herangezogen werden, die in Kapitel 8 näher behandelt werden.

Anforderungen sind Bedürfnisse, die von Kunden, Anwendern, Management und sonstigen Stakeholdern wahrgenommen werden, oder eine Fähigkeit oder Eigenschaft, die ein System (Lösung) aufgrund vertraglicher Verpflichtungen aufweisen muss. Soll ein bestehender Zustand verbessert werden, sind Stärken und Schwächen, Chancen und Risiken der vorhandenen Lösung Ausgangspunkt für derartige Überlegungen. Bei Neuentwicklungen müssen die Anforderungen konzeptionell erarbeitet werden. Die Ergebnisse der Anforderungsermittlung werden in die Projektziele und in die Anforderungskataloge eingearbeitet.

Zusammenfassung

2.4.2.2.4 Lösungsentwurf

Detaillierungsgrad abhängig vom Projektfortschritt

Nach der Erhebung, Analyse und Anforderungsermittlung sind Lösungsvarianten zu erarbeiten. Je nach Planungsfortschritt handelt es sich um Grobkonzepte für das Gesamtproblem (Vorstudie), um Grobkonzepte für einzelne Problemfelder bzw. Teilprojekte (Hauptstudie) oder um Detailkonzepte (Teilstudien, Iterationen in agilen Vorhaben).

In der Erhebung und Analyse wird das Material für die Lösungen gewonnen. Es werden die zu verteilenden Aufgaben, die benötigten Informationen, die einzusetzenden Sachmittel usw. ermittelt. Im Lösungsentwurf werden diese Elemente miteinander verknüpft zu Prozessen, zu Stellen, zu Abteilungen, zu Sachmittelsystemen, zu Informationssystemen etc.

Varianten ermöglichen Bewertung

Zu einer rationalen Entscheidung gehört es, dass nicht die erstbeste mögliche Lösung auf ihre Eignung untersucht wird, sondern dass Alternativen gesammelt werden. Mit der Zahl der vorliegenden Lösungsmöglichkeiten steigt die Wahrscheinlichkeit, dass die bestmögliche Lösung gefunden wird. Außerdem wird die Auswahl der bestmöglichen Lösung erleichtert, wenn alternative Lösungen vorliegen, da so die relativen Vor- und Nachteile einzelner Varianten erkannt werden können.

Der Lösungsentwurf lässt sich nur unterstützend durch Techniken begleiten. Zu groß ist das Spektrum betrieblicher Fragestellungen, als dass hier Techniken eingesetzt werden könnten, die direkt den Weg zur optimalen Lösung weisen. Techniken der Aufbau- und Prozessorganisation, Kreativitätstechniken und Entwurfstechniken können eine gewisse Hilfe bieten. Auch kann der Einsatz der Moderationstechnik hilfreich sein, wenn Lösungen beispielsweise mit den Betroffenen gemeinsam erarbeitet werden. Ansonsten ist der Projektverantwortliche hier auf die Ergebnisse der Befragungen, auf intensive Diskussionen mit den späteren Anwendern, auf seine eigenen Erfahrungen wie auch auf seine Kombinationsfähigkeit und Vorstellungskraft angewiesen (zu den Techniken des Lösungsentwurfs siehe Kapitel 9).

Zusammenfassung

Im Lösungsentwurf werden in den einzelnen Projektphasen zunehmend detaillierte Lösungsvarianten erarbeitet mit dem Ziel, die bestmögliche Lösung zu erkennen.

2.4.2.2.5 Bewertung und Auswahl

Transparenz statt objektiver Bewertung

In einer Bewertung werden Aussagen darüber gemacht, inwieweit mit den erarbeiteten Varianten die gesetzten Ziele erreicht und Anforderungen erfüllt werden. Da die Aussage darüber, was ein Ziel ist, wie auch die Aussage, wie wichtig ein Ziel oder eine Anforderung ist, ja selbst die Aussage, ob eine Variante ein Ziel oder eine Anforderung mehr oder weniger gut erreicht, von individuellen Wertmaßstäben abhängt – unterschiedliche Bewerter kommen oft zu unterschiedlichen Ergebnissen – kann es keine objektive Bewertung geben. Die Objektivierung der Bewertung ist methodisch nicht zu lösen. Das führt zu einem Dilemma, da bei betrieblichen Vorhaben ganz verschiedene „Parteien" (Stakeholder) mit sehr unterschiedlichen Präferenzen beteiligt sind.

Das Ziel kann also nicht heißen, so objektiv wie möglich zu bewerten – eine solche Zielsetzung klingt zwar plausibel, ist aber praktisch nicht umzusetzen. Vielmehr sind die Entscheidungsgrundlagen so transparent wie möglich zu machen, sodass die Entscheider erkennen können, unter welchen Prämissen die Bewerter zu ihrer Aussage gekommen sind. Die Entscheider müssen dann sagen, ob sie die Prämissen akzeptieren. Techniken der Bewertung werden in Kapitel 10 vorgestellt.

An die Bewertung – genauer gesagt an den Bewertungsvorschlag – durch die Projektverantwortlichen schließt sich dann die Bewertung durch die dazu befugten Stellen oder Gremien an. Diese Bewertung mündet in die Auswahlentscheidung, die gleichzeitig die Grundlage für den Auftrag zur nächsten Projektphase bildet. Womit sich ein Kreis (Zyklus) geschlossen hat und ggf. ein neuer Durchlauf beginnen kann.

In agilen Vorhaben wird in der jeweiligen Iteration neben den absolvierten Schritten des Planungszyklus die gewählte Variante (bzw. das Teilergebnis) realisiert und (soweit möglich) auch eingeführt.

Zusammenfassung

In der Bewertung wird ermittelt, inwieweit die Varianten die gesetzten Ziele erreichen beziehungsweise die Anforderungen erfüllen. Der Bewertungsvorschlag durch die Projektmitarbeiter sollte für den Entscheider nachzuvollziehen sein.

Die Bestandteile des Planungszyklus werden in der folgenden Übersicht zusammengefasst (Abbildung 2.08).

Schritt im Zyklus	Zu erledigende Aufgaben
Auftrag	Ziele, Restriktionen, Projektorganisation, Termine, Kosten (Budget) für diese Phase, evtl. auch eine Rentabilitätsrechnung für das Projekt (Business Case). Am Ende der Phase muss eine neue Entscheidung eingeholt/gefällt werden. Ein vollständig formulierter Auftrag ist als Holschuld des Projektleiters anzusehen
Erhebung/Analyse	Sammeln von Informationen zum Istzustand und über die zukünftige Entwicklung. Aufbereiten (Ordnen) des erhobenen Materials.
Ermittlung der Anforderungen	Ermittlung der Anforderungen von Kunden, Betroffenen, Entscheidern und sonstigen Stakeholdern; bei Weiterentwicklungen auf der Grundlage von Stärken und Schwächen, Chancen und Risiken. Überarbeitung des Zielkatalogs/Anforderungs-katalogs für das Projekt/Teilprojekt.
Lösungsentwurf	Sammlung von (Teil-)Lösungen als mögliche Varianten.
Bewertung	Die ermittelten Varianten werden den Zielen gegenübergestellt. Der Zielerreichungsgrad der Varianten wird ermittelt. Es wird eine Empfehlung für die Entscheider erarbeitet.
Auswahl	Die Entscheidungsberechtigten überprüfen den Vorschlag und legen verbindlich fest, wie weiter vorzugehen ist. Wenn das Projekt fortgeführt wird, erteilen sie einen Auftrag für das weitere Vorgehen.

Abb. 2.08: Bestandteile eines Planungszyklus

2.4.2.3 Zusammenhang zwischen Projektphasen und Techniken

Die meisten Techniken, die in den folgenden Kapiteln behandelt werden, können einzelnen Projektphasen bzw. den Schritten des Planungszyklus zugeordnet werden. Die folgende Abbildung zeigt diese Techniken und ihren Bezug zu den Projektphasen.

Managementtechniken, die die Projektphasen „begleiten“, werden in Kapitel 13, wesentliche Aspekte zur Einführung der Lösung in Kapitel 14 vorgestellt.

Ziele/Probleme

Vorstudie/Hauptstudie/Teilstudien

Projektphasen mit Planungszyklus	Techniken
Auftrag	Systemabgrenzung, Ermittlung Stakeholder, Zielformulierung, Business Case
Erhebung	Interview, Fragebogen, Beobachtung, Selbstaufschreibung, Laufzettel, Schätzung, Erhebungsworkshop, Multimomentstudie, Zeitaufnahme, Dokumentenstudium
Analyse	Aufgabenanalyse, Informationsanalyse, Vernetztes Denken
Anforderungsermittlung	Dokumentationstechniken, Techniken der Anforderungsermittlung, der Gewichtung, der Qualitätssicherung, des Anforderungsmanagements
Lösungsentwurf	Kreativitätstechniken, Entwurfstechniken, FMEA, Scamper
Bewertung und Auswahl	Vorprüfung, Wirtschaftlichkeitsrechnung, verbale Bewertung, Nutzwertanalyse, Kosten-Wirksamkeits-Analyse, visuelle Bewertung
Systembau	Techniken zur Darstellung und Gestaltung von Aufbau- und Prozessorganisation
Einführung	Präsentationstechnik
Erhaltung	

Lösung/Ergebnis

Abb. 2.09: Zusammenhang zwischen Projektphasen und Techniken

2.4.3 Varianten zum Standardablauf von planbasierten Projekten

Die oben genannten Projektphasen sollten in umfangreichen und komplizierten betrieblichen Projekten grundsätzlich eingehalten werden. Allerdings gibt es durchaus Situationen, in denen es sinnvoll ist, davon abzuweichen und eine der folgenden Varianten zu nutzen:

- Überlappende Projektphasen (Simultaneous Engineering)
- Zusammenlegen von Phasen
- Späterer Einstieg in das Projekt.

2.4.3.1 Überlappende Projektphasen (Simultaneous Engineering)

Flexible Übergänge

In der praktischen Projektarbeit ist es nicht immer möglich und auch nicht immer sinnvoll, eine Phase komplett abzuschließen, ehe mit der Folgephase begonnen wird. Oft ist es auch notwendig, zu einer vorhergehenden Phase zurückzukehren, etwa weil sich später herausstellt, dass es weitere sinnvolle Varianten gibt oder weil eine verfolgte Variante sich aus bestimmten Gründen als nicht realisierbar erweist. Auch können Informationen aus früheren Phasen noch fehlen, die später nacherhoben werden müssen. Das führt zu überlappenden Phasen, wie die folgende Abbildung 2.10 beispielhaft zeigt.

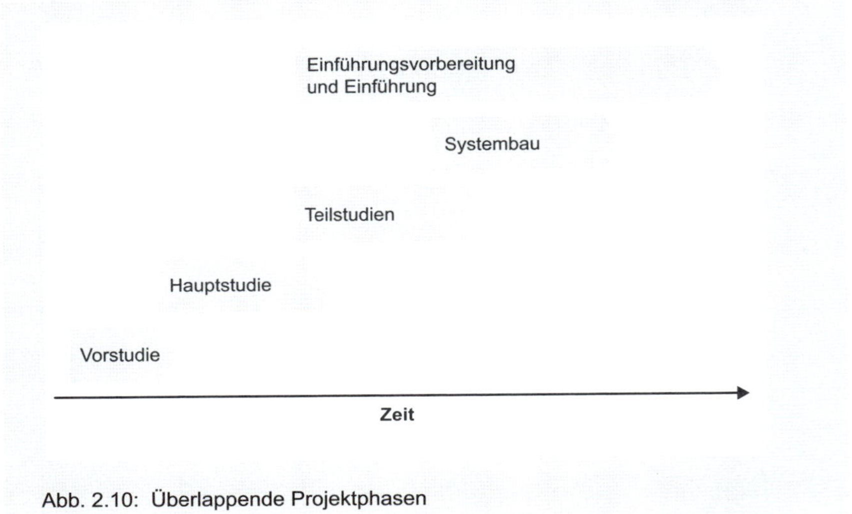

Abb. 2.10: Überlappende Projektphasen

Besonders groß ist normalerweise der Überlappungsbereich bei der Einführung bzw. bei der Einführungsvorbereitung. Mit Vorbereitungen zur Einführung kann (und sollte) schon in der Hauptstudie begonnen werden.

Überlappende Planung und Realisation

Weiterhin können sich Phasen insofern überlappen, als bei einigen Teilprojekten noch an der Planung gearbeitet wird, während bei anderen Teilprojekten bereits die Realisation begonnen hat. Das kann beispielsweise bei einem Projekt der Fall sein, bei dem in der Beschaffung mit langen Lieferzeiten zu rechnen ist. Ohne die detaillierte, ausführungsreife Planung abgeschlossen zu haben, werden „Grobaufträge“ (Optionen) vergeben. Die Spezifikationen werden dann mit dem Projektfortschritt präzisiert.

Das Simultaneous Engineering stellt das Phasenkonzept nicht grundsätzlich infrage, die Grundstruktur des Projektes bleibt unverändert, sie wird lediglich modifiziert. Damit sind die folgenden Vor- und Nachteile verbunden (siehe Abbildung 2.11).

Vorteile	Nachteile
▪ Kürzere Durchlaufzeit von Projekten ▪ Leichtere Überbrückung der Kluft zwischen Planern und Realisierern	▪ Gefahr von Insellösungen ▪ Künstliche Schaffung von Restriktionen für nachfolgende Teilprojekte ▪ Hoher Aufwand für die Koordination

Abb. 2.11: Vor- und Nachteile des Simultaneous Engineering

Überlappende Projektphasen und parallel bearbeitete Teilprojekte können dazu beitragen, die Durchlaufzeit von Projekten zu beschleunigen und die Kooperation der Beteiligten im Projekt zu verbessern.

Zusammenfassung

2.4.3.2 Zusammenlegen von Phasen

Planungsphasen verdichtet

Im Einzelfall kann es sinnvoll sein, zwei oder gar alle drei Planungsphasen zusammenzulegen. Die den Phasen zugeordneten Planungsaufgaben werden zwar erledigt, aber nicht jedes Mal mit der Projektinstanz formell abgestimmt. Typisch ist die Zusammenlegung der Haupt- und der Teilstudien, nachdem zuvor eine Richtungsentscheidung nach einer – evtl. kurzen – Vorstudie eingeholt wurde. Denkbar ist auch die Zusammenlegung der Vor- und Hauptstudie, um dann nach der Entscheidung mit der ausführungsreifen Planung zu beginnen.

Die Zusammenlegung von Phasen kann unter folgenden Umständen sinnvoll sein:

- kleines Projekt (geringer Zeitaufwand, geringe Kosten)
- einfaches Projekt (geringe Schwierigkeit, wenig neuartig)
- geringe Bedeutung des Projekts (kaum wesentliche Auswirkungen auf wichtige Ziele)
- hoher Zeitdruck (Handeln ist wichtiger als Perfektionieren).

Vorteile	Nachteile
■ Schnelle Ergebnisse ■ Geringerer Planungsaufwand ■ Entscheider werden weniger behelligt.	■ Suche nach sinnvollen Varianten wird vernachlässigt ■ Tatsächlich vorhandene Komplexität wird unzulässig reduziert ■ Einengung des Blickfeldes auf Varianten, die eine hohe Realisierungs- oder Akzeptanzchance haben.

Abb. 2.12: Vor- und Nachteile der Zusammenlegung von Phasen

2.4.3.3 Späterer Einstieg in die Projektphasen

Grobplanung entbehrlich

Das Standardmodell kann dahingehend modifiziert werden, dass erst in einer späteren Phase in das Projekt eingestiegen wird. So kann beispielsweise die Vorstudie übersprungen werden. Oder es wird sogar gleich mit der Feinplanung, im Extremfall sogar mit der Realisierung begonnen.

Dieser Weg kann sinnvoll sein, wenn beispielsweise die folgenden Bedingungen gegeben sind:

- Lösung steht bereits fest (der Entscheider will ein bestimmtes Ergebnis)
- keine echten Varianten vorhanden (politische oder rechtliche Vorgaben erzwingen eine bestimmte Lösung)
- Einführung fertiger Ergebnisse (die Grundsatzentscheidung für die Lösung wurde beispielsweise schon in einem früheren Projekt gefällt)
- Projekt hat geringe Bedeutung (die Qualität der Lösung spielt keine sehr große Rolle)
- Wegwerfprojekt (das Ergebnis wird nur einmalig oder kurzfristig genutzt).

Vorteile	Nachteile
■ Schnelle Resultate ■ Keine Beschäftigung mit Varianten, die keine Realisierungschance haben ■ Weniger Planungsaufwand ■ Kein Perfektionismus bei Einmalprojekten	■ Keine Suche nach deutlich besseren Lösungen ■ Einengung des Handlungsspielraums des Planers (Motivationsproblem)

Abb. 2.13: Vor- und Nachteile eines späteren Einstiegs in die Projektphasen

Der Standardablauf von Projekten kann modifiziert werden, wenn bestimmte Bedingungen gegeben sind. So können Phasen einander überlappen bzw. Teilprojekte parallel nebeneinander bearbeitet werden (Simultaneous Engineering), Phasen können zusammengelegt werden oder es kann nach der Vorstudie oder nach der Hauptstudie in das Projekt eingestiegen werden.

Zusammenfassung

2.5 Iteratives Vorgehen

2.5.1 Übersicht

Gründe für iteratives Vorgehen

Bei der Entwicklung neuer Produkte, speziell bei Softwareprodukten, aber auch in vielen anderen Vorhaben können sich die Anforderungen schnell ändern, oft werden sie erst im Verlauf der Bearbeitung, gelegentlich sogar erst nach der Einführung von Lösungen ersichtlich. Außerdem steht immer weniger Zeit zur Verfügung, um komplexe Vorhaben ganzheitlich zu bearbeiten. Deswegen wurden Vorgehensweisen entwickelt, die es möglich machen, in relativ kurzer Zeit (Teil-)Ergebnisse zu liefern, und aus diesen Ergebnissen zu lernen, ehe dann das nächste Teilvorhaben angegangen wird. Diese Vorgehensweisen werden hier als iteratives Vorgehen bezeichnet, d. h. als schrittweise wiederkehrende Bearbeitung von Teilprojekten.

Das iterative Vorgehen ist durch eine bewusste, häufige Abstimmung der Projektbearbeiter mit den Anwendern/Nutzern wie auch mit den Auftraggebern gekennzeichnet. Dazu werden Standardschritte und Komponenten bereitgestellt, die flexibel kombiniert werden können. Primäres Ziel ist die schnelle Bereitstellung qualitätsgesicherter (Teil-)Ergebnisse.

Als Beispiele für iterative Ansätze sollen folgende Modelle skizziert werden:

- Zyklus
- V-Modell XT
- Versionenkonzept
- Haubentaucher-Modell
- Prototyping.

2.5.2 Zyklus als iteratives Vorgehensmodell

Der Zyklus selbst kann als Vorgehensmodell für ein iteratives Vorgehen dienen, wenn er um die Phasen Systembau und Einführung ergänzt wird (siehe dazu Kapitel 2.4.2.2).

2.5.3 V-Modell XT

Vom Groben zum Detail zur Verdichtung

Das V-Modell kann als eine Sonderform des Wasserfall-Modells angesehen werden, das jedoch ein kurzzyklisches, iteratives Vorgehen ermöglicht.

Es wurde primär für den Bereich der öffentlichen Verwaltung entwickelt, kann als Lizenz aber auch von Unternehmen genutzt werden. Der Name leitet sich aus der grafischen Darstellung der Phasen ab.

Mit dem V-Modell werden die folgenden Ziele verfolgt:

- Minimierung der Projektrisiken
- Verbesserung und Gewährleistung der Qualität
- Begrenzung der Kosten über den gesamten Projekt- und Systemlebenszyklus
- Verbesserung der Kommunikation zwischen den Beteiligten.

Vorgehensbausteine

Im Prinzip beschreibt das V-Modell den Ablauf eines Entwicklungsprojekts, in dem Vorgehensbausteine und die darin enthaltenen Produkte, Aktivitäten und Rollen vorgegeben werden, die für die Erfüllung dieser Aufgabenstellung relevant sind. Es gibt verpflichtende und optionale Vorgehensbausteine. Zwar wird für verschiedene Projekttypen eine idealtypische Reihenfolge genannt, von der aber problem- und situationsabhängig abgewichen werden kann. Daher leitet sich die Bezeichnung XT (eXtreme Tailoring) ab, die auf ein maßgeschneidertes Vorgehen hinweist.

Die modularen Vorgehensbausteine

- fassen Rollen, Produkte und Aktivitäten zusammen
- können als Einheit selbstständig verwendet werden
- können als Einheit unabhängig verändert und weiterentwickelt werden.

Entscheidungen zum weiteren Vorgehen

Entscheidungspunkte definieren Ziele oder Stufen des Projektfortschritts, die zu erreichen sind. Für jeden Entscheidungspunkt sind Produkte definiert, die am Ende der Stufe fertiggestellt sein und überprüft werden müssen. Basierend auf den vorgelegten Ergebnissen und der Bewertung dieser Ergebnisse (aus dem Projektstatusbericht bzw. aus dem Qualitätssicherung (QS)-Bericht) trifft der Lenkungsausschuss die Entscheidung, ob und wie es weitergeht, ob die Entscheidung vertagt oder ob das Projekt abgebrochen wird.

In der Systementwicklung im V-Modell XT wird ein System in Einheiten zerlegt und spezifiziert (siehe dazu Kapitel 3) die parallel oder nacheinander realisiert und dann integriert werden. Diese Schritte können als Zyklus auch mehrfach, iterativ durchlaufen werden, was durch die V-Form in der leicht verkürzten Grafik (Abbildung 2.14) verdeutlicht werden soll.

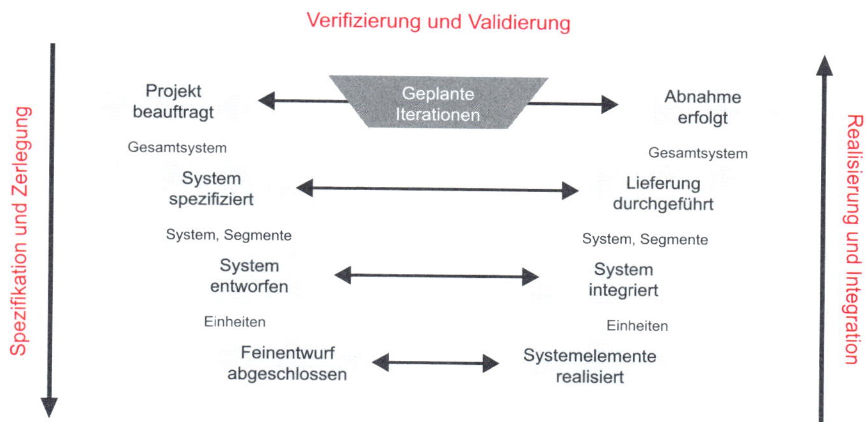

Abb. 2.14: Phasen des V-Modells (verkürzte Darstellung)

Zusammenfassung

Das V-Modell folgt dem Grundsatz vom Umfassenden zum Detail, um am Ende mit der Integration der Teilergebnisse ein ganzheitliches Ergebnis zu liefern. Es ermöglicht ein iteratives Vorgehen. Ergebnisse, Vorgehensbausteine und Verantwortlichkeiten werden für bestimmte Projekttypen definiert und vorgegeben.

2.5.4 Versionenkonzept

Nicht alles auf einmal

Beim Versionenkonzept wird von einer begrenzten Zielsetzung ausgegangen. Statt zu versuchen, eine perfekte, komplette Lösung zu erarbeiten, die für die überschaubare Zukunft allen Anforderungen gerecht wird, entwickelt man eine Annäherung an die Ideallösung, ohne von Anfang an zu wissen, wo dieses Ideal im Einzelnen liegt. In einem zweiten Durchlauf wird dann versucht, weitere wichtige Bestandteile der Ideallösung zu erarbeiten. Nach den Erfahrungen mit der ersten und der zweiten Version wird dann eine weitere Annäherung an eine – fortgeschriebene – Ideallösung versucht. Dieses Vorgehen wird im angelsächsischen Sprachbereich als ein „slowly growing system“ genannt. Dieses Vorgehen findet sich oft bei IT-Anwendungen (z. B. Release XY). Es ähnelt der japanischen Form der Produkt- und Fertigungsverbesserung Kaizen (siehe Kapitel 2.6.7.2).

Das Versionenkonzept ist eigentlich kein eigenes Vorgehensmodell. Für jede Version kann der Planungszyklus, ergänzt um den Systembau und die Einführung, durchlaufen werden. Es handelt sich eher um ein Vorgehen mit begrenzter Zielsetzung im Rahmen mehrerer Projektabläufe. Dieses Vorgehensmodell kann unter folgenden Bedingungen sinnvoll sein:

- schnelle Ergebnisse sind gefordert
- Entwicklungsrisiko soll minimiert werden
- keine klaren Vorstellungen über die Ideallösung
- schwieriges Projekt (hohe Anforderungen an die Beteiligten wegen komplizierter Sachlage und Neuartigkeit)
- große Bedeutung des Projekts (es ist wichtig für die Erreichung wesentlicher Ziele)
- breiter und langfristiger Bedarf (es lohnt sich, das Projekt mit langem Atem anzugehen, weil es langfristig viele Anwender/ Nutzer gibt).

Vorteile	Nachteile
▪ Schnelle Ergebnisse ▪ Reduzierung des Risikos ▪ Begrenzter finanzieller Aufwand für die einzelne Version ▪ Besseres Erkennen des „wahren“ Bedarfs beim Anwender ▪ Stufenweise Qualitätsverbesserung (Lernfortschritte der Beteiligten) ▪ Bessere Kommunikation zwischen Entwicklern und Anwendern ▪ Frühere Erfolgserlebnisse für die Projektmitarbeiter.	▪ Gefahr teurer Schnellschüsse ▪ Verführung zum „muddling through“ (durchwursteln) ▪ Belastung der Anwender (Zwang zum Umlernen bzw. Nachbearbeiten bereits vorhandener Ergebnisse, z. B. Datenbestände) ▪ Überbordende Anforderungen ▪ Hohe Anforderungen an die laufende Dokumentation der Versionen (wichtig insbesondere für die Wartung bei bereits ausgelieferten Versionen).

Abb. 2.15: Vor- und Nachteile des Versionenkonzepts

Zusammenfassung

Werden schnelle Ergebnisse gewünscht und sind die Beteiligten bereit, auch mit nicht perfekten (Teil-)Lösungen zu leben, die dann erst in späteren Schritten erweitert oder verbessert werden, kann das Versionenkonzept ein geeignetes Vorgehen sein.

2.5.5 Haubentaucher-Modell

In dieser Variante des Standardmodells wird ein Teilprojekt ausführungsreif geplant und realisiert, ehe die Planung der übrigen Teilprojekte abgeschlossen ist. Es geht primär darum, möglichst schnelle (Teil-)Ergebnisse vorweisen zu können. Dazu wird normalerweise das Projekt in einer Grobplanung in Teilprojekte aufgegliedert. Das Teilprojekt mit höchster Priorität wird dann bis zur Einführung bearbeitet („tief eingetaucht"), ehe das nächste Teilprojekt begonnen wird („aufgetaucht"). In dem zweiten Durchgang („Tauchgang") wird dann das zweite Teilprojekt geplant und realisiert. Schnelle Ergebnisse der Teilprojekte

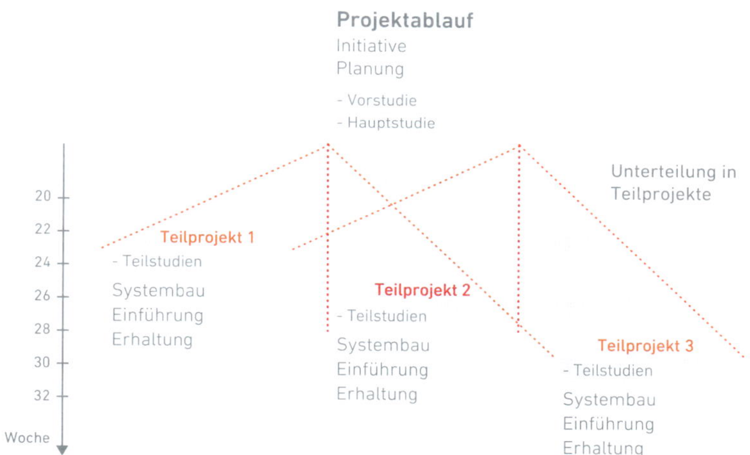

Abb. 2.16: Haubentaucher-Modell

Dieses Vorgehen kann unter folgenden Bedingungen sinnvoll sein:

- Projekt kann in abgrenzbare Teilprojekte zerlegt werden
- Teilprojekte können weitgehend unabhängig voneinander entwickelt werden
- Ein Teilprojekt ist für sich funktionsfähig (es setzt nicht die Realisierung eines anderen Teilprojektes voraus)
- Es handelt sich um ein großes Projekt mit einem hohen Zeitaufwand und deswegen mit einem großen Vorlauf zur Realisierung des gesamten Projekts
- Hoher Zeitdruck bei einzelnen Teillösungen.

Lassen sich Teilprojekte abgrenzen und sollen den Anwendern schnell Ergebnisse geboten werden, bietet sich das Haubentaucher-Modell an. Zusammenfassung

2.5.6 Prototyping

Modell der späteren Lösung

Im Prototyping wird bereits in der Planung ein System erstellt, das wesentliche Merkmale der späteren Lösung aufweist, um dem Benutzer und anderen Stakeholdern ein klareres Bild darüber zu verschaffen, was sie später von der fertigen Anwendung erwarten können.

Folgende Prototypen können unterschieden werden:

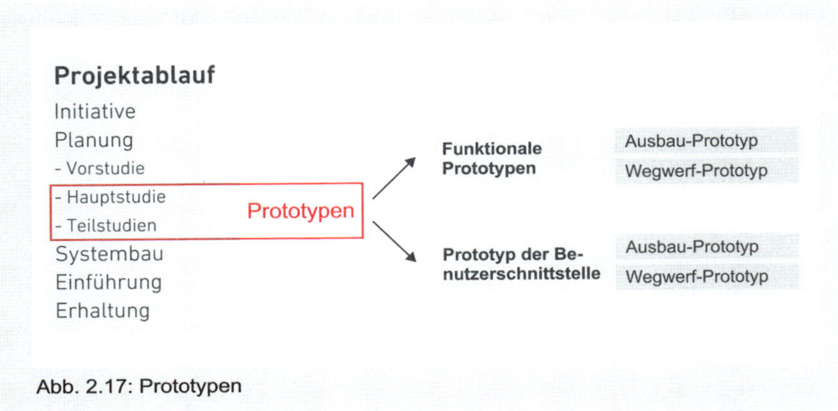

Abb. 2.17: Prototypen

Arten von Prototypen

Ein funktionaler Prototyp stellt bereits die wesentlichen Leistungen zur Verfügung, welche die fertige Lösung aufweisen wird. In einem Prototyp der Benutzerschnittstelle werden lediglich die Eigenschaften der späteren Benutzerschnittstelle (Bildschirmaufbau, Tastaturbelegung usw.) simuliert, um dem Benutzer zu verdeutlichen, wie er später mit der Anwendung arbeiten kann. Wegwerf-Prototypen sind Modelle, die später nicht weiterverwendet werden können. Sie werden ausschließlich zur Abstimmung mit dem Entscheider oder dem späteren Benutzer hergestellt. Demgegenüber können Ausbau-Prototypen als Bausteine der späteren Lösung verwendet werden, die Entwicklungsarbeit geht also nicht „verloren“. Sie können auch im Zusammenhang mit einem agilen Vorgehen genutzt werden (siehe unten).

Prototypen werden beispielsweise bei IT-Anwendungen erstellt. Sie finden sich beim Bau von Gebäuden – z. B. Einrichtung von Muster-Arbeitsplätzen – und im Maschinenbau.

Unscharfe Grenze zwischen Planung und Realisierung

Bei den Ausbau-Prototypen verwischen die Grenzen zwischen den Planungsphasen und der Realisation. In der Planung werden bereits Bestandteile der späteren Lösung fertiggestellt. Dieses Vorgehen ähnelt stark dem Haubentaucher-Modell, da ein Prototyp in aller Regel nur ein Teilprojekt betrifft.

Die Entwicklung von Prototypen kann unter folgenden Bedingungen sinnvoll sein:

- Geeignete Werkzeuge stehen zur Verfügung, die die Entwicklung von Prototypen mit einem vertretbaren Aufwand erlauben
- Schwierige Ermittlung der Anforderungen (relativ diffuse Vorstellungen der Stakeholder darüber, was sie sich wünschen sollten, etwa weil zukünftig völlig neuartige Arbeitsverfahren möglich werden)
- Hoher Zeitdruck, es werden schnelle (Teil-)Ergebnisse gefordert
- Große Schwierigkeit des Projekts (neuartige Aufgabenstellung, geringe Fehlertoleranz – Fehler können weitreichende negative Auswirkungen haben)
- Widerstände, insbesondere bei den späteren Anwendern, sollen abgebaut werden. Der eher spielerische Umgang mit einem Prototyp baut Vorbehalte ab und führt häufig zu einer starken Identifikation mit der anstehenden Entwicklung.

Vorteile	Nachteile
▪ Anforderungen können gut erkannt werden (es gibt später weniger Nachbesserungswünsche) ▪ Risikoverminderung (frühzeitige Prüfung, ob Anforderungen erfüllt sind) ▪ Förderung der Kommunikation mit den Stakeholdern (Akzeptanz) ▪ Hohe Motivation der Entwickler (schneller sichtbare Ergebnisse, weniger Risiko von Fehlentwicklungen)	▪ Aufwand für Prototypen (insbesondere bei Wegwerf-Prototypen) ▪ (Ver-)führt zum Tun und lenkt ab vom Denken (Gefahr wenig integrierter, wenig konzeptionell durchdachter Lösungen) ▪ Eher geringe Bereitschaft, einen funktionierenden Prototyp in eine ausgereifte Lösung zu überführen („es läuft ja schon“)

Abb. 2.18: Vor- und Nachteile des Prototyping

2.6 Agiles Vorgehen

Basar statt Kathedrale

Die Grenze zwischen dem oben behandelten iterativen Vorgehen und agilen Ansätzen ist fließend. Agile Ansätze beruhen allerdings nicht nur auf Vorgehensmodellen, sondern zusätzlich auf Prinzipien, Werten und Verhaltensweisen. Diese Ansätze werden von der Zielsetzung beherrscht, dass Entwicklungsprozesse (primär, aber nicht nur von Software) flexibler und schlanker werden sollen, als es bei den klassischen Vorgehensmodellen möglich ist – agil bedeutet im Wortsinn beweglich, flink. Die Grundgedanken der agilen Systementwicklung leiten sich aus den negativen Erfahrungen mit dem Wasserfall-Modell und den abgeleiteten Modellen ab. Bei diesen wurden oftmals sehr spät und mit sehr viel Aufwand Lösungen geschaffen, die nicht wirklich das brachten, was die Anwender wollten oder die zum Zeitpunkt der Einführung ganz oder teilweise von den aktuellen Bedürfnissen überholt waren.

Einer der Hauptkritikpunkte ist der große Vorlauf an Planung, ehe Ergebnisse sichtbar werden. Ein Projekt ohne jegliche Planung wird schwerlich erfolgreich sein. Allerdings stellt sich die Frage, wie viel Planung notwendig bzw. sinnvoll ist und wann eine Planung erfolgen soll, ob zu Anfang eines Projekts oder fortlaufend.

Wann und wie viel planen?

Diese Fragen bewegen Organisatoren und verwandte Rollen wahrscheinlich schon lange. Darauf kann sicherlich keine eindeutige Antwort gegeben werden. Entscheidend ist das situative Umfeld, in dem ein Vorhaben/Projekt angegangen wird.

VUCA

Nach dem Zusammenbruch der UdSSR und der daraus entstehenden neuen politischen und militärischen Situation nutzte das U. S. Army War College in den 1990er Jahren erstmals das Akronym VUCA. Dieses steht für

- Volatility (Volatilität)
- Uncertainty (Unsicherheit)
- Complexity (Komplexität)
- Ambiguity (Mehrdeutigkeit).

Zunächst nur für schwierige Rahmenbedingungen im militärischen Umfeld gedacht wird VUCA inzwischen auch auf (wirtschaftliche) Sachverhalte von Unternehmen und anderen Organisationen übertragen.

Volatilität

Märkte werden volatiler und unterliegen einem schnellen Wandel. Technologischer Fortschritt ermöglicht Produkte und Dienstleistungen, die vor Jahren kaum vorstellbar waren. Als ein Beispiel unter vielen sei die Sprachsteuerung von Geräten genannt.

Unsicherheit

Erwartungen der Kunden verändern sich, neue Wettbewerber treten auf, digitale Geschäftsmodelle werden möglich. Dadurch wird eine zuverlässige mittel- oder langfristige Planung schwieriger. Erfahrungswerte aus der Vergangenheit verlieren an Relevanz und Verlässlichkeit. Unsicherheit hinsichtlich plausibler Prognosen, tragfähiger Geschäftsmodelle und der richtigen Strategie für ein Unternehmen ist die Folge.

Mehr als kompliziert

Komplexität zeichnet sich dadurch aus, dass eine klare Abgrenzung von Ursache und Wirkung schwierig oder sogar unmöglich ist (vgl. Kapitel 2.2.1). Je mehr Elemente und Teilelemente ein System bilden, desto eher wird ein System nicht mehr „nur“ kompliziert sein, sondern komplex. Unternehmen sind inzwischen häufig mit Dienstleistern verbunden; Zusammenarbeit und Wertschöpfung findet über Unternehmensgrenzen hinweg und zum Teil über mehrere Kontingente statt. Kunden werden in Produktentwicklungen und Geschäftsprozesse einbezogen. Komplexe Strukturen und Prozesse haben sich in vielen Organisationen etabliert, sodass spätestens dadurch die Organisation selbst komplex wird.

Mehrdeutigkeit

Deswegen greifen oft einfache Erklärungen von Zusammenhängen zu kurz. Auf Fragen gibt es mehrdeutige Antworten. Eine bisher richtige Antwort auf eine Frage kann durch steigende Volatilität und Komplexität unvollständig oder falsch geworden sein. Kunden und Verbraucher haben zudem bei vielen Produkten und Dienstleistungen die Wahl unter mehreren Anbietern. Immer weniger Unternehmen können es sich in einer starken Position im Markt „bequem machen“.

„Klassisch“ noch sinnvoll?

Aus den genannten Gründen sind Vorhersehbarkeit und Planbarkeit häufig nicht mehr gegeben. Daher stehen „klassische“ Vorgehensweisen für Projekte auf dem Prüfstand, die auf eine (umfängliche) Planung vorab setzen. In den letzten Jahren haben deswegen iterative und agile Vorgehensweisen enorm an Bedeutung gewonnen.

Was ist agil?

Agile Vorgehensweisen (auch als adaptive oder feedbackgetriebene Vorgehensmodelle bezeichnet) sind heute bei der Entwicklung von Software und anderen Vorhaben weit verbreitet. Mit ihnen soll erreicht werden, schnell und nah am Kunden zu sein. In komplexen Situationen sollen tragfähige Entscheidungen im Sinne des Unternehmens getroffen werden. (Projekt-) Ergebnisse sollen zeitnah durch Stakeholder abgenommen werden. Sie können (und sollen) bei entsprechenden Rückmeldungen der Stakeholder aber auch geändert, verbessert oder zurückgenommen werden. Der Informationsgewinn, der sich im Laufe eines Projekts ergibt, fließt in die weitere (rollierende) Planung ein. Dies gilt sowohl für die zu entwickelnde Lösung als auch für das Vorgehen selbst.

2.6.1 Historie zu agilen Prinzipien

Auch wenn agile Vorgehensweisen als „jung“ erscheinen, Prinzipien und Verhaltensweisen agilen Vorgehens, die weiter unten erläutert werden, werden bereits länger genutzt.

Toyota veröffentlichte um 1985 Methoden und Techniken, denen Agilität zugrunde liegt. Dazu gehört das Toyota Production System (TPS), insbesondere mit den Werkzeugen Kanban und Kaizen, deren Entwicklung bis in die 1950er Jahre zurückreicht.

Kanban

Kanban setzt insbesondere auf eine Reduzierung von Lagerbeständen, die in einer (industriellen) Fertigung vorgehalten werden, um ein Produkt herzustellen. Lagerbestände binden Kapital und vermindern Flexibilität bei sich ändernden Kundenwünschen. Die Adaption von Kanban bei organisatorischen Vorgehen wird in Kapitel 2.6.7 vorgestellt. Dort wird auch auf Kaizen näher eingegangen.

Kaizen der kleinen Schritte

Kaizen setzt auf die kontinuierliche Verbesserung der Qualität des Arbeitsprozesses und der Produkte. Statt einer sprunghaften oder großen Verbesserung auf einmal wird Bewährtes schrittweise optimiert (siehe dazu empirisches Vorgehen, Kapitel 2.2.2). Dabei werden Führungskräfte und Mitarbeiter einbezogen, die aufgefordert sind, für ihren Arbeitsplatz bzw. ihre Arbeitsgruppe Vorschläge einzubringen. Kaizen nutzt dabei Techniken und Werkzeuge, wie zum Beispiel die Reduzierung von Verschwendung. Kaizen drückt allerdings auch eine Haltung aus: Selbst vermeintlich kleine Fehler sollen vermieden werden.

Agile Software-Entwicklung

Als eine der wesentlichen „Geburtsstunden“ für agiles Vorgehen im Umfeld von IT und Software kann das „Agile Manifesto“ (Manifest für agile Entwicklungsprozesse) von 2001 angesehen werden. Die vier Kernaussagen erachten im Sinne von Vorfahrtsregeln die jeweils erstgenannten Aspekte als wertvoller im Vergleich zu den zweitgenannten Aspekten:

- Individuen und Interaktion vor Prozessen und Werkzeugen
- Funktionierende Software vor umfassender Dokumentation
- Zusammenarbeit mit dem Kunden vor Vertragsverhandlungen
- Reagieren auf Veränderung vor Befolgen eines Plans.

Das Agile Manifesto wird bei den Prinzipien agiler Vorgehensmodelle (vgl. Kapitel 2.6.4) erneut aufgegriffen. Zunächst soll Agilität in den organisatorischen Kontext eingeordnet werden.

2.6.2 Agilität im organisatorischen Kontext

Drei Bestandteile „bilden“ Agilität im organisatorischen Kontext:

- agile Prozesse und Strukturen
- agiles Mindset (mit Werten, Prinzipien und Verhaltensweisen)
- agile Vorgehensweisen (mit Methoden, Techniken und Rollen).

Ein Unternehmen hat eine Organisation, die aus verbindlichen Regeln der Aufbau- und Prozessorganisation besteht. Diese können durch „klassische“

Prozesse und „klassische“ Strukturen abgebildet werden. Agile Organisationen setzen hingegen auf flexiblere, „flüssigere“ Prozesse und Strukturen, ohne dabei die Verbindlichkeit zu verlieren. Ausführungen zu agilen Prozessen und agilen Strukturen finden sich auch in SCHMIDT, G.; KONZ, C.: „Organisation gestalten – Stabile und dynamische Unternehmensstrukturen“, Band 5, und FISCHERMANNS, G.: „Praxishandbuch Prozessmanagement“, Band 9 der ibo Schriftenreihe.

Agile Prozesse und Strukturen

Ein Unternehmen ist auch eine Organisation, die aus Menschen besteht. Diese Menschen bringen Werte und Verhaltensweisen mit. Um Agilität im Unternehmen „zu leben“, ist ein agiles Mindset (Denkweise) sinnvoll und notwendig. Agile Organisationen richten sich explizit auf ihren Sinn und Daseinszweck (Purpose) aus statt „nur“ betriebswirtschaftliche Ergebnisse (wie zum Beispiel eine Umsatz- oder Gewinnsteigerung) anzustreben. Die Mitarbeiter ziehen aus dem Daseinszweck ihre Motivation und handeln eigenverantwortlich.

Agile Denkweise

In einem Unternehmen wird täglich organisiert: Projekte werden initiiert, durchgeführt oder abgeschlossen, auftretende Probleme in Geschäftsprozessen werden untersucht und abgestellt, Entscheidungen werden vorbereitet und getroffen. Dabei können agile Vorgehensweisen mit Methoden, Techniken und Rollen zum Einsatz kommen. Während einige Techniken und Werkzeuge möglicherweise „altbekannt“ sind, entwickeln und nutzen agile Organisationen neue Verhaltensweisen, die auf häufiger Kommunikation und großer Transparenz beruhen.

Agile Vorgehensweisen

In diesem Kapitel werden das agile Mindset (mit agilen Werten, Prinzipien und Verhaltensweisen, Kapitel 2.6.3-2.6.5) beschrieben und agile Vorgehensweisen (Methoden, Kapitel 2.6.6) erläutert.

2.6.3 Agile Werte

Agile Organisation erfordert eine Kultur der Offenheit, der Transparenz, des Mutes zum Fehlermachen und der Eigenverantwortung. Für diese Kultur ist eine Grundhaltung notwendig, die dem Menschenbild Y nach McGregor entspricht. Dabei wird unterstellt, dass Menschen grundsätzlich zielstrebig sind, bereit, Verantwortung zu übernehmen, Leistung zu erbringen und neue Qualifikationen zu entwickeln. Auch sind sie in der Lage, kreativ neue Lösungen hervorzubringen. Das alles setzt allerdings ein geeignetes Führungsverhalten und ein Umfeld voraus, in dem Menschen Raum zur Entwicklung geboten wird.

Menschenbild Y

2.6.4 Agile Prinzipien

In planbasierten Vorgehensmodellen gibt es typischerweise eine klare Über- und Unterordnung, indem ein Projektmitarbeiter einem Teilprojektleiter

Planbasierte Prinzipien

unterstellt ist, der an den Projektleiter berichtet, der wiederum mit dem Lenkungsausschuss bzw. Auftraggeber zusammenarbeitet. Informationen werden auf dem Dienstweg weitergeleitet. Denken und Tun werden getrennt, erst wird geplant und dann umgesetzt. „Klassische" Projekte setzen oft auf eine Spezialisierung, indem (einzelne) Personen mit tiefem Fachwissen zum Projekterfolg beitragen. Diese Personen werden aufgrund ihres Wissens intensiv in Projekte eingebunden. Sie bilden dann möglicherweise einen „Flaschenhals" im Projektverlauf, da andere Beteiligte auf ihre Ergebnisse oder ihre Expertise angewiesen sind.

Agile Vorgehensmodelle setzen auf andere Prinzipien. Stellvertretend werden die 12 Prinzipien des agilen Manifests (vgl. Kapitel 2.6.1) genannt. Diese sind in der Formulierung etwas geändert, es wird vom ursprünglichen Fokus auf Software-Entwicklung abstrahiert:

Agile Prinzipien

- Stelle Deine Kunden zufrieden mit regelmäßiger Auslieferung wertvoller Produkte bzw. Dienstleistungen
- Nutze Veränderungen (selbst spät in der Entwicklung) zum Vorteil des Kunden
- Liefere nützliche Ergebnisse in wenigen Monaten oder Wochen (bevorzuge die kürzere Zeitspanne)
- Alle notwendigen Rollen arbeiten während des Projekts täglich zusammen
- Stelle sicher, dass motivierte Individuen in einem Umfeld der Unterstützung und des Vertrauens ihre Aufgaben erfüllen
- Informationen und Wissen werden im persönlichen Gespräch ausgetauscht, denn dies ist der effizienteste und effektivste Weg
- Beurteile den Projekterfolg anhand funktionierender Produkte bzw. Leistungen
- Auftraggeber, Stakeholder und Entwicklungsteam halten ein gleichmäßiges Arbeitstempo (Zeitfenster-Prinzip)
- Lege Dein Augenmerk auf technische Exzellenz und gutes Design
- Einfachheit ist essenziell (Keep it short and simple)
- Ermögliche und fördere die Selbstorganisation des Teams bei Planung und Umsetzung
- Reflektiere den Prozess in regelmäßigen Abständen und verändere ihn, um effektiver zu werden.

2.6.5 Agile Verhaltensweisen

Die agilen Prinzipien werden in den verschiedenen agilen Vorgehensmodellen in Verhaltensweisen und Regeln umgesetzt. Durch diese soll sowohl die Beweglichkeit im Projekt als auch die Qualität der Prozesse und Ergebnisse verbessert werden. Zu den agilen Verhaltensweisen zählen:

Agile Verhaltensweisen

- Aktives Einbinden der Anwender bzw. Kunden. Die Sicht des Kunden wird sowohl bei den Anforderungen eingebracht als auch bei den Ergebnissen. Anforderungen werden aus Kundenperspektive formuliert. Ergebnisse werden vom Kunden (oder zumindest stellvertretend für ihn) abgenommen oder bei Nichterfüllung zurückgewiesen.
- Funktionsübergreifendes Team. Im Projektteam sollen alle Fähigkeiten vertreten sein, die benötigt werden, das angestrebte Ergebnis zu erzielen. Dazu werden verschiedene Personen benötigt (zum Beispiel Programmierer, Tester, Business-Analysten), die gemeinsam arbeiten.
- Dienende Führung (Servant Leadership). Das Team dient nicht einer Führungskraft, sondern das Team wird von der Führungskraft unterstützt, indem sie Hindernisse „aus dem Weg räumt", um möglichst reibungslos arbeiten zu können.
- Kollektives Eigentum. Alle Beteiligten verantworten das Projektergebnis. Dies wird dadurch unterstützt, dass es keine Wissensmonopole geben soll und alle Informationen leicht zugänglich sind (möglichst gut ersichtlich, z. B. durch grafische Übersichten oder Aushänge).
- Paarprogrammieren (Pair Programming). Zwei Teammitglieder bauen gemeinsam an der Lösung, indem einer programmiert und der andere am selben Computer mitdenkt. Auch bei organisatorischen Vorhaben kann diese Verhaltensweise analog angewendet werden. Sie folgt dem Sprichwort „Vier Augen sehen mehr als zwei".
- Refaktorisierung (Refactoring). Es wird (zunächst) auch eine nicht perfekte Programmierung akzeptiert. Im weiteren Verlauf müssen allerdings neben dieser Programmierung auch die Architektur und das Design verbessert werden. Übertragen auf organisatorische Vorhaben bedeutet dies, dass eine zeitnahe Verbesserung des Istzustands anzustreben ist, auch wenn nicht „sofort" eine perfekte oder umfassende Lösung erreicht wird.
- Täglicher Austausch vor Ort. Das Projektteam trifft sich täglich (kurz), um die Zusammenarbeit zu koordinieren. Dieser Austausch sollte an einem gemeinsamen physischen Ort geschehen, wie auch die Zusammenarbeit in unmittelbarer Nähe stattfinden soll.
- Team-Kontinuität. Das Potenzial eines Teams steigt normalerweise im Verlauf der Zusammenarbeit durch wachsendes Vertrauen und ein „eingespieltes" Arbeiten. Daher wird darauf geachtet, dass ein Team möglichst langfristig zusammenarbeitet.
- Testorientierte Entwicklung. Entwicklung und Testen werden möglichst eng mit einander verknüpft, indem Entwickler Testschritte beim Programmieren berücksichtigen können. Bei organi-

satorischen Vorhaben sollten (Teil-)Ergebnisse zeitnah ausprobiert werden, indem sie probehalber angewendet werden, bevor der Kunde sie endgültig abnimmt, ändert oder ablehnt.

2.6.6 Agile Vorgehensmodelle

Verschiedene agile Vorgehensmodelle haben sich im Laufe der Zeit etabliert. Sie wurden dabei durch Unternehmen und Teams in der Praxis idealtypisch angewandt oder auf die eigenen Bedürfnisse hin „maßgeschneidert". Allerdings gefährden Veränderungen der Modelle eine erfolgreiche Anwendung, wenn dabei die agilen Werte und Prinzipien unzureichend beachtet oder agile Verhaltensweisen (vgl. oben) zu wenig eingesetzt werden.

Einige Vorgehensmodelle werden im Folgenden skizziert:

- Adaptive Software Development (ASD)
- Crystal
- Feature Driven Development (FDD)
- eXtreme Programming (XP).

Näher erläutert wird

- Scrum als weit verbreitete Methode.

2.6.6.1 Überblick ausgewählter agiler Vorgehensmodelle

Adaptive Software Development

Adaptive Software Development (ASD) wurde im Jahr 2000 von James Highsmith veröffentlicht. Kurze Iterationen sollen ein Lernen aus Fehlern ermöglichen. Insgesamt stehen Ergebnisse im Sinne nützlicher Software-Funktionalitäten im Fokus.

Die drei Phasen Spekulieren, Zusammenarbeiten und Lernen werden dabei (immer wieder) durchlaufen, ohne dass dabei eine feste Reihenfolge oder eine scharfe Abgrenzung der Phasen erfolgt.

Durch Spekulieren wird ausgedrückt, dass bei komplexen Problemen eine (langfristige) Planung schwierig oder unmöglich ist; stattdessen besteht Unsicherheit hinsichtlich des richtigen Vorgehens und der richtigen Ergebnisse.

Durch Zusammenarbeiten werden komplexe Applikationen nach und nach entwickelt und nicht „vom Reißbrett" gebaut. Dabei wird davon ausgegangen, dass Informationen und Anforderungen ermittelt, analysiert und umgesetzt werden, die hinsichtlich ihrer Quantität und ihres Inhalts nicht durch eine einzelne Person bewältigt werden können.

Durch Lernen wird das Wissen konstant aktualisiert und erweitert. Dazu wird zum einen das Zusammenarbeiten analysiert. Zum anderen geben Fokusgruppen mit Kunden Aufschluss darüber, wie das Produkt geändert bzw. erweitert werden soll.

Crystal

Crystal von Alistair Cockburn ist eine „Familie“ von Methoden zur Software-Entwicklung, die nach Farben benannt sind (Clear, Yellow, Orange und Red). Diese unterscheiden sich insbesondere hinsichtlich der Projektgröße und hinsichtlich der Risiken. Die Projektgröße reicht von 6 bis 80 Beteiligten. Die Risiken erstrecken sich vom Verlassen der Komfortzone (Loss of Comfort) bis zu existenzbedrohenden Verlusten (Loss of essential monies).

Crystal legt Wert auf die beteiligten Menschen und ihre Kommunikation mit den Anwendern. Werkzeuge und Prozesse dienen nur als Unterstützung. In einer inkrementellen (schrittweisen) Entwicklung werden Ergebnisse erzeugt, die alle zwei bis drei Monate ausgeliefert werden. Dabei werden das Produkt und die angewendete Methode bei Bedarf angepasst.

Feature Driven Development

Feature Driven Development (FDD) wurde 1997 von Jeff De Luca und Peter Coad vorgestellt. Im Fokus stehen Funktionalitäten, die für den Kunden nützlich sind. Diese Features können sehr klein sein; sie dürfen maximal zwei Wochen für die Realisierung benötigen. Zusammenhängende Features werden zu Feature Sets gruppiert. Feature Sets wiederum werden zu Major Feature Sets zusammengefasst.

FDD sieht Rollen, Prozesse und Best Practices vor. Neben den Schlüsselrollen (u. a. Projektleiter, Chefarchitekt, Chefentwickler, Fachexperten) gibt es unterstützende Rollen (wie Release Manager, Systemadministrator) und zusätzliche Rollen (z. B. Tester). Dabei werden die Rollen als wichtiger erachtet als die Prozesse.

Von den fünf Prozessen, die zum FDD gehören, werden die ersten drei Prozesse nur einmal durchlaufen: Gesamtmodell entwickeln, Feature-Liste erstellen, je Feature planen. Der vierte und fünfte Prozess wird mehrmals durchgeführt: je Feature entwerfen (Design), je Feature erstellen (Build).

FDD benennt acht Best Practices (bewährte Herangehensweisen), zu denen u. a. „Visibility of progress and results“ gehört: Der Fortschritt des Projekts und seine Ergebnisse sind ersichtlich, indem sie allen Beteiligten für jedes Feature bekannt sind.

eXtreme Programming

eXtreme Programming (XP) dient der Software-Entwicklung in kleinen Teams und wurde von Kent Beck, Ward Cunningham und Ron Jeffries veröffentlicht. XP setzt auf ein zyklisches Vorgehen. Innerhalb von wenigen Tagen bzw. Wochen sollen Anforderungen umgesetzt und die daraus entstehenden Funktionalitäten dem Kunden zur Verfügung gestellt werden. Agile Verhaltensweisen (vgl. oben) stehen im Mittelpunkt.

Durch aktive Einbindung des Kunden wird die Software nach und nach erweitert. Das gesamte Projekt wird so in übersichtliche Einzelschritte aufgeteilt, die allerdings nicht vorab geplant werden.

2.6.6.2 Scrum

Aus der Annahme bzw. Erfahrung, dass ein Software-Entwicklungsprozess nur sehr begrenzt geplant werden kann, wurde Scrum als agile Methode von Ken Schwaber, Jeff Sutherland und Mike Beedle veröffentlicht.

Scrum ist insbesondere im IT-Umfeld immer stärker verbreitet. Das Vorgehen kann allerdings auch für andere Arten von Projekten genutzt werden, darunter auch organisatorische Projekte.

Konstante Zeitfenster

In einem iterativen Vorgehen werden Funktionalitäten, Dienste oder Produkte bzw. Produktbestandteile erarbeitet. In Scrum werden die Iterationen als Sprints bezeichnet. Gemäß einem der zwölf Prinzipien des agilen Manifests (vgl. Kapitel 2.6.4) soll ein gleichmäßiges Arbeitstempo (Zeitfenster-Prinzip) eingehalten werden. Daher ist die Dauer der Sprints vorab festzulegen und danach beizubehalten. In der Regel sind dies zwei, drei oder vier Wochen. Am Ende eines Sprints steht (idealerweise) mindestens eine Funktionalität, die Kundenanforderungen umsetzt und die der Kunde (bzw. Anwender) nutzen kann oder nutzen könnte. Dieses Ergebnis wird auch als Inkrement bezeichnet.

Definition

Scrum ist ein Framework (Rahmenwerk) mit klar definierten Rollen, zu erstellenden Artefakten, Prinzipien, festgelegten Meetings und besonderen Wertvorstellungen.

Die Prinzipien, Verhaltensweisen und Wertvorstellungen, auf die auch Scrum setzt, sind in den vorherigen Kapiteln erläutert worden.

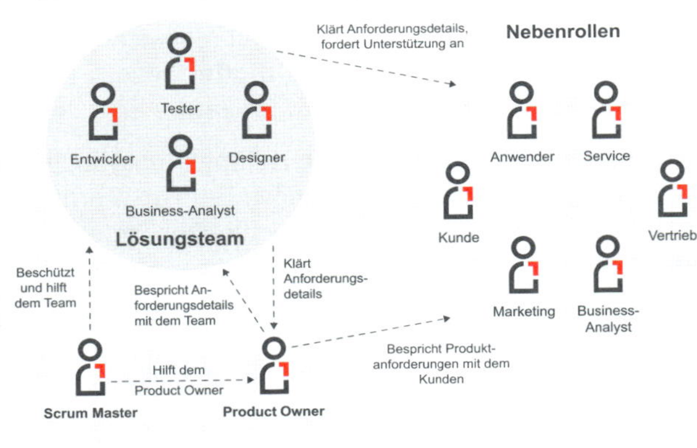

Abb. 2.19: Scrum – Rollen, Nebenrollen und ihre Zusammenarbeit

Artefakte: Backlogs

Alle Anforderungen, die an das Produkt gestellt werden, fließen in eine Liste (Product Backlog). Aus dieser werden für jeden Sprint Anforderungen priorisiert und in ein Sprint Backlog überführt. Product Backlog und Sprint Backlog sind neben den Anforderungen zwei zentrale Artefakte in Scrum und werden häufig in einem Kanban-Board dargestellt (vgl. Kapitel 2.6.7.1).

Dabei sollen Anforderungen, die für den nächsten Sprint vorgesehen sind, so konkretisiert sein, dass sie umgesetzt werden können. Für Anforderungen, die erst später angegangen werden (oder eventuell auch verworfen werden), reicht eine gröbere oder sogar nur stichpunktartige Dokumentation.

Meetings: Treffen

Scrum setzt auf Meetings zu Beginn, während und zum Ende eines Sprints. Zu Beginn eines Sprints wird in sogenannten Sprint Plannings besprochen, welche Anforderungen in diesem Sprint umgesetzt werden (sollen). Während des Sprints bespricht das Team in einem Daily Scrum Meeting, woran es arbeitet und welche eventuellen Hindernisse zu beseitigen sind.

Ergebnisabnahme

Am Ende des Sprints wird das erstellte und getestete Produkt in einem Sprint Review vorgestellt und bewertet, möglichst unter Einbeziehung des Kunden. Dabei ergeben sich möglicherweise neue Anforderungen, die in das Product Backlog für weitere Sprints einfließen.

Bewertung der Zusammenarbeit

An das Sprint Review schließt sich die Retrospektive an. Wesentlicher Zweck einer Retrospektive ist die Reflexion des Teams, wann und wie die Zusammenarbeit gelungen ist, was hätte besser gemacht werden können und welche konkreten Verbesserungen hinsichtlich des gemeinsamen Arbeitens im nächsten Sprint angegangen werden.

Scrum kennt drei wesentliche Rollen bzw. Beteiligte:

- Product Owner
- Scrum Master
- Lösungsteam (auch als Entwicklungsteam oder Scrum Team bezeichnet).

Product Owner für das Ergebnis

Der Product Owner ist dafür verantwortlich, dass die richtigen Anforderungen umgesetzt werden, indem er diese insbesondere nach dem Mehrwert für die Stakeholder priorisiert. Es geht ihm darum, die richtigen Dinge zu tun. Er ist das Bindeglied zwischen Kunden/Stakeholder und Lösungsteam. Der Product Owner erhebt, klärt und priorisiert die Anforderungen für die Sprints. Er verantwortet den Projekterfolg.

Zu seinen Aufgaben gehört:

- Produktvision erarbeiten und kommunizieren
- gewünschte Funktionalitäten und Produktqualität klären
- Anforderungen ermitteln, (grob) dokumentieren und priorisieren
- Fortschritt bzw. Fertigstellung gegenüber den Stakeholdern kommunizieren

- Ergebnisse im Sprint Review kontrollieren und abnehmen (ggf. stellvertretend für den Kunden)
- Anforderungen für weitere Iterationen anpassen bzw. ändern.

Scrum Master für das Vorgehen

Der Scrum Master ist dafür verantwortlich, dass der Arbeitsprozess bzw. Projektverlauf effizient und störungsarm verläuft und dabei die Regeln zum Vorgehen eingehalten werden. Dazu gehört auch, die Dinge schnell zu tun. Er beseitigt Hindernisse und hilft bei der Lösung organisatorischer und methodischer Probleme. Der Scrum Master schafft für das Lösungsteam den notwendigen Freiraum. Er arbeitet dabei nicht inhaltlich mit. Als agiler Coach steuert er den Scrum-Prozess und sorgt für dessen Einhaltung.

Zu seinen Aufgaben gehört:

- Product Owner und Lösungsteam coachen
- für ein klares Rollenverständnis sorgen
- andere Personen unterstützen, deren Rollen zu füllen bzw. wahrzunehmen
- Hindernisse beseitigen
- Lösungsteam vor externen Einflüssen während des Sprints abschirmen (dazu gehört auch, dass der Product Owner während eines laufenden Sprints keine Änderungen an den zurzeit umzusetzenden Anforderungen vornehmen darf).

Umsetzung durch Lösungsteam

Das Lösungsteam ist dafür verantwortlich, dass die Anforderungen umgesetzt und entsprechende Ergebnisse erreicht werden: Die Dinge richtig tun. Das Team ist für die Erstellung der (operativen) Sprintplanung zuständig. Dazu wählt es Einträge bzw. Anforderungen aus dem Product Backlog aus, die der Product Owner priorisiert hat. Diese Einträge liegen z. B. als User-Storys vor (siehe dazu Kapitel 8.2.4). Sie beschreiben Anforderungen an die zu erstellende Lösung. Das Lösungsteam verantwortet die fristgerechte Lieferung qualitativ guter Produktergebnisse bis zum Ende des Sprints.

Die Mitglieder des Lösungsteams sollen alle Fähigkeiten mitbringen, die zur Erstellung des Produkts notwendig sind. Bei ihren Fähigkeiten sollen sie allerdings nicht „stehenbleiben", sondern von anderen Mitgliedern lernen und dabei Fähigkeiten sowie Wissen aufbauen, die ursprünglich nicht zu ihrer Kernkompetenz zählten.

Das Lösungsteam organisiert sich selbst und kann sich bei Bedarf vom Scrum Master unterstützen lassen.

Zu den Aufgaben des Lösungsteams gehört:

- die im Sprint Backlog aufgenommenen Aufgaben bzw. Produktfunktionalitäten fertigstellen
- vereinbarte Qualitätsmerkmale (Definition of Done) einhalten

- Aufwände schätzen
- Inkremente, d. h. (Teil-)Ergebnisse, erstellen und vorstellen.

5-7 Personen haben sich als effiziente Größe für ein Lösungsteam herausgestellt. Kleinere Teams bedeuten zwar weniger interne (menschliche) Schnittstellen. Sie bilden allerdings möglicherweise nicht alle Fähigkeiten ab und bringen nicht alles Wissen mit, das für die Realisierung der Anforderungen benötigt wird. Größere Teams bringen mehr Schnittstellen mit sich, die eine Zusammenarbeit hemmen können.

Klein und fein

Die Kernteam-Mitglieder konzentrieren sich voll auf das Projekt. Ihnen können Berater (in einer Nebenrolle) zur Seite gestellt werden. Berater sind Spezialisten, die bei Bedarf das Kernteam mit ihrer Expertise punktuell, in einem oder mehreren Sprints unterstützen (vgl. Beispiel rechts in Abbildung 2.19).

2.6.7 Weitere Vorgehensmodelle

Neben den bereits genannten Vorgehensmodellen gibt es noch weitere Varianten, die im Ansatz ebenfalls agil sind. Sie entstanden schon in der Mitte des vorigen Jahrhunderts, als von Agilität noch keine Rede war und agile Prinzipien bestenfalls implizit unterstellt wurden (vgl. Kapitel 2.6.1). Die beiden Ansätze Kanban und Kaizen stammen aus der japanischen Gedankenwelt und Wirtschaftspraxis, in der ein empirisches, schrittweises Vorgehen (vgl. Kapitel 2.2.2) bei der Rationalisierung der Fertigung im Vordergrund steht.

2.6.7.1 Kanban

Kanban bedeutet übersetzt Aushängeschild oder Plakat. Der Ursprung dieses Vorgehensmodells liegt in der Industrie, in der der Bedarf an Produktionsmaterialien und deren Nachschub z. B. mit Karten gesteuert wird. Dabei wird das Pull-Prinzip verfolgt: erst eine Entnahme von Material stößt an, dass dieses Material aufgefüllt wird. Unnötiges Vorhalten von (zu viel) Material ist dabei zu vermeiden, um hohe Flexibilität zu gewährleisten und Kapitalbindung zu verringern.

Die Idee zu Kanban wurde aus dem Besuch eines Supermarkts abgeleitet. Der Kunde entnimmt dem Regal nur das, was er benötigt; das Personal legt nur das im Regal nach, was entnommen wurde. Diese Logik soll sich idealerweise vom Regal über das Lager des Supermarkts, weiter über den Transport der Waren bis zu deren Produktion fortsetzen.

Supermarkt als Vorbild

Übertragen auf organisatorische oder IT-Projekte treten Anforderungen oder Aufgaben/Arbeitspakete an die Stelle der Materialien. Dies bedeutet, dass (konkrete und detaillierte) Anforderungen nur insoweit vorliegen müssen und sollen, soweit beabsichtigt ist, sie tatsächlich zeitnah in Ergebnisse umzusetzen.

Nach und nach

Nimmt der Kunde ein (Teil-)Ergebnis ab und „leert" damit das „Regal", entnehmen die Umsetzer (in Scrum ist dies das Lösungsteam) eine oder mehrere weitere Anforderungen zur nächsten Umsetzung aus dem „Lager" (in Scrum ist dies das Product Backlog). Dieses „entleerte Lager" gilt es durch weitere Anforderungen zu „füllen" (in Scrum fügt die Rolle Product Owner neue Anforderungen hinzu oder detailliert bestehende Anforderungen).

Kanban wird im organisatorischen Umfeld nicht zwangsläufig als eigenständiges Vorgehensmodell genutzt, sondern häufig als eine Technik, die insbesondere in agilen Vorgehensmodellen angewendet wird.

Kanban-Board

Die Anforderungen oder Aufgaben werden als Karten in einem (physischen oder elektronischen) Kanban-Board hinterlegt. Das Board visualisiert dabei auch die Arbeit und den Arbeitsstand der Projektbeteiligten in einer Übersicht. Dazu werden mindestens vier Spalten genutzt: Backlog, To Do, Doing, Done.

Backlog	To Do	Doing	Done
Hauptstudie	Wichtigste Anforderungen ermitteln	Projekt abgrenzen	Informationen erheben
Teilstudien	Grobe Lösungsvarianten erarbeiten	Externe Beziehungen und Einflüsse ermitteln	Informationen analysieren
Systembau	Realisierbarkeit prüfen	Ziele verfeinern	Auftrag erarbeiten
Einführung	Kosten und Nutzen bewerten		Auftrag abstimmen
Erhaltung	Empfehlung erarbeiten		
	Entscheidungspräsentation vorbereiten und durchführen		

Abb. 2.20: Kanban-Board

Vier Spalten

Im Backlog werden alle Anforderungen hinterlegt, angefangen von stichpunktartigen Ideen bis hin zu umsetzungsreif dokumentierten Anforderungen. In die Spalte To Do werden die Anforderungen verschoben, die in der derzeitigen (oder zeitnah anstehenden) Iteration realisiert werden sollen. Die Spalte Doing beinhaltet Anforderungen, die aktuell umgesetzt werden. Diese werden mit Fertigstellung in die Spalte Done verschoben.

Dabei findet das Pull-Prinzip (Ziehen) Anwendung: die Beteiligten ziehen sich selbstverantwortlich Aufgaben bzw. Anforderungen spaltenweise von links nach rechts. Dem Pull-Prinzip gegenüber steht das Push-Prinzip (Schieben), das es zu vermeiden gilt: eine andere Person oder Rolle weist den Beteiligten Aufgaben „ungefragt" zur Erledigung zu.

Ziehen statt schieben

Als weiteres Prinzip sollte „One-Piece-Flow" befolgt werden. Anstatt mehrere Aufgaben oder Anforderungen zwar anzufangen, aber nicht fertigzustellen, soll an einer Sache gearbeitet werden, bis diese vollständig abgeschlossen („done") ist. „Weniger anfangen – mehr fertigstellen" ist eine entsprechende Aufforderung zu diesem Prinzip. Dazu werden häufig Grenzen gesetzt, wie viele Anforderungen oder Aufgaben sich maximal in den mittleren beiden Spalten befinden dürfen. Der sogenannte Work-in-Progress (WIP), also die laufende Arbeit, wird damit limitiert. Engpässe und Stockungen in der Erledigung der Aufgaben sollen dadurch vermieden oder zumindest transparent gemacht werden.

Konzentration auf weniges

2.6.7.2 Kaizen

Kai bedeutet im Japanischen Veränderung/Wandel und Zen bedeutet zum Besseren. Kaizen ist sowohl ein methodisches Konzept wie auch eine Philosophie, derzufolge eine schrittweise, punktuelle Perfektionierung oder Optimierung eines Produktes oder Prozesses angestrebt wird. In dieses Vorgehen sind alle Beteiligten eingebunden. Die permanente Suche nach Verbesserungen auf allen Ebenen eines Unternehmens ist das zentrale Anliegen. In westlichen Ländern wurde dieses Konzept unter der Bezeichnung KVP (Kontinuierlicher Verbesserungsprozess) übernommen. In Europa stehen die ständige Qualitätsverbesserung und Kostensenkung im Vordergrund. Deswegen wird es auch als integraler Bestandteil des Qualitätsmanagements gesehen. Im japanischen Denken wird Kaizen umfassender verstanden als Philosophie einer ständigen, sichtbaren Veränderung, indem beispielsweise permanent die Funktionen eines Produktes erweitert werden.

Kaizen = KVP, Kontinuierlicher Prozess der Verbesserung

Dieser Ansatz hat dazu geführt, dass für sehr viele Produkte in immer kürzeren Zyklen weitere Anwendungsgebiete erschlossen werden, was beispielsweise an der ständig steigenden Funktionalität von Mobiltelefonen deutlich wird. Durch die kontinuierliche Verbesserung der Produktionsprozesse haben einige japanische Unternehmen sich den Ruf der Qualitätsführerschaft erarbeitet. Das hat wesentlich dazu beigetragen, dieses Gedankengut in westlichen Ländern zu verbreiten.

Das Kaizen beinhaltet fünf zentrale Bestandteile:

Zentrale Bestandteile des Kaizen

- Prozessorientierung – nicht nur die Ergebnisse sind wichtig, sondern auch wie sie zustande kommen
- Kundenorientierung – jeder Prozess hat einen internen oder externen Kunden. Kunden entscheiden über die Art der Leistung. Interne Kunden, die einen Fehler feststellen, sind verpflichtet,

unmittelbar den (internen) Lieferanten zu informieren, um Folgefehler zu vermeiden. Kundenbefragungen dienen dazu, Mängel zu beseitigen und bessere Leistungen zu erbringen.

- Qualitätsorientierung – Total Quality Control. Durch aufwändige Messverfahren wird die Qualität permanent produktionsbegleitend überwacht. Dabei gelten sehr anspruchvolle Qualitätsstandards.
- Kritikorientierung – Kritik ist nicht nur erlaubt, sondern erwünscht. Jeder Mitarbeiter ist aufgefordert, Vorschläge zu machen; jeder Entscheider ist gefordert, Vorschläge konstruktiv aufzunehmen und so weit wie möglich umzusetzen.
- Standardisierung – Verbesserungen werden, sobald sie sich als geeignet erwiesen haben, als Standard übernommen. Erst dann kann ein neuer Veränderungsprozess angestoßen werden.

Kaizen bietet eine Reihe von Werkzeugen und Techniken zur Dokumentation und Analyse beziehungsweise zur statistischen Auswertung. Außerdem gibt es eine Reihe von Grundsätzen und Checklisten, die dazu beitragen sollen, Fehler gezielt zu erkennen und Verbesserungen zu entwickeln. Beispiele dafür sind

- 5S-Bewegungen
- 7M-Checkliste
- 3Mu-Checkliste
- 8V-Regel.

Bei den 5S-Bewegungen handelt sich um fünf Regeln, den Arbeitsplatz betreffend:

Techniken, Checklisten

- Seiri – Ordnung schaffen, alles nicht Notwendige beseitigen
- Seiton – jeden Gegenstand an seinem richtigen Platz aufbewahren
- Seiso – Arbeitsplatz sauber halten
- Seiketsu – persönliche Sauberkeit und Ordnung
- Shitsuke – Vorschriften einhalten, diszipliniert sein.

Die 7M-Checkliste beschreibt die sieben wichtigsten Faktoren, die immer wieder überprüft werden müssen:

- Menschen
- Maschine/Material
- Messung
- Methode
- Milieu/Umwelt
- Money (Geld)
- Management.

Die 3Mu-Checkliste gibt Quellen von Störungen an, die zu vermeiden sind:

- Muda – Verschwendung, siehe dazu die 8V-Regel
- Muri – Überlastung von Mitarbeitern und Maschinen
- Mura – Unregelmäßigkeiten in den Prozessen.

Die 8V-Regel ist eine Checkliste, um typische Verlustquellen zu erkennen. Typische Verschwendung kann verursacht sein durch:

- Überproduktion
- Bestände
- Transportzeit
- Wartezeit
- Herstellungsprozess
- unnötige Bewegung
- Fehler und deren Reparatur
- nicht genutztes Potenzial der Mitarbeiter.

Der Erfolg des Kaizen hängt entscheidend davon ab, inwieweit es gelingt, die Philosophie der permanenten, schrittweisen Verbesserung im Bewusstsein aller Beteiligten zu verankern. Die aus europäischer Sicht unter Umständen ein wenig befremdlich wirkenden Bestandteile sind vor dem Hintergrund der japanischen Kultur zu sehen, in der Kritik normalerweise nicht offen geäußert wird, sodass es eines strengen formalen Gerüstes bedarf, um diese inneren Widerstände zu überwinden.

Kontinuierliche Veränderungsprozesse, die in Europa eingeführt wurden, basieren weniger auf derartigem Verbesserungsbewusstsein als auf organisatorischen Rahmenbedingungen, die kontinuierliche Qualitätsverbesserungen sicherstellen sollen. Mitarbeiter werden in Teamarbeit und Moderationstechnik geschult, um dann in KVP-Gruppen konkrete Verbesserungsvorschläge zu erarbeiten. Dabei folgen sie einem Vorgehensmodell, das weitgehend dem Zyklus (vgl. Kapitel 2.4.2.2) ähnelt.

Zusammenfassung

Kaizen ist eine aus Japan stammende Unternehmensphilosophie, derzufolge die kontinuierliche Verbesserung von Produkten und Prozessen im Vordergrund steht. Prozessorientierung, Kundenorientierung, Qualitätsorientierung, Kritikorientierung und Standardisierung stehen im Vordergrund und werden durch Checklisten und Kriterienkataloge unterstützt. In westlichen Ländern wurde dieser Denkansatz übernommen und als KVP (Kontinuierlicher Verbesserungsprozess) in vielen Unternehmen eingeführt.

Abschließend sollen die methodischen Konzepte anhand von Anwendungsbedingungen und Merkmalen verglichen werden (siehe Abbildung 2.21).

Vorgehen				
		Planbasiert Wasserfall-modell mit Varianten	**Iterativ** z. B. Zyklus, V-Modell XT, Haubentaucher	**Agil** z. B. Scrum, Crystal, XP
Anwendungs-bedingungen	**Ausprägung**			**Ausprägung**
Planbarkeit des Vorhabens	eher hoch			eher gering
Komplexität, Kompliziertheit	beherrsch-bar			mittel bis hoch
Merkmale/ Wirkungen				
Ablauf	eher linear			(kurz-) zyklisch
Flexibilität	gering			hoch
Qualitätsziel	hoch von Anfang an			mit Mängeln leben
Qualität des Ergebnisses	oft mangel-haft			am Ende gut
Kosten	oft über-zogen			besser steuerbar
Ergebnisse	spät			schnell
Zyklen	eher lang			eher kurz
Einbindung der Entscheider	planmäßig, eher selten			plan-mäßig, oft
Einbindung der Anwender	eher spät			frühzeitig, fortlaufend
Eingehen auf Anwender	sporadisch			permanent
Kontakt mit Anwendern	wenig intensiv			sehr intensiv
Beteiligung	konzep-tionell			operativ
Kommunika-tion mit Anwendern	eher gering			intensiv
Akzeptanz	bedroht			erleichtert
Testen	am Ende			laufend
Integration	im Systembau			kurz-zyklisch

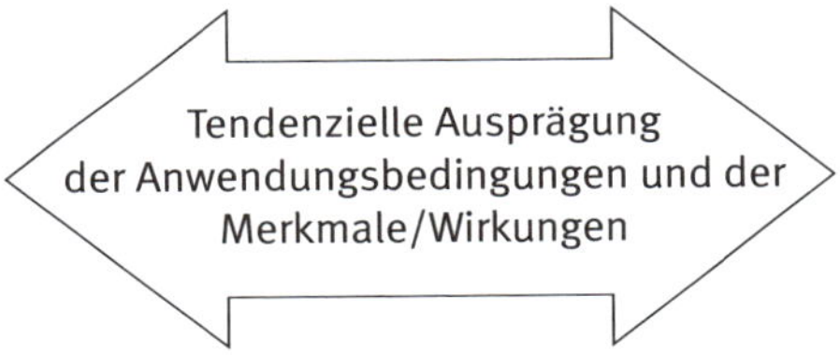

Tendenzielle Ausprägung der Anwendungsbedingungen und der Merkmale/Wirkungen

Abb. 2.21: Vergleich methodischer Konzepte

Literatur zu Kapitel 2

Beck, K.: Extreme Programming. Die revolutionäre Methode für Softwareentwicklung in kleinen Teams. München 2003

Brandes, U. et al.: Management Y: Agile, Scrum, Design Thinking & Co. Frankfurt 2014

Cockburn, A.: Agile Software Development. The cooperative game. 2. Aufl., Boston 2006

Daenzer, W. F.; Huber, F. (Hrsg.): Systems Engineering. Methodik und Praxis. 11. Aufl., Zürich 2002

Fischermanns, G.: Praxishandbuch Prozessmanagement. 12. Aufl., Gießen 2021 (in Vorbereitung)

GPM Deutsche Gesellschaft für Projektmanagement e. V. (Hrsg.): Kompetenzbasiertes Projektmanagement (PM4). Handbuch für Praxis und Weiterbildung im Projektmanagement. Nürnberg 2019

Kostka, C.; Kostka, S.: Der Kontinuierliche Verbesserungsprozess. Methoden des KVP. 6. Aufl., München 2013

Mack, O.; Khare, A. et al. (Hrsg.): Managing in a VUCA World. Heidelberg, New York 2016

Naumann, A.-B.: Business-Analyse – Systematisches Anforderungsmanagement für nutzerorientierte Lösungen. Gießen 2018

Palmer, S.; Felsing, J.: A Practical Guide to the Feature-Driven Development. London 2002

Pfetzing, K.; Rohde, A.: Ganzheitliches Projektmanagement. 7. Aufl., Gießen 2020

Pichler, R.: Scrum – Agiles Projektmanagement erfolgreich einsetzen. Heidelberg 2008

Pohl, K.; Rupp, C.: Basiswissen Requirements Engineering, 4. Aufl., Heidelberg 2015

Project Management Institute (Hrsg.): A Guide to The Project Management Body of Knowledge. PMBOK Guide. 6. Aufl., Newton Square 2017

Rosenberg, D.; Boehm, B. et al.: Parallel Agile – faster delivery, fewer defects, lower costs. Wiesbaden 2019

Schwaber, K.; Sutherland, J.: Software in 30 Tagen: Wie Manager mit Scrum Wettbewerbsvorteile für ihr Unternehmen schaffen. Heidelberg 2014

Snowden, D.: Cynefin: A sense of time and space, the social ecology of knowledge management. In: Despres, C.; Chauvel, D. (Hrsg.): Knowledge Horizons: The Present and the Promise of Knowledge Management. Oxford 2000

3 Systemdenken

Ziele dieses Kapitels – Was können Sie erwarten?

- Sie kennen grundlegende Begriffe des Systemdenkens und wissen, was mit dem Systemdenken erreicht werden soll
- Sie können Systeme von ihrer Umwelt abgrenzen
- Sie kennen die Bedeutung von Restriktionen und Rahmenbedingungen für die Organisationsarbeit
- Sie können Vorhaben/Projekte in kleinere Teile aufgliedern und kennen den Nutzen eines solchen Vorgehens
- Sie wissen, wie trotz der Zergliederung von Vorhaben/Projekten ein ganzheitliches Ergebnis erreicht werden kann
- Sie wissen, wie vom Groben ins Detail vorangeschritten wird, ohne dabei den Überblick zu verlieren.

3.1 Einordnung und Ziele

Das Systemdenken ist ein wesentlicher Bestandteil der methodischen Arbeit. Es überlagert und ergänzt die ablauforientierte Betrachtung. Das Systemdenken kann somit in allen Vorgehensmodellen herangezogen werden, die in Kapitel 2 vorgestellt werden. Es erleichtert insbesondere die Planung, indem es die gedankliche Auseinandersetzung mit einem Vorhaben unterstützt und organisiert.

System-denken unterstützt die Planung

Das Systemdenken gibt ein Instrumentarium an die Hand, das vor allem dann besonders wirkungsvoll ist, wenn komplexe, vielschichtige Aufgabenstellungen bearbeitet werden müssen, bei denen zu Beginn häufig noch gar nicht feststeht, was alles zum Problemfeld gehört, was die Ursachen für zu erkennende Probleme sind.

Die Grundidee des Systemdenkens ist ein Vorgehen vom Groben ins Detail und von Außen nach Innen. Mit diesen Grundgedanken und den daraus abgeleiteten Bestandteilen des Systemdenkens wird es möglich, auch komplexe Probleme zu „durchschauen" und handlicher zu machen.

Derartige Hilfen werden immer wichtiger. Gerade im Bereich der Entwicklung von Informationssystemen, aber auch in anderen organisatorischen und sonstigen Fragestellungen ist ein deutlicher Trend zur Komplexität festzustellen. Das ist eine Folge der steigenden Leistungsfähigkeit der Technik, der zunehmenden und sich schnell verändernden Anforderungen von internen und externen Kunden, der immer unübersichtlicher werdenden Flut von Regelungen und Vorschriften, die die Bearbeiter vor immer größere Herausforderungen stellen.

Komplexe Aufgaben-stellungen müssen beherrscht werden

Vorhaben/Projekte werden als komplex bezeichnet, wenn viele Elemente und vielschichtige Beziehungen zu beachten sind – und wenn darüber hinaus das System im Zeitablauf eine große Anzahl unterschiedlicher Zustände annehmen kann (zeitliche Dynamik). Diese Bedingungen liegen heute fast immer vor (vgl. Kapitel 2.2.1).

Die Ziele des Systemdenkens werden in der folgenden Übersicht zusammengefasst. Welche Bestandteile des Systemdenkens welchen Beitrag leisten können, wird auf den folgenden Seiten deutlich.

Mit dem Systemdenken werden hauptsächlich folgende Ziele angestrebt	
Das „richtige" Problem anfassen	Es soll frühzeitig präzisiert werden, welche Bereiche überhaupt gestaltet oder verändert werden dürfen. Außerdem soll frühzeitig erkannt werden, was ▪ unbedingt herauskommen muss ▪ auf keinen Fall herauskommen darf.
Beherrschen komplexer Probleme	Es soll gewährleistet werden, dass ▪ komplexe Probleme in leichter beherrschbare Teilprobleme untergliedert werden, die auch arbeitsteilig erledigt werden können ▪ bei der Arbeit im Detail der Überblick erhalten bleibt ▪ integrationsfähige Lösungen entstehen (Insellösungen vermieden werden) ▪ Systeme in ihre Umwelt (Umgebung) passen.
Realistischen Projektaufwand abschätzen	Es sollen Hilfen geboten werden, schon frühzeitig zu erkennen, welcher Aufwand mit dem Projekt verbunden sein wird.
Rationalisierungspotenziale nutzen	Es soll gewährleistet werden, dass ▪ gleiche Probleme gleich gelöst werden ▪ standardisierbare Lösungselemente mehrfach genutzt werden (Modularisierung) ▪ überflüssige Bestandteile (z. B. redundante Daten oder Doppelspurigkeiten) erkannt und vermieden werden.

Abb. 3.01: Ziele des Systemdenkens

Zusammenfassung

Das Systemdenken soll helfen, auch komplexe und vielschichtige Probleme abzugrenzen, leichter zu bearbeiten und möglichst redundanzfreie Ergebnisse zu erhalten.

3.2 Begriffe

Ein System ist gegenüber seiner Umgebung (Umwelt) abgegrenzt. Es besteht aus Teilen (Elementen), die miteinander verknüpft sind (Beziehungen) und die aufeinander einwirken. Elemente sind Bestandteile eines Systems, die – auf einer bestimmten Betrachtungsebene – nicht mehr unterteilt werden sollen. Beziehungen sind Verbindungen (Relationen, Verknüpfungen) zwischen Elementen, Untersystemen und Teilsystemen sowie zwischen dem System und seiner Systemumwelt. Bei planmäßig gestalteten Systemen werden Elemente so ausgewählt und miteinander verbunden, dass bestimmte Ziele möglichst gut erreicht werden können.

Beispiel

Der Vertrieb eines Unternehmens kann als ein System aufgefasst werden. Grundlegende Elemente sind Aufgaben (Bedarf ermitteln, Kunden besuchen, Angebote erstellen, interne Aufträge erfassen usw.). Die Aufgaben werden durch Beziehungen miteinander verknüpft, es werden Aufgabenpakete geschnürt – Stellen gebildet. Diese Aufgabenpakete werden einer weiteren Gruppe von Elementen zugeordnet, den Aufgabenträgern. Es werden also Beziehungen zwischen Aufgaben und Aufgabenträgern hergestellt. Dann werden die Stellen untereinander durch Prozess-, Kommunikations- und Weisungsbeziehungen verbunden. Den Stellen werden Sachmittel und Informationen zugeordnet, sodass weitere Beziehungen entstehen. Alle Regelungen ordnen sich dem Ziel unter, möglichst wirkungsvoll die vorhandenen Produkte am Markt zu verkaufen und frühzeitig die Anforderungen des Marktes zu erkennen. Dieses Beispiel soll verdeutlichen, dass sich hinter den abstrakten Begriffen „Elemente“ und „Beziehungen“ ganz konkrete – im Beispiel organisatorische – Sachverhalte verbergen.

Soll der Vertrieb als ein System definiert werden, muss er von den Sachverhalten abgegrenzt werden, die nicht zum System zählen. Hier kann die Grenze formal um die Organisationseinheit gezogen werden, die für den Vertrieb zuständig ist. Es ist aber auch möglich, die Grenze weiter zu ziehen, und alle Beteiligten dazu zu zählen, die Aufgaben im Zusammenhang mit dem Vertrieb erledigen. So schreibt beispielsweise die Buchhaltung die Rechnungen, in der Controlling-Abteilung werden Verkaufsstatistiken erstellt, die Entwicklungsabteilung arbeitet bei der Angebotserstellung mit usw.

Bewusste Klärung von Systemgrenze, Kontext, Kontextgrenze und Umgebung

Das Systemdenken fordert den Bearbeiter eines Vorhabens dazu auf, sich bewusst mit dem System und damit auch mit der Systemgrenze auseinander zu setzen. Mit anderen Worten gesagt: Für jedes Vorhaben ist die Systemgrenze bewusst zu definieren. Es gibt also keine Systeme, die zu entdecken wären. Vielmehr wird ein System durch bewusste Entscheidungen als solches definiert. Systemorientiertes Arbeiten fordert also, dass für jedes Vorhaben die Systemgrenze bestimmt und damit auch die Größe des Vorhabens festgelegt werden muss.

Ein System, das außerhalb der Systemgrenze liegt, zu dem abgegrenzten System aber Beziehungen aufweist, wird als Umsystem bezeichnet, das sich im Systemkontext befindet.

Der Systemkontext wird durch die Kontextgrenze nach außen begrenzt. Jenseits dieser Grenze gibt es noch eine Umgebung, die für das Vorhaben irrelevant ist, da dort nichts verändert wird und sich von dort auch keine Auswirkungen ergeben.

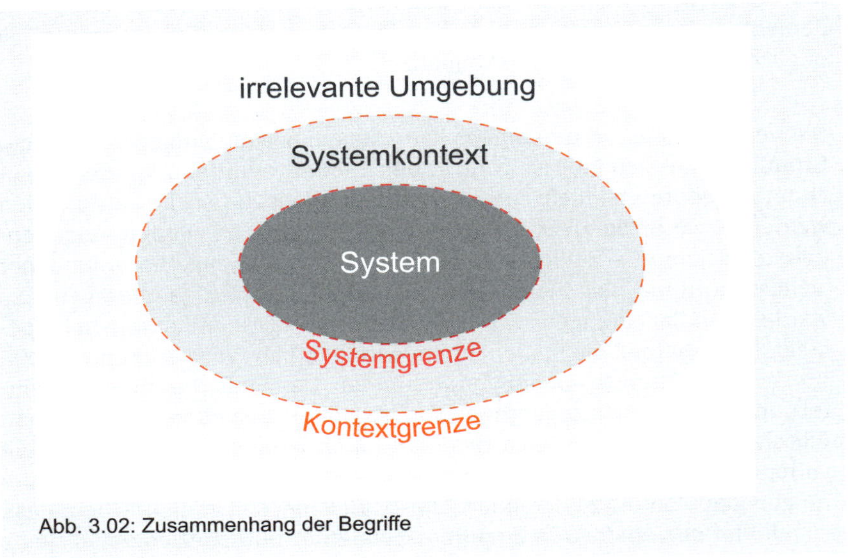

Abb. 3.02: Zusammenhang der Begriffe

Hier drängt sich die Frage auf, ob man das alles nicht „einfacher" sagen könnte, ob diese Begriffe – System, Systemgrenze, Umsystem usw. – denn überhaupt nötig sind. Im Augenblick fällt eine Begründung schwer. Dazu müsste das Instrumentarium bekannt sein. Deswegen soll erst einmal behauptet werden: Diese abstrakten Begriffe zum Systemdenken und das damit verbundene Denkmodell erleichtern den Umgang mit komplexen (organisatorischen) Problemen. Die Erklärung dafür wird gleich nachgeliefert.

Beispiel

Der Darstellung des Systemdenkens soll folgendes Beispiel zugrunde gelegt werden: Die Auftragsabwicklung in einem Verlag soll reorganisiert werden. Es handelt sich um einen Fachverlag für Bücher und Fachzeitschriften.

Mit dem Auftraggeber, dem Geschäftsführer des Verlages, wurden in einem Vorgespräch folgende Ziele vereinbart, die bei der Lösung zu beachten sind:

- schnelle Abwicklung von Aufträgen
- fehlerfreie Auslieferungen
- eine möglichst kostengünstige Lösung.

Beispiel

Der gesamte Verlag kann als ein System angesehen werden. Er ist aber offensichtlich nicht das System, das hier neu zu gestalten ist. Hier setzt das Systemdenken an.

Zusammenfassung

Systeme bestehen aus Elementen und Beziehungen. Sie müssen nach außen abgegrenzt werden. Die Abgrenzung von Systemen ist eine bewusste Entscheidung der Verantwortlichen. Der Systemkontext weist Beziehungen zum System auf, soll oder kann aber im Rahmen des Projektes nicht verändert werden. Alles andere zählt zur Umgebung, die für das Vorhaben irrelevant ist.

3.3 Bestandteile des Systemdenkens

Hier sollen sechs wesentliche Bestandteile des Systemdenkens behandelt werden, die für die praktische Organisationsarbeit besonders wichtig sind. Dabei handelt es sich um folgende Punkte, die hier als SEUSAG merktechnisch verdichtet und in den folgenden Abschnitten erläutert werden:

S	Systemgrenze bestimmen	Vorhaben abgrenzen
E	Einflussgrößen (Randbedingungen) ermitteln	Restriktionen und Rahmenbedingungen erkennen
U	Unter- und Teilsysteme abgrenzen	Zerlegen des Vorhabens in kleinere Einheiten
S	Schnittstellen ermitteln	Beziehungen zwischen den abgegrenzten kleineren Einheiten untereinander wie auch zum Umsystem ermitteln
A	Analysieren von Elementen, Beziehungen und Dimensionen	Erheben und Ordnen von Informationen über die abgegrenzten kleineren Einheiten
G	Gemeinsamkeiten feststellen	Mehrfach vorkommende Aufgaben und Informationen (Elemente) in den abgegrenzten Einheiten herausfinden

Abb. 3.03: SEUSAG – Bestandteile des Systemdenkens

3.3.1 Systemgrenze bestimmen – Klärung des Gestaltungsbereiches

Was gestalten?

Offensichtlich wünscht der Auftraggeber in dem skizzierten Beispielprojekt keine vollständige Reorganisation des Verlags. Vielmehr soll nur ein Bereich überarbeitet werden, der jedoch zu Beginn eines Projekts normalerweise noch nicht klar abgegrenzt ist. Deswegen muss der Projektverantwortliche so früh wie möglich die Frage klären, innerhalb welcher Grenzen überhaupt Veränderungen vorgenommen werden dürfen, was also angefasst werden darf. Dazu werden auch die Begriffe „in scope" (was gehört dazu) und „out of scope" (was gehört nicht dazu) verwendet.

Verschiedene Blickwinkel möglich

Grundsätzlich geht es um die Abgrenzung des Systems nach außen. Solche Grenzen können einmal durch die betroffenen organisatorischen Einheiten definiert werden. Es ist aber auch möglich, die Grenzen aus einem anderen Blickwinkel zu bestimmen. So könnte der Geschäftsführer vielleicht festlegen, dass durch dieses Vorhaben das Vergütungssystem nicht geändert werden darf (out of scope). Oder das System wird definiert, indem zu verändernde Geschäftsprozesse, (IT-)Sachmittel oder Informationen im Mittelpunkt stehen. Auch durch solche Ausgrenzungen wäre der Handlungsspielraum des Auftragnehmers eingeschränkt.

Hier soll die Klärung des Gestaltungsbereiches an obigem Beispiel demonstriert werden, bei dem das System über die organisatorischen Einheiten abgegrenzt wird.

Beispiel

Der Produktionsbereich ist offensichtlich nicht von diesem Projekt betroffen, da es keine Auftragsfertigung gibt. Alle Aufträge werden vom Lager ausgeliefert. Ein erster Vorschlag für die Abgrenzung des Gestaltungsbereiches könnte also durch die rote Markierung abgebildet sein (siehe Abbildung 3.04, linkes Beispiel).

Nach einer Diskussion mit dem Auftraggeber stellt sich heraus, dass das Marketing mit dem täglichen Geschäft nichts zu tun hat und deswegen ausgeschlossen bleiben soll. Auch für den Vertriebsleiter selbst soll sich nichts ändern. Weiter steht der Auftraggeber auf dem Standpunkt, dass die Abläufe in der Finanzbuchhaltung, in der erst vor kurzem eine neue IT-Anwendung eingeführt wurde, durch das Projekt nicht berührt werden dürfen. Die zur Finanzbuchhaltung führenden Schnittstellen müssen unverändert beibehalten werden.

Durch diese Diskussion mit dem Auftraggeber – und evtl. mit den Hauptverantwortlichen der betroffenen Einheiten (Stakeholder) – hat sich der Untersuchungsbereich weiter eingeengt. Selbstverständlich hätte die Erörterung auch zu einer Erweiterung der Systemgrenze führen können.

Die Systemgrenze für das Projekt sieht folgendermaßen aus (Abbildung 3.04, rechtes Beispiel):

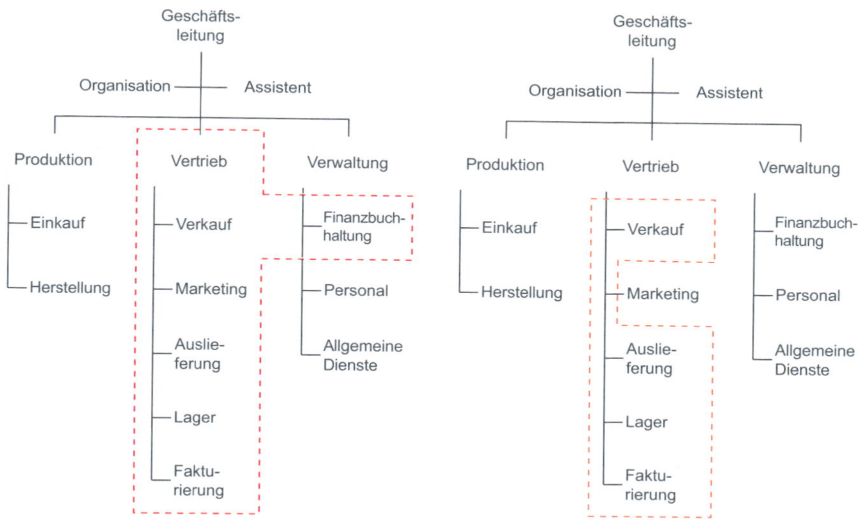

Abb. 3.04: Beispiele für Systemgrenzen

Welche Bedeutung und welche Vorteile hat dieser Schritt zur Bestimmung der Systemgrenze?

Was bringt Festlegung der Systemgrenzen?

- Es wird für die nächste Untersuchungsphase verbindlich festgelegt, wo überhaupt Veränderungen vorgenommen werden dürfen und wo nicht. Alles, was außerhalb dieses Bereiches liegt, ist „Tabuzone". Diese Festlegung ist insofern sehr wichtig, als selbst kleinere Vorhaben oft sehr weitreichende Verästelungen haben, die jedoch aus diversen Gründen wie Zeit, Kosten, Macht usw. nicht alle berücksichtigt werden können oder sollen.
- Der Projektverantwortliche und auch die Betroffenen wissen, wer alles vom Projekt „bedroht" ist. Mit Veränderungen geht meistens einige Unruhe einher, da viele Mitarbeiter für sich selbst Nachteile befürchten. Durch die festgelegte Grenze wird die Unruhe auf die wirklich Betroffenen begrenzt.
- Durch die Systemgrenze werden auch schon erste Hinweise auf die sogenannten Schnittstellen gegeben, d. h. auf Berührungspunkte zu fertigen oder nicht veränderbaren Bereichen.
- Eine klare Systemgrenze gibt Hinweise, wo überhaupt detaillierte Informationen erhoben werden müssen. Damit wird der Untersuchungsaufwand klarer ersichtlich und meistens auch schon frühzeitig reduziert.

- Durch die Systemgrenze wird gleichzeitig auch der Bereich möglicher Lösungen eingegrenzt. Es sind nur noch Lösungen zulässig, die innerhalb der definierten Grenze realisiert werden können.

Folgende Grundsätze sind bei der Systemabgrenzung zu beachten:	
Laufende Abstimmung mit dem Auftraggeber	Die Entscheidung über die Systemgrenze kann nur der Auftraggeber fällen. Deswegen ist er frühzeitig zur Systemgrenze zu befragen. Die einmal festgelegte Grenze ist im Projektfortschritt daraufhin zu überprüfen, ob sie nach wie vor sinnvoll ist.
Weite Grenzen zu Beginn	Um nichts zu übersehen, was möglicherweise relevant sein kann, empfiehlt es sich, in den frühen Phasen eines Projekts, die Grenzen eher weit zu ziehen und dann schrittweise solche Bereiche auszugrenzen, die nicht bearbeitet werden sollen.
Minimierung von Schnittstellen	Bei der Festlegung der Systemgrenze sollte beachtet werden, dass möglichst wenige und einfache Schnittstellen entstehen.
Bestimmung des relevanten Umsystems	Mit der Abgrenzung wird der Bereich definiert, innerhalb dessen Änderungen vorgenommen werden dürfen. Das Umsystem muss aber auch beachtet werden, da es immer auch Schnittstellen zu ihm gibt.

Abb. 3.05: Grundsätze der Systemabgrenzung

Zusammenfassung

Durch die Bestimmung der Systemgrenze wird festgelegt, welcher Bereich überhaupt von einem organisatorischen Vorhaben betroffen ist – Systemabgrenzung nach außen. Diese Übereinkunft ist mit dem Auftraggeber zu treffen, laufend zu überprüfen und bei Bedarf zu korrigieren. Bei der Grenzziehung ist die Minimierung der Schnittstellen zu beachten. Weiterhin muss der relevante Bereich des Umsystems bestimmt werden.

3.3.2 Einflussgrößen (Randbedingungen) ermitteln

Organisatorische oder IT-Vorhaben spielen sich nie im luftleeren Raum ab. Es sind vielerlei Einflussgrößen zu beachten. Hier werden zwei Gruppen von Einflussgrößen unterschieden:

Einflussgrößen	
Restriktionen	Rahmenbedingungen
Zwingende Vorgaben: Was muss eingehalten werden? Was darf nicht herauskommen?	Welche Sachverhalte sind zu beachten, weil von ihnen wichtige Einflüsse auf die Eignung der Lösung zu erwarten sind?

Abb. 3.06: Einflussgrößen

Arten von Einflussgrößen

Restriktionen

Betriebliche und außerbetriebliche Restriktionen

Restriktionen sind verbindliche Vorgaben, die zwingend eingehalten werden müssen. Damit ist eine Restriktion grundsätzlich so zu formulieren, dass ihre Erfüllung immer mit Ja (erreicht, eingehalten) oder Nein (nicht erreicht, nicht eingehalten) beurteilt werden kann. Eine solche Vorgabe könnte sein, dass die IT-Anwendung in der Finanzbuchhaltung als gegeben hingenommen werden muss und nicht verändert werden darf. Daneben könnte es noch weitere Restriktionen geben, die bei der Neugestaltung der Auftragsabwicklung zu berücksichtigen sind, und die betrieblicher und außerbetrieblicher Art sein können. Betriebliche Vorgaben sind beispielsweise begrenzte finanzielle Mittel („darf nicht mehr kosten als ...“), außerbetriebliche Restriktionen sind Vorschriften, Verträge oder Gesetze.

Dieser Bestandteil des Systemdenkens soll wiederum anhand des Beispiels verdeutlicht werden (siehe Abbildung 3.07).

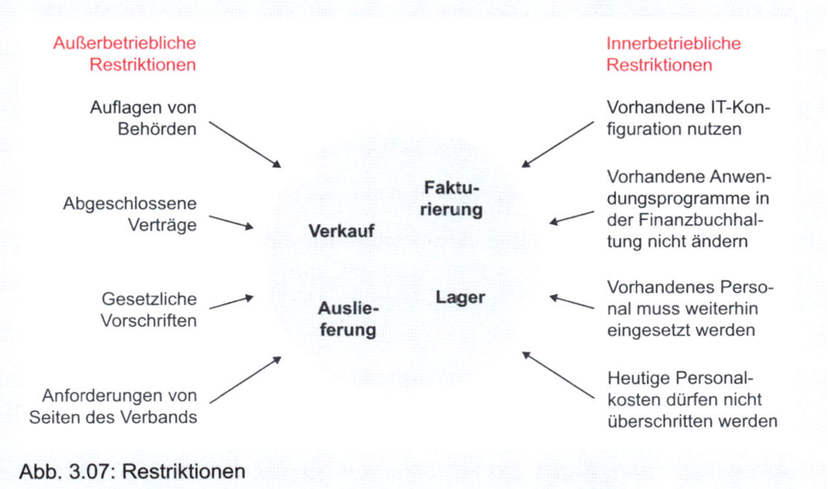

Abb. 3.07: Restriktionen

Letztlich ist auch die zuvor genannte Systemgrenze eine Restriktion für das Projekt.

Normalerweise begrenzen Restriktionen den Lösungsspielraum des Projektverantwortlichen; sie zeigen ihm die Grenzen auf. Daraus wird auch schon deutlich, welche Vorteile es hat, die Restriktionen frühzeitig zu ermitteln:

Restriktionen verringern Projektaufwand

- Der Projektleiter erkennt, welche Muss- bzw. Darf-Nicht-Lösungen der Auftraggeber erwartet.
- Der Projektverantwortliche setzt sich so früh wie möglich mit Faktoren auseinander, die bestimmte Lösungselemente erzwingen, aber auch Lösungsbestandteile verhindern können.
- Restriktionen begrenzen den Aufwand für ein Projekt, indem zum Beispiel bestimmte, grundsätzlich mögliche Varianten von vornherein ausgeschlossen werden.
- Restriktionen können den Aufwand eines Projekts aber auch steigern, wenn zum Beispiel bestimmte regulatorische Vorgaben verbindlich einzuhalten sind.
- Die Restriktionen müssen mit dem Projektfortschritt laufend kontrolliert und gegebenenfalls aktualisiert werden.

Rahmenbedingungen

Rahmenbedingungen sind für das Projekt relevante Sachverhalte, die durch das Projekt nicht unmittelbar verändert werden können, die also nicht Gegenstand aktiver Eingriffe sein können. Von diesen Rahmenbedingungen kann es aber entscheidend abhängen, welche Lösungen mehr oder weniger Erfolg versprechend sind.

Beispiel

Die Mitbewerber bieten einen „Rund-um-die-Uhr-Service“, der eine Rahmenbedingung darstellt. Das eigene Unternehmen kann nur während der normalen Geschäftszeiten erreicht werden. Um im Wettbewerb nicht zurück zu fallen, muss untersucht werden, ob dieser Service auch angeboten werden soll und welche organisatorischen Voraussetzungen dafür zu schaffen sind.

Theoretisch gibt es unendlich viele Rahmenbedingungen für ein Projekt. Es gehört zu den Aufgaben des Projektleiters, die – meist wenigen – wirklich wichtigen zu erkennen und angemessen zu berücksichtigen.

Zusammenfassung

Restriktionen sind verbindliche interne oder externe Vorgaben für ein Projekt. Ihre frühzeitige Kenntnis und Abstimmung verhindert Fehlentwicklungen. Rahmenbedingungen können einen maßgeblichen Einfluss auf die Lösung haben, durch das Projekt selbst aber nicht beeinflusst werden.

3.3.3 Unter- und Teilsysteme abgrenzen – Isolieren übersichtlicher Lösungsbereiche

Die beiden ersten Schritte des Systemdenkens sind hauptsächlich nach außen orientiert. Der Auftragnehmer will sichergehen, dass er die Aufgabenstellung des Auftraggebers richtig verstanden hat, und er will sonstige Außeneinflüsse ermitteln. Die nächsten Schritte des Systemdenkens können auch diesem Ziel dienen, vor allem tragen sie aber dazu bei, dass sich der Projektverantwortliche seine eigene Arbeit strukturiert.

Systemdenken erleichtert die Arbeit

Schon bei den Eingangsüberlegungen wurde klar, dass es in der praktischen Arbeit normalerweise unmöglich ist, organisatorische oder IT-Projekte in einem Schritt zu lösen und dabei gleichzeitig alle Beziehungen und Lösungselemente im Auge zu behalten. Daraus folgt, dass man versuchen muss, sich die Aufgabenstellung zu vereinfachen, ohne sie unzulässig zu simplifizieren, d. h. so zu tun, als ob sie nicht komplex wäre.

Dieses Ziel kann erreicht werden, wenn man

- übersichtliche Lösungsbereiche abgrenzt
- sich gleichzeitig über die damit geschaffenen Grenzen (Schnittstellen) klar wird.

In diesem Abschnitt soll zuerst der Frage nachgegangen werden, wie überschaubare, zu beherrschende Lösungsbereiche abgegrenzt werden können.

Untersysteme abgrenzen

Beispiel

Aus der Sicht des Systems „Gesamtunternehmung" sind die Hauptabteilungen „Produktion", „Vertrieb" und „Verwaltung" Untersysteme. Die Abteilungen – die nächste Ebene im Organigramm – sind Untersysteme des Systems „Hauptabteilung". Auch die Abteilungen können in kleinere Untersysteme gegliedert werden, so z. B. in Gruppen oder einzelne Stellen. Selbst die Stellen können noch weiter untergliedert werden in einzelne Aufgaben. Was als Untersystem anzusehen ist, hängt somit von der Betrachtungsweise ab.

Das zu verändernde System in dem hier verwendeten Beispiel besteht aus den Abteilungen im Bereich Vertrieb. Die Abteilungen „Verkauf", „Auslieferung", „Lager" und „Fakturierung" sollen reorganisiert werden und sind damit die Untersysteme des untersuchten Systems. Möglicherweise sind damit schon ausreichend einfache, überschaubare Einheiten abgegrenzt. Soll das Untersystem „Auslieferung" noch weiter unterteilt werden, könnte das wie in Abbildung 3.08 dargestellt aussehen.

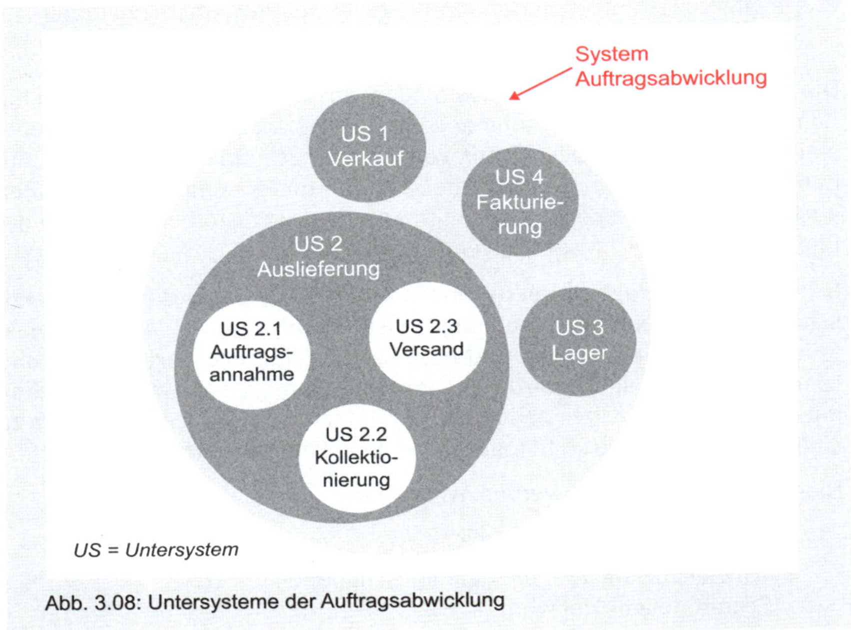

Abb. 3.08: Untersysteme der Auftragsabwicklung

Untersysteme durch hierarchische Gliederung

Untersysteme sind also kleinere organisatorische Einheiten (Abteilungen, Gruppen, Stellen) oder nach anderen Kriterien abgegrenzte Einheiten (Aufgabenpakete, Funktionseinheiten, Bauteile), die sich ergeben, wenn ein System hierarchisch in kleinere Einheiten zerlegt wird. Dabei wird die kleinere Einheit als Ganzes betrachtet. Werden die Untersysteme Verkauf, Fakturierung etc. abgegrenzt, dann werden sie als komplette Einheiten (mit allen Elementen und Beziehungen, also mit ihrem ganzen Innenleben) betrachtet.

Mit der Bildung von Untersystemen entstehen kleinere, übersichtliche Einheiten. Allerdings ist ein zerschnittenes System nicht lebensfähig. Es muss bei einer Zerlegung bedacht werden, dass die so entstandenen Schnittstellen später wieder miteinander verbunden werden müssen. Dieser Sachverhalt wird in Kapitel 3.3.4 behandelt. Zuvor soll ein anderer „Trick" erörtert werden, wie man eine komplexe Situation vereinfachen kann.

Herausheben von Teilsystemen

Probleme nach innen abgrenzen

Bei der Abgrenzung von Untersystemen wird unterstellt, dass das komplette Untersystem Gegenstand des Projekts ist. Aus dieser Sicht könnten alle überhaupt denkbaren (z. B. organisatorischen) Sachverhalte im Untersystem verändert werden. Das dürfte jedoch so gut wie niemals der Fall sein. In einem konkreten Projekt muss immer auch geklärt werden, welche Sachverhalte innerhalb eines Untersystems unverändert bleiben sollen und wo

Änderungen erwünscht oder erlaubt sind. Es wird also zusätzlich zur Problemabgrenzung nach außen auch eine Problemabgrenzung nach innen notwendig sein, die zusammen mit dem Auftraggeber vorgenommen werden muss. Dazu dient – unter anderem – die Teilsystembetrachtung.

Systeme werden aus Elementen und Beziehungen gebildet. Wenn in einem System bestimmte Elementarten, Beziehungszusammenhänge, Beziehungsarten oder funktionale Aspekte hervorgehoben und abgegrenzt werden, spricht man von Teilsystemen. Auch dieser Begriff soll anhand eines Beispiels verdeutlicht werden.

Beispiel

Eine Buchhandlung bestellt beim Verlag telefonisch ein Fachbuch. Der Anruf wird an die Abteilung „Auslieferung“ weitergeleitet. Der Mitarbeiter gibt die telefonisch übermittelten Bestelldaten in ein IT-System ein – er füllt eine Bildschirmmaske aus – ergänzt interne Vermerke, druckt einen Lieferschein aus und leitet diesen weiter an den Mitarbeiter, der für die Kollektionierung zuständig ist. Der geht mit dem Beleg ins Lager, entnimmt das gewünschte Buch, verbucht die Entnahme und geht mit dem Buch zum Verpackungsbereich, wo er das Buch ablegt. Er ergänzt das Gewicht der Sendung und gibt eine Kopie des Lieferscheins an die Fakturierung. Dort werden die Rechnung und die Versandpapiere erstellt. Originalrechnung und Versandpapiere gehen an den Versandbereich, wo die Rechnung in das Buch eingelegt und beides zusammen verpackt wird usw. Dieser spezielle Geschäftsprozess in der Auftragsabwicklung wird als ein Teilsystem bezeichnet.

Was kennzeichnet diese Betrachtungsweise?

Teilsysteme sind isolierte Wirkungs zusammenhänge

Hier wird ein bestimmter Prozess betrachtet, der über mehrere Untersysteme hinweggeht, der aber offensichtlich auch nur einen Teil aller Ablaufbeziehungen ausmacht: Es gibt auch noch schriftlich eingehende Bestellungen sowie Bestellungen von Kommissionsware, bei der keine Rechnung geschrieben wird; es gibt Bestellungen, die im Moment nicht ausgeliefert werden können; zudem Anfragen bzw. Mahnungen seitens der Kunden. Alles das gehört insgesamt zur Auftragsabwicklung des Vertriebs. Oben wurde nur ein Teilsystem, nämlich die Abwicklung eines telefonischen Einzelauftrags eines Kunden (Buchhandlung) mit gleichzeitiger Rechnungsstellung beschrieben. Es handelt sich also um ein Teilsystem, das in einem anderen Zusammenhang als Prozess bezeichnet wird. Somit können Prozesse oder Ablaufbeziehungen immer auch als Teilsysteme abgegrenzt werden.

Beispiele für Teilsysteme

Daneben gibt es noch andere Teilsysteme. So ist z. B. das interne Kommunikationsnetz in einem Unternehmen ein Teilsystem, das bereitgehalten wird, um damit Informationen auszutauschen, zu kommunizieren. Weiterhin gibt es auch Kommunikationssysteme, die physisch nicht ersichtlich sind, wie

Beispiele für Teilsysteme

z. B Weisungssysteme (die betriebliche Hierarchie) oder allgemeine Kommunikationsbeziehungen (z. B. Berichtspflichten des Verkaufs an die Verkaufsleitung).

Ein weiteres Beispiel für ein Teilsystem ist das Kompetenzsystem, in dem Entscheidungs- oder Verfügungsbefugnisse geregelt sind. Auch hier wird nur ein bestimmter Ausschnitt betrachtet, das System aus einer bestimmten Perspektive betrachtet.

Schließlich soll beispielhaft – aber nicht erschöpfend – eine weitere Art von Teilsystemen genannt werden. In den verschiedenen Untersystemen des Verlages werden PCs, Server, Kopiergeräte und Drucker eingesetzt. Auch hier kann man von einem Teilsystem, dem Teilsystem Sachmittel sprechen, da bei der Auswahl der Sachmittel Abhängigkeiten zu berücksichtigen sind.

Bei einer Teilsystembetrachtung wird ein bestimmter Beziehungszusammenhang oder eine bestimmte Gruppe von Elementen isoliert betrachtet. Ein solcher Beziehungszusammenhang kann fließen (Prozess, Informationen) oder auch ruhen (statische Beziehung = Aufbau, Sachmittel). Allgemein formuliert handelt es sich bei Teilsystemen um funktionale Zusammenhänge.

Systeme im Inneren abgrenzen

Selbstverständlich werden nicht in jedem Projekt alle genannten Teilsysteme bearbeitet. Eine wichtige Funktion des Systemdenkens ist es, frühzeitig die Frage aufzuwerfen, welche Tatbestände (Teilsysteme) innerhalb der abgegrenzten Untersysteme überhaupt zum Projekt gehören. Bei der Bestimmung der zu behandelnden Teilsysteme wird von der Systemabgrenzung nach innen gesprochen.

Kognitive Karte

Die Abgrenzung eines Systems und die Darstellung zu bearbeitender Unter- und Teilsysteme ist auch ein Beispiel für eine sogenannte Kognitive Karte (Mental-Map) als einer vereinfachten Abbildung einer komplexen Realität.

Bei der Abgrenzung von Unter- und Teilsystemen sind folgende Grundsätze zu beachten:

Grundsätze für die Abgrenzung von Unter- und Teilsystemen	
Übergewicht der inneren Bindung	Wie schon bei der Abgrenzung des gesamten Systems sollte auch bei den Unter- und Teilsystemen darauf geachtet werden, dass die Einheiten so abgegrenzt werden, dass sie relativ viele Beziehungen im Inneren und relativ wenige Beziehungen nach außen haben.
Fachliche Abgrenzung	Es sollten Unter- und Teilsysteme so abgegrenzt werden, dass sie als Arbeitspakete – ggf. an entsprechende Spezialisten – übertragen werden können.

Abb. 3.09 (Teil 1): Grundsätze der Abgrenzung

Grundsätze für die Abgrenzung von Unter- und Teilsystemen	
Module abgrenzen	Teilsysteme können auch zu Teilprojekten werden. Solche Teilprojekte sollten so gebildet werden, dass mehrfach nutzbare, standardisierbare Teile (Module) mit klar definierten Funktionen abgegrenzt werden.
Angemessene Gliederungstiefe	Systeme können über mehrere Stufen in immer kleinere Untersysteme oder Teilsysteme zerlegt werden. Bei der Bestimmung der angemessenen Tiefe sollte das Prinzip gelten: So fein wie nötig, um gedanklich zu beherrschende Aufgabenstellungen zu erhalten.

Abb. 3.09 (Teil 2): Grundsätze der Abgrenzung

Inwiefern hilft das Denken in Unter- und Teilsystemen nun dem Projektverantwortlichen?

Systemdenken hilft Projektverantwortlichen

- Es erleichtert die Klärung der Frage, welche Untersysteme bzw. welche Teilsysteme überhaupt neu gestaltet werden können oder sollen – Systemabgrenzung nach Innen und Außen.
- Es verhindert die aufwendige Erhebung von Informationen aus solchen Unter- und Teilsystemen, deren Veränderung nicht beabsichtigt ist.
- Es ermöglicht eine Bearbeitung – nacheinander oder nebeneinander – der isolierten Unter- oder Teilsysteme. Der Hauptvorteil ist darin zu sehen, dass es für den Bearbeiter leichter wird, eine komplexe Situation zu erfassen und neu zu gestalten. Er kann auf Ausschnitte „fokussieren“ und muss dabei nicht immer alles gleichzeitig „im Blick“ haben.
- Es ermöglicht die Bildung von Arbeitspaketen oder Iterationen, die arbeitsteilig – evtl. von den entsprechenden Spezialisten – erledigt werden können.
- Es trägt wesentlich dazu bei, schon frühzeitig zu erkennen, was in einem Projekt alles geleistet werden muss, und ermöglicht damit realistische Zeit- und Aufwandsschätzungen.

Die Konzentration auf ausgewählte Teil- und Untersysteme könnte jedoch zu sogenannten „Insellösungen“ führen. Um das zu vermeiden, soll nun gezeigt werden, wie die Integrationsfähigkeit von Teillösungen gesichert werden kann.

Zusammenfassung

Um den zu gestaltenden Bereich eindeutig abzugrenzen und um ihn leichter zu beherrschen, bei Bedarf auch arbeitsteilig zu erledigende Problemfelder (Teilprojekte, Arbeitspakete, Iterationen) zu erhalten, werden Unter- und Teilsysteme abgegrenzt. Untersysteme sind kleinere Einheiten eines Systems, die durch eine hierarchische Zerlegung entstehen. In Teilsystemen werden bestimmte funktionale Zusammenhänge isoliert.

3.3.4 Schnittstellen ermitteln – Integrationsfähigkeit von Teillösungen sichern

In dem verwendeten Beispiel wurden folgende Untersysteme abgegrenzt:

US 1	Verkauf
US 2.1	Auftragsannahme
US 2.2	Kollektionierung
US 2.3	Versand
US 3	Lager
US 4	Fakturierung.

Wenn diese Untersysteme nacheinander bearbeitet werden, können Unverträglichkeiten entstehen. Es muss also das Ziel sein, Ein- und Ausgänge von Untersystemen so aufeinander abzustimmen, dass problemlose „Lieferungen“ von Informationen, Belegen und Waren zwischen den Untersystemen möglich sind. Dann sind die Untersysteme integriert, d. h. miteinander verträglich. Diese Übergänge zwischen einzelnen Untersystemen werden als Schnittstellen bezeichnet.

Schnittstellen machen Teilsysteme ersichtlich

An den Schnittstellen werden grundsätzlich Teilsystembeziehungen zerschnitten. Also nur dort, wo etwas fließt oder wo eine Beziehung besteht, kann überhaupt etwas zerschnitten werden. Dieser Hinweis ist insofern wichtig, als bereits bei dem Versuch, die Integration von Untersystemen zu sichern, auch ein wesentlicher Beitrag zur Integration von Teilsystemen geleistet wird.

Diese – im Augenblick vermutlich noch abstrakt erscheinenden – Aussagen sollen anhand eines Beispiels griffiger gemacht werden. Dabei soll gleichzeitig ein praktikabler Weg aufgezeigt werden, wie Schnittstellen zwischen Untersystemen ermittelt, analysiert bzw. festgelegt werden können.

Beispiel

Innerhalb des Untersuchungsbereiches liegen die Untersysteme US 1, US 2.1, US 2.2, US 2.3, US 3, US 4. Diese Untersysteme haben vermutlich eine ganze Reihe von Schnittstellen untereinander. Darüber hinaus haben sie auch Schnittstellen zu organisatorischen Einheiten, die außerhalb der Grenzen des untersuchten Systems liegen. In dem Beispiel sind das folgende innerbetriebliche Organisationseinheiten: Herstellung, Marketing, Vertriebsleitung, Finanzbuchhaltung. Außerbetrieblich haben die untersuchten Untersysteme zudem mit dem Kunden zu tun.

Um die Schnittstellen zu definieren, hat es sich als zweckmäßig erwiesen, die untersuchten Untersysteme und die damit verbundenen Einheiten in einer Matrix aufzulisten und den „grenzüberschreitenden Verkehr" einzutragen. Grenzüberschreitender Verkehr sind Teilsystembeziehungen, die von der Untersuchung betroffen sind und mehrere Untersysteme und evtl. auch Einheiten des Umsystems berühren.

Ein- und Ausgänge von Untersystemen sind Schnittstellen

In der nachstehenden Matrix (Abbildung 3.10) sind beispielhaft mehrere mögliche Kategorien von Teilsystembeziehungen berücksichtigt wie Informationsfluss, Belegfluss, Warenfluss. Selbstverständlich ist es auch möglich, eine Matrix beispielsweise nur für Informationsbeziehungen zu erarbeiten. Es könnten auch weitere Beziehungsarten abgebildet werden wie z. B. Zahlungsströme.

In die Matrix wird eingetragen, was von den Untersystemen und den Umsystemen an die übrigen Untersysteme bzw. die Umsysteme geliefert wird. Dabei handelt es sich im Beispiel um folgende „Lieferungen":

- Informationen
- Belege (Datenträger, Vordrucke)
- Produkte
- Bestellungen, Rechnungen
- Anfragen, Richtlinien, Abklärungen
- Bücher, Verpackungsmaterial

Bei der Aufstellung der Matrix sind folgende Punkte zu beachten:

Ist oder Soll

- Die Matrix kann für die Abbildung des Istzustandes ebenso verwendet werden wie für die Darstellung eines Sollzustandes. Anstelle der Frage „Was geht von X nach Y?" müsste dann die Frage lauten „Vorausgesetzt wir hätten das Untersystem oder die Funktionseinheit X, was müsste dann an Y und alle anderen gehen?"

Alle Sender und Empfänger

- In der Kopfzeile und in der Kopfspalte werden sämtliche zum Untersuchungsbereich gehörenden Untersysteme sowie die betrieblichen und außerbetrieblichen Umsysteme eingetragen, soweit sie mit dem Untersuchungsbereich Beziehungen aufweisen. Dann wird in horizontaler Richtung eingetragen, was von einem Untersystem an alle übrigen „geliefert" wird. Es ist auch möglich, in die Matrix Teilsysteme mit aufzunehmen. So wäre ein Teilsystem „IT-Anwendung" Sender und Empfänger von Informationen, die aus anderen Teil- oder Untersystemen stammen.

Sender und Empfänger als Blackbox

- Es werden nur die Außenbeziehungen der zum Untersuchungsbereich gehörenden Systeme untersucht. Die Unter- und Teilsysteme selbst werden als Blackbox, als schwarzer Kasten, angesehen, dessen Inhalt zum gegenwärtigen Zeitpunkt noch nicht interessiert. Dieses Vorgehen vom Überblick in die Einzelheiten oder von außen nach innen ist einer der Kernpunkte des Systemdenkens. Es soll verhindern, sich zu früh in Details zu verlieren.
- Alle Felder, in denen sich Einheiten der Umwelt – betrieblich wie außerbetrieblich – treffen, werden nicht ausgefüllt, da deren Beziehungen untereinander definitionsgemäß außerhalb des Untersuchungsbereiches liegen.
- Bestehen zwischen zwei Systemen keine Beziehungen, bleibt das betreffende Feld leer bzw. wird mit einem Strich (-) versehen.

Wenn die Matrix der Schnittstellen zu umfangreich wird, kann man zwei unterschiedliche Maßnahmen ergreifen:

Vereinfachung

- Die Matrix wird in mehrere Matrizen aufgelöst, z. B. eine Matrix für die Übergänge des Warenflusses, eine für den Informations- bzw. Belegfluss usw.
- Die Felder der Matrix werden in Listenform geführt, z. B. wird für das Feld US 1/US 2.1 eine eigene Seite angelegt. In diese Listen können beliebig umfangreiche Schnittstellenkataloge aufgenommen werden.

Die Erhebung der darzustellenden Informationen muss in enger Zusammenarbeit mit den Betroffenen (bei der Darstellung des Istzustandes) oder mit Fachleuten geschehen, die detaillierte Sachkenntnisse besitzen. Dazu haben sich Workshops besonders bewährt.

Würdigung des Ist

Wenn in der Matrix die Beziehungen des Istzustandes dargestellt werden, ist als nächster Schritt zu prüfen, ob diese Beziehungen auch für den Sollzustand noch sinnvoll sind.

Zusammenfassung

Zur Integration von Unter- und Teilsystemen sowie zur Integration des Systems in seine Umwelt kann eine Matrix genutzt werden, worin die Beziehungen eingetragen werden, die bei der Abgrenzung zerschnitten wurden. Die Unter- bzw. Teilsysteme selbst werden vorläufig als Blackbox behandelt, um bei der gedanklichen Auseinandersetzung nicht zu früh in den Details zu versinken.

	US 1 Verkauf	US 2.1 Auftragsannahme	US 2.2 Kollektionierung	US 2.3 Versand
US 1 Verkauf		telef. Bestellungen, schriftl. Bestellungen, Lieferanfragen, Stornierungen, Meldungen über fehlerhafte Lieferungen	———	———
US 2.1 Auftragsannahme	Lieferaussagen, Terminbestätigung, Stornierungsbestätigung, monatliche Statistik		Schriftliche Bestellungen, Interne Aufträge	Terminanfragen, Versandhinweise
US 2.2 Kollektionierung	———	Meldung über nicht lieferbare Titel		Ware, Bestellungen, Interne Aufträge
US 2.3 Versand	———	Versandbestätigung, Mengenabweichung	Rückfragen bei Abweichungen, Ware und Papiere	
US 3 Lager	Auskünfte über Liefermöglichkeiten	Auskunft über Lieferfähigkeit, Periodische Bestandsmeldung	Bestandsabweichungen	Verpackungsmaterial, Entnahmeschein für Verpackungsmaterial
US 4 Fakturierung	Anfragen über Sonderkonditionen, Auskünfte über Mahnungen	Rückfragen über Konditionen	———	Rechnung, Versandpapiere, Bestellkopie
Betriebliche Umwelt	Leiter Vertrieb: Umsatzziele, Preisstaffeln/Konditionen. Finanzbuchhaltung: Liste über zahlungsunfähige Kunden. Marketing: Verkaufsunterstützung	Finanzbuchhaltung: Klärungen. Leiter Vertrieb: Entscheidung über Sonderkonditionen. Produktion: Aussagen über Lieferungen	———	Leiter Vertrieb: Versandrichtlinien. Finanzbuchhaltung: Porto
Außerbetriebliche Umwelt (Kunde)	Besuchsterminabstimmungen, Anforderungen von Prospekten und Werbematerial, Bestellungen, Kaufaufträge, Kommissionsaufträge, Reklamationen	Anforderungen von Prospekten und Werbematerial, Bestellungen, Kaufaufträge, Kommissionsaufträge, Reklamationen	———	———

Abb. 3.10 (Teil 1): Schnittstellenmatrix (linker Teil)

US 3 Lager	US 4 Fakturierung	Betriebliche Umwelt	Außerbetriebliche Umwelt (Kunde)
Eilige Anfragen über Lieferungen	Abstimmung über Mahnungen	Leiter Vertrieb: Aufträge, Reklamationen, neue Produkte	Neue Produkte, Preislisten, Prospektmaterial, Antworten auf Reklamationen, Besuchstermine, Anfragen
Anfragen über Lieferfähigkeit	———	Leiter Vertrieb: Genehmigung von Sonderkonditionen. Produktion: Anfragen über Auslieferung	Mitteilung bei nicht lieferbaren Titeln, Stellungnahme bei Falschlieferungen
Entnahmevermerke, Bestandsabweichungen	———	———	———
Abrufen von Verpackungsmaterial	Bestellung, Entnahmeschein, Warengewicht, Versandweg, Kommissionspapiere	Finanzbuchhaltung: Portobuch, -quittung. Leiter Vertrieb: Versandstatistik	Verpackte Ware mit Rechnung und Versandpapieren
	———	Finanzbuchhaltung: Periodische Bestandsmeldungen, Schwund, Inventuren. Leiter Vertrieb; Bestandsmeldung	———
———		Finanzbuchhaltung: Rechnungskopien, Anfragen bei Differenzen	Lieferschein über Kommissionswaren, Klärung Zahlungsdifferenzen
Leiter Vertrieb: Auslagerungen. Finanzbuchhaltung: Bewertete Bestandsliste. Produktion: Lieferankündigungen	Finanzbuchhaltung: Fakturierungsaufforderung für Kommissionsware, Anfragen		———
———	Anfragen bei Zahlungsdifferenzen	———	

Abb. 3.10 (Teil 2): Schnittstellenmatrix (rechter Teil)

Welche Vorteile ergeben sich nun für den Projektverantwortlichen, wenn er den bisher beschriebenen Weg geht, d. h. Untersysteme und Teilsysteme abgrenzt und die Schnittstellen ermittelt?

Nutzen der Schnittstellen-matrix

- Durch die Definition der Schnittstellen kann sich der Bearbeiter auf ein Untersystem oder ein Teilsystem konzentrieren und dabei die Abhängigkeiten zu anderen Unter- oder Teilsystemen bzw. der Umwelt im Auge behalten.
- Wenn im Folgenden die Blackboxes geöffnet, d.h. zu Whiteboxes gemacht werden, kann der Bearbeiter beliebig tief in die Details hineinsteigen, ohne dabei den Überblick zu verlieren.
- Die Matrix sichert eine weitgehend vollständige Erfassung. So muss beispielsweise eine Information, von der ein Untersystem behauptet, dass es sie weitergibt, auch bei dem Adressaten ankommen, d. h. dort als Eingang gemeldet werden.

Die Koordination von Teilsystemen kann auch auf anderen Wegen erreicht werden. Sollen die einzelnen Teilsysteme effizient bearbeitet werden, können folgende Regeln helfen:

Regeln zur Koordination der Teilsysteme

- Wichtige Teilsysteme, die viele Beziehungen zu anderen Teilsystemen haben, sollten als erste bearbeitet werden. Wichtig sind beispielsweise solche Teilsysteme, die mit der Bearbeitung der Normalfälle, d.h. des Mengengeschäftes, zu tun haben.
- Als nächstes wird ein Teilsystem bearbeitet, das zu dem fertigen Teilsystem relativ viele Berührungspunkte hat. So lässt sich die Komplexität begrenzen.
- Die Planung erfolgt iterativ, d. h. nach der Planung des zweiten Teilsystems wird überprüft, ob dieses Teilsystem mit dem bereits fertigen verträglich ist. Falls nicht, wird eines von beiden angepasst. Dann wird das dritte Teilsystem geplant und auf Verträglichkeit mit den bereits fertigen Teilsystemen überprüft. Nach diesem Muster wird Schicht über Schicht gelegt und rückwärts schauend aufeinander abgestimmt.
- Idealtypisch sollte erst dann mit der Realisierung begonnen werden, wenn sämtliche Teilsystem-Planungen abgeschlossen sind. Diese Forderung nach einer ganzheitlichen Planung vor der Realisation steht in einem deutlichen Gegensatz zu den Ideen der agilen Systementwicklung (siehe Kapitel 2.6.4 ff.). Letztlich ist abzuwägen, ob die Integration von vornherein angestrebt wird oder ob man durch stufenweise Freigaben und iterative Nachbesserungen die Integration in mehreren Schritten wirkungsvoller und kostengünstiger erreicht.

Bei sehr großen Projekten gibt es nicht nur Zuständigkeiten für einzelne Teil- oder Untersysteme. Es werden auch Schnittstellen-Spezialisten benannt, die dafür sorgen müssen, dass die Teilprojekte aufeinander abgestimmt werden. Daran kann man erkennen, welche herausragende Bedeutung die Beherrschung der Schnittstellen besitzen kann.

Zusammenfassung

Durch iteratives Vorgehen können Teilsysteme integriert werden. Dazu sind Teilsysteme mit vielen Berührungspunkten möglichst direkt nacheinander zu planen und auf Verträglichkeit zu überprüfen.

3.3.5 Analysieren von Elementen, Beziehungen und Dimensionen

Die vorhergehende Ermittlung von Schnittstellen und die sich daran anschließende Analyse folgen den methodischen Prinzipien von außen nach innen und vom Groben ins Detail. Erst wenn die Zusammenhänge bekannt sind, wird der Inhalt der abgegrenzten Systeme untersucht. In der Abbildung 3.11 soll das symbolisch angedeutet werden. Erst werden die Untersysteme US 1 bis US 4 abgegrenzt und deren Beziehungen zur Umwelt ermittelt. In einem nächsten Schritt wird beispielhaft das Untersystem US 2 weiter zergliedert. Schließlich kann – wie am US 2.1 symbolisch angedeutet – der Würfel als gedankliche Hilfe genutzt werden, um die Elemente, Beziehungen und Dimensionen dieses Untersystems zu ermitteln – gleiches gilt dann auch für die anderen Untersysteme.

Erhebung und Analyse in den Blackboxes

Dieses Element des Systemdenkens wird zwar als Analyse bezeichnet, es müsste jedoch eigentlich Erhebung und Analyse genannt werden.

Am Rande sei erwähnt, dass die Analyse im Rahmen des Systemdenkens identisch ist mit der (Erhebung und) Analyse im Planungszyklus.

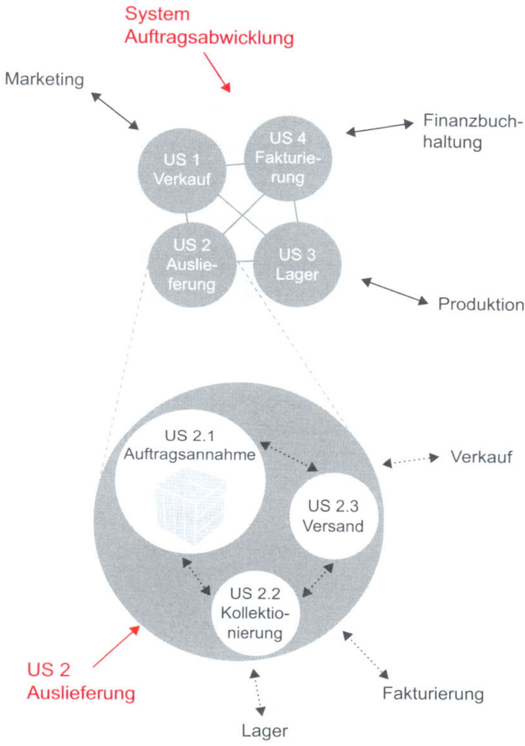

Abb. 3.11: Von außen nach innen und vom Groben ins Detail

3.3.6 Gemeinsamkeiten feststellen

In der praktischen Arbeit ist es möglich und – um die Entwicklungszeiten kurz zu halten – oft auch notwendig, die abgegrenzten Untersysteme bzw. Teilsysteme nebeneinander zu bearbeiten. Also beispielsweise die Auftragsabwicklung parallel zur Kollektionierung zu bearbeiten. Integrationsprobleme dürften zu lösen sein, wenn zuvor die Schnittstellen vollständig erfasst wurden. Allerdings muss man bei einem derartigen Ansatz unter Umständen einen gravierenden Nachteil in Kauf nehmen. Es kann sich später herausstellen, dass in den verschiedenen Untersystemen oder Teilsystemen Gemeinsamkeiten vorhanden sind, die, wären sie frühzeitig bekannt gewesen, andere Lösungen zur Folge gehabt hätten. Deswegen sollten vor der Bearbeitung der abgegrenzten Unter- und Teilsysteme erst die Gemeinsamkeiten untersucht und dokumentiert werden.

Gemeinsamkeiten zwischen Unter- und Teilsystemen erfassen

Derartige Gemeinsamkeiten können beispielsweise in einer Matrix dokumentiert und analysiert werden. Alle Elemente können auf Gemeinsamkeiten in den Untersystemen oder Teilsystemen untersucht werden. Besonders ergiebig kann das bei dem Element „Aufgabe" (analog Lösungsmodul) sein. So erkennt der Bearbeiter frühzeitig, wo gleiche Aufgaben anfallen (Lösungsmodule genutzt werden können). Das gibt ihm Hinweise darauf, entweder die Aufgabenerfüllung zusammenzulegen oder die Aufgabenerfüllung modular (im Baukastensystem) so zu gestalten, dass in den verschiedenen Unter- oder Teilsystemen dieselben oder nur geringfügig modifizierte Module eingesetzt werden.

Was bringt die Ermittlung von Gemeinsamkeiten dem Projektbearbeiter?

Vorteile Ermittlung von Gemeinsamkeiten

- Er erkennt Mehrspurigkeiten und kann sie, falls sie unerwünscht sind, beseitigen oder so berücksichtigen, dass möglichst wenig Mehrfachaufwand anfällt.
- Er kann gewünschte oder notwendige Mehrspurigkeiten berücksichtigen, z. B. indem er sie koordiniert, oder indem er sie modular gestaltet und die Bausteine mehrfach einsetzt.

Zusammenfassung

Analyse im Systemdenken bedeutet die tiefere Auseinandersetzung mit abgegrenzten Unter- und Teilsystemen. Der Würfel kann helfen, Merkmale zu erkennen, nach denen das erhobene Material geordnet wird. Gemeinsamkeiten in Unter- und Teilsystemen sollten berücksichtigt werden. Deswegen sind solche Gemeinsamkeiten zu ermitteln, ehe mit der Gestaltung von Unter- oder Teilsystemen begonnen wird.

3.3.7 Zusammenfassung

Aus den besprochenen, wesentlichen Bestandteilen des Systemdenkens ergeben sich ganz konkrete Hinweise für die praktische Projektarbeit. In der folgenden Übersicht (Abbildung 3.12) werden die Bestandteile des Systemdenkens inhaltlich zusammengefasst.

Bestandteile	Beschreibung	Wichtige Ziele
Systemgrenze bestimmen = Abgrenzung des Systems nach außen	Wie soll das zu bearbeitende System von der Systemumwelt abgegrenzt werden? Welche Sachverhalte dürfen/sollen verändert oder bearbeitet werden und welche nicht?	Das richtige Problem lösen
Einflussgrößen (Randbedingungen) ermitteln = Restriktionen und Rahmenbedingungen	Welche – aus der Sicht des Projektes – nicht zu lenkende Faktoren sind zu beachten. Es werden unterschieden: ▪ Restriktionen - unternehmensintern gesetzte Vorgaben (Muss-Ziele) - extern erzwungene Vorgaben (z. B. Gesetze, Verordnungen, Verträge) ▪ Rahmenbedingungen sie haben Einfluss auf die Problemsituation, können durch das Projekt jedoch nicht verändert werden	Die Größe des Projekts ermitteln
Untersysteme/ Teilsysteme abgrenzen = Abgrenzung von Systemen im Innern	Welche kleineren Teilprojekte (Arbeitspakete) können abgegrenzt werden, um sie getrennt – evtl. durch Spezialisten – zu bearbeiten? Was gehört im Inneren der Untersysteme zum Projekt? Abschätzung des personellen und finanziellen Aufwands und realistischer Termine	Komplexe Probleme beherrschen
Schnittstellen ermitteln	Welche Schnittstellen gibt es zwischen den abgegrenzten Unter- und Teilsystemen sowie zwischen den Unter- und Teilsystemen und den Umsystemen? ▪ Integration der Unter- und Teilsysteme von außen nach innen (z. B. Schnittstellenmatrix) ▪ Integration der Teilsysteme durch iterative/schichtenweise Planung	
Analysieren	Erhebung und Ordnung der Elemente, Beziehungen und Dimensionen innerhalb der abgegrenzten Unter- und Teilsysteme (Prinzip: Von außen nach innen)	Rationalisierungspotenzial nutzen
Gemeinsamkeiten feststellen	Ermittlung gemeinsamer Elemente und Beziehungen in den abgegrenzten Unter- und Teilsystemen	

Abb. 3.12: Bestandteile des Systemdenkens

3.4 Der Zusammenhang zwischen Systemdenken und Projektablauf

Systemdenken wird im Projektablauf genutzt

Der Projektablauf strukturiert ein Projekt in zeitlicher Hinsicht. Das Systemdenken ist demgegenüber ein Modell zur inhaltlichen Strukturierung eines Projekts. Es unterstützt vor allem die Arbeit in den Planungsphasen. Auch in den weiteren Phasen kann das Systemdenken die Projektarbeit erleichtern. Systemorientiertes Arbeiten überlagert somit die ablauforientierte Vorgehensweise.

Als erstes soll verdeutlicht werden, wie innerhalb einer Planungsphase das Systemdenken eingreift. In den Planungsphasen wird ein Planungszyklus durchlaufen, der oben schon vorgestellt wurde. In der folgenden Übersicht werden den Schritten des Zyklus mögliche Bestandteile des Systemdenkens zugeordnet.

Systemdenken im Planungszyklus	
Auftrag	Definition wichtiger Auftragsbestandteile wie Systemgrenzen, vorgegebene Restriktionen
Erhebung/Analyse	Ermittlung des Erhebungsbedarfs durch die Bestimmung der relevanten Unter- und Teilsysteme sowie der Umsysteme. Darstellung und Analyse der Beziehungen zwischen den Unter- und Teilsystemen. Erhebung und Analyse innerhalb der abgegrenzten Unter- und Teilsysteme.
Anforderungen	Modellierung von Unter- und Teilsystemen und deren Zusammenwirken, Anforderungen an Unter- und Teilsysteme ermitteln
Lösungsentwurf	Modellierung möglicher Lösungsvarianten für Unter- und Teilsysteme
Bewertung	Untersuchung der Wirkungen von Veränderungen in den Unter- und Teilsystemen unter dem Aspekt, wie gut die vorgegebenen Ziele erreicht werden.

Abb. 3.13: Systemdenken im Planungszyklus

Da sich in den Planungsphasen von planbasierten Projekten im Prinzip die gleichen Bearbeitungsschritte wiederholen, bieten sich immer wieder die Bestandteile des Systemdenkens an. Auch im Systembau und in der Einführung kann das Systemdenken hilfreich sein, wenn Teilprojekte (Unter- und Teilsysteme) nacheinander realisiert und eingeführt werden.

Iterative und agile Vorgehensmodellen setzen insbesondere darauf, in überschaubaren Zeiträumen (Teil-)Ergebnisse zu planen, zu realisieren (und soweit möglich) einzuführen. Diese Ergebnisse sind häufig Unter- oder Teilsysteme im Sinne des Systemdenkens.

Bei vielen Vorhaben entstehen damit – unabhängig vom Vorgehensmodell – Schnittstellen zwischen bereits umgestellten Teilbereichen und noch nicht angepassten Teilbereichen, die mithilfe des Systemdenkens bearbeitet werden können.

Projektablauf und Systemdenken bilden somit gemeinsam die „Säulen", auf denen die Methode ruht.

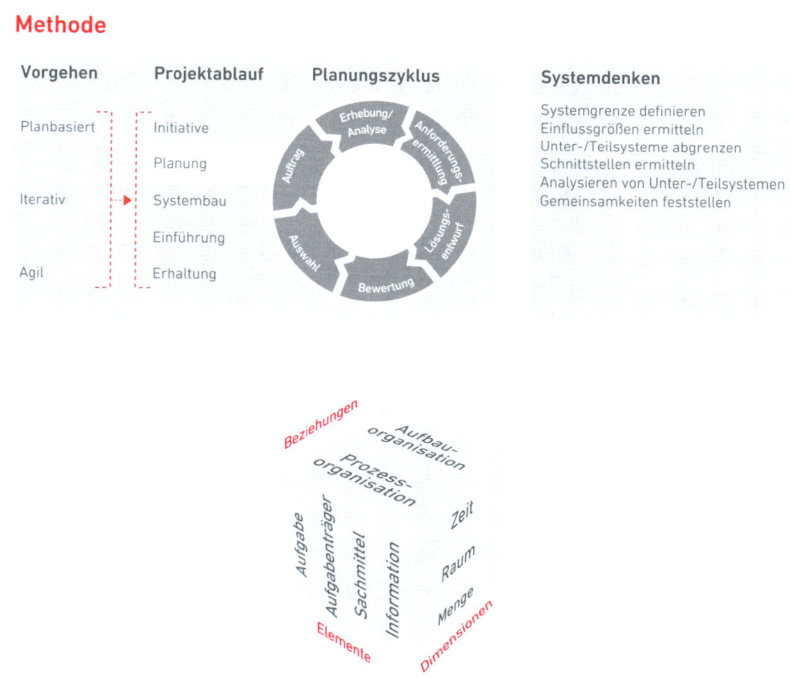

Abb. 3.14: Projektablauf und Systemdenken als „Säulen" der Methode

Das Systemdenken bedient sich bei Bedarf auch verschiedener Techniken der Dokumentation (Prozessbeschreibungen, Matrizen, vernetztes Denken usw.), um Zusammenhänge ersichtlich zu machen und Beziehungen und Wirkzusammenhänge zu untersuchen. Diese Techniken stehen in den weiteren Kapiteln des Buches im Vordergrund. Zuvor soll aber noch erörtert werden, welche weiteren Funktionen in Projekten zu erledigen sind und welche aufbauorganisatorischen Regelungen bei der Abwicklung von Projekten getroffen werden müssen (Kapitel 4).

Literatur zu Kapitel 3

Bertalanffy, L. v.: General system theory. Foundations, Development, Applications. New York 2015

Churchman, C. W.: The systems approach. München 1984

Daenzer, W. F.; Huber, F. (Hrsg.): Systems Engineering. Methodik und Praxis. 11. Aufl., Zürich 2002

Gomez, P.; Probst, G. J.: Die Praxis des ganzheitlichen Problemlösens. 3. Aufl., Bern/Stuttgart/Wien 2007

Heinrich, L. J.; Burgholzer, P.: Systemplanung. Planung und Realisierung von Informatik-Projekten. Band 1: Der Prozess der Systemplanung, der Vorstudie und der Feinstudie. 7. Aufl., München/Wien 1996

Luhmann, N.: Zweckbegriff und Systemrationalität: über die Funktion von Zwecken in sozialen Systemen. 2. Aufl., Frankfurt 1973

Naumann, A.-B.: Business-Analyse – Systematisches Anforderungsmanagement für nutzerorientierte Lösungen. Gießen 2018

Senge, P. M.: Die fünfte Disziplin. Kunst und Praxis der lernenden Organisation. 11. Aufl., Stuttgart 2017

4 Projektmanagement

Ziele dieses Kapitels – Was können Sie erwarten?

- Sie kennen grundlegende Begriffe des Projektmanagements
- Sie wissen, wie Projekte formell gestartet werden
- Sie kennen den Gegenstand der Projektplanung
- Sie wissen, was in der Projektdiagnose und -steuerung zu tun ist und welche Bedeutung die Ziele für die Qualitätssicherung haben
- Sie wissen, welche Beteiligten in Projekte eingebunden sein können und welche Rollen diese Beteiligten übernehmen.

Organisatorische betriebliche Projekte und andere Änderungsvorhaben sind normalerweise in ihrer konkreten Form einmalig. Sie haben einen Start- und einen Endtermin und unterscheiden sich darin grundlegend von den wiederkehrenden Aufgaben einer Unternehmung.

Da die Organisation einer Unternehmung oder einer Verwaltung in der Regel auf die ständig gleichartig wiederkehrenden Aufgaben ausgerichtet ist, müssen für einmalige Vorhaben besondere organisatorische Vorkehrungen getroffen werden. Die Gesamtheit dieser Vorkehrungen wird hier unter dem Sammelbegriff Projektmanagement zusammengefasst, das einmalige Vorhaben wird als Projekt bezeichnet.

Was gehört zum Projektmanagement?

Unter den Oberbegriff Projektmanagement fallen die Projektinitiative, in der geregelt wird, wie es zu einem Projekt kommt, die Funktionen, das sind die Aufgaben, für die der Projektleiter – evtl. mit seinen Mitarbeitern gemeinsam – verantwortlich ist, die Aufbauorganisation eines Projektes (die Beteiligten und deren Zuständigkeiten) und schließlich der Abschluss mit solchen Aufgaben, die zum Ende des Projekts anfallen.

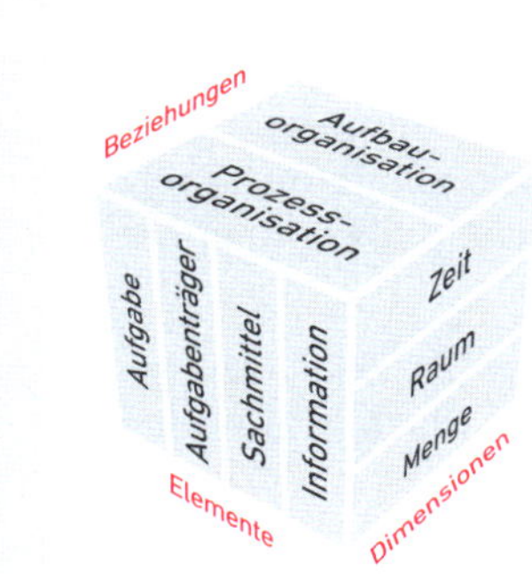

Projektmanagement

Projektinitiative

Funktionen
Planung
Diagnose/Steuerung
Realisation
Führung/Zusammenarbeit

Projektaufbau
Beteiligte
Aufbauorganisation

Projektabschluss

Abb. 4.01: Bestandteile des Projektmanagements

Zusammenfassung

Projektmanagement setzt sich aus den Teilgebieten Projektinitiative, Funktionen des Projektmanagements, Aufbauorganisation von Projekten und Projektabschluss zusammen.

4.1 Projektinitiative

Auslöser für Projekte

Es gibt eine Fülle von Anlässen, die ein Projekt auslösen können. So kann die Neuformulierung der Strategie oder die gezielte Suche nach Verbesserungspotenzialen ebenso zu Projekten führen wie Kundenreklamationen oder plötzliche „Einsichten" ranghoher Auftraggeber. Die meisten Unternehmen und Verwaltungen haben ein standardisiertes Verfahren, in dem aus einem Antrag ein Projekt werden kann, wenn das Vorhaben nach einer fundierten Bewertung als „projektwürdig" anerkannt wird; oder der Antrag wird abgelehnt, weil bestimmte Kriterien nicht erfüllt sind. Letztlich geht es darum, die richtigen Dinge zu tun und darauf die Kräfte zu konzentrieren.

Antragsverfahren

In diesem standardisierten Verfahren wird unter anderem festgelegt, wie ein Vorhaben formal zu beantragen ist. Dort ist festgelegt, welche Informationen der Antragsteller liefern muss, damit die Projektwürdigkeit geprüft werden kann. Dazu wird meistens nach verschiedenen Projektklassen unterschieden, die sich beispielsweise auf die Höhe des Budgets oder die Anzahl der Projektbeteiligten beziehen.

Bewilligungsgremium entscheidet über Projektportfolio

Der Antrag wird dann von einem Bewilligungsgremium (Decision Committee) bewertet, ob das Vorhaben mit der Strategie verträglich ist, ob die notwendigen Ressourcen bereitstehen oder bereitgestellt werden können, welche Erfolgserwartungen und welche wirtschaftlichen Konsequenzen (Kosten für das Projekt, notwendige Investitionen, mögliche Einsparungen etc.) damit voraussichtlich verbunden sind. Dieses Gremium ist grundsätzlich für alle Projektanträge zuständig und kann deswegen auch am ehesten die relative Wichtigkeit und Dringlichkeit des Projekts beurteilen, Abhängigkeiten zu anderen Vorhaben einschätzen und damit Aussagen über das Projektportfolio – die Gesamtheit aller bewilligten Projekte und deren Priorität treffen.

Dieses Gremium entscheidet meistens auch über die Ressourcen für das Projekt und über die personelle Verantwortlichkeit, zumindest über den Projektleiter und die Zusammensetzung des Entscheidungsgremiums für das Projekt (Lenkungsausschuss).

Nachdem ein Antrag zu einem Projekt geworden ist, wird dazu ein vorläufiger Auftrag formuliert, der im weiteren Projektfortschritt weiterentwickelt oder auch modifiziert wird. In einer sogenannten Kick-off-Sitzung treffen sich Auftragnehmer (Projektleiter und Mitarbeiter) und Auftraggeber, um die mit dem Projekt verfolgten Ziele wie auch die Ressourcen und Restriktionen zu vereinbaren.

Als Projektinitiative werden alle Aufgaben und Regelungen bezeichnet, die der Prüfung der Projektwürdigkeit und der relativen Bedeutung eines Projekts dienen. Es wird hier entschieden, ob ein Projekt auf den Weg gebracht wird, wer dafür verantwortlich ist und mit welchen Ressourcen es versorgt wird.

Zusammenfassung

4.2 Funktionen

Nachdem ein Vorhaben zu einem Projekt „erhoben" wurde, sind in der Verantwortung des Projektleiters – häufig unterstützt durch weitere Projektmitarbeiter – die folgenden Funktionen wahrzunehmen, die in den folgenden Abschnitten erläutert werden:

Was ist zu tun?

- Projektplanung
- Projektdiagnose und -steuerung
- Projektrealisation (Ausführung)
- Führung und Zusammenarbeit.

4.2.1 Projektplanung

Planung von Projektzielen

Projektziele beschreiben, was mit dem Projekt erreicht werden soll. Diese Ziele sind mit dem Auftraggeber abzustimmen. Die Technik der Zielformulierung wird noch ausführlich behandelt (Kapitel 5.4). Sie kann den Projektleiter bei der Ermittlung, Strukturierung, Operationalisierung und Gewichtung von Zielen unterstützen.

Planung von Zielen und Umfang des Projektes

Planung des Projektumfangs

Mit dem Projektumfang wird das Projekt abgegrenzt, indem festgelegt wird, was verändert und was durch das Projekt nicht verändert werden darf (siehe dazu Kapitel 3.3.1).

Planung der Aufgaben

Für die Aufbau- wie für die Ablauforganisation müssen die Aufgaben des Projekts bekannt sein. Dies gilt auch für eine vernünftige Aufwands- und Zeitplanung. So selbstverständlich diese Aussagen erscheinen, so schwer ist es, sie in der Praxis umzusetzen.

Projektablauf und Systemdenken als Säulen der Aufgabenplanung

Einen ersten Anhaltspunkt für die im Projekt anfallenden Aufgaben bietet der bereits behandelte Projektablauf. So können die einzelnen Phasen des Planungszyklus oder die Einführung als umfangreiche Aufgabenpakete angesehen werden, die im Rahmen eines Projekts zu erledigen sind. In aller Regel müssen diese Aufgaben jedoch weiter untergliedert werden. Bei der Untergliederung kann auf das Systemdenken (vgl. Kapitel 3) zurückgegriffen werden. Es erlaubt die Abgrenzung von Unter- und Teilsystemen, die im Projekt zu bearbeiten sind. Damit werden – meistens wiederum noch sehr umfangreiche – Aufgabenpakete ersichtlich.

Sind die Aufgaben bekannt, kann der sogenannte Projektstrukturplan erstellt werden, eine systematische Sammlung und Ordnung aller Aufgaben eines Projekts. Der Projektstrukturplan wird unter den Managementtechniken (Kapitel 13.3) näher dargestellt.

Zunehmende Detaillierung

Die Gliederungstiefe der Teilaufgaben des Projekts sollte dem Projektfortschritt angepasst werden. So reicht in einer Vorstudie normalerweise eine eher globale Aufgabenplanung, die später auf der Grundlage der weiteren Entscheidungen fortgeschrieben und detailliert wird.

Planung des Zeitaufwands und der Zeitdauer

Für die Aufgaben müssen Zeiten ermittelt werden. Das ist insbesondere dann schwierig, wenn wenige Erfahrungen mit gleichen oder ähnlichen Projekten vorliegen. Die beste Basis für eine gute Zeitaufwandsplanung ist eine gründliche Ermittlung und Detaillierung der Aufgaben. Wenn Aufgaben (Teilprojekte) erst später erkannt werden, wenn solche Aufgaben vielleicht sogar Voraussetzung sind, um mit anderen Aufgaben weiter zu machen (es wurde z. B. vergessen, eine Bewilligung einzuholen oder den Betriebsrat zu informieren), dann können erhebliche Projektverzögerungen die Folge sein.

Verfahren der Aufwandsplanung

In der Praxis werden häufig Schätzverfahren verwendet (zu Schätzung als Technik siehe auch Kapitel 6). Außerdem werden Analogieverfahren eingesetzt. Hier wird auf Erfahrungswerte aus früheren Projekten zurückgegriffen. Besonderheiten des anstehenden Projekts werden durch Zu- oder Abschläge berücksichtigt. Das Prozentsatzverfahren setzt ebenfalls voraus, dass Erfahrungen mit ähnlichen Projekten vorliegen. Vom prozentualen Aufwand einer – geplanten oder bereits abgeschlossenen – Projektphase oder Teilaufgabe wird auf den Aufwand der noch ausstehenden Phasen oder Teilaufgaben geschlossen.

Ist der Aufwand für die Aufgaben im Projekt bekannt, muss der Projektleiter – unter Berücksichtigung der verfügbaren Ressourcen – die Projektzeitdauer planen.

Planung des Projektablaufs

Es ist weiterhin zu ermitteln, welche zeitlichen und/oder logischen Abhängigkeiten zwischen den Aufgaben bestehen, um daraus die Ablauforganisation des Projekts zu bestimmen. Ausgewählte Techniken zur Ablaufplanung – z. B. Netzpläne und Balkendiagramme – werden noch näher vorgestellt (siehe dazu Kapitel 13.5).

Zur Planung der Abläufe gehört auch die Planung von Meilensteinen, d. h. von wichtigen Ereignissen im Projekt. Ein typischer Meilenstein ist etwa das Ende eines Planungszyklus, zu dem eine Entscheidung darüber eingeholt wird, ob die Planung umgesetzt werden kann. Diese Entscheidungen sind entweder vom Entscheidungsgremium oder von Dritten (z. B. Betriebs- oder Personalrat) zu treffen.

Planung der Kosten

Auf der Grundlage der Aufgaben und der geschätzten Zeiten können die Kosten geplant und zu einem Budget verdichtet werden. Auch hier ist davon auszugehen, dass ein zu Beginn aufgestelltes Budget mit dem Projektfortschritt angepasst und detailliert wird.

Planung der Ressourcen

Neben Mitarbeitern werden für das Projekt Räume, technische Hilfsmittel, Fremdleistungen usw. benötigt, die der Projektleiter auf der Grundlage der Projektaufgaben planen und beantragen muss.

Planung des Projektaufbaus

Hier geht es um die Frage, wer alles im Projekt mitarbeiten sollte, d. h. welche Qualifikationen in welchem zeitlichen Umfang benötigt werden. Der Projektleiter stellt die benötigten Kapazitäten zusammen und macht Vorschläge, inwieweit Mitarbeiter ganz für das Projekt freigestellt werden sollten oder nur punktuell mitarbeiten. Normalerweise sollte dem Projektleiter auch das Recht zugestanden werden, konkrete Personen zu empfehlen, da neben der fachlichen Qualifikation in einer Projektgruppe auch die zwischenmenschliche „Chemie" für den Projekterfolg äußerst wichtig ist.

Zur Planung des Projektaufbaus gehört auch die Klärung der Weisungsrechte im Projekt (vgl. Kapitel 4.3.2).

Planung der Projektinformation

Zur Projektinformation gehören die Berichtspflichten gegenüber Entscheidern, Betroffenen und sonstigen Beteiligten. Darüber hinaus wird auch die Projektdokumentation dazu gezählt.

Planung des Projektmarketings

Zum Projektmarketing zählen alle Maßnahmen, die dazu beitragen, die Ziele des Projektes und die Ergebnisse zu akzeptieren. Solche Marketing-Aktivitäten sind für alle zu planen, die in irgendeiner Form vom Projekt betroffen sind, wie z. B. Entscheider, Anwender in den Fachabteilungen, Interessenvertreter, funktional Beteiligte usw.

Für alle genannten Sachverhalte gilt, dass diese Planungen normalerweise „rollend" vorgenommen werden. Auf der Basis der erreichten Werte werden die Planungen fortgeschrieben und zunehmend detailliert. Insbesondere bei innovativen Projekten ist es in aller Regel nicht möglich und nicht sinnvoll, bereits zu Beginn detaillierte Planungen vorzulegen.

Die genannten Inhalte werden in der folgenden Grafik gebündelt, gedanklich muss die Projektinformation und das Projektmarketing noch ergänzt werden.

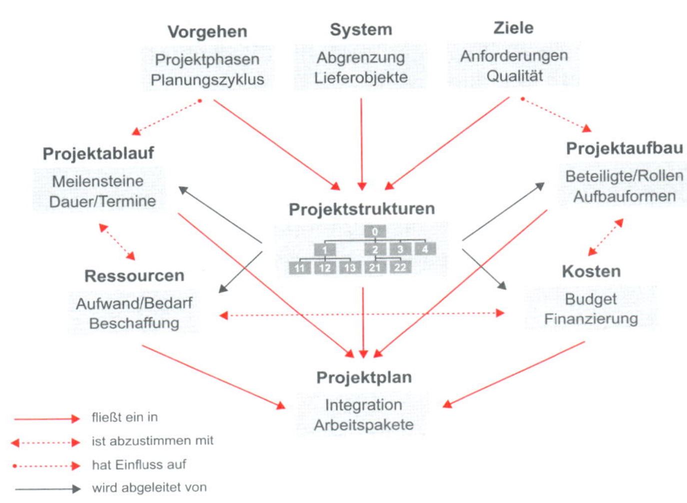

Abb. 4.02: Bestandteile der Projektplanung nach PFETZING/ROHDE

Zusammenfassung

Zur Projektplanung gehören die Planung der Projektziele, des Projektumfangs, der Aufgaben, des Zeitaufwands und der Zeitdauer, des Projektaufbaus und -ablaufs, sowie der notwendigen Ressourcen, der Kosten, der Projektinformation und des Projektmarketings.

4.2.2 Projektdiagnose und -steuerung

Zur Projektdiagnose und -steuerung gehören:

Soll-Ist-Vergleiche

- Erfassen und Darstellen der Ist-Werte des Projektfortschritts einschließlich der Qualität, der Kosten, der Termine und der Risiken
- Vergleichen der Planwerte mit den Ist-Werten, Darstellen und Bewerten der gefundenen Abweichungen und das Ermitteln der Abweichungsursachen. Weiter gehören dazu die vorausschauende Diagnose, mit der Risikobereiche identifiziert, mögliche Ursachen

ermittelt und vorbeugende Maßnahmen geplant werden und evtl. ein Frühwarnsystem eingerichtet wird

- Die laufende Information durch Berichte an Betroffene, Entscheider und Beteiligte, Durchführen von Projektsitzungen und das Erstellen einer Projektdokumentation
- Steuernde Eingriffe in das Projekt, indem Maßnahmen ergriffen werden, um Abweichungen zu verhindern oder auf eingetretene Abweichungen zu reagieren.

Qualitätssicherung

Die Qualitätssicherung ist ein zentrales Thema der Projektdiagnose und -steuerung. Mit Projekten werden bestimmte Ziele verfolgt. Je besser diese Ziele durch das Projekt erreicht werden, desto besser ist die Qualität der Ergebnisse. Es können folgende Zielarten unterschieden werden:

- Systemziele
- Vorgehensziele.

Ziele als Maßstäbe der Qualität

Systemziele beschreiben die Anforderungen an die Lösung in einer abstrahierten Form. In den Systemzielen für ein Projekt wird zusammengefasst, welche Leistungen erbracht werden müssen und welche Kosten dabei entstehen dürfen. Ein Beispiel für solche Ziele ist die Funktionalität (Was muss das System alles können?). Weitere Kriterien, die zur Qualitätssicherung angelegt werden können, sind z. B.

Was muss ein System leisten – Systemziele?

- Zielwirksamkeit (Werden die Leistungen zielgerecht erbracht, z. B. schnell, kostengünstig, aktuell, störungsfrei, anwenderfreundlich etc.?)
- Vollständigkeit (Sind alle Anforderungen erfüllt, sind Sonderfälle geregelt, sind Vorkehrungen für den Ausfall des Systems oder von Systemkomponenten getroffen?)
- Integrität (Sind notwendige Schnittstellen berücksichtigt, gibt es Regelungen hinsichtlich Zugriffsschutz, Wiederanlaufverfahren, Fehlerbehandlung etc.?)
- Modularität (Sind die Lösungen baukastenmäßig entwickelt, können Komponenten ausgetauscht werden?)
- Wartbarkeit (Sind die Lösungen „pflegeleicht“? Dies kann unter anderem durch die Modularität erreicht werden.)
- Kompatibilität (Ist die Lösung mit der vorhandenen Hardware, Software, den eingesetzten Sachmitteln verträglich?).

Vorgehensziele beziehen sich auf das Projekt selbst. So ist die Einhaltung vorgegebener oder versprochener Termine ebenso ein Vorgehensziel wie ausreichende Information über den Projektfortschritt, die Einbindung der Betroffenen usw. (weitere Ausführungen zu Zielen finden sich in Kapitel 5.4).

Qualität sollte nicht „erprüft“ werden

Qualität sollte nicht erst im Nachhinein „erprüft“, sondern von vornherein „erplant“ und erarbeitet werden. Neben den Zielen ist in diesem Zusammenhang das Qualitätsbewusstsein – ein wesentliches Merkmal der Kultur im Projekt – wichtig für die Zielerreichung.

Alle Projektbeteiligten sind direkt oder indirekt auch für die Qualitätssicherung zuständig.

Zusammenfassung

Als Projektsteuerung werden die laufenden Eingriffe in ein Projekt bezeichnet. Voraussetzung dazu ist eine Diagnose, mit der Soll-Ist-Abweichungen und deren Ursachen ermittelt werden. Projektqualität wird daran gemessen, inwieweit Systemziele und Vorgehensziele erreicht werden. An der Qualitätssicherung sind letztlich alle am Projekt Mitwirkenden planend, ausführend oder kontrollierend beteiligt. Qualität sollte nicht erst am Ende eines Projektes „erprüft", sondern im Projektfortschritt erarbeitet werden.

4.2.3 Projektrealisation

In der Projektrealisation werden die geplanten Sachverhalte umgesetzt. So wird beispielsweise für abgegrenzte Teilprojekte Software programmiert, Lösungen werden erarbeitet, Präsentationen vorbereitet usw. Die Aufgaben obliegen den Mitarbeitern im Projekt oder (einzelne) Leistungen werden extern beschafft.

4.2.4 Projektführung und Zusammenarbeit

Zur Projektführung und Zusammenarbeit gehören

- das Projektmarketing, zu dem die Bedarfsermittlung (Anforderungen, Bedürfnisse der Anwender herausfinden) ebenso zählt wie eine adressaten- und bedürfnisgerechte Information und Argumentation, die Beteiligung Betroffener, die Gewinnung von Sponsoren (einflussreiche Mitarbeiter, die sich für das Projekt „stark machen") und die Pflege der Kontakte zu ihnen. Unternehmensweit müssen die Notwendigkeit und die Zielsetzung des Projekts „verkauft" werden
- die Führung der Mitarbeiter im Projekt, der Umgang mit Konflikten, die Bewältigung von Krisen, die Behebung von Störungen in der Kommunikation und die Förderung der Teamarbeit und der Fähigkeit zur Problemlösung.

4.3 Projektaufbau

Beteiligte und Aufbauorganisation

Zum Projektaufbau gehören die Beteiligten und deren organisatorische Verknüpfung. Beteiligte sind solche Rollen, Stellen oder organisatorische Einheiten, die an einem Projekt mitwirken, unabhängig von dem Umfang oder

der Intensität der Mitwirkung. Wer im Einzelfall an einem Projekt zu beteiligen ist, hängt u. a. von folgenden Faktoren ab:

Kriterien für Beteiligung an Projekten

- Qualifikation der Mitarbeiter
- Art des Projekts (z. B. Innovations- oder Wartungsprojekt)
- Größe des Projekts
- Bedeutung des Projekts
- Dringlichkeit des Projekts
- aktuelle Projektphase
- Verfügbarkeit von Mitarbeitern
- Art und Anzahl der betroffenen Bereiche
- vorhandene Regelungen zur Projektorganisation (z. B. gibt es ein Projektbewilligungsgremium?)
- gesetzliche Vorschriften (z. B. Mitbestimmungsgesetze)
- Unternehmenskultur.

Zusammenfassung

Im Projektaufbau wird geregelt, welche Mitarbeiter im Projekt welche Rolle übernehmen. Art und Umfang der Beteiligung hängen von verschiedenen Kriterien ab.

4.3.1 Beteiligte an Projekten und ihre Aufgaben

Wer wirkt mit?

Hier sollen Beteiligte, deren Rollen dauerhaft besetzt sind, von den Rollen in der Einzelprojektorganisation unterschieden werden.

Zur dauerhaft besetzten Projektrahmenorganisation zählen Stellen, Rollen und Gremien, die für die Projektbewilligung, das Multiprojektmanagement und für das betriebliche Projektmanagement als Ganzes zuständig sind.

Zur Einzelprojektorganisation gehören Stellen und Rollen, die spezielle Aufgaben in einem einzelnen Projekt wahrnehmen, d. h. die für ein konkretes Projekt festgelegten Rollen und Entscheidungsinstanzen. Grundsätzlich ist davon auszugehen, dass es bei einem Projekt immer zwei Ebenen gibt, die des Auftraggebers, der ein Projekt „will" und eines Auftragnehmers, der ein Projekt bearbeitet.

Hier sollen die Aufgaben der in der Abbildung 4.03 gezeigten Beteiligten, sowie die Rolle von Auftraggebern skizziert werden. Daneben gibt es bei einem agilen Vorgehen nach Scrum definierte Rollen, die in Kapitel 2.6.6.2 vorgestellt wurden.

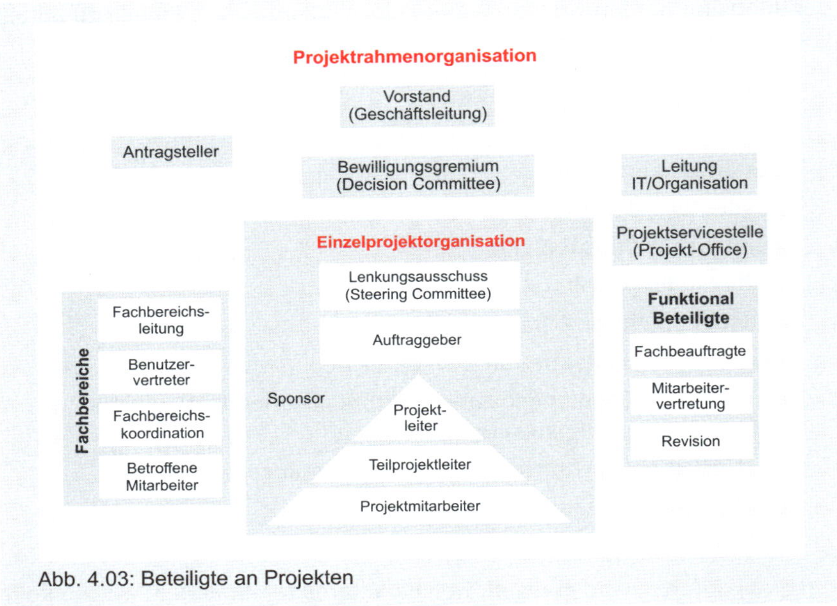

Abb. 4.03: Beteiligte an Projekten

Zusammenfassung

Beteiligte an Projekten sind zum einen die Mitarbeiter in der dauerhaft gültigen Projektrahmenorganisation und zum anderen die Beteiligten der Einzelprojektorganisation, deren Zuständigkeit mit dem Ende des Projekts erlischt.

4.3.1.1 Rollen in der Einzelprojektorganisation

Lenkungsausschuss (Steering Committee)

Entscheidungsgremium

Der Lenkungsausschuss repräsentiert den/die Auftraggeber des Projekts. Die Rolle des Auftraggebers übernimmt in der Regel der Fachbereichsleiter, der den größten Nutzen aus dem Projekt zieht, der zumeist auch Antragsteller für das Projekt war und der normalerweise auch die Kosten des Projekts trägt. Er ist „geborenes Mitglied" des Lenkungsausschusses.

Mitglieder

Generell setzt sich der Lenkungsausschuss aus leitenden Mitarbeitern der Organisationseinheiten zusammen, die vom Projekt wesentlich betroffen sind. Bei sehr wichtigen Projekten kann auch ein Mitarbeiter der Geschäftsführung dem Lenkungsausschuss angehören. Bei Organisations- oder IT-Projekten ist oftmals auch der Leiter Organisation bzw. IT im Lenkungsausschuss. Dieser Ausschuss entscheidet über die Organisation des Projekts und sorgt dafür, dass die benötigten personellen, finanziellen und sonstigen Ressourcen bereitgestellt werden. Er entscheidet an den Meilensteinen und bei wichtigen Anlässen über den zu verfolgenden Weg und gibt die Budgets für das Projekt frei.

Projektleiter

Der Projektleiter ist für die fach-, ressourcen- und termingerechte Abwicklung des Projektes zuständig. Seine Aufgaben entsprechen im Wesentlichen den in Kapitel 4.2 erläuterten Funktionen. Bei großen Vorhaben bietet sich eine Aufgliederung in Teilprojekte und damit auch eine Hierarchie mit Teilprojektleitern an.

Projektverantwortlicher

Die Spanne möglicher Befugnisse eines Projektleiters ist sehr groß. Sie reicht von lediglich Empfehlungs- und Beratungsrecht gegenüber den beteiligten Mitarbeitern bis hin zu voller Weisungsbefugnis. Das hängt vom gewählten Modell der Projektorganisation ab. Entsprechende Modelle werden in Kapitel 4.3.2 kurz behandelt.

Befugnisse des Projektleiters

In der Praxis hat es sich weitgehend durchgesetzt, dass der Projektleiter gegenüber voll ins Projekt delegierten Mitarbeitern fachliche Weisungsbefugnisse hat (was ist bis wann, evtl. auch wie, zu tun?). Darüber hinaus hat er die notwendigen disziplinarischen Befugnisse wie z. B.

- Anwesenheitskontrolle
- Genehmigung von Abwesenheiten
- Überwachung und Genehmigungen im Rahmen von Gleitzeitregelungen
- projektbezogene Aus- und Weiterbildung.

Demgegenüber gehen wesentliche Teile der langfristigen Mitarbeiterentwicklung von den Stamm-Vorgesetzten nicht auf den Projektleiter über. Dazu zählen z. B.

- Mitarbeiterbeurteilung
- Gehaltsfindung
- allgemeine Aus- und Weiterbildungsmaßnahmen
- Beförderungen.

Projektleiter sind für die Projektqualität sowie für die Kosten, Ressourcen und Termineinhaltung verantwortlich. Ihre Befugnisse sind unterschiedlich ausgestaltet. In der Regel haben sie fachliche Weisungsrechte und begrenzte disziplinarische Befugnisse.

Zusammenfassung

Projektmitarbeiter (Projektgruppe)

Eine Projektgruppe wird eingerichtet, wenn das Projekt nicht von einem einzelnen Mitarbeiter bewältigt werden kann. Die Projektgruppe erledigt die Aufgaben im Projekt und wird durch den Projektleiter koordiniert und betreut. Die Zusammensetzung der Gruppe kann im Verlauf des Projekts wechseln, abhängig von den quantitativen und fachlichen Anforderungen in den verschiedenen Phasen.

Mitarbeiter im Projekt

Projektarbeit als Nebenaufgabe

Als Projektmitarbeiter werden solche Beteiligten bezeichnet, die ganz oder teilweise für ein Projekt freigestellt werden. In vielen Unternehmen ist es üblich, Mitarbeiter nur mit einem bestimmten Zeitanteil für ein Projekt freizustellen (z. B. 20 % ihrer wöchentlichen Arbeitszeit).

Projektleiter schlägt vor

Bei der Auswahl der Projektmitarbeiter sollte der Projektleiter ein Vorschlagsrecht, aber keinesfalls ein Weisungsrecht haben. Die letzte Entscheidung für oder gegen die Freigabe muss der verantwortliche Vorgesetzte des Mitarbeiters fällen. Bei der Auswahl der Projektmitarbeiter sollte neben der fachlichen auch die soziale Kompetenz beachtet werden. Zwischenmenschliche Spannungen in Projektgruppen sind eine wichtige Ursache für Verzögerungen, ja sogar für das Scheitern von Projekten.

Zusammenfassung

Projektmitarbeiter werden ganz oder teilweise für ein Projekt freigestellt. Der Projektleiter hat ein Vorschlagsrecht. Neben der fachlichen Kompetenz sollte auch die Sozialkompetenz beachtet werden.

Sponsor

Die Praxis bietet eine Fülle von Beispielen, in denen Projekte abgebrochen werden mussten oder in denen Vorhaben einfach versandet sind und Projektruinen übrig blieben. Oft wurden bereits erhebliche Ressourcen verbraucht. Solche Abbrüche können auf technische oder fachliche Probleme zurückzuführen sein. Häufiger liegt es jedoch daran, dass im Laufe eines Projekts Widerstände wachsen, weil in Besitzstände eingegriffen wird, weil Machtstrukturen infrage gestellt werden, weil unerwartete Nebenwirkungen auftreten, weil Leistungen erbracht – z. B. Mitarbeiter freigestellt – werden müssen usw. Wenn in solchen Situationen der Projektleiter auf sich selbst gestellt ist, hat er kaum eine Chance, diesen Widerständen zu begegnen.

Kein wichtiges Projekt ohne Sponsor

Um Projektruinen soweit wie möglich zu vermeiden, kann es sinnvoll sein, bereits zu Beginn eines Projekts einen Sponsor (Promotor, Paten) zu finden. Ein Sponsor (auf erster oder zweiter Hierarchieebene) wird erfahrungsgemäß vor allem bei solchen Projekten benötigt, die erheblich in Besitzstände eingreifen, also bei allen größeren Rationalisierungsprojekten. Auch bei strategisch wichtigen Projekten sollte es grundsätzlich einen Sponsor mit Autorität geben.

Die bewusste Wahrnehmung dieser Rolle fördert die Chance, dass ein Projekt auch erfolgreich zu Ende gebracht wird.

Zusammenfassung

Ein Sponsor ist ein ranghoher Förderer eines Projekts, der sich offiziell zu dieser Rolle bekennt und seine Autorität für das Projekt einsetzt.

4.3.1.2 Rollen in der Rahmenprojektorganisation

Antragsteller

Antragsteller kann im Prinzip jeder Mitarbeiter eines Unternehmens sein – beispielsweise im Zusammenhang mit einem betrieblichen Vorschlagswesen.

Jeder kann Antrag stellen

Vorstand

Der Vorstand (Geschäftsleitung) ist die oberste Instanz für Projekte. Abgeleitet aus der Strategie stößt der Vorstand Projekte an, ist verantwortlich für die jährliche Budgetplanung und gibt damit den Rahmen für Investitionen und Kapazitäten der Projekte vor.

Rolle Vorstand

Bewilligungsgremium

Das Bewilligungsgremium oder Decision Committee ist die oberste Entscheidungsinstanz für alle Projekte. Sie prüft alle Projektanträge, vergibt Prioritäten, holt Stellungnahmen ein und entscheidet über die beantragten Projekte, über das gesamte Projektportfolio und die dafür bereit zu stellenden Ressourcen.

Entscheidungen über Projektportfolio

Leitung Organisation/IT

Die Organisation/IT kann bei wichtigen Organisations-/IT-Projekten Mitglied im Lenkungsausschuss sein. Sie stellt eigene Mitarbeiter für Projekte frei, prüft Projektergebnisse fachlich und sorgt für eine projekt- und fachgebietsübergreifende Koordination. Darüber hinaus unterstützt sie die Projektleiter bei Bedarf, insbesondere zum methodischen Vorgehen.

IT-Projekte

Fachbereichsleitung

Die Fachbereichsleitung stellt Mitarbeiter für das Projekt frei. Sie wirkt mit bei der Projektplanung und insbesondere bei der Formulierung der Anforderungen des Fachbereichs. Sie sollte immer dann Mitglied im Lenkungsausschuss sein, wenn für den eigenen Fachbereich wesentliche Auswirkungen aus dem Projekt zu erwarten sind.

Rolle Fachbereichsleiter

Benutzervertreter

Der Benutzervertreter kann einem Projektleiter zur Seite gestellt werden, wenn ein Projekt nicht vom Fachbereich selbst geleitet wird. Er ist zuständig für die Koordination zwischen den Benutzern und dem Projekt. Dazu steht der Benutzervertreter neben dem Projektleiter – ohne ihm Weisungen geben zu können – und sorgt dafür, dass der Fachbereich seine Forderungen artikuliert und, soweit möglich und zielführend, auch erfüllt bekommt.

Interessenvertreter Fachbereich

Fachbereichskoordinatoren

Helfer in Projekten

Fachbereichskoordinatoren sind Mitarbeiter eines Fachbereiches, die normalerweise als Nebenaufgabe in Projekten mitwirken – z. B. Anforderungen erarbeiten – in der Einführung als Multiplikatoren tätig sein können und im laufenden Betrieb als Ansprechpartner der übrigen Mitarbeiter des Fachbereiches zur Verfügung stehen (Super-User).

Betroffene

Betroffene sind die Mitarbeiter, für die das Projekt Veränderungen in ihrer Arbeitssituation bewirkt. Sie können zu Beteiligten gemacht werden, wenn sie für das Projekt Leistungen erbringen (z. B. durch Delegation in die Projektgruppe, Mitwirkung in Arbeitsgruppen, in Workshops oder bei Befragungen).

Projektservicestelle (Projektbüro)

Service für Projekte

Erarbeitet und überwacht betriebliche Standards. Unterstützt Projektleiter und Projektmitarbeiter im Projektmanagement.

Funktional Beteiligte

Als funktional Beteiligte werden Mitarbeiter bezeichnet, die fachlich begrenzte Funktionen übernehmen und normalerweise nicht laufend im Projekt mitarbeiten. Sie können sich zur Beratung, zur fachlichen Bewilligung, zur Interessenvertretung bzw. zur Wahrnehmung gesetzlicher Aufgaben (Mitbestimmung, Fachbeauftragte etc.) einschalten.

Zusammenfassung

Rollen in der Projektrahmenorganisation sind Antragsteller, Bewilligungsgremium, Betroffene und die Fachbereichsleitung. In bestimmten Fällen können auch der Vorstand/Geschäftsführung, Leitung IT/Organisation, Benutzervertreter, Fachbereichskoordinatoren, eine Projektservicestelle und funktional Beteiligte zur Rahmenorganisation gehören.

4.3.2 Aufbauorganisation von Projekten

Projektorganisation neben der Hierarchie

Kleinere Projekte können von einzelnen Personen bearbeitet werden. Handelt es sich demgegenüber um umfangreiche, relativ neuartige, komplizierte Problemstellungen, die mehrere Organisationseinheiten betreffen und für das Unternehmen oder die Verwaltung sehr bedeutsam sind, ist der einzelne Beauftragte schnell überfordert. Die normale Leitungsorganisation, die auf Dauer eingerichtet ist, stellt häufig ein schwer zu überwindendes Hindernis für eine effiziente Projektarbeit dar. In diesen Fällen lohnt sich der Einsatz einer speziellen Projektorganisation.

Idealtypisch lassen sich drei Formen der Organisation von Projektgruppen unterscheiden, in denen die Projektleiter unterschiedliche Befugnisse haben und die je nach Bedeutung, Entwicklungsstand und Umfang des Projekts unterschiedlich geeignet sind:

Unterschiedliche Macht der Projektleiter

- Stabs-Projektorganisation
- Reine Projektorganisation
- Matrix-Projektorganisation.

Diese drei Formen sollen nun kurz erörtert werden.

Stabs-Projektorganisation

Bei dieser Lösung ist der Projektleiter für ein Vorhaben verantwortlich, ohne dass ihm formale Weisungsrechte gegenüber den Mitarbeitern zugebilligt werden. Es wird dann auch von einem Projektverfolger gesprochen.

Ein Projektverfolger ist mit der Aufgabe betraut, den Ablauf des Projektes in sachlicher, kostenmäßiger und terminlicher Hinsicht zu steuern. Da er keine Weisungsbefugnisse besitzt (Stabsfunktion), schlägt er Maßnahmen vor, über die die entsprechenden Instanzen entscheiden. Insofern kann er für die sachliche, kostenmäßige und terminliche Projektzielerreichung auch nicht allein verantwortlich gemacht werden. Verantwortlich ist er für die rechtzeitige Information der Instanzen sowie für die Qualität der Vorschläge, Empfehlungen und Berichte, in denen er die ihm zur Verfügung gestellten Informationen verarbeitet hat.

Informiert, empfiehlt, berät

In der Stabs-Projektorganisation hat der Projektleiter lediglich Beratungs-, Empfehlungs- und Informationsbefugnisse – keine Weisungsrechte.

Zusammenfassung

Reine Projektorganisation

In der reinen Projektorganisation hat der Projektleiter volle Kompetenzen gegenüber den ihm zugeordneten Projektmitarbeitern. Er ist befugt, den Mitarbeitern Aufträge zu erteilen, Prioritäten zu vergeben usw., soweit es die Aufgabenerfüllung im Projekt betrifft.

Starker Projektleiter

Die reine Projektorganisation ist meistens mit einer Vollzeit-Freistellung der Mitarbeiter für das Projekt verbunden. Bei wichtigen und übergreifenden Projekten kann der Projektleiter sehr hoch angesiedelt werden, im Extremfall sogar direkt unter der Geschäftsleitung.

Anwendungsbedingungen für den Einsatz der reinen Projektorganisation:

- Projektziele und Projektumfang sind klar definiert
- Es handelt sich um ein umfangreiches, sehr wichtiges und dringendes Projekt, das die völlige oder teilweise Freistellung von Mitarbeitern rechtfertigt

Wann geeignet?

- Die mit der Freistellung verbundenen Stellvertretungsprobleme können gelöst werden
- Es liegt eine klare Personalplanung vor, sodass die freigestellten Mitarbeiter erkennen können, was nach dem Projekt aus ihnen wird
- Es gibt einen ausreichend qualifizierten und angesehenen Projektleiter, dem u. U. auch hierarchisch gleichgestellte – selten höher gestellte – Mitarbeiter unterstellt werden können.

Zusammenfassung

In der reinen Projektorganisation hat der Projektleiter volle fachliche Weisungsbefugnis gegenüber den – ganz oder zeitweise – freigestellten Mitarbeitern. Das sichert eine schnelle und effiziente Projektabwicklung, kann aber die auf Dauer angelegte Organisation unter Umständen erheblich belasten.

Matrix-Projektorganisation

Bei einer Matrix-Organisation wird eine beliebige Organisation einer Unternehmung durch zusätzliche Weisungsrechte (z. B. für ein Projekt) überlagert. Wenn mehrere Weisungswege bei einem Mitarbeiter enden, muss geregelt werden, wer für was zuständig ist; sonst sind Kompetenzkonflikte unvermeidlich. Diese Konflikte entzünden sich hauptsächlich an der Frage, welche Kapazitäten zu welchen Zeiten bzw. in welchem Umfang zur Verfügung gestellt werden.

Durch ein Projekt kann ein zeitlich befristetes Mehrliniensystem entstehen, das meistens als Matrix dargestellt wird. Deswegen wird von einer Matrix-Projektorganisation gesprochen.

Kompetenzverteilung zwischen Projekt und Fachabteilung

Da der Projektleiter für die Einhaltung seiner Terminvorgaben verantwortlich gemacht wird, billigt man ihm üblicherweise zu, verbindliche Anweisungen geben zu dürfen,

- was (welche Aufgabe, welche Leistung)
- wann (bis zu welchem Termin)

von den zugeordneten Stellen erbracht werden soll. Demgegenüber kann in der Fachabteilung entschieden werden,

- wie die Leistung zu erbringen ist
- welche Interessenlage zu vertreten ist

da dort die entsprechenden Spezialkenntnisse vorhanden bzw. die Interessen am Ergebnis angesiedelt sind.

Leistungen über die Hierarchie abgerufen

In der Praxis hat sich eher eine Modifikation dieses Modells durchgesetzt. Der Projektleiter hat das Recht, von den Fachabteilungen bestimmte Leistungen (was) zu bestimmten Terminen (wann) zu verlangen. Dazu wendet er sich jedoch nicht direkt – weisungsberechtigt – an die Mitarbeiter der Fachabteilung, sondern an deren zuständigen Leiter. Diesem Leiter sind die Aufgaben frühzeitig mitgeteilt worden, sodass er seine eigenen Ressourcen langfristig einplanen kann. Der Leiter der Fachabteilung sorgt dafür, dass die geforderte Leistung erbracht wird.

Die folgenden Anwendungsbedingungen sollten gegeben sein, wenn man sich für die Matrix-Projektorganisation entscheidet:

Wann ist die Matrix geeignet?

- Das Projekt lässt sich in relativ klare Pakete gliedern, die auch getrennt bearbeitet werden können
- kleine bis mittlere Größe des Projekts
- Der Projektleiter hat eine relativ starke formale und/oder informale Stellung, sodass er die Projektinteressen mit dem nötigen Nachdruck vertreten kann
- In den Fachabteilungen ist die notwendige Kapazität vorhanden.

Zusammenfassung

In der Matrixlösung teilt sich der Projektleiter (was, wann) die Rechte mit dem Fachvorgesetzten (wer, wie) des Projektmitarbeiters. Meistens kann der Projektleiter diese Rechte nur auf Umwegen – über den Stammvorgesetzten des Projektmitarbeiters – ausüben.

Mischformen

In der Praxis haben sich vielfältige Mischformen herausgebildet. So kann beispielsweise ein Projektleiter gegenüber einem oder mehreren fest zugeordneten Mitarbeitern alle Weisungsrechte haben, die in der reinen Projektorganisation beschrieben wurden. Gegenüber anderen Mitwirkenden hat er nur Empfehlungsrechte (Stabs-Projektorganisation) oder fachlich begrenzte Weisungsrechte, die er sich mit dem Fachvorgesetzten teilen muss (Matrix-Projektorganisation).

4.4 Projektabschluss

Erfahrung nutzen

Ein „sauberer" Projektabschluss ist aus sachlichen Gründen wie aus Überlegungen zur Führung notwendig. Einmal müssen der Projektleiter und die Mitarbeiter aus ihrer Verantwortung „entlastet" und in ihre zukünftige Rolle überführt werden. Das ist bei großen und wichtigen Projekten oft eine „bewegende" Erfahrung, insbesondere wenn die Leistung der Beteiligten anerkannt wird.

Das Projektergebnis ist abschließend zu bewerten, es muss also ersichtlich werden, inwieweit die mit dem Projekt verfolgten Ziele auch erreicht sind. Diese Bewertung fließt in den Abschlussbericht für das Projekt ein. Darin sind auch Erfahrungen und Ergebnisse zu dokumentieren und somit für Folgeprojekte nutzbar zu machen.

In einer ausführlichen Abschlussbesprechung sollte der Verlauf nachvollzogen werden, um daraus für die Zukunft zu lernen. Ein erfolgreicher Projektabschluss sollte durchaus „gefeiert" werden, als Anerkennung für die hohen Anforderungen aus dem Projekt, als Entschädigung für die großen und kleinen Krisen, die in Projekten unvermeidlich erscheinen.

Eine solche sorgfältige Nachbearbeitung eines Projektes kann wesentlich dazu beitragen, das Projektmanagement als wertvolles Instrument in einem Unternehmen zu verankern und Motivation für weitere Projekte zu gewinnen.

Literatur zu Kapitel 4

Burghardt, M.: Projektmanagement. Leitfaden für die Planung, Überwachung und Steuerung von Projekten. 10. Aufl., Erlangen 2018

GPM Deutsche Gesellschaft für Projektmanagement e. V. (Hrsg.): Kompetenzbasiertes Projektmanagement (PM4). Handbuch für Praxis und Weiterbildung im Projektmanagement. Nürnberg 2019

Kerzner, H.: Projektmanagement: Ein systemorientierter Ansatz zur Planung und Steuerung. 2. Aufl., Heidelberg 2008

Kupper, H.: Die Kunst der Projektsteuerung. 9. Aufl., München/Wien 2001

Pfetzing, K.; Rohde, A.: Ganzheitliches Projektmanagement. 7. Aufl., Gießen 2020

Project Management Institute (Hrsg.): A Guide to the Project Management Body of Knowledge. PMBOK Guide. 6. Aufl., Newton Square 2017

Schelle, H.; Linssen, O.: Projekte zum Erfolg führen: Projektmanagement systematisch und kompakt. 8. Aufl., München 2018

Schmidt, G.; Konz, C.: Organisation gestalten. Stabile und dynamische Unternehmensstrukturen. 6. Aufl., Gießen 2019

5 Techniken der Auftragserteilung

Ziele dieses Kapitels – Was können Sie erwarten?

- Sie kennen Techniken zur Ermittlung der Stakeholder und wissen, wie Informationen über Stakeholder dokumentiert werden können
- Sie kennen die Bedeutung von Zielen für ein Projekt und wissen, wie die Zielfindung in den Projektablauf eingebettet ist
- Sie kennen Techniken zur Suche von Zielideen, zur Analyse und Operationalisierung von Zielen
- Sie kennen Techniken zur Gewichtung von Zielen
- Sie wissen, wie ein Business Case entsteht, welche Inhalte dazugehören und wie er strukturiert sein kann
- Sie kennen ein Muster für einen Projektauftrag.

5.1 Grundlagen

Aufträge = Project charter

Aufträge lösen Projekte aus. Die zentrale Bedeutung eines Projektauftrags wurde bereits in Kapitel 2 betont. Dort wurde auch schon darauf hingewiesen, dass es normalerweise zu den Aufgaben des Projektverantwortlichen gehört, sich einen vollständigen Projektauftrag zu besorgen. Hier soll nun gezeigt werden, wie die wichtigsten Inhalte des Auftrages erarbeitet werden können. Der Projektauftrag wird im angelsächsischen Sprachbereich auch als Project charter bezeichnet.

Auch bei Vorhaben, die nicht in den „Rang" eines Projekts erhoben werden, empfiehlt es sich, die im Folgenden erläuterten Techniken zu nutzen. Bei kleineren Vorhaben kann – und sollte – dementsprechend weniger Aufwand betrieben werden. Systemgrenze, Stakeholder und zu verfolgende Ziele sollten – soweit möglich – vorab geklärt werden, um Missverständnisse und Fehlentwicklungen zu vermeiden.

Projekt abgrenzen (Scope)

Ein zentrales Element des Auftrags ist die Abgrenzung des Vorhabens/Systems (engl. Scope). Hier geht es zum einen um die Frage, was alles im Rahmen eines Projekts zu bearbeiten ist und was nicht zum Projekt gehört. Zum anderen geht es darum, Restriktionen und Rahmenbedingungen (Projektrahmen, Randbedingungen) für dieses Vorhaben zu beschreiben (siehe Kapitel 3.3).

Stakeholder und deren Ziele als Ausgangspunkt

Zusammen mit der Abgrenzung des Projekts sind die Interessenten an dem Projekt (Stakeholder) und deren Ziele zu ermitteln. Das ist gerade zu Beginn eines Vorhabens nicht immer ganz einfach. Die Ziele sind aber eine zwingend notwendige Voraussetzung für die spätere Ermittlung der Anforderungen – es werden nur solche Anforderungen akzeptiert, die auf Ziele der Stakeholder zurückgeführt werden können. Deswegen werden in diesem Kapitel Instrumente dargestellt, mit deren Hilfe die Stakeholder erkannt und ihre Ziele ermittelt werden können.

Wirtschaftlichkeitsnachweis durch Business Case

In vielen Unternehmen wird schon zu Beginn eines Projekts verlangt, den wirtschaftlichen Nutzen eines Vorhabens nachzuweisen, bevor mit der Projektarbeit begonnen wird. Die Projektverantwortlichen müssen – in der Regel gemeinsam mit den Antragstellern – einen sogenannten Business Case (Wirtschaftlichkeitsrechnung) vorlegen. Diese Forderung ist ganz zu Beginn eines Projekts eigentlich wenig sinnvoll, da relevante Daten noch fehlen. Dennoch muss den Forderungen der Auftraggeber zwangsläufig entsprochen werden.

Damit werden in diesem Kapitel vier wesentliche Felder der Auftragserteilung behandelt:

- Systemabgrenzung
- Ermittlung der Stakeholder
- Ermittlung der Ziele
- Grundaufbau eines Business Case.

Ehe diese Themengebiete behandelt werden, soll daran erinnert werden, dass in der Regel ein Projekt durch eine Kette von Aufträgen gesteuert wird. Einzelne Zyklen oder die Projektphasen beim planbasierten Vorgehen werden durch Aufträge gesteuert und autorisiert.

5.2 Systemabgrenzung (Scope)

Was gehört zum Projekt?

Das in Kapitel 3 behandelte Systemdenken kann dazu beitragen, ein Projekt abzugrenzen. Die Festlegung der Systemgrenzen, die Abgrenzung von Unter- und Teilsystemen und die Ermittlung von Einflussgrößen (Randbedingungen) können helfen, sich darüber klar zu werden, was alles zum Projekt gehört, was bei der Systementwicklung zu beachten ist und was nicht dazugehört. Dazu wird auf die Kapitel 3.3.1 bis 3.3.3 verwiesen. Dort findet sich eine detaillierte Beschreibung zu

- Systemgrenze festlegen
- Einflussgrößen (Randbedingungen) ermitteln
- Unter- und Teilsysteme abgrenzen.

Abgrenzung erleichtert Projektplanung

Die frühzeitige Beschäftigung mit dem Scope eines Vorhabens ist eine große Hilfe, um dessen Umfang zu erkennen. Restriktionen grenzen den Lösungsspielraum der Verantwortlichen ein. Das kann die Arbeit im Projekt insofern erleichtern, als bestimmte denkbare Lösungen gar nicht erst untersucht werden müssen. Andererseits kann durch sie auch bewusst werden, welche Lösungsbestandteile auf jeden Fall bearbeitet werden müssen. So kann auch die Zeit- und Aufwandsplanung im Projekt frühzeitig konkretisiert und gleichzeitig die Grundlage für einen Business Case (siehe Kapitel 5.5) gelegt werden.

Im weiteren Sinne können auch die Ziele als Bestandteile der Projektabgrenzung angesehen werden. Hier wird auf Kapitel 5.4 verwiesen.

Zur Dokumentation kann Prosatext verwendet werden. Übersichtlicher lässt es sich mit „Bubble Charts“ oder mit einem Use-Case-Diagramm darstellen – einem grafischen Dokumentationsstandard (Notation) der UML (Unified Modeling Language) – siehe dazu Kapitel 8.2.1.

Dokumentation der Projektabgrenzung

Diese Daten sind in einem nächsten Schritt mit dem Auftraggeber abzustimmen, der sie dann für die nächste Projektphase verbindlich vorgibt. Werden im Projektfortschritt neue Einsichten gewonnen, so ist es durchaus sinnvoll, dass Bestandteile der Projektabgrenzung später modifiziert, ergänzt oder aufgehoben werden.

Die Systemabgrenzung (Scope) wird durch das Systemdenken unterstützt. Die Definition der Systemgrenze über die eingeschlossenen Unter- und Teilsysteme und die bewusste frühzeitige Ermittlung von Restriktionen und Rahmenbedingungen verdeutlichen den Umfang des Projekts und erleichtern eine realistische Zeit- und Aufwandsschätzung.

Zusammenfassung

5.3 Ermittlung der Stakeholder

Als Stakeholder werden solche Personen, Organisationseinheiten oder Rollen betrachtet, die am Verlauf oder an dem Ergebnis des Projekts unmittelbar oder mittelbar interessiert sind oder die einen wesentlichen Einfluss auf die Lösung haben. Sie sind im weitesten Sinne Kunden dieses Ergebnisses. Ihr Interesse kann auf der Nutzung der Lösung beruhen – etwa als Anwender oder Auftraggeber – oder sich auf die eigentliche Entwicklung des Systems beziehen, also die Interessenlage der Projektverantwortlichen widerspiegeln. Dieses Interesse kann sehr stark und unmittelbar sein, etwa wenn ein späterer Anwender einer Lösung konkrete Vorstellungen über die Funktionsweise und den Benutzerkomfort hat oder eher mittelbar, etwa wenn die Finanzbuchhaltung erwartet, dass eine Schnittstelle zu ihren Systemen bereitgestellt wird. Im angelsächsischen Sprachbereich wird häufig der Begriff VOC (Voice of the customer – Stimme des Kunden) verwendet, wenn von wichtigen Stakeholdern die Rede ist.

Stakeholder haben Interesse am Projekt

Voice of the customer (VOC)

Stakeholder vertreten bestimmte Interessen, die als Ziele oder konkrete Anforderungen an die Lösung bedeutsam sind. Werden wichtige Stakeholder zu spät erkannt, kann das sehr negative Wirkungen für das gesamte Projekt haben. Im schlimmsten Fall werden Stakeholder und deren Erwartungen oder Anforderungen an die Lösung erst in oder nach der Phase der Einführung entdeckt. Das kann dazu führen, dass die bisherige Arbeit in wesentlichen Teilen in die falsche Richtung gelaufen ist, sodass erhebliche Nachbesserungen notwendig werden. Das führt unweigerlich zu Zeit- und Kostenüberschreitungen und belastet darüber hinaus die Zusammenarbeit

Stakeholder verantwortlich für Ziele und Anforderungen

aller Beteiligten. Schon die Tatsache, dass Stakeholder zu spät erkannt und einbezogen werden, kann deren Motivation und Kooperationsbereitschaft beeinträchtigen, da sie das als mangelnde Wertschätzung interpretieren können. Deswegen ist es außerordentlich wichtig, sich bereits zu Beginn eines Projekts intensiv mit den Stakeholdern auseinanderzusetzen und der „Stimme des Kunden" zu lauschen. Zumindest die für das Projekt wichtigsten Stakeholder sollten bereits beim Projektstart bekannt sein.

5.3.1 Schichtenmodell der Stakeholder

Vom direkten zum mittelbaren Interesse

So plausibel die Forderung ist, alle relevanten Stakeholder schon zu Beginn zu identifizieren und angemessen zu beteiligen, so schwierig ist es, diese Forderung umzusetzen. Es gibt offensichtliche Stakeholder, die kaum zu übersehen sind. Es gibt aber auch starke Interessen, die erst auf den zweiten oder dritten Blick erkannt werden können. Um alle bedeutsamen Stakeholder möglichst schon zu Beginn eines Projekts zu erkennen, hat sich in der Praxis das Schichtenmodell (Zwiebelmodell) bewährt, das in Verbindung mit dem Systemdenken genutzt werden kann (siehe Kapitel 3.3.2).

Beispiel

In einer Bank sollen die Kundenberater von administrativen Aufgaben weitgehend freigestellt werden, sodass sie einen größeren Teil ihrer Arbeitszeit für die Betreuung und Beratung ihrer Kunden einsetzen können. Dazu wurde ein Projekt aufgesetzt, in dem sowohl die Schnittstellen zwischen dem sogenannten Marktbereich (Kundenberater) und dem Marktfolgebereich überprüft sowie die IT-Unterstützung verbessert werden soll. Es ist unmittelbar einleuchtend, dass als direkt Betroffene die Berater und die Mitarbeiter im Marktfolgebereich wichtige Stakeholder sind. Da der Auftrag von der Geschäftsführung (dem Vorstand) der Bank erteilt wurde, ist dieser Auftraggeber ebenfalls ein sehr wichtiger Stakeholder. Sollten sich die Mitarbeiter des Projekts nur auf diese Zielträger konzentrieren, würden allerdings wichtige weitere Stakeholder und deren Interessen unberücksichtigt bleiben.

Von der Lösung zu den Interessenten

In dem Zwiebelmodell werden um die eigentliche Lösung mehrere Schichten (Schalen) gelegt, die als gedankliche Stütze für das Auffinden von Zielträgern dienen können, wie die Abbildung 5.01 zeigt. In der ersten Schicht finden sich diejenigen Stellen oder Rollen, die unmittelbar mit dem System zu tun haben. In der zweiten Schicht werden die Zielträger eingeordnet, für die direkte Auswirkungen sowohl aus dem Projekt als auch aus der späteren Lösung zu erwarten sind. In der dritten Schicht werden dann alle diejenigen Zielträger aufgelistet, die einen Bezug zu dem Projekt und dessen Auswirkungen haben, die aber eher indirekt betroffen sind.

Das Zwiebelmodell für unser Beispiel könnte folgendermaßen aussehen:

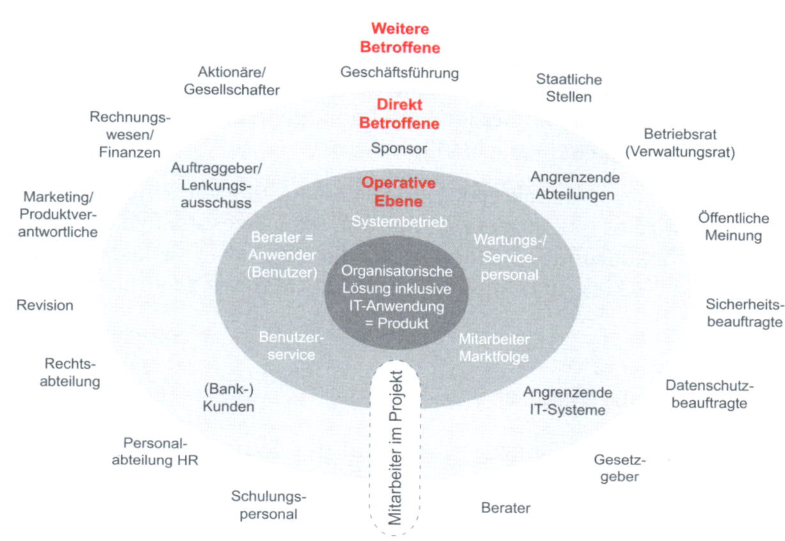

Abb. 5.01: Schichtenmodell der Stakeholder

Für das Ergebnis ist es nicht so wichtig, ob die Genannten in der „richtigen" Schicht angeordnet wurden. Viel wichtiger ist es, dass sie überhaupt bewusst als Stakeholder wahrgenommen werden und dass ihre relative Bedeutung für das Projekt richtig eingeschätzt wird. Es wäre unrealistisch anzunehmen, dass dies gleich in einem ersten Schritt gelingt. Mit dem Projektfortschritt steigen die Kenntnisse über die Zielträger und über deren Interessenlage.

Zunehmende Klarheit über Stakeholder

Für jeden bedeutsamen Stakeholder ist zumindest ein Repräsentant zu bestimmen, der seine Interessenlage im Projekt vertritt. Dabei ist darauf zu achten, dass diese Repräsentanten fachlich und sozial kompetent sind und von den anderen Interessenvertretern auch respektiert und anerkannt werden – andernfalls dürften sie Mühe haben, die von ihnen vertretenen Interessen einzubringen beziehungsweise die Ergebnisse ihrer Gruppe zu „verkaufen".

Repräsentanten der Stakeholder

Selbstverständlich sind nicht alle Stakeholder gleich wichtig und haben nicht alle die gleiche Durchsetzungskraft. Es darf nicht übersehen werden, dass der zentrale Stakeholder der Auftraggeber ist, also derjenige, der die Ressourcen für das Projekt bereitstellt. In dem Beispielprojekt könnte das für das Privatkundengeschäft zuständige Vorstandsmitglied die Rolle als Auftraggeber übernehmen. Er selbst oder ein von ihm autorisierter Lenkungsausschuss fällt alle Entscheidungen über den Fortgang des Projekts. Das bedeutet nun aber nicht, dass der Auftraggeber nach freiem Belieben seine eigenen Interessen durchsetzen und die Interessen der anderen übergehen kann. Um am Markt erfolgreich zu sein, muss er auch die Interessen

Auftraggeber ist stärkster Stakeholder

der Kunden berücksichtigen. Um qualifizierte Mitarbeiter zu gewinnen und zu behalten, müssen die Interessen der Berater berücksichtigt werden. Um eine stabile IT-Infrastruktur zu erhalten, müssen die Interessen der Systementwickler berücksichtigt werden, um nur einige Beispiele zu erwähnen. Dennoch sollte man immer im Auge behalten, dass gegen den erklärten Willen des Auftraggebers „nichts läuft".

Handelt es sich in dem Projekt um die Entwicklung von Produkten für externe Kunden, wird es besonders wichtig sein, die Interessenlage der potenziellen Kunden herauszufinden. Dann muss die Innensicht verlassen werden, um frühzeitig die Ziele und Anforderungen des Marktes zu ermitteln.

5.3.2 Systemdenken und Stakeholder

Stakeholder aus Unter- und Teilsystemen

Zur Ermittlung der Zielträger kann auf das Systemdenken zurückgegriffen werden. Das Denken in Unter- und Teilsystemen ist ebenso hilfreich wie die Abgrenzung des Systems zur Systemumwelt. Wird das zu bearbeitende System durch seine Unter- und Teilsysteme definiert, kann davon ausgegangen werden, dass es für jedes Unter- oder Teilsystem eines Projekts einen oder mehrere „Repräsentanten" gibt, die als Stakeholder anzusehen sind. Gleiches gilt für die sogenannten Umsysteme. Sie stehen definitionsgemäß in einer Beziehung zu dem neu zu gestaltenden System und vertreten damit eigene Interessen an die Lösung. Auch hier sind die Interessenvertreter und deren relative Bedeutung zu ermitteln (siehe dazu Kapitel 3.3.3).

Tipp

Bereits gefundene Stakeholder sind eine gute Informationsquelle, um weitere Zielträger, deren Interessen und deren relative Bedeutung für das Projekt herauszufinden.

5.3.3 Persona und Stakeholder

Wenn in einem Vorhaben eine Lösung für viele Kunden oder Mitarbeiter entwickelt wird, stehen diese Kunden und Mitarbeiter häufig nicht direkt zur Verfügung, um Auskunft über ihre Ziele, den Istzustand oder ihre Anforderungen zu geben. Selbst wenn ein direkter Kontakt möglich wäre, ist eine Vollerhebung bei einer großen Anzahl von Personen nicht wirtschaftlich. Insbesondere in diesen Fällen bietet sich die Technik Persona an. Eine Persona ist eine Art Prototyp oder Stellvertreter für eine spezielle „Spezies" von Nutzern.

Eine Persona stellt ein imaginäres Modell einer Person (bzw. eines Stakeholders) dar, allerdings mit sehr konkret beschriebenen (Charakter-)Eigenschaften und Nutzungsverhalten. Sie beschreibt einen typischen Kunden oder Nutzer, der dabei stellvertretend für eine größere Gruppe steht. Jede

Persona wird z. B. mit Eigenschaften, Vorlieben oder Zielen, (Vor-)Kenntnissen „ausgestattet“. Sie wird häufig mit einem konkreten Alter und einem (Vor-)Namen spezifiziert. Durch diese Konkretisierungen und persönlichen Angaben fällt es den Projektverantwortlichen leichter, sich in die Persona (und damit in die repräsentierte Nutzergruppe) hineinzuversetzen.

Beispiel

Der Vertrieb des Verlags zählt zu seinen Kunden eine Vielzahl kleiner Buchhandlungen. Um deren Ziele und Anforderungen zu berücksichtigen, wird eine Persona des typischen Ansprechpartners erstellt. In dieser Persona werden fiktive – aber realistische – biografische Daten beschrieben sowie das Verhalten, die Bedürfnisse, Kommunikationswege formuliert, die repräsentativ für die Ansprechpartner in kleinen Buchhandlungen sind.

Gibt es Nutzer der Lösung, mit denen ein direkter Kontakt möglich ist, sollte dieser Weg allerdings bevorzugt werden. Personas können „echte“ Stakeholder bzw. Kunden nur bedingt ersetzen.

5.3.4 Dokumentieren der Stakeholder

Der Projektverantwortliche sollte alle Stakeholder dokumentieren und dazu auch die wichtigsten Informationen festhalten. Diese Liste ist im Projektfortschritt fortlaufend zu aktualisieren. In dem oben genannten Beispiel könnte der Zielträger „Kundenberater“ etwa folgendermaßen dokumentiert werden:

Dokumentation Stakeholder	
Rolle Stakeholder	Kundenberater für alle Bankprodukte im Privatkundengeschäft
Beschreibung	Kennt das eigene Informationsbedürfnis und das der Kunden, hat Vorstellungen über die Benutzerschnittstelle und die Anforderungen der Anwender an das System
Vertreter	Gunter Schäuble, Tel. 4711, E-Mail: gunter.schaeuble@bank.com Wird von seinen Kollegen als kompetenter und fairer Vertreter ihrer Interessen akzeptiert
Verfügbarkeit	Maximal 10 Stunden pro Monat
Wissensgebiete	Alle Produkte des Privatkundengeschäfts, alle bisherigen IT-Anwendungen für Berater sowie deren Vor- und Nachteile, Erwartungen und Forderungen der Kunden
Information/ Beteiligung	Laufende Information über Projektfortschritt, intensive Beteiligung bei der Ermittlung der Anwenderanforderungen.

Abb. 5.02: Beispiel für eine Dokumentation der Stakeholder

Zusammenfassung

Die Stakeholder und deren Interessen müssen frühzeitig erkannt werden. Das Schichtenmodell, das Systemdenken und Personas können zur Identifikation beitragen. Wichtige Merkmale der Stakeholder sollten dokumentiert werden.

5.4 Ermittlung der Ziele

5.4.1 Grundlagen

Unter einem Ziel wird ein angestrebter Zustand, eine erwünschte Wirkung verstanden. Ziele beschreiben also zukünftige Ergebnisse oder Wirkungen, die durch bestimmte Maßnahmen oder Lösungen erreicht werden sollen. Hier werden Ziele behandelt, die im Rahmen betrieblicher Projekte oder Vorhaben angestrebt werden. Sie sollten mit den allgemeinen Unternehmenszielen verträglich sein, lassen sich aber nicht immer eindeutig aus den Unternehmenszielen ableiten.

Ziele vor Anforderungen vor Lösungen

Die Ziele für das Projekt sollten bekannt sein, ehe mit der Ermittlung der Anforderungen begonnen wird. Ziele beschreiben die übergeordneten Erwartungen an den Erfolg des Projekts. Jede einzelne Anforderung muss sich auf ein Ziel zurückführen lassen. Nur so kann sichergestellt werden, dass mit dem Projekt kein „Wunschkonzert" veranstaltet wird, sondern Ziele verfolgt werden, die vorher vom Auftraggeber autorisiert worden sind. Zu Beginn reicht es normalerweise aus, wenn die Ziele der wichtigsten Stakeholder ermittelt, strukturiert, vom Auftraggeber akzeptiert und möglichst auch gewichtet sind.

Was und wie?

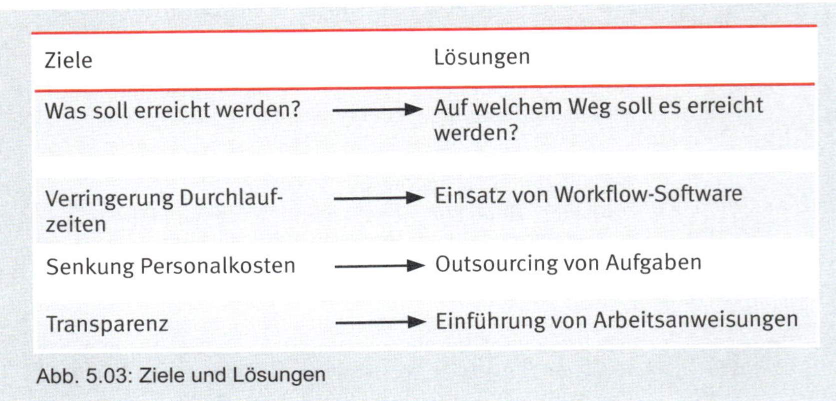

Ziele		Lösungen
Was soll erreicht werden?	→	Auf welchem Weg soll es erreicht werden?
Verringerung Durchlaufzeiten	→	Einsatz von Workflow-Software
Senkung Personalkosten	→	Outsourcing von Aufgaben
Transparenz	→	Einführung von Arbeitsanweisungen

Abb. 5.03: Ziele und Lösungen

Nicht immer kann eindeutig entschieden werden, ob ein Ziel oder eine Lösung (Anforderung) vorliegt. Es ist zu beachten, dass mit zunehmender Detaillierung der Ziele diese auch immer lösungsnäher werden.

Ziele, die sich auf die Lösung beziehen, werden als Systemziele bezeichnet (z. B. die fehlerfreie Auslieferung von Bestellungen). Daneben gibt es sogenannte Vorgehensziele, die den Weg zur Lösung betreffen (z. B. schneller Abschluss des Projekts, geringe Kosten für das Projekt).

System- und Vorgehensziele

Von den Zielen sind Restriktionen zu unterscheiden. Restriktionen sind zwingende Vorgaben, die in verschiedenen Ausprägungen auftreten können. Gelegentlich werden diese Restriktionen auch als Muss-Ziele bezeichnet.

	Restriktionen	
Richtung	Positiv – zwingende Forderung (z. B. Konzernrichtlinien sind einzuhalten)	Negativ – verbindliches Verbot (z. B. keine Eigenentwicklung von Software)
Quelle	Intern – Vorgaben durch Entscheider im Projekt	Extern – Vorgaben durch Stellen außerhalb des Projekts (z. B. Gesetze)

Abb. 5.04: Restriktionen oder Muss-Ziele

Mit Zielen werden unterschiedliche Zwecke verfolgt, wie die folgende Übersicht zeigt.

Zwecksetzung	Beschreibung
Koordination	Projekte erfordern normalerweise die Zusammenarbeit mehrerer Beteiligter. Über Ziele soll gewährleistet werden, dass die Leistungen der Beteiligten zielorientiert erfolgen und aufeinander abgestimmt sind. Darüber hinaus soll durch Ziele auch die Koordination zwischen Projekten gefördert werden.
Steuerung	Die Steuerung von Projekten durch Entscheider wie auch die Steuerung innerhalb des Projekts durch den Projektleiter erfolgt auf der Basis von Zielen.
Anforderungen	Anforderungen müssen sich auf Ziele zurückführen lassen, nur dann kommen sie für das Projekt in Betracht. In der Regel lassen sich aus den Zielen auch konkrete Anforderungen ableiten.
Lösungssuche	Ziele stoßen die Suche nach Lösungen an, indem eine oder mehrere Varianten erarbeitet werden, die die Ziele möglichst gut erfüllen.

Abb. 5.05 (Teil 1): Was soll mit Zielen erreicht werden?

Zwecksetzung	Beschreibung
Bewertung/ Entscheidung	Ziele sind Kriterien für die Eignung von Lösungen. Zielkataloge oder Zielhierarchien ermöglichen Bewertungen von Lösungsvarianten (Prognose zukünftiger Wirkungen).
Messung	Ziele erlauben die Messung von Resultaten der Projektarbeit. So kann im Nachhinein überprüft werden, inwieweit angestrebte Ziele erreicht worden sind (Feststellung eingetretener Wirkungen).
Motivation	Sind die Ziele bekannt und realistisch gesetzt (nicht zu hoch und nicht zu niedrig), fördert dieses die Leistungsbereitschaft der Beteiligten.

Abb. 5.05 (Teil 2): Was soll mit Zielen erreicht werden?

Warum Ziele nicht auf dem Silberteller präsentiert werden

Im Rahmen organisatorischer Projekte werden normalerweise mehrere Ziele gleichzeitig angestrebt, die jedoch dem Auftragnehmer oft nicht oder zumindest nicht alle bekannt sind.

Das kann folgende Gründe haben:

- Der Auftraggeber ist sich über die Ziele selbst nicht im Klaren – er hat möglicherweise nur ein Störgefühl
- Der Auftraggeber hat relativ klare Vorstellungen über die Lösung, hat aber über die damit verfolgten Ziele noch nicht nachgedacht
- Der Auftraggeber hat klare Zielvorstellungen, die er jedoch dem Auftragnehmer nicht mitteilt, etwa weil er sie für selbstverständlich hält
- Neben dem Auftraggeber bringen noch andere Interessenten ihre Ziele in das Projekt ein, die zu Beginn noch nicht alle bekannt sind (siehe Kapitel 5.3).

Eine Technik der Zielformulierung dient dazu,

- möglichst frühzeitig die relevanten Ziele zu erkennen
- Ziele zu Zielsystemen zu ordnen
- Ziele klar und möglichst eindeutig zu formulieren
- die Maßstäbe für die Zielerreichung festzulegen (Operationalisierung)
- die Zielgewichtung zu unterstützen.

Die Forderung, sich über das Ziel klar zu werden, ehe man sich auf den (Projekt-)Weg macht, ist trivial, und dennoch wird in der praktischen Arbeit immer wieder dagegen verstoßen. Oft haben die Beteiligten von Anfang an klare Vorstellungen über die gewünschte Lösung, sodass es auszureichen scheint, im nachhinein Ziele zu formulieren, die die Berechtigung dieser Lösung „beweisen“.

Denken in Lösungen behindert Zielfindung

Sollen Ziele die oben genannten Zwecke erfüllen, sind einige Forderungen zu erfüllen.

Anforderungen an Ziele	
Strategieverträglichkeit	**Ziele dürfen der Strategie nicht widersprechen**
Lösungsneutralität	Ziele müssen unterschiedliche Lösungen erlauben, sie dürfen nicht von vornherein nur eine Lösung zulassen
Redundanzfreiheit	**Gleiche Ziele – auch wenn sie sich hinter unterschiedlichen Begriffen verbergen – sollen nicht mehrfach genannt werden**
Widerspruchsfreiheit	Ziele dürfen sich nicht widersprechen, Zielkonkurrenzen sind jedoch nicht zu vermeiden
Realisierbarkeit	**Ziele müssen im Rahmen des konkreten Projekts beeinflusst werden können (nicht unrealistisch sein oder außerhalb des Kompetenzbereiches des Projekts liegen)**
Beurteilbarkeit	Ziele sind so zu formulieren, dass im vorhinein bekannt ist, anhand welcher Kriterien die Zielerreichung gemessen werden soll (Operationalisierung)
Vollständigkeit	**Alle Ziele mit einem nennenswerten Gewicht sollten bekannt sein (zu viele Ziele können allerdings den Blick für das Wesentliche verstellen)**
Relevanz	Ziele müssen für die jeweilige Fragestellung (z. B. ein Teilprojekt) maßgeschneidert sein
Aktualität	**Ziele sind an die aktuelle Situation und den aktuellen Wissenstand anzupassen**

Abb. 5.06: Anforderungen an Ziele

Ziele beschreiben angestrebte Wirkungen oder Zustände. Die Zielfindungstechnik (Zielformulierung) soll helfen, Ziele zu erkennen, zu ordnen, zu präzisieren und die Gewichtung zu unterstützen.

Zusammenfassung

5.4.2 Einordnung in den Projektablauf

Die Technik der Zielfindung (Zielformulierung) hat ihre größte Bedeutung beim Start und in den ersten Planungsphasen oder Iterationen eines Projekts. Da Aufträge normalerweise nicht so aussagefähig sind, wie sie für den Auftragnehmer sein müssten, und da es praxisfern wäre, einfach vollständige Projektaufträge zu fordern, muss der Auftragnehmer sich selbst darum kümmern. Ziele sind somit – wie auch die übrigen Bestandteile eines Projektauftrags – eine Holschuld des Projektleiters.

Kontinuierliche Weiterentwicklung der Ziele

Die Zielformulierung ist ein Prozess, der die Projektarbeit begleitet. In jeder Phase werden

- Ziele ergänzt oder eliminiert
- Ziele präzisiert oder detailliert
- aktualisierte Zielkataloge für die nächste Projektphase vereinbart.

Die Zielformulierung findet in allen Planungsphasen und in den folgenden Schritten des Zyklus statt:

- Auftrag (Vereinbarung von Zielen mit dem Auftraggeber)
- Würdigung/Anforderungsermittlung (aus Stärken und Schwächen, Risiken und Chancen werden Ziele abgeleitet, konkrete Anforderungen können Hinweise auf übergeordnete Ziele geben)
- Lösungsentwurf (Leistungsmerkmale von Lösungen, deren Stärken und Schwächen können weitere Hinweise auf Ziele geben)
- Bewertung und Auswahl (Ziele dienen als Kriterien der Bewertung).

Bei einem agilen Vorgehen wird die Zielfindung normalerweise nicht weiter formalisiert. Es wird eher in Anforderungen gedacht, die zu Beginn des Vorhabens ermittelt und mit jedem Ergebnisfortschritt weiterentwickelt werden. Dabei wird unterstellt, dass die Anforderungen mit den Zielen verträglich sind. Die mit dem agilen Vorgehen gewonnene Flexibilität kann dann allerdings den Preis haben, dass nicht immer sichergestellt ist, dass einzelne Anforderungen einen Bezug zu relevanten Zielen haben. Mit Produktvision wird in Kapitel 5.4.3.9 eine Herangehensweise beschrieben, die in komplexen Situationen eine Ausrichtung des Projekts ermöglichen soll, ohne vorab einen (umfangreichen) Zielkatalog zu erstellen.

Zusammenfassung

Die Zielfindung begleitet die Projektarbeit. Ziele werden mit dem Projektfortschritt zunehmend detailliert und mit dem jeweiligen Planungsfortschritt konkretisiert.

5.4.3 Zielfindung

5.4.3.1 Übersicht

Folgende Schritte gehören zum Prozess der Zielfindung (siehe Abbildung 5.07). Sie werden im Einzelnen vorgestellt.

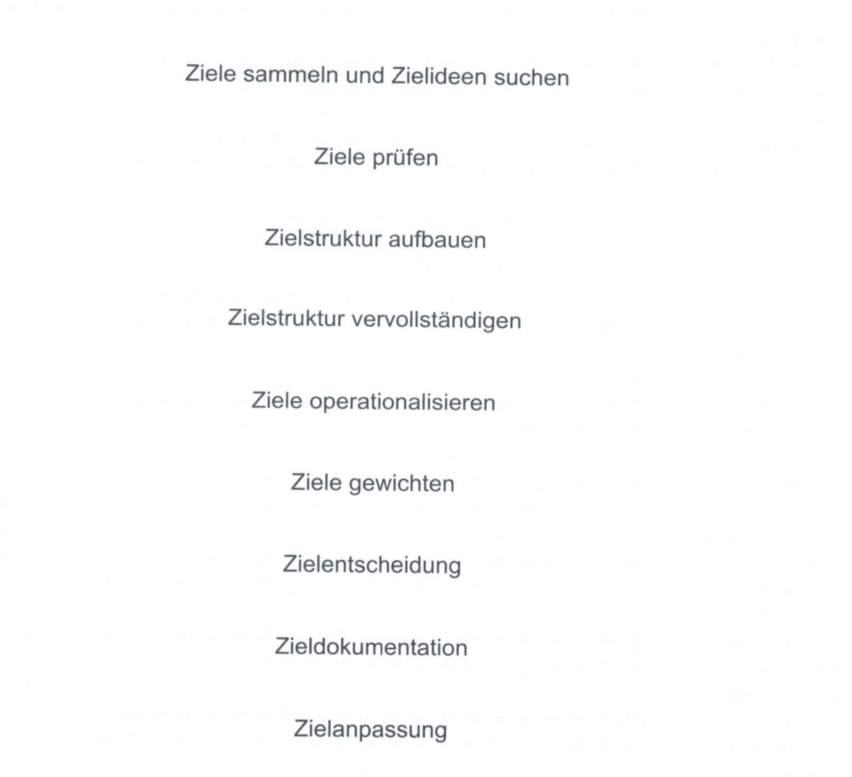

Ziele sammeln und Zielideen suchen

Ziele prüfen

Zielstruktur aufbauen

Zielstruktur vervollständigen

Ziele operationalisieren

Ziele gewichten

Zielentscheidung

Zieldokumentation

Zielanpassung

Abb. 5.07: Zielfindungsprozess

5.4.3.2 Ziele sammeln und Zielideen suchen

In Kapitel 5.3 wurde bereits dargestellt, dass die unterschiedlichsten Stakeholder (Zielträger) ihre eigenen Zielvorstellungen in betriebliche Vorhaben einbringen. Diese Ziele sind zu erheben oder gedanklich zu entwickeln. Dass die Ziele verschiedener Zielträger nicht immer deckungsgleich sind, sich teilweise sogar widersprechen, zeigt die Lebenserfahrung. Nicht umsonst gibt es für bestimmte Zielträger sogar formalisierte Interessenvertretungen, die dafür sorgen sollen, dass die Ziele ihrer Gruppe nicht zu kurz kommen (z. B. Arbeitnehmervertreter). Wenn wirklich „alle in einem Boot sitzen“ oder „alle an einem Strang ziehen“ würden, käme es nicht zu den Interessenkonflikten, die den betrieblichen Alltag kennzeichnen.

Interessenkonflikte oft in Projekten ausgetragen

Gerade die Organisationsarbeit, aber auch alle anderen betrieblichen Vorhaben liegen im Spannungsfeld dieser Interessen. Da unmöglich alle Betroffenen in allen Belangen ihre Ziele realisieren können, ist Projektarbeit die Kunst des Möglichen – es muss ein Ausgleich gefunden werden, indem die jeweilige Situation und damit auch die Macht der Träger von Zielen berücksichtigt wird.

Auch wenn nicht alle Ziele gleichzeitig erreicht werden können, ist es für die Auftragnehmer wichtig, die Ziele aller Interessengruppen zu kennen. Nur wenn die Ziele bekannt sind, können

- Wege der Zielerreichung (konkrete Anforderungen und geeignete Lösungen) gesucht und beurteilt werden
- Begründungen geliefert werden, warum einzelne Interessen zurücktreten müssen
- adressatengerechte Argumente beim Verkauf der Lösungen gefunden werden (der Köder – das Argument – muss dem Fisch und nicht dem Angler schmecken).

Zielträger für die gedankliche Ableitung der Ziele

Der Königsweg zur Ermittlung der Ziele ist die direkte Befragung derjenigen, die Ziele in ein Projekt einbringen. Wenn das nicht möglich ist oder wenn die Befragung nicht ausreichend ergiebig war, kann versucht werden, sich in die Interessenlage der Zielträger zu versetzen und gedanklich Ziele abzuleiten.

Bei nahezu allen betrieblichen Vorhaben gibt es folgende Zielträger (Zielträgergruppen, siehe Abbildung 5.08):

- Geschäftsführung/oberes Management als Repräsentant der Unternehmensziele
- leitende Vertreter der/des betroffenen Bereiche(s)(Abteilungsverantwortliche), hier findet sich oft auch der Auftraggeber
- unmittelbar betroffene Mitarbeiter (Betroffene, die mit der Lösung arbeiten)
- interne oder externe Kunden der betroffenen Bereiche.

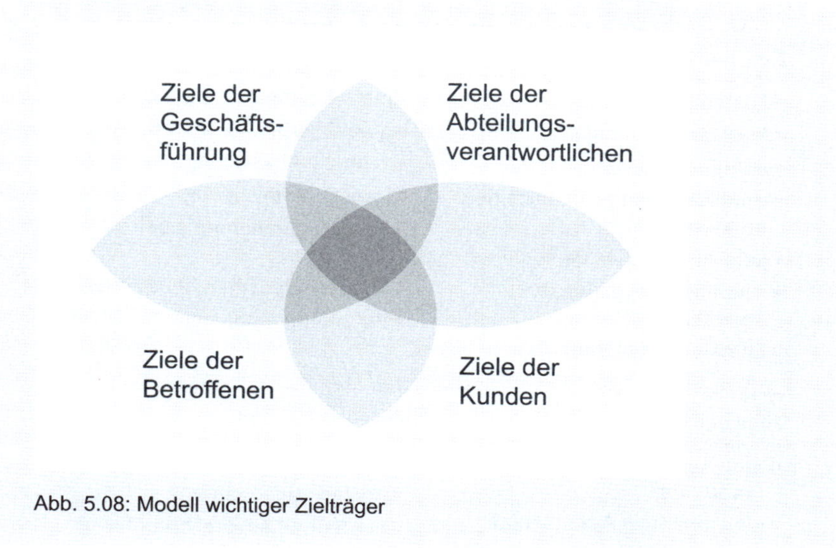

Abb. 5.08: Modell wichtiger Zielträger

Wie schon erwähnt, können viele andere Stakeholder ihre Ziele in Projekte einbringen. Für eine erste grobe Näherung reicht es jedoch normalerweise aus, sich mit den vier genannten Zielträgern auseinanderzusetzen, da sie die Mehrzahl der wichtigen Ziele vertreten.

Ziele am grünen Tisch erarbeiten

Ist eine Befragung nicht möglich oder war sie nicht ergiebig, empfiehlt es sich, Ziele

- durch ein Brainstorming (vgl. Kapitel 9.3.1) zu sammeln
- sich dabei gedanklich in die Interessenlage der Zielträger zu versetzen.

Beispiel

Hier soll wiederum das Beispiel zugrunde gelegt werden, in dem es darum geht, Freiräume für Kundenberater einer Bank zu schaffen, indem sie besser durch IT-Lösungen und durch den sogenannten Marktfolgebereich unterstützt werden.

Zur Auftragsabstimmung bei dem obigen Projekt, wurden mithilfe des Zielträgermodells folgende Ziele erarbeitet (siehe Abbildung 5.09):

Beispiel

Ziele der Geschäftsführung	Ziele der Geschäftsstellenleiter
▪ Kosten senken ▪ Marktanteile steigern ▪ Kunden binden ▪ Unabhängigkeit von einzelnen Beratern ▪ kein zusätzliches Personal ▪ schnelle Abwicklung des Projekts ▪ Einhaltung des Budgets	▪ mehr Personal ▪ qualifizierte Mitarbeiter ▪ schnelle Abwicklung ▪ transparente Lösung ▪ gute Kundenkenntnis beim Berater ▪ Chancengleichheit der Berater ▪ Betroffene beteiligen
Ziele der Mitarbeiter	**Ziele der Kunden**
▪ gute Ausbildung in den Produkten ▪ gleichmäßiger Arbeitsanfall ▪ anspruchsvolle Aufgaben ▪ gute Bezahlung ▪ gute IT-Unterstützung ▪ einfache Handhabung	▪ schnelle Abwicklung ▪ hochwertige Beratung ▪ eindeutige Ansprechpartner ▪ kurze Wege ▪ schnelle Entscheidungen ▪ niedrige Preise

Abb. 5.09: Beispiele für Ziele unterschiedlicher Zielträger

Zusammenfassung

In betrieblichen Projekten werden durch verschiedene Interessenten die unterschiedlichsten Ziele verfolgt. Wird zu Beginn eines Projekts auf eine Erhebung der Ziele verzichtet, empfiehlt es sich, gedanklich die Position wichtiger Stakeholder einzunehmen und mithilfe eines Brainstormings deren mögliche Ziele zu sammeln.

5.4.3.3 Ziele prüfen

Die hypothetisch erarbeiteten oder auch durch Befragungen ermittelten Ziele sind in einem nächsten Schritt zu prüfen und in eine Ordnung zu bringen. Zur Analyse und Strukturierung gehören:

Analyse von Zielen

- Lösungen durch Ziele ersetzen
- Restriktionen und Ziele trennen
- Projektbezug prüfen
- Zielwidersprüche beseitigen
- Redundanzen beseitigen.

Lösungen durch Ziele ersetzen

Oft werden in Zielkatalogen bereits Lösungen anstelle von Zielen genannt. Die Aussage „Zentralisation vermögender Privatkunden" ist eine Lösung. Wenn der Auftraggeber diese Zentralisation unbedingt haben will, ist sie als Restriktion aufzunehmen. Andernfalls ist zu prüfen, welche Ziele hinter dieser Lösung stehen – z. B. gute Produktkenntnis oder gute Kundenkenntnis. Es lässt sich allerdings nicht immer eine eindeutige Grenze zwischen Lösungen und Zielen ziehen. In allen Fällen jedoch, wo eine bestimmte Wirkung auf verschiedenen Wegen erreicht werden kann, sollte immer die gewünschte Wirkung – das Ziel – und nicht die Lösung genannt werden.

Lösungen verstellen den Blick auf die Ziele

Restriktionen und Ziele trennen

Restriktionen sind K.o.-Kriterien für ein Projekt. Es wurde oben bereits erwähnt, dass Restriktionen Grenzen für das Projekt beschreiben. Wenn also eine Variante auch nur eine Restriktion nicht erfüllt, ist diese Variante nicht zulässig und damit zu eliminieren. Oft verwechseln Stakeholder Ziele mit Restriktionen. Das ist dann den Zielträgern bewusst zu machen. Manche Restriktionen sind zwar einerseits K.o.-Kriterien, andererseits können sie eine Ober- oder Untergrenze eines sogenannten dimensionalen Ziels bilden.

Bedeutung von Restriktionen bewusst machen

Die Investitionskosten dürfen nicht höher sein als X Geldeinheiten. Damit fallen alle Varianten heraus, die höhere Investitionskosten verlangen. Alle Varianten, die diese Restriktionen einhalten, unterscheiden sich aber möglicherweise deutlich in ihren Investitionskosten. Dann werden die Investitionskosten nicht nur eine Restriktion, sondern zusätzlich ein dimensionales (je niedriger desto besser) Wunsch-Ziel sein.

Beispiel

Alle Ziele, die keine Restriktionen darstellen, sind somit Wunsch-Ziele (Kann-Ziele). Entweder wird eine möglichst gute Zielerreichung angestrebt „schnelle Abwicklung" oder es wird ein Ja/Nein-Ziel als wünschenswert (nice to have) genannt wie z. B. „Einsatz vorhandener Mitarbeiter". In diesem Fall sind Lösungen zwar zulässig, aber nicht erwünscht, in denen die Leistung durch andere als die bereits vorhandenen Mitarbeiter erbracht wird. Die Kann-Ziele müssen gewichtet werden, um ihre relative Bedeutung bei der Entscheidung berücksichtigen zu können. Dazu werden unten zwei Verfahren der Gewichtung vorgestellt.

Kann-Ziele gewichten und zu einer Zielstruktur verdichten

Nur die Wunsch-Ziele werden zu einer Zielstruktur – auch als Zielhierarchie bezeichnet – verdichtet. Die Restriktionen werden getrennt aufgeführt, um ihren Stellenwert als K.o.-Kriterien zu verdeutlichen. Somit können folgende Fälle unterschieden werden (siehe Abbildung 5.10):

Zielarten				
	Restriktionen (K.o.-Kriterien)		Ziele (Wunsch-Ziele)	
	Es gibt nur erfüllt oder nicht erfüllt (Ja/Nein)	Ober- oder Untergrenze eines (dimensionalen) Ziels	Dimensionales Ziel (mehr oder weniger gut erreichbar)	Ja/Nein-Ziel (es gibt nur erfüllt oder nicht erfüllt)
Beispiel	Unterstützung muss intern erfolgen	Keine Erhöhung der Personalkosten (wenn dieses Ziel erfüllt ist, kann es gleichzeitig noch ein dimensionales Ziel sein)	Möglichst niedrige Personalkosten	Einsatz vorhandener Mitarbeiter
Gewichtung	Nein		Ja	
Regel	Restriktionen separat zur Zielstruktur aufnehmen		Ziele zur Zielstruktur verdichten/ausbauen	

Abb. 5.10: Zielarten

Projektbezug prüfen

Nur Ziele aufnehmen, die durch Projekt erreicht werden können

Aus der Zielsammlung sind solche Ziele zu streichen, die zwar durchaus gültig sein können, die aber im Rahmen des anstehenden Projektes nicht erreicht bzw. nicht beeinflusst werden können. In der Zielsammlung wurde „niedrige Preise" als Ziel der Kunden bezeichnet. Das ist ohne Frage deren Ziel, das allerdings im Rahmen des Projektes nicht erreicht werden kann. Die Entscheidung für die Höhe der Preise fällt nicht in dem Projekt. Bestenfalls ist ein indirekter Bezug möglich, indem darauf geachtet wird, dass insgesamt niedrige Kosten anfallen, sodass damit eine Grundlage für niedrige Preise gelegt wird.

Zielwidersprüche beseitigen

Zielwiderspruch – eins wird gewinnen

Wenn in einer Zielsammlung einander widersprechende Ziele auftreten – wird ein Ziel erreicht, verhindert es die Erreichung des anderen Ziels – dann ist dieser Widerspruch vor der anschließenden Strukturierung zu beseitigen, d. h. eines der sich widersprechenden Ziele ist zu streichen oder aber als limitierende Restriktion zu formulieren. So widersprechen sich das Ziel

„Senkung der Kosten“ und „mehr Personal“. Dieser Widerspruch lässt sich beispielsweise auflösen, indem das Ziel „Senkung der Kosten“ durch die Restriktion „Keine Erhöhung der Personalkosten“ oder „Personalkosten maximal x“ ersetzt wird. Das Ziel „Mehr Personal“ ist dann zu ersetzen durch „Ausreichend Personal“.

Redundanzen beseitigen

Wird das gleiche Ziel mehrfach genannt, sollte diese Mehrfachnennung (Redundanz) beseitigt werden. Andernfalls besteht die Gefahr, dass dieses Ziel insgesamt zu stark gewichtet – weil zu oft berücksichtigt – wird. Diese Bereinigung ist insofern nicht immer ganz einfach, als sich häufig hinter sehr unterschiedlichen Begriffen letztlich die gleichen Inhalte verbergen. So sind die Ziele „hochwertige Beratung“ und „qualifizierte Mitarbeiter“ redundant.

Redundanzen gefährden transparente Gewichtung

5.4.3.4 Zielstruktur aufbauen

Die Ziele sind dann zu einer Zielstruktur (Zielhierarchie) zu verdichten, indem sie inhaltlich sortiert und mittels Kategorien strukturiert werden. Dabei sollten die Zielträger möglichst nicht als Oberbegriffe verwendet werden, weil sonst unweigerlich Diskussionen darüber entstehen, wem ein Ziel „wirklich“ zuzurechnen ist. Eine Ausnahme wird häufig bei dem Zielträger betroffene Mitarbeiter (Anwender) gemacht. Unter dem Oberbegriff Personelle Ziele oder Anwender-Ziele werden die Ziele der Benutzer aufgeführt, weil die Akzeptanz organisatorischer Lösungen in der Regel entscheidend davon abhängt, inwieweit die Ziele dieser Zielträger erreicht wurden.

Stakeholder sind ungeeignete Oberbegriffe für Zielhierarchie

Typische Oberziele in organisatorischen oder sonstigen betrieblichen Projekten sind beispielsweise:

Systemziele			Vorgehensziele
Wirtschaftlichkeit	Leistungsziele	Mitarbeiterziele	
z. B. niedrige Investitionskosten, laufende Kosten	z. B. kurze Bearbeitungszeiten	z. B. attraktive Aufgaben	z. B. schnelle Abwicklung des Projekts

Abb. 5.11: Beispiele für Oberziele

Die hier verwendete Unterscheidung von Systemzielen und Vorgehenszielen weist auf einen wichtigen Unterschied hin. Systemziele sind Ziele, die mit der eigentlichen Lösung angestrebt werden. Sie dienen gleichzeitig als Kriterien zur Beurteilung von Lösungen. Bei Vorgehenszielen handelt es sich

Systemziele und Vorgehensziele unterscheiden

demgegenüber um Ziele, die nur während der Laufzeit des Projekts gültig und mit dem Abschluss des Projekts erledigt sind. Vorgehensziele eignen sich deswegen normalerweise nicht zur Auswahl einer geeigneten Lösung.

5.4.3.5 Vervollständigen der Zielstruktur

Nachdem geeignete Oberziele (Oberbegriffe) gefunden und die Ziele den Oberbegriffen zugeordnet wurden, sollte untersucht werden, ob weitere Unterziele für das anstehende Projekt relevant sein könnten, die in der Sammlung nach den Zielträgern noch nicht erkannt wurden. So wird beispielsweise das Ziel „Niedrige Investitionskosten" ergänzt, nachdem der Oberbegriff „Wirtschaftlichkeitsziele" eingeführt wurde.

Aufgrund der Zielanalyse und Zielstrukturierung (-ergänzung) ergibt sich für das Beispiel die folgende Zielhierarchie (Zielstruktur):

Reorganisation Vertrieb			
Wirtschaftlichkeitsziele (niedrige Kosten)	Leistungsziele	Mitarbeiterziele (Anwenderziele)	Vorgehensziele
▪ Investitionskosten - Personal - Bau/Einrichtung ▪ laufende Personalkosten	▪ qualifizierte Berater - gute Produktkenntnisse - gute Kundenkenntnisse ▪ eindeutige Ansprechpartner ▪ kurze Wege für Kunden ▪ schnelle Bearbeitung - geringe Wartezeit - schnelle Abwicklung ▪ transparente Lösung	▪ anspruchsvolle Aufgaben ▪ Chancengleichheit der Mitarbeiter ▪ gleichmäßiger Arbeitsanfall ▪ einfache Handhabung	▪ schnelle Abwicklung des Projekts ▪ Betroffene beteiligen (akzeptiertes Vorgehen)

Abb. 5.12: Beispiel für eine Zielhierarchie

Zusätzlich sind folgende Restriktionen zu beachten:

- kein zusätzliches Personal
- kein Outsourcing
- Budgeteinhaltung.

Zusammenfassung

Die gesammelten Ziele sind zu prüfen und zu strukturieren. Evtl. vorhandene Lösungen werden auf ihre Ziele zurückgeführt. Restriktionen und Ziele werden getrennt. Ziele, die sich durch das Projekt nicht erreichen lassen, werden ebenso wie Zielwidersprüche und Redundanzen beseitigt. Für die Ziele werden gemeinsame Oberbegriffe gesucht und schließlich werden die Ziele unter den Oberbegriffen vervollständigt.

5.4.3.6 Ziele operationalisieren

Eindeutige Kriterien für die Zielerreichung

Ziele sollten möglichst eindeutig formuliert werden, um Missverständnisse zwischen Auftraggebern und Planern zu vermeiden. Ziele müssen normalerweise durch ergänzende Hinweise, durch

Maßstäbe für die Zielerreichung = Kriterien

eindeutig gemacht werden. Wenn Ziele durch Kriterien messbar gemacht werden, spricht man von der Operationalisierung von Zielen. Neben dem Zielinhalt (z. B. Personalkosten) muss die Zielausprägung (welchen Zustand soll das Ziel annehmen, wie viel soll erreicht oder vermieden werden?) genannt werden.

Zur Zielausprägung gehören

- Zieleigenschaft (z. B. Gesamtkosten für einen Mitarbeiter inkl. Sozialabgaben ohne Arbeitsplatzkosten)
- Zielmaßstab (z. B. Geldeinheiten wie €, CHF, US$)
- Zielausmaß (z. B. möglichst niedrig, nicht mehr als).

Je nach Zielart ist unter Umständen auch noch die

- Zielzeit (z. B. Umsatz pro Monat) anzugeben.

Beispiele für die Operationalisierung von Zielen	
Ziel	**Maßstab**
▪ niedrige Personalkosten	▪ Gehälter und Gehaltsnebenkosten pro Jahr für alle Mitarbeiter, die im Marktbereich und im Marktfolgebereich tätig sind
▪ kurze Durchlaufzeiten	• Durchschnittliche Laufzeit eines Kundenauftrags vom Kunden zum Kunden gemessen in Stunden
▪ anspruchsvolle Aufgaben	• Anzahl unterschiedlicher Aufgaben einer Stelle

Abb. 5.13: Beispiele für Operationalisierungen

Einige Ziele sind schwierig oder gar nicht zu operationalisieren, wie z. B. „Transparente Lösung“ oder „Chancengleichheit der Mitarbeiter“. Dennoch sollte man solche Ziele aufnehmen, wenn sie tatsächlich angestrebt werden. Man muss sich dann aber bewusst sein, dass es große Auffassungsunterschiede darüber geben kann, ob und in welchem Umfang solche Ziele erreicht werden.

Zusammenfassung

Ziele sollen soweit möglich und sinnvoll operationalisiert werden, indem der Zielinhalt und die Zielausprägung (Zieleigenschaft, -maßstab und -ausmaß, ggf. auch Zielzeit) angegeben werden.

5.4.3.7 Ziele gewichten

Kann-Ziele haben nicht alle den gleichen Stellenwert, die gleiche Bedeutung. Diese unterschiedliche Bedeutung der Ziele wird durch die Gewichtung ausgedrückt. Dabei ist zu beachten:

Gewichtung zeigt Bedeutung eines Ziels

- Zu Beginn eines Projekts reicht es normalerweise aus, die Ziele mit „hoch“, „mittel“ oder „niedrig“ zu bewerten. Eine quantifizierte Gewichtung erfolgt sinnvollerweise erst nach dem Lösungsentwurf im Zusammenhang mit der Bewertung der Lösungen.
- Die Gewichtung ist ein subjektiver Vorgang, der auch durch das beste Verfahren nicht objektiviert werden kann. Die Gewichtung hängt immer von der individuellen Interessenlage desjenigen ab, der gewichtet.
- Das „letzte Wort“ bei der Gewichtung hat der Entscheider (der Auftraggeber) im Projekt.

Zur Zielgewichtung können zwei Verfahren (Techniken) eingesetzt werden:

- stufenweise Gewichtung
- Präferenzmatrix.

Stufenweise Vergabe von Gewichtspunkten

Verteilung der Punkte von oben nach unten

Bei der stufenweisen Gewichtung wird von einem begrenzten Punktvorrat – normalerweise 100 – ausgegangen. Dadurch wird die Möglichkeit eingeschränkt, alle Ziele als wichtig zu qualifizieren – werden einige Ziele hoch gewichtet, „fehlen" die Punkte bei den weniger wichtigen. Die 100 Punkte werden dann auf die erste Zerlegungsstufe verteilt. In einem nächsten Schritt werden die verbliebenen Punkte je Oberziel auf die darunter stehenden Ziele verteilt – je nach Gliederungstiefe, evtl. in mehreren Schritten. Das Ergebnis kann dann folgendermaßen aussehen:

Reorganisation Vertrieb

Wirtschaftlichkeitsziele G = 30	Leistungsziele G = 50	Mitarbeiter-/Anwenderziele G = 20
■ niedrige Kosten ■ Investitionskosten: G = 10 - Personal: G = 5 - Bau/Einrichtung: G = 5 ■ laufende Personalkosten: G = 20	■ qualifizierte Berater: G = 35 - gute Produktkenntnisse: G = 15 - gute Kundenkenntnisse: G = 20 ■ eindeutige Ansprechpartner: G = 5 ■ kurze Wege für Kunden: G = 3 ■ schnelle Bearbeitung: G = 5 - geringe Wartezeit: G = 3 - schnelle Abwicklung: G = 2 ■ transparente Lösung: G = 2	■ anspruchsvolle Aufgaben: G = 10 ■ Chancengleichheit der Mitarbeiter: G = 5 ■ gleichmäßiger Arbeitsanfall: G = 5

Abb. 5.14: Stufenweise Gewichtung von Zielen

Präferenzmatrix

Paarvergleiche jedes Zieles mit jedem

In der Präferenzmatrix wird jedes Ziel mit jedem anderen verglichen. Es werden die Ziele ermittelt, die im jeweiligen Paarvergleich bevorzugt (präferiert) werden. Je öfter ein Ziel im direkten Vergleich „gewinnt", desto wichtiger ist es relativ zu den anderen Zielen.

Die Gewichtung mithilfe der Präferenzmatrix läuft in folgenden Schritten ab:

1. In einer Matrix werden die Ziele eingetragen.
2. In den Schnittpunkten werden die jeweiligen Ziele nach ihrer Bedeutung bewertet (z. B. Ziel c ist wichtiger als Ziel a) = paarweiser Vergleich.
3. Liegen alle Paarvergleiche vor, wird die jeweilige Anzahl der Nennungen ermittelt.
4. Daraus ermittelt sich die Rangfolge der Ziele, höherer Rang bedeutet höheres Gewicht. Dazu können die Werte in Prozente umgerechnet werden, sodass sich anschließend 100 Gewichtspunkte ergeben.
5. Es ist möglich, die Gewichte zu modifizieren (die Werte zu glätten), dabei sollte aber die Rangfolge unverändert bleiben (so wurde im Beispiel das Ziel „Gute Kundenkenntnis" nachträglich höher gewichtet, zu Lasten anderer Ziele).

Modifiz. Gewichte	%-Anteile	Zahl der Nennungen		Ziele
5	6,4	5	a	Niedrige Investitionskosten Personal
4	3,8	3	b	Niedrige Investitionskosten Bau
10	11,5	9	c	Niedrige lfde. Personalkosten
15	14,1	11	d	Gute Produktkenntnis
22	15,4	12	e	Gute Kundenkenntnis
12	12,8	10	f	Eindeutige Ansprechpartner
4	5,1	4	g	Kurze Wege
7	9,0	7	h	Geringe Wartezeit
3	2,6	2	i	Schnelle Abwicklung
2	1,3	1	k	Transparente Lösung
9	10,3	8	l	Anspruchsvolle Aufgaben
6	7,7	6	m	Chancengleichheit Mitarbeiter
1	0	0	n	Gleichmäßiger Arbeitsanfall
			o	
			p	
			q	
			r	
			s	
			t	
			u	
			v	
			w	
			x	
			y	
			z	
100	**100**	**78**		

a c d e e f h h i l l m
c d e d e f g h l m l
d e f d e f g l m k
e f c d e f l h i
f g c d e f m h
a h c d e f g
h b c d e f
a b c d e
a l c d
l m c
m b
a

Abb. 5.15: Präferenzmatrix

Die Gewichte kennzeichnen die Bedeutung von Zielen. Sie können freihändig vergeben werden, indem stufenweise der Vorrat von 100 Punkten verteilt wird. In einer Präferenzmatrix wird jedes Ziel mit jedem anderen verglichen. Aus der Zahl der „Siege" wird das Gewicht ermittelt.

Zusammenfassung

5.4.3.8 Zielentscheidung, Zieldokumentation und Zielanpassung

Nach der Ermittlung und der Gewichtung der Ziele ist eine Entscheidung bei denjenigen einzuholen, die dazu autorisiert sind. Diese Zielentscheidung sollte auch schriftlich festgehalten werden. Das ist insbesondere deswegen wichtig, weil sich oftmals im Verlauf eines Projekts die Vorstellungen und damit auch die Ziele wandeln. Die Zieldokumentation stellt sicher, dass jederzeit nachvollzogen werden kann, welche Ziele den Projektverantwortlichen mit auf den Weg gegeben worden sind.

Entscheidung möglichst schriftlich einholen

Wie schon erwähnt, werden Ziele nicht einmalig festgeschrieben, sondern im Projektverlauf weiterentwickelt. Diese Anpassung geschieht in enger Abstimmung mit dem Auftraggeber und allen vom Projekt betroffenen Stakeholdern.

5.4.3.9 Produktvision für agile Vorgehensweisen

In Kapitel 2.2.1 wurde vorgestellt, dass planbasierte Ansätze sich eher nicht eignen, wenn Anforderungen sich im Projektverlauf ändern (können), Umfeld und Wirkzusammenhänge nur teilweise bekannt oder instabil sind. Solche Bedingungen erschweren eine Zielfindung. Auch erscheint es wenig sinnvoll, eine vollständige Zielstruktur aufzubauen, die „ständig" aktualisiert werden müsste. Zudem ist eine Bewertung der Lösung gegen mehrere Ziele schwierig bis unmöglich, wenn jeweils „nur" Teilergebnisse (Inkremente) in den einzelnen Sprints/Iterationen entstehen.

Produktvision kann Zielfindung ersetzen

In agilen Projekten werden daher die oben beschriebenen Schritte zur Zielfindung in den Zeitfenstern (Sprint, Iteration) pragmatisch verkürzt durchlaufen, wobei nicht-relevante Schritte entfallen. In einer komplexen Situation kann es sinnvoll sein, auf Wirtschaftlichkeits-, Mitarbeiter- und Vorgehensziele (z. B. geringe Investition, geringe laufende Kosten, kurze Projektlaufzeit) zurückzugreifen, die sich in bisherigen Projekten bewährt haben. Die Leistungsziele allerdings sind zu Beginn des Projektes noch „im Nebel". Daher bietet es sich an, die Schritte der Zielfindung durch eine Produktvision zu ergänzen oder sogar zu ersetzen.

Eine Produktvision besteht häufig aus folgenden Aspekten:

- Kunde
- Beschreibung des Bedarfs
- Produktname, Produktkategorie
- Hauptvorteil, Kaufgrund
- Alternative zum Wettbewerb
- Beschreibung des Hauptunterschieds.

Diese Aspekte können in einem Satz zusammengefasst werden, wie das folgende Beispiel zeigt.

Beispiel

Für unsere nebenberuflichen Autoren, die wenig Verwaltungsaufwand aus ihrer Autorenschaft haben möchten, bieten wir Hinweise zur Angabe ihres Honorars in einer Steuererklärung; diese Hinweise sind einfach und kommen ohne „Fachchinesisch" aus; anders als unsere Wettbewerber stehen wir für Rückfragen persönlich zur Verfügung. Eine kürzere Form der Produktvision könnte lauten: Für unsere nebenberuflichen Autoren bieten wir leichtverständliche Hinweise, damit sie ihr Honorar mit wenig Aufwand in einer Steuererklärung angeben können.

Der Kunde kann dabei eine Persona sein (vgl. Kapitel 5.3.3), für die eine „maßgeschneiderte" Produktvision formuliert wird. Der Fokus sollte zunächst nur auf einer Zielgruppe beziehungsweise einer Persona mit ihren Bedürfnissen liegen. Dazu wird eine (Teil-)Lösung oder ein Prototyp (vgl. Kapitel 2.5.6) realisiert. Ganz im agilen Sinne probieren die Anwender die Funktionalität(en) zeitnah aus. Aufgrund ihrer Rückmeldungen wird die Lösung oder der Prototyp erweitert, geändert, eingeführt oder abgebrochen (letzteres falls die grundlegenden Annahmen sich als falsch oder als nicht mehr aktuell herausstellen). Ähnlich wie Ziele wird also auch eine Produktvision im Projektverlauf bei Bedarf weiterentwickelt und angepasst, wenn sich neue oder weitere Erkenntnisse zu den Anforderungen des Kunden oder Anwenders ergeben.

Zusammenfassung

Eine Produktvision kann beim agilen Vorgehen eine systematische Zielformulierung ersetzen, indem sie den Bedarf und Nutzen der Kunden in kompakter Form beschreibt.

5.5 Business Case

5.5.1 Anliegen und Problematik eines Business Case

Eine Business Case dient dazu, möglichst frühzeitig und möglichst fundiert darüber entscheiden zu können, ob sich ein Projekt lohnt. Dieses Anliegen hat insbesondere der Auftraggeber großer Projekte, der für die Finanzierung des Projekts zu sorgen hat und der den größten Nutzen aus dem Projekt erwarten kann. Der Auftraggeber würde am liebsten schon vor dem eigentlichen Projektstart sicher sein, dass der materielle und immaterielle Nutzen aus diesem Vorhaben höher ist als der mit dem Projekt verbundene Aufwand. In einigen Unternehmen wird der wirtschaftliche Nachweis verlangt, dass sich die Investitionen in das Projekt in spätestens x Jahren amortisiert. Etwas vereinfacht gesagt übersteigen ab diesem Zeitpunkt die Rückflüsse aus dem Projekt die getätigten Investitionen. Alle Projekte, deren Amortisationszeitraum beispielsweise größer als drei Jahre ist, werden nicht in das Projektportfolio aufgenommen (vgl. Techniken der Bewertung in Kapitel 10).

Business Case als Entscheidungsgrundlage für oder gegen ein Projekt

Auch wenn die Problematik einer solchen Forderung ganz zu Beginn eines Projekts offensichtlich ist – zu Beginn fehlen nahezu alle Informationen, die notwendig sind, fundierte und nachvollziehbare Aussagen zu machen – müssen die Projektverantwortlichen der Forderung nachkommen. Normalerweise werden dann die Zahlen so lange „aufbereitet“, bis die gewünschte Amortisationszeit erreicht und die Anforderungen an einen Projektstart erfüllt sind.

Problematische Forderung bei Projektbeginn

Hier sollen keine grundsätzlichen Einwände gegen Business Cases erhoben werden. Ein Business Case etwa am Ende einer Vorstudie/einer Voruntersuchung ist eine legitime und sachlich sehr gut zu begründende Anforderung des Auftraggebers. Es ist ja gerade das zentrale Anliegen einer Vorstudie, sich auch mit der Frage zu beschäftigen, ob sich dieses Projekt lohnt. Dazu müssen Informationen gesammelt werden, die nach dem Durchlauf eines Planungszyklus zumindest grob verfügbar sind.

Business Case am Ende einer Vorstudie

5.5.2 Die Schritte zu einem Business Case

Folgende Schritte werden durchlaufen, um einen Business Case aufzubauen. Die genannten Fragen sollten dazu beantwortet werden:

Bearbeitungsschritte folgen dem Modell des Planungszyklus

1. Klärung des Auftrags mit dem Auftraggeber. Was sind die wichtigsten Ziele, die mit dem Projekt verfolgt werden, welche Restriktionen sind zu beachten (Budget, Projektabgrenzung etc.), wer sind die wichtigen Stakeholder neben dem Auftraggeber, welche Ressourcen stehen für den Business Case bereit, bis wann muss ein Ergebnis vorliegen usw.?
2. Grobe Erhebung der Ausgangssituation. Wie sieht die technische und personelle Infrastruktur aus, welche IT-Anwendungen werden genutzt, wie sieht das Mengengerüst aus, wie hoch ist der Zeitbedarf für Kernprozesse, welche Stärken und Schwächen hat die gegenwärtige Situation, welche Chancen und Risiken sind damit verbunden, was sind die zentralen Anforderungen an die neue Lösung etc.?

3. Erarbeitung einer Grob-Lösung. Welche Lösungen kommen überhaupt infrage, welche Bedingungen müssen geschaffen werden, damit die Lösungen erfolgreich sein können, welche Investitionen in das Projekt und in die Lösungen selbst sind zu tätigen, wie können die Lösungen in das betriebliche Umfeld eingebettet werden etc.?
4. Bewertung – Auswirkungen der Lösung. Welche Lösung kann die Ziele am besten erfüllen, welchen materiellen und immateriellen Nutzen bringt die Lösung, wie lässt sich der Nutzen zukünftig messen, welche Investitionskosten und welche laufenden Kosten entstehen für das Projekt und für den zukünftigen Betrieb der Lösung, welche wirtschaftlichen Kennzahlen (z. B. Return-on-Investment oder Nutzwerte – siehe dazu Kapitel 10) lassen sich durch die Lösung erreichen, welche Voraussetzungen müssen geschaffen werden, damit die Lösung erfolgreich wird, welche Risiken sind mit der Lösung verbunden, welche möglichen Probleme und Chancen sind mit der Lösung verbunden etc.? Insbesondere die wirtschaftlichen Kennzahlen stehen normalerweise im Zentrum eines Business Case. Zusätzlich sollten auch Aussagen gemacht werden über die Methoden der Informationsgewinnung, über die benutzten Berechnungsmodelle, über die Annahmen, die gemacht, und über die Kriterien, die der Bewertung zugrunde gelegt wurden.

Das Vorgehen und die Inhalte eines Business Case werden im Detail bei Naumann, A.-B. „Business-Analyse – Systematisches Anforderungsmanagement für nutzerorientierte Lösungen" (Band 7 dieser Schriftenreihe) dargestellt.

5.5.3 Der Aufbau eines Business Case

Fordert ein Auftraggeber einen Business Case an, dann gibt es in aller Regel in diesem Unternehmen bereits einen betrieblichen Standard, wie ein solcher Business Case aufzubauen ist.

Ein Business Case kann folgendermaßen strukturiert werden:

1. Zusammenfassung für den Auftraggeber (Management Summary)
2. Beschreibung der Ausgangssituation
   a. Istzustand und Gründe für den Auftrag
   b. Stakeholder und wichtige Ziele für das Projekt
   c. Projektabgrenzung, Restriktionen
   d. Zentrale Anforderungen
3. Untersuchte Lösungsvarianten

4. Bewertung der Lösungsvarianten
   a. Bewertungskriterien und deren Gewichtung
   b. Eingesetztes Bewertungsverfahren
   c. Getroffene Annahmen
   d. Anforderungen, die sich aus den Lösungen ergeben
   e. Kosten für das Projekt und für den laufenden Betrieb
   f. Monetärer und nicht-monetärer Nutzen
5. Empfehlung
   a. Vorschlag für eine Variante
   b. Finanzielle, personelle, technische und sonstige Anforderungen für das Projekt und für die Lösung
   c. Organisation des Projekts (Entscheider, Projektorganisation, Projektberichtswesen etc.)
   d. Risikoabwägung und Maßnahmen zur Risikobegrenzung
   e. Weiteres Vorgehen – Realisierungsplan
6. Entwurf eines Auftrags für die folgende Projektphase

Inhalte Business Case

Letztlich ist eine sorgfältige Voruntersuchung notwendig, wenn ein fundierter Business Case erarbeitet werden soll – siehe dazu den Abschnitt Vorstudie bei einem planbasierten Vorgehen.

Zusammenfassung

Ein Business Case ist eine Entscheidungsgrundlage für ein Projekt. In einer sehr frühen Phase sollen Aussagen gemacht werden über Kosten, Nutzen, Anforderungen und erwartete Auswirkungen. Entscheider erwarten hier normalerweise quantitative Aussagen, die möglichst eindeutig die Vorteilhaftigkeit einer solchen Investitionen „beweisen“. Der Grundaufbau eines Business Case orientiert sich an den Schritten des Planungszyklus.

5.6 Projektauftrag

Abschließend soll ein Muster für einen Projektauftrag gezeigt werden, in dem die wesentlichen Inhalte der Auftragsabstimmung festgehalten werden. Der Projektauftrag „lebt“ und „atmet“ mit dem Projektfortschritt.

Projektauftrag

Projektnummer:
Datum:

Bezeichnung des Projekts/der Phase

Projektorganisation

Entscheider	Projektleiter	Projektmitarbeiter

Betroffene Organisationseinheiten (Gestaltungsbereich)

Hauptbetroffene Einheit	Weitere betroffene Einheiten

Termine

Starttermin	Endtermin Phase	Spätester Einführungstermin

Budget

Phase	Gesamtbudget

Information

Empfänger	Termin/Ereignis	Form

1. Grundlage des Auftrags
2. Ziele/Anforderungen
3. Aufgaben

Auftraggeber

Datum ______ Unterschrift ______

Auftragnehmer

Datum ______ Unterschrift ______

Abb. 5.16: Projektauftrag

Literatur zu Kapitel 5

Alexander, I.; Stevens, R.: Writing Better Requirements. Boston/San Francisco u. a. 2002

Daenzer, W. F.; Huber, F. (Hrsg.): Systems Engineering. Methodik und Praxis. 11. Aufl., Zürich 2002

Eisenführ, F.; Weber, M.: Rationales Entscheiden. 4. Aufl., Berlin/Heidelberg et al. 2002

Kepner, C. H.; Tregoe, B. B.: Der rationale Manager: Aktualisierte Ausgabe für eine neue Welt. Princeton 2013

Krüger, W.: Zielbildung und Bewertung in der Organisationsplanung. Wiesbaden 1981

Naumann, A.-B.: Business-Analyse – Systematisches Anforderungsmanagement für nutzerorientierte Lösungen. Gießen 2018

Robertson, S.; Robertson, J.: Mastering the Requirements Process. 2. Aufl., Boston/San Francisco u. a. 2006

Rupp, C. & die SOPHISTen: Requirements-Engineering und -Management. 6. Aufl., München/Wien 2014

Westermann, G.: Kosten-Nutzen-Analyse: Einführung und Fallstudien. Berlin 2012

6 Techniken der Erhebung

Ziele dieses Kapitels – Was können Sie erwarten?

- Sie kennen die wichtigsten Inhalte der Erhebung
- Sie wissen, wie ein Interview vorbereitet und durchgeführt wird
- Sie kennen die grundlegende Struktur eines Interviews und wissen, was bei der Formulierung von Fragen beachtet werden muss
- Sie wissen, wie eine Fragebogenaktion vorbereitet wird
- Sie kennen verschiedene Formen der Beobachtung
- Sie wissen, welche Bedeutung Erhebungsworkshops für die Ermittlung von Anforderungen haben
- Sie kennen weitere Techniken der Erhebung
- Sie kennen die Vor- und Nachteile der verschiedenen Techniken und können beurteilen, wann sie eingesetzt werden können.

6.1 Einordnung des Themas

Die Erhebung ist Bestandteil der Planung. In der Planung eines Projektes müssen Informationen über den Istzustand, über zukünftige Entwicklungen – insbesondere über Ziele und Anforderungen der Stakeholder – sowie über konkrete Lösungsmöglichkeiten erhoben und aufbereitet werden.

Da der Projektbearbeiter es bei Erhebungen fast immer direkt (z. B. Interview) oder indirekt (z. B. Fragebogen) mit Menschen zu tun hat, ist Fingerspitzengefühl, die sogenannte emotionale Intelligenz, besonders gefragt. So muss ein Interviewer beispielsweise dafür sorgen, dass die befragten Personen offen und kooperativ mitwirken, wenn er erfolgreich sein will.

Die Einordnung der Erhebung kann aus dem Orientierungsmodell entnommen werden (Abbildung 6.01).

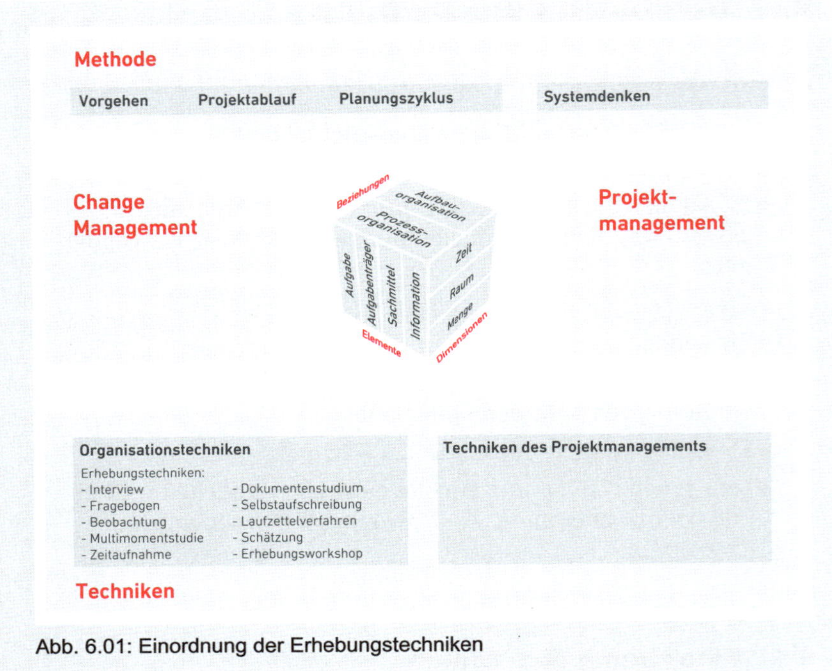

Abb. 6.01: Einordnung der Erhebungstechniken

6.2 Inhalte der Erhebung

Welche Inhalte für eine Erhebung von Bedeutung sind, hängt von dem jeweiligen konkreten Projekt ab. Ein Organisator oder Business-Analyst muss sich vor der Erhebung also darüber Gedanken machen, welche Sachverhalte für die konkrete Problemstellung relevant sind. Handelt es sich um Organisationsprojekte und steht der Istzustand im Vordergrund, können die wesentlichen Inhalte der Erhebung aus dem Würfel abgeleitet werden.

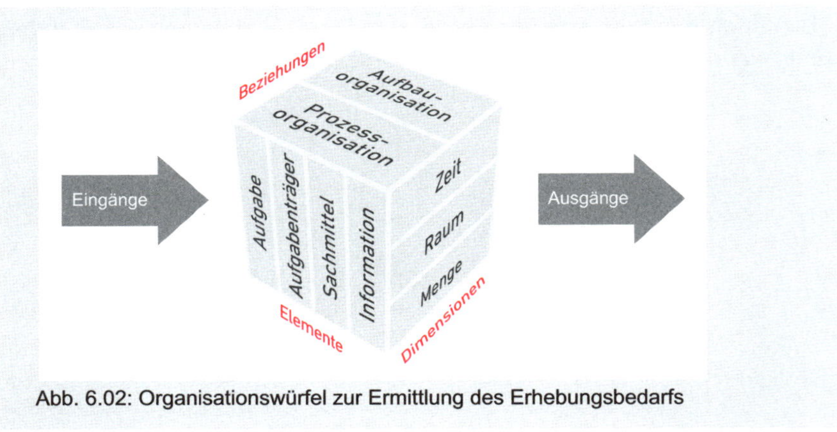

Abb. 6.02: Organisationswürfel zur Ermittlung des Erhebungsbedarfs

Neben den im Würfel dargestellten Elementen und deren Dimensionen können auch die aufbau- und prozessorganisatorischen Beziehungen erhoben werden, soweit das für das Verständnis der Ausgangssituation sinnvoll ist. In der folgenden Tabelle (Abbildung 6.03) werden einige Beispiele für mögliche Fragestellungen zu den organisatorischen Beziehungen aufgeführt.

Würfel zur Beschreibung des Ist

Inhalte	Beispiele
Stellen	**Welche Aufgabenbündel gehören zu einer Stelle?** **Welche Kompetenzen hat ein Stelleninhaber?**
Sachmittelsystem	Welche Sachmittel sind den Stellen zugeordnet? Welche Beziehungen bestehen zwischen den Sachmitteln?
Informations-system	**Wer liefert welche Informationen?** **Wer erhält welche Informationen?** **Wer hat das Recht, bestimmte Informationen abzurufen?**
Leistungssystem	Wer ist wem unter-/übergeordnet? Welche Weisungsrechte hat ein Vorgesetzter?
Kommunikations-system	**Welche Wege der Kommunikation (zum Informationstransport) gibt es?**
Prozess-beziehungen	Welche Arbeitsschritte sind in welcher Reihenfolge zu bearbeiten? Unter welchen Bedingungen sind die verschiedenen Bearbeitungsschritte zu tun? Welche Verknüpfungen, welche Rückkopplungen gibt es im Prozess?

Abb. 6.03: Aufbau- und Prozessbeziehungen als Inhalte der Erhebung

Neben den formalen Elementen, Dimensionen und Beziehungen der Organisation stehen die Ziele und die Anforderungen der Stakeholder im Zentrum der Erhebung. Dazu soll hier ein kurzer Hinweis genügen, da auf diese Thematik ausführlich in den Kapiteln 5 und 8 eingegangen wird.

Anforderungen sind zentrale Erhebungsinhalte

Nach diesem Überblick über die möglichen Inhalte einer Erhebung sollen nun die Erhebungstechniken dargestellt werden.

Erhebungsinhalte können alle Schritte eines Zyklus betreffen, vom Istzustand bis zur Bewertung von Lösungsvarianten. Die Inhalte der Erhebung lassen sich in organisatorischen Projekten aus den drei Seiten des Würfels ableiten. Zentrales Thema der Erhebungen sind die Anforderungen der Stakeholder. Erhebungstechniken unterstützen den Schritt „Erhebung" in der Planung.

Zusammenfassung

6.3 Erhebungstechniken

6.3.1 Interview (mündliche Befragung)

Sollen Interviews durchgeführt werden, müssen die folgenden Sachverhalte geklärt sein:

- Auswahl eines geeigneten Interviewers
- Klärung des Zwecks und der Inhalte der Erhebung
- Auswahl der geeigneten Auskunftspersonen
- Klärung der technischen Merkmale von Interviews.

6.3.1.1 Auswahl eines geeigneten Interviewers

An die Qualifikation des Interviewers sind relativ hohe Anforderungen zu stellen. Ein qualifizierter Interviewer sollte

Hohe Anforderungen an Interviewer

- grundlegende Kenntnisse der Ausgangssituation haben
- die Interviewtechnik beherrschen
- eine gute Beobachtungsgabe haben
- gut zuhören und sich verbal gut ausdrücken können
- sozial kompetent sein und insbesondere auch mit Konflikten umgehen können
- abstrakt und analytisch denken, wesentliche Sachverhalte erkennen können
- Interviewergebnisse fundiert dokumentieren können.

6.3.1.2 Auswahl der geeigneten Auskunftspersonen

Anforderungen an die Befragten

Die Wahl der Auskunftspersonen hängt vom Zweck der jeweiligen Erhebung ab. Zum einen muss sichergestellt sein, dass die Befragten über das benötigte Wissen verfügen. Außerdem sollten sie selbst möglichst an dem jeweiligen Vorhaben Interesse haben. Das trifft fast immer für die Stakeholder zu, die in irgendeiner Weise von dem Projekt betroffen sind. Bevorzugt sind solche Personen zu befragen, deren innerbetrieblicher – formeller oder informeller – Status hoch ist. Aussagen und Bewertungen dieser Personen werden von Dritten eher akzeptiert, als wenn sie von weniger anerkannten Interviewpartnern stammen.

6.3.1.3 Klärung des Zwecks und der Inhalte der Erhebung

Der Zweck und die Inhalte der Erhebung sind abhängig von dem jeweiligen Projekt und von dem Bearbeitungsstatus, in dem sich das Projekt befindet.

So werden zu Beginn eines Projekts eher allgemeine Auskünfte im Vordergrund stehen, mit denen die Ziele und die allgemeinen Anforderungen der Stakeholder ermittelt werden. Je weiter ein Projekt oder Vorhaben voranschreitet, desto wichtiger werden konkrete Anforderungen und Lösungsideen.

6.3.1.4 Klärung der technischen Merkmale von Interviews

Zu den technischen Merkmalen gehören

- Interviewort
- Interviewpartner
- Dokumentation im Interview
- Interviewzeit.

Interviewort

In vertrauter Umgebung interviewen

Das Interview soll grundsätzlich in der vertrauten Umgebung des Befragten stattfinden. Hier sind die Bremsen am ehesten zu lösen. Häufig möchte der Befragte auch auf praktische Beispiele, Bildschirmmasken, Berichte und ähnliches zurückgreifen, die an seinem Arbeitsplatz zur Verfügung stehen. Diese Unterlagen erleichtern dem Erheber die Arbeit und geben dem Befragten gleichzeitig einen Rückhalt, da er seine Aussagen so „beweisen" kann. Das Interview am Arbeitsplatz hat darüber hinaus den Vorteil, dass man zusätzlich beobachtend erheben kann. Besucher- und Telefonhäufigkeiten, Arbeitsstil und Sachmittel, besondere Bedingungen des Arbeitsplatzes und manches mehr können ermittelt werden, ohne dass man sich auf Auskünfte und Auskunftsbereitschaft verlassen muss.

Hat der Befragte seinen Arbeitsplatz in einem Zwei- oder Mehrpersonenraum, sollte das Interview in einem Besprechungsraum stattfinden, da die Anwesenheit von Kollegen die Auskunftsbereitschaft einschränken oder in eine bestimmte Richtung lenken kann. Einzelzimmer wie Großraumbüros sind – soweit die notwendige Abschirmung gewährleistet ist – für Interviews am Arbeitsplatz grundsätzlich geeignet.

Interviewpartner

Handelt es sich um Fragenkreise, die nicht ausschließlich von einem konkreten Stelleninhaber beantwortet werden können, kann es sinnvoll sein, zwei oder mehr Auskunftspersonen gemeinsam zu befragen. Mehr als zwei Auskunftspersonen zu gleicher Zeit zu befragen, führt jedoch möglicherweise zu Diskussionen, in denen Meinungsverschiedenheiten ausgetragen werden. Die Befragten entwickeln sich leicht als selbsttragende Gruppe. Es entsteht eher eine Situation, die als Workshop bezeichnet werden kann, der Interviewcharakter geht dabei dann verloren.

Einzelgespräche fördern Vertrauen

Wenn heikle, problematische Themen angesprochen werden sollen, bzw. wenn für den Befragten viel auf dem Spiel steht, ist auf jeden Fall ein Gespräch unter vier Augen anzuraten. Wenn überhaupt, kann nur so ein vertrauensvolles Klima entstehen.

Zusammenfassung

Grundsätzlich sollte ein Interview in der vertrauten Umgebung und möglichst nur mit einem Interviewpartner geführt werden.

Dokumentation im Interview

Laufende Dokumentation während des Interviews

Der Erheber muss, in realistischer Einschätzung seiner Speicherfähigkeit, bereits während des Interviews Aufzeichnungen anfertigen. Bei längeren Sitzungen werden u. U. derartig viele Punkte angesprochen, dass eine vollständige Wiedergabe nach dem Interview schwierig oder gar unmöglich ist. Je nach Thema und Befragungsform kann sogar eine vollständige Dokumentation notwendig sein. Soll etwa ein Arbeitsablauf erhoben werden, muss jeder einzelne Prozessschritt verbal oder grafisch festgehalten und vom Gesprächspartner bestätigt werden, da eine Rekonstruktion durch den Erheber allein oft kaum möglich ist. Normalerweise geht der Erheber mit einer vorbereiteten Liste anzusprechender Punkte in das Gespräch. Dann reicht es zumeist aus, stichwortartig, ohne den Gesprächsfluss zu bremsen, die Aussagen zu notieren.

Erheber dokumentiert selbst

Gelegentlich wird empfohlen, einen Erheber interviewen und einen weiteren Erheber dokumentieren zu lassen. Wenn ein Befragter zwei Personen gegenübersitzt, wird er vorsichtig taktieren und formulieren. Das ist eine verständliche Haltung, die jedoch für das Interviewergebnis nachteilig sein kann. Die gleiche negative Wirkung ergibt sich bei jeder Art technischer Aufzeichnung etwa durch digitale Geräte.

Protokoll direkt nach Interview

Interviewserien sind auf jeden Fall so zu planen, dass zwischen den einzelnen Interviews ausreichend Zeit für ein gründliches Gesprächsprotokoll bleibt. Dieses Protokoll sollte auf keinen Fall am Ende einer Folge von mehreren Interviews ausgearbeitet werden. Zuviel vermischt sich in weiteren Gesprächen, sodass später angefertigte Protokolle weniger präzise sein werden.

Im Sinne einer offenen und vertrauensvollen Zusammenarbeit zwischen Erheber und Betroffenen hat es sich bewährt, das Interviewprotokoll dem Befragten zur Einsichtnahme vorzulegen. Sollten Missverständnisse aufgetreten sein, können sie korrigiert werden.

Interviewzeit

Befragte zeitlich nicht überfordern

Die begrenzte Konzentrationsfähigkeit der Menschen sollte berücksichtigt werden. Interviews sollten in Zeiträumen stattfinden, zu denen die meisten

Menschen ihre Leistungsspitzen haben und im Normalfall nicht länger als 30-60 Minuten dauern. Andernfalls sollte der Erheber ganz bewusst Erholungsphasen einschieben.

Laufende Notizen erleichtern die später Wiedergabe. Direkt nach jedem Interview ist ein ausführliches Protokoll anzufertigen. Die Interviewzeit ist bewusst zu wählen.

Zusammenfassung

6.3.1.5 Beziehungen im Interview

Ein Interview ist eine besondere Gesprächssituation, die durch den Interviewer (Projektmitarbeiter) gelenkt wird. Die Beziehung ist insofern ungleichgewichtig, als der Befragte den größten Teil des Gesprächs bestreiten soll. Instrument der Lenkung ist die Frage.

Durch Fragen lenken

Wenn die unmittelbar vom Projekt betroffenen Anwender befragt werden, empfinden diese das eventuell als Infragestellung oder Bedrohung ihres Status. Mögliche Konsequenzen dieser Belastung sind Manipulationen, die der Betroffene – teilweise bewusst, zum größeren Teil jedoch vermutlich unbewusst – verwendet, um sich gegen mögliche nachteilige Auswirkungen zu schützen.

Diese Belastung kann durch den Interviewer zumindest teilweise abgebaut werden. Einmal kann er durch offene Informationen versuchen, unberechtigte Befürchtungen zu entkräften bzw. Spekulationen den Boden zu entziehen. Außerdem kann er versuchen, durch eine zwischenmenschlich angenehme Beziehung ein positives Gesprächsklima zu schaffen, d. h. ein Sympathiefeld aufzubauen. Das so gewonnene Vertrauensverhältnis lässt mehr Auskunftsbereitschaft – quantitativ wie qualitativ – erwarten. Entscheidend ist, die Gesprächssituation zu entkrampfen und weitgehend angstfrei zu machen. Am ehesten wird es gelingen, eine positive Beziehung aufzubauen, wenn der Interviewer glaubhaft machen kann, dass mit dem Interview die Anforderungen des Befragten ermittelt werden sollen, um für die Zukunft eine – auch aus der Sicht des Befragten – bessere Lösung zu finden.

Positive Beziehung fördert Ergebnisse

Interviews können zu einer unangenehmen Situation für den Befragten führen, die durch offene Information und durch den Aufbau eines Sympathiefeldes positiv beeinflusst werden kann.

Zusammenfassung

6.3.1.6 Interviewformen

Es gibt verschiedene Möglichkeiten, die Gesprächssituation zu gestalten. Folgende Formen werden unterschieden:

- standardisiertes Interview
- halbstandardisiertes Interview
- nicht-standardisiertes Interview.

Beim standardisierten Interview liegt ein Fragebogen vor. Der Interviewer liest die Fragen in der vorgegebenen Reihenfolge wörtlich vor. Die Antwortmöglichkeiten sind ganz oder teilweise im Voraus festgelegt. Einem solchen Vorgehen liegen zwei Annahmen zugrunde:

- Das Vokabular und die Formulierungen sind für alle Befragten gleich
- Die Bedeutung jeder Frage ist für jeden Befragten identisch.

Standardisierte Befragungen selten sinnvoll

Diese Annahmen treffen häufig nicht zu. Insbesondere sind organisatorisch relevante Tatbestände für den Laien meist erklärungsbedürftig – sie müssen übersetzt werden in die Sprache des Befragten.

Oft entdeckt der Interviewer bei der Befragung, dass in dem speziellen Fall ganz besondere Bedingungen vorliegen, die für das Projekt jedoch äußerst bedeutsam sind, denen er aber aufgrund seines standardisierten „Korsetts“ nicht nachgehen kann. Bei den meisten Vorhaben ist es auch nicht sinnvoll, allen Befragten die gleichen Fragen vorzulegen. In verschiedenen Bereichen, auf verschiedenen Ebenen interessieren oft sehr unterschiedliche Informationen, die gar nicht auf einen Nenner gebracht werden können.

Dem halbstandardisierten Interview liegt ein fest vorgegebener Themenblock sowie ein flexibel aufgebautes Fragenschema zugrunde, das der Interviewer nach eigenem Ermessen mit eigenen Formulierungen durchgeht. Er hält sich nicht an eine fest vorgegebene Reihenfolge, sondern macht die Reihenfolge von der Auskunftsbereitschaft des Interviewpartners abhängig.

Interviewleitfaden als Hilfe

Wird die Form des nicht-standardisierten Interviews gewählt, liegt dem Frager nur ein Interviewleitfaden vor. Dieser Leitfaden enthält stichwortartige Merkhilfen, damit der Interviewer keine wichtige Frage vergisst. Sowohl die Formulierung als auch die Reihenfolge sind in das Ermessen des Interviewers gestellt. Er entscheidet, ob er alle Fragen stellt, ob sich einiges erübrigt oder ob er zusätzliche Fragen aufnimmt, weil Gesichtspunkte auftauchen, an die zuvor niemand gedacht hat.

Merkmale	Standardisiertes Interview	Halbstandardisiertes Interview	Nicht-standardisiertes Interview
Anzahl der Fragen	feststehend	im Kern feststehend, freier Bereich	frei (stichwortartiger Interviewleitfaden)
Inhalt der Fragen	feststehend	im Kern feststehend	weitgehend frei
Formulierung	feststehend	teils feststehend, teils frei	frei
Reihenfolge	feststehend	Grundgerüst steht fest	frei
Antwortmöglichkeiten	feststehend	meist feststehend	meist frei
Anwendung/ Inhalte	▪ quantitative, bekannte Dimensionen ▪ Erhebung von Vorhandenem ▪ rein rationale Ebene	▪ quantitative und qualitative, weitgehend bekannte Dimensionen ▪ Erhebung von Vorhandenem ▪ vorwiegend rationale Ebene	▪ qualitative, weitgehend unbekannte Dimensionen ▪ Gewinnung neuer Aspekte ▪ auch emotionale Ebene
Kreis der Befragten	homogen	weitgehend homogen	heterogen
Terminologie	einheitlich	weitgehend einheitlich	uneinheitlich (nicht notwendig)
Kenntnisse der Interviewer über			
▪ Interviewtechniken	gering	mittel bis hoch	hoch
▪ Gegenstand des Interviews	gering	mittel bis hoch	hoch
Zusammenhang mit anderen Erhebungsverfahren	entspricht weitgehend Fragebogen	entspricht teilweise Fragebogen	mögliche Vorstufe zu Fragebogen

Abb. 6.04: Interviewformen

In der Projektpraxis überwiegt das nicht-standardisierte Interview auf der Basis eines Interviewleitfadens. Gelegentlich werden auch halbstandardisierte Interviews durchgeführt. Standardisierte Interviews können allenfalls dann eingesetzt werden, wenn unerfahrene Erheber als Interviewer tätig werden.

Zusammenfassung

Standardisierte Interviews sind mündliche Befragungen nach einem festen Schema. Nicht-standardisierten Interviews liegt ein stichwortartiger Leitfaden zugrunde, den der Erheber lediglich als Gedächtnisstütze verwendet. Dieses ist der Königsweg eines Interviews in betrieblichen Projekten.

6.3.1.7 Interviewintensitäten

Weiter können Gesprächssituationen unterschiedlich gestaltet werden nach dem Merkmal der Beziehung des Interviewers zum Befragten. Nach diesem Kriterium lassen sich drei Arten der Beziehungen unterscheiden:

- weiches Interview
- hartes Interview
- neutrales Interview.

Weiche Gesprächsphasen zu Beginn und am Ende

Bei der Form des weichen Interviews enthält sich der Interviewer jeglicher Unterbrechungen. Er ermutigt den Befragten, hilft nach durch ermunternde Bemerkungen. Eine angenehme Gesprächsatmosphäre gehört zu dieser Interviewform, die sich für betriebliche Erhebungen schon deswegen weniger gut eignet, weil von der Art der persönlichen Beziehungen zwischen dem Interviewer und dem Befragten die Auskunft, zumindest aber die Färbung der Antworten abhängen kann. In der einleitenden Phase, die dazu dienen soll, eine entkrampfte Gesprächsatmosphäre zu bewirken, ist das weiche Interview jedoch geeignet. Ebenso zum Ende des Interviews. Außerdem kann durch weiche Phasen die geistige Regeneration gefördert werden mit dem Ziel, lange Interviews bei hoher Konzentration durchzuführen.

Harte Interviews nicht zielführend

Das harte Interview zeichnet sich aus durch schnelle, suggestive, u. U. auch provozierende Fragen. Die Auskunftsperson wird unter ständigen Druck gesetzt, um ihr kaum Chancen zum Nachdenken zu lassen. Die schnelle Folge der Fragen verhindert, dass die einzelne Antwort auf ihre Verträglichkeit mit früheren Antworten geprüft wird. Unrichtigkeiten und Denkfehler werden so am besten erkannt. Diese Interviewform wird auch als „Verhör" bezeichnet. Abgeschwächte Formen des harten Interviews mögen gelegentlich auch in Projekten von Nutzen sein. Insbesondere wenn offensichtlich „gemauert" wird, können provokative Fragen oder Feststellungen dazu beitragen, den Interviewpartner aus der Reserve zu locken. Damit geht jedoch die Gefahr einher, die Auskunftsperson zu verärgern.

Die übliche Form der Beziehung zwischen Interviewer und Befragtem wird im neutralen Interview hergestellt. Zwischen dem Interviewer und seinem Partner wird eine versachlichte Beziehung angestrebt. Der Fragende versucht, Färbungen der Antworten zu vermeiden, die sich auf Zuneigung, Abneigung, Gefallenwollen usw. zurückführen lassen. Er verbirgt seinen eigenen Standpunkt, selbst dann, wenn er danach gefragt wird. Diese neutrale Form des Interviews spricht die rationale Ebene des Menschen an.

Tipp

Weiche Interviewphasen eignen sich im Einführungs- und Schlussteil. Ansonsten sollte die Interviewintensität neutral sein.

	Beziehung zum Befragten		
Merkmale	weich	neutral	hart
Auftreten	freundlich, zuvorkommend, hilfsbereit, nachgiebig	freundlich, höflich, zurückhaltend	provokativ, aggressiv
Orientierung	personen- und sachorientiert	sachorientiert, nicht emotional	sachorientiert, nach außen emotional
Eingriffe	vermeiden	nur wenn sachlich begründet	permanent, auch zur Provokation und Irreführung
Offenlegung des eigenen Standpunktes	zulässig zur Ermunterung	nicht zulässig	Mittel, um Gegenposition zu beziehen
Steuerung der Antworten	in Grenzen zulässig	unzulässig	Mittel, um gewünschte Reaktionen zu provozieren
Zeitlicher Ablauf	kein Zeitdruck	vorgegebener Zeitrahmen	permanenter Zeitdruck
Anwendung	Vorgehen ■ zur Lockerung der Gesprächsatmosphäre ■ zur Kontaktgewinnung ■ zum positiven Ausklang nach neutralem und hartem Interview	Normalfall, um ■ sachliche Beziehungen herzustellen ■ rationale Argumente ■ unbeschönigte Auskünfte und ■ klare Antworten zu erhalten	Ausnahmefall: ■ Information durch Aggression und Provokation ■ wenn erhebliche Widerstände vorliegen Gefahren: ■ völlige Verweigerung ■ Kontakt zerstört ■ Verwirrung

Abb. 6.05: Interviewintensitäten

6.3.1.8 Interviewphasen

Interviews sollten grundsätzlich in drei Phasen ablaufen:

- Einleitungsphase
- sachliche Erhebungsphase
- Ausklangphase.

In gutes Gesprächsklima investieren

Die Einleitungsphase dient zwei Zielen. Zum einen gibt der Interviewer ganz zu Beginn das Vorhaben und die Zielsetzung der Untersuchung bekannt. Auch wenn der Befragte bereits informiert ist, empfiehlt sich eine Wiederholung. Zum zweiten, und das ist der wesentlich wichtigere Teil der Einleitung, sollte bewusst versucht werden, die Gesprächsatmosphäre aufzulockern, etwa durch persönliche Hinweise oder aktuelle Themen, d. h. nicht zur eigentlichen Untersuchung gehörende Bemerkungen.

Sachliche Erhebungsphase folgt dem Zyklus

Die sachliche Erhebungsphase gliedert sich wie folgt:

- Sammlung allgemeiner Informationen
- Würdigung, Ziele, Anforderungen, Ursachen für Probleme
- Lösungsansätze
- Bewertung der Lösungsansätze
- Zusammenfassung.

Hintergründe erfragen

Die Sammlung allgemeiner Informationen dient einmal dazu, nach der Einleitungsphase nicht zu abrupt in Einzelfragen einzusteigen. Noch wichtiger ist jedoch, dass Probleme, Ursachen und Anforderungen für den Interviewer überhaupt erst verständlich werden, wenn er deren Hintergrund kennt. Beispiele für allgemeine Fragen wären: „Was sind Ihre Aufgaben?“, „Wie läuft die Arbeit bei Ihnen ab?“ Derartige Fragen sind für den Interviewten „subjektiv“ leicht und helfen, die Anfangsspannungen zu überwinden.

Probleme belasten

Als nächster Schritt sind Ziele, Anforderungen und Probleme zu erfragen. Werden Probleme angesprochen, sollte sich der Interviewer die Probleme aus der Sicht des Befragten nennen lassen. Es gibt viele Beispiele, in denen Projektmitarbeiter glaubten, die Probleme zu kennen, die Beteiligten sie jedoch ganz woanders sahen. Die Frage nach Problemen kann ein Interview belasten, weil der Befragte sich „mitverantwortlich“ oder „angeklagt“ fühlt. Aus diesem Grund hat es sich bewährt, nicht nach Problemen, sondern nach Verbesserungsmöglichkeiten oder Zielen zu fragen. Dadurch wird der Befragte subjektiv entlastet.

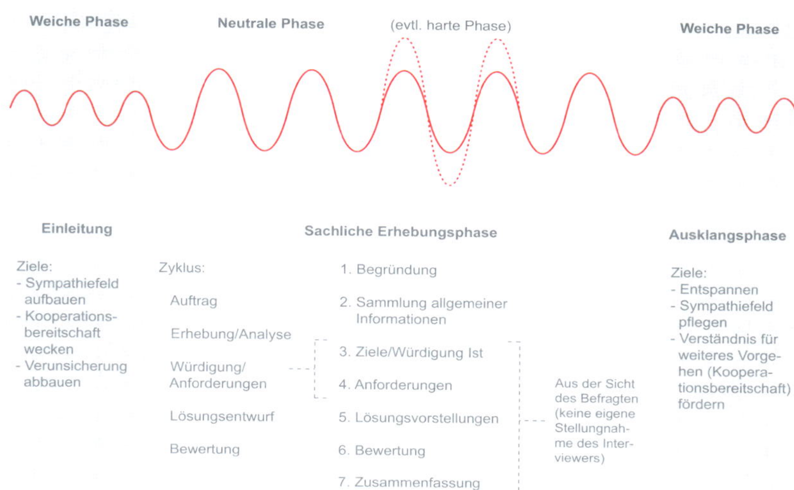

Abb. 6.06: Formaler Aufbau eines Interviews

Die Fragen nach Problemursachen folgen logisch als nächster Schritt im Interview. Nur wenn die Ursachen bekannt sind, können Wege zu deren Beseitigung gesucht werden.

Sehr häufig haben sich die Betroffenen selbst schon Gedanken gemacht, wie ein bestehendes Problem gelöst werden könnte. Deswegen sind im Interview auch Lösungsansätze und Anforderungen an die spätere Lösung zu erfragen. Eine solche Beteiligung fördert oft die spätere Akzeptanz von Lösungen. Die Ermittlung der Anforderungen ist besonders wichtig, wenn mit den Nutzern oder späteren Anwendern der Lösung gesprochen wird. Je besser diese Benutzeranforderungen ermittelt werden, desto eher können die Ergebnisse den Erwartungen der Betroffenen gerecht werden. In Kapitel 8 werden dazu ausgewählte Techniken vorgestellt.

Erhebung von Anforderungen äußerst wichtig

Falls die Zeit es zulässt, sollte der Befragte gebeten werden, sich selbst zu den Vor- und Nachteilen seiner Vorschläge zu äußern. Diese Bewertung darf auf keinen Fall durch den Interviewer vorgenommen werden, da der Befragte das meistens als Besserwisserei empfindet.

Befragter bewertet eigene Vorschläge

Nach jeder Etappe der sachlichen Erhebungsphase sollte der Interviewer zusammenfassen. Das dient zur Prüfung, ob alles richtig verstanden wurde, zur Vervollständigung der Notizen und zur Strukturierung des Interviews. Ob zum Schluss eine Gesamtzusammenfassung versucht wird, hängt vom Umfang des Themas und von der „Wiederholbarkeit“ ab.

Zusammenfassung zur Qualitätssicherung

In der Ausklangphase sollte erneut versucht werden, eine positive Atmosphäre auf- oder auszubauen, da in vielen Fällen weitere Gespräche notwendig werden bzw. im Projektfortschritt sich weitere Kontakte ergeben.

Zusammenfassung

Ein Interview sollte einem formalisierten Aufbau folgen. Zwischen den „weichen“ Einführungs- und Ausklangsphasen liegt eine sachliche Erhebungsphase, in der die Stufen Sammlung allgemeiner Informationen, Ziele/Anforderungen, Lösungen, Bewertung der Lösungen und Zusammenfassung durchlaufen werden.

6.3.1.9 Technik der Frage

Fragen lassen sich auf sehr unterschiedliche Art und Weise stellen. Beispielsweise können sie dem Befragten einen weiten Spielraum belassen oder ihn in der Wahl der Antwortmöglichkeiten einengen. Sie können ihn zu objektiven Aussagen ermuntern oder eine Erwartungshaltung des Interviewers erkennen lassen. Sie können kurz, eindeutig und leicht verständlich oder lang, mehrdeutig und vielschichtig sein. So gesehen, gibt es keine richtigen oder falschen Fragen, sondern nur zweckmäßige und unzweckmäßige Fragen, je nach der Zielsetzung des Erhebers und nach der jeweiligen Situation.

Fragetypen und ihre Wirkungen

In der folgenden Aufstellung (siehe Abbildung 6.07) werden Wirkungen bestimmter Fragetypen charakterisiert. Daraus leitet sich die KROKUS-Regel ab, eine Merkhilfe, die sich aus den Anfangsbuchstaben der Fragetypen (Regeln) ergibt. Einige Begriffe aus der Übersicht werden hier erläutert.

Redundanzen können sinnvoll sein

Als redundant werden Fragen bezeichnet, in denen mit anderen Worten mehrfach inhaltlich das Gleiche gefragt wird. Es kann allerdings gelegentlich sinnvoll sein, eine Frage mit anderen Worten zu wiederholen, wenn auf diesem Wege sichergestellt werden kann, dass die Frage oder die Antwort richtig verstanden wird.

Offene Fragen enthalten keine vorgegebenen Anwortkategorien. Der Befragte wird dadurch angeregt, selbst über die Antwort nachzudenken. Bei geschlossenen Fragen werden Antworten (explizit oder implizit) angeboten, aus denen der Befragte auswählen soll – im häufigsten Fall einer geschlossenen Frage kann nur mit Ja oder Nein geantwortet werden. Diese Fragen empfehlen sich, wenn der Interviewer prüfen will, ob er richtig verstanden hat oder auch, wenn er Vielredner bremsen will.

Unter- und Kettenfragen bezeichnen eine Aneinanderreihung von Fragen, ohne dass der Befragte zwischenzeitlich antworten kann. Bei Kettenfragen handelt es sich um eine nicht zusammenhängende Folge von Fragen, wohingegen eine Unterfrage eine zuvor gestellte Frage detailliert.

Eine suggestive Frage legt dem Befragten die Antwort in den Mund. Der Befragte erkennt, welche Aussage der Fragende erwartet. Schon der Tonfall einer Frage kann suggestiv wirken.

Fragetyp/Regel	Wirkungen des Fragetyps/der Regel
Kurze Fragen stellen	▪ Interviewer wird besser seiner Steuerungsfunktion gerecht ▪ höhere Chance, dass Antwort ebenfalls kurz ausfällt ▪ Befragter wird nicht überfordert
Redundante Fragen vermeiden	Redundanzfreie Fragen bewirken ▪ eine geringere zeitliche Belastung für den Befragten ▪ eine erleichterte Dokumentation ▪ bessere Transparenz (der rote Faden ist leichter zu erkennen)
Offene Fragen stellen	Offene Fragen ▪ wecken Auskunftsbereitschaft ▪ geben Fragendem Zeit zum Nachdenken ▪ vermeiden Manipulation und Spekulation ▪ fördern neue Gesichtspunkte ▪ engen den Befragten nicht ein, wie es bei geschlossenen Fragen der Fall ist
Konkrete Fragen stellen	Konkrete Fragen ▪ straffen ▪ bremsen Vielredner ▪ fördern Verständnis
Unterfragen und Kettenfragen vermeiden	Werden Unter- und Kettenfragen vermieden, ▪ wird jede Frage beantwortet (nicht nur die letzte) ▪ sichert sich der Fragende ab, dass er nichts übersieht ▪ wird der Befragte weniger verunsichert
Suggestive Fragen vermeiden	Werden suggestive Fragen vermieden, ▪ sagt der Befragte, was er denkt, nicht was der andere erwartet ▪ wird weniger Widerspruch geweckt.

Abb. 6.07: KROKUS-Regel der Fragestellung

Grundsätze der Fragestellung

Bei den eben erwähnten Fragetypen/Regeln wurde bereits auf deren Wirkung und Einsatzmöglichkeiten hingewiesen. Darüber hinaus sind folgende Grundsätze zu beachten:

Regeln für erfolgreiche Interviews

- Mit allgemeinen Fragen sollte zu Beginn die Auskunftsbereitschaft geweckt werden
- Einleitende Fragen am besten mit Beispiel stellen. So können innere Widerstände abgebaut werden
- Die Frage sollte in der Alltagssprache gehalten sein
- Gefühlsbeladene Begriffe sollten vermieden werden. Wird etwa der Begriff Profit an Stelle von Gewinn gebraucht, so ruft das bei vielen Menschen eine negative Reaktion hervor
- Das Erinnerungsvermögen an Vergangenes sollte nicht überstrapaziert werden. Es besteht die Gefahr der Verallgemeinerung von Einzelfällen, Verdrängung unangenehmer Einzelheiten usw.
- Alle Antwortmöglichkeiten sind anzugeben oder gar keine. Werden nur einige genannt, fällt beim Befragten häufig der Prüfvorgang weg, ob es nicht noch weitere Möglichkeiten gibt
- Fragen sollten an konkrete Erfahrungen anknüpfen. Die meisten Menschen besitzen kein ausgeprägtes Abstraktionsvermögen. Beispiele und Sachverhalte aus dem eigenen Erfahrungsbereich erhöhen die Verständlichkeit
- Gefühlsbeladene oder wertende Fragen sollten erst gestellt werden, nachdem die Auskunftsbereitschaft geweckt ist
- Hast sollte vermieden werden. Schnell aufeinander folgende Fragen lassen dem Antwortenden kaum Zeit, sich zu besinnen. Die Antworten bewegen sich in den vorgedachten Bahnen
- Fragendes Schweigen nutzen. Diese Technik lässt sich mit Vorteil anwenden, wenn der Fragende das Gefühl hat, dass die Auskunft noch nicht vollständig ist, dass Sonderfälle nicht berücksichtigt wurden oder dass der Partner noch irgend etwas zurückhält, das er vielleicht gerne loswerden möchte
- An Mengenangaben herantasten, indem nach Extremfällen und nach Normalfällen gefragt wird. Damit steigt die Wahrscheinlichkeit, dass eine Schätzung realistischer wird.

Zusammenfassung

Fragen im Interview sollten kurz, redundanzfrei, offen, konkret, nichtsuggestiv sein und keine Unterfragen enthalten. Der Interviewer sollte die Grundsätze der Fragestellung beherrschen.

6.3.2 Fragebogen (schriftliche Befragung)

Hohe Anforderungen an Fragebogen

Erhebungen durch Fragebogen sind dem standardisierten Interview ähnlich. In diesem Zusammenhang wird auf die Ausführungen zu Kapitel 6.3.1.6 hingewiesen. Es besteht jedoch ein wesentlicher Unterschied. Die Fragen werden nicht vorgelesen, sondern schriftlich festgehalten und zugesandt.

Dabei ist es unerheblich, ob der Versand auf dem klassischen Postweg, per E-Mail oder die Befragung mittels einer Software geschieht. Im letzteren Fall steigt der Komfort für die Befragten, etwa indem sie gezielt durch die Fragen geleitet werden. Da bei einer schriftlichen Befragung kein sachkundiger Interviewer zur Verfügung steht, muss eine Fragebogenaktion besonders sorgfältig vorbereitet werden.

Auch im Fragebogen sollten die Fragen kurz, redundanzfrei und nicht suggestiv sein. Allerdings ist eine Besonderheit zu beachten. Geschlossene Fragen bzw. Fragen mit vorgegebenen Antwortmöglichkeiten stehen eindeutig im Vordergrund, da so die Auswertung der Fragebogen erleichtert wird. Offene Fragen werden immer dann verwendet, wenn differenzierte Antworten oder auch Anregungen erwartet werden. Werden den Befragten zu viele offene Fragen zugemutet, steigt die Gefahr, dass Antworten verweigert oder nur oberflächlich gegeben werden. Außerdem steigt dann auch der Aufwand für die Auswertung.

Geschlossene Fragen dominieren

Anwendungsbedingungen

Fragebogen erweisen sich als besonders leistungsfähig, wenn folgende Bedingungen gegeben sind:

Nur unter bestimmten Bedingungen anwendbar

- Es handelt sich um quantitative Sachverhalte, d. h. die Befragung dient dem Zählen oder Messen
- Die Inhalte liegen weitgehend auf der rationalen Ebene; sie sind zumindest nicht in jüngster Zeit emotional hochgespielt
- Es handelt sich um sensitive Inhalte – da bei Fragenbogen Anonymität hergestellt werden kann, sind eher ehrliche Antworten zu erwarten
- Dem Erheber ist bekannt, zu welchen Sachverhalten Informationen erhoben werden müssen
- Die zu erhebende Thematik betrifft gleichzeitig eine größere Anzahl von Befragten
- Die Fragen sind nicht erklärungsbedürftig
- Der Kreis der Befragten ist relativ homogen
- Die Befragten sprechen alle in etwa die gleiche Sprache.

Wegen des noch zu erläuternden relativ großen Vorbereitungsaufwandes – im Vergleich zum Interview – sind Fragebogenaktionen normalerweise erst ab einer Mindestzahl von 10-20 Befragten wirtschaftlich sinnvoll. Sind die Fragen unkompliziert und/oder sind die Befragten schwer zu erreichen – z. B. wegen größerer räumlicher Distanzen oder wegen häufiger Abwesenheiten – kann die Schwelle niedriger liegen.

Aufwändige Vorbereitung

6.3.2.1 Durchführung einer Fragebogenaktion

Im ersten Schritt ist der Kreis der Befragten festzulegen. Dabei muss darauf geachtet werden, dass dieser Kreis in sich relativ homogen ist, zumindest soweit es den Inhalt des Fragebogens betrifft. Ansonsten besteht die Gefahr, dass der Fragebogen durch Fragen und Erläuterungen, die nur einige Auskunftspersonen betreffen, zu sehr aufgebläht wird, oder dass eben diese Erläuterungen fehlen und damit Fragen un- oder missverständlich sind.

Vorarbeiten

Zur inhaltlichen Vorbereitung kann nur bedingt auf vorhandenes Material zurückgegriffen werden. Neben dem Dokumentenstudium sind deswegen meistens vorab nicht-standardisierte Interviews zu führen. Mit ihrer Hilfe soll der Themenbereich abgesteckt werden. Es ist sinnvoll, diese Vorbereitung nicht am Schreibtisch vorzunehmen, damit der Erheber erkennen kann, welche Informationen er benötigt und bei den Auskunftspersonen erwarten kann.

Im Anschluss daran wird ein Fragebogen-Entwurf hergestellt. Eindeutige Formulierungen und standardisierte Antwortmöglichkeiten erleichtern die Auswertung. Werden präzise definierte Begriffe genutzt, die nicht allen geläufig sein könnten, oder sind beim Ausfüllen andere, nicht-selbstverständliche Dinge zu beachten, müssen entsprechende Ausfüllanleitungen gegeben werden – möglichst im Fragebogen selbst. Zusätzlich ist ein Begleittext als Anschreiben an die Empfänger zu entwerfen.

Tests der Fragebogen unerlässlich

Um Fehler zu vermeiden, sollte man den Fragebogen vorab testen. Dieser Test dient der Untersuchung, ob

- die Fragen richtig verstanden werden
- die verwendeten Begriffe eindeutig sind oder an verschiedene Kreise von Befragten angepasst werden müssen
- die Antwortmöglichkeiten klar und vollständig abgegrenzt sind
- Antworten nicht suggestiv herausgefordert werden
- eingebaute Kontrollfragen richtig funktionieren
- benutzte Hilfsmittel (Listen, Bilder usw.) richtig verstanden und angewendet werden
- das Auswertungsverfahren geeignet ist.

Nach dem Test wird der Fragebogen korrigiert, finalisiert und an die Auskunftspersonen unter Angabe eines spätesten Rücksendetermins verteilt. Nach Ablauf der Frist wird der Rücklauf geprüft. Ausstehende Bogen werden angemahnt. Die Auswertung schließt sich an.

6.3.2.2 Technische Hinweise

Bei der Gestaltung und dem Versand von Fragebogen sind einige technische Hinweise und Regeln zu beachten.

Regeln für das Anschreiben

Befragung „verkaufen"

- Gründe für die Befragung nennen
- Vorteile für die Befragten deutlich machen
- allgemeine Bearbeitungshinweise geben (z. B. spätester Abgabetermin, Empfänger des ausgefüllten Fragebogens, Ansprechpartner bei Rückfragen).

Allgemeine Regeln für den Fragebogen

- Angemessene äußere Form (z.B. gut leserlich, sorgfältig aufbereitet)
- nur Inhalte behandeln, die man den Befragten auch zumuten kann – keine belastenden Fragen
- zugesagte Anonymität in jedem Fall einhalten
- nicht zu viele Fragen stellen, da mit der Zahl der Fragen normalerweise auch die Bereitschaft zur Beantwortung sinkt
- der Aufwand für das Ausfüllen sollte möglichst gering sein
- das Angebot von Anreizen kann die Bereitschaft deutlich fördern, den Fragebogen auszufüllen
- übersichtliche Anordnung der Fragen und der Antwortmöglichkeiten
- optische Trennung der Fragen (nicht zu viele auf einer Seite)
- Nummerieren der Fragen, um die Auswertung zu erleichtern.

Hinweise zum Ausfüllen

Hilfen für den Befragten

- In die Fragebögen sind gut verständliche Ausfüllanleitungen einzuarbeiten (nicht ans Ende stellen)
- der Befragte soll durch den Fragebogen geführt werden (z. B. Hinweis, wo es weitergeht, wenn eine Frage nicht zutreffen sollte)
- dem Befragten ist zu sagen, was er tun soll (z. B. ankreuzen, unterstreichen, streichen)
- wenn Verständnisprobleme erwartet werden, sollten Beispiele angeboten werden
- werden Skalen verwendet, sollten die Skalenwerte auch verbalisiert werden (z. B. 1 = sehr gut erreicht oder trifft zu).

Zusammenfassung

Vor dem Einsatz von Fragebogen müssen die Anwendungsbedingungen geprüft werden. Nach dem Entwurf des Fragebogens sollte ein Test durchgeführt werden, ob die Fragen und die Ausfüllanleitungen so wie beabsichtigt verstanden werden. Den Befragten sollte das Ausfüllen der Fragebogen leicht gemacht werden.

6.3.2.3 Fragebogen und Interview

Gegenüberstellung Fragebogen und Interview

Vorteile des nicht-standardisierten Interviews (gegenüber dem Fragebogen)	Vorteile des Fragebogens, die gleichzeitig Nachteile von nicht-standardisierten Interviews sind
▪ Fragen können der Position, Bildung und Auskunftsbereitschaft des Befragten angepasst werden – konkretisierte und auf das Notwendigste beschränkte Fragen ▪ Bedeutsame, aber vorher nicht erkannte Punkte können entdeckt und weiterverfolgt werden ▪ Die Aussagen des Befragten können von einem erfahrenen Interviewer weitgehend aus dem Bild interpretiert werden, das der Befragte hinterlässt ▪ Die persönliche Anwesenheit des Interviewers am Arbeitsplatz des Befragten kann mit einer zusätzlichen Aufnahme verbunden werden ▪ Die Befragungssituation ist kontrollierbar. Andere Personen können keinen Einfluss nehmen ▪ Die direkte Befragung wirkt persönlicher. Gegenüber Fragebogen können emotionale Widerstände bestehen ▪ Die Befragten haben weniger Hemmungen, sich zu äußern. Viele Menschen haben eine Scheu, sich schriftlich zu artikulieren ▪ Weniger Vorbereitungsaufwand ▪ Durch ein Interview fühlt sich der Befragte eher aufgewertet und identifiziert sich besser mit der Untersuchung.	▪ Schnellere Auskünfte. Nach wenigen Tagen kann die Ist-Aufnahme zu einem Stichtag fertig sein ▪ Die Fragen können präziser formuliert werden ▪ Abgewogenere Auskünfte; die Befragten haben genügend Zeit, sich Gedanken zu machen ▪ Die Befragten können in Ruhe Informationen zusammentragen, z.B. Statistiken erstellen ▪ Es sind keine Erheber notwendig ▪ Der Interviewer fällt als Fehlerquelle weg. Die möglichen Einflüsse auf die Antworten, die sich durch das Verhalten, die Frageform oder die Reihenfolge der Fragen ergeben können, werden ausgeschaltet ▪ Es sind keine thematischen Abschweifungen möglich ▪ Aussagen können später nicht widerrufen werden ▪ Kostengünstigere Auskünfte, wenn es viele Befragte gibt ▪ Es kann – falls gewünscht – Anonymität gewahrt werden ▪ Es ist leichter, vielbeschäftigte und häufig abwesende Mitarbeiter zu erreichen ▪ Es ist kein gesondertes Protokoll nötig.

Abb. 6.08: Gegenüberstellung Fragebogen und Interview

Kombinierte Anwendung

Wie aus der Gegenüberstellung der Vor- und Nachteile beider Verfahren hervorgeht, werden die Nachteile der einen Technik durch die Vorteile der jeweils anderen teilweise wieder aufgehoben. Ideal erscheint deswegen eine Kombination beider Verfahren. Es wird mit der Versendung von Fragebogen begonnen. Als Ergebnis liegt eine Darstellung des Zustandes zu einem bestimmten Zeitpunkt vor. Die schriftlich erhobenen Sachverhalte werden systematisch weiter untersucht. Normalerweise zeigen sich dann Unstimmigkeiten, Fragen tauchen auf und neue Probleme werden ersichtlich. Andererseits liegen aber bereits umfangreiche Informationen über den Untersuchungsgegenstand vor. Um Lücken aufzufüllen und Unklarheiten zu beseitigen, schließt man an die Auswertung der Fragebogen Interviews an. In diesem Interview kann nun gleich auf das Wesentliche, auf die Besonderheiten sowie auf die offenen Punkte eingegangen werden, da der Interviewer sich anhand der Fragebogen bereits ein umfassendes Bild gemacht hat. Die Beschränkung auf Besonderheiten bedeutet, dass die Interviewzeiten wesentlich verkürzt werden können.

Zusammenfassung

Interviews und Fragebogen haben jeweils ihre eigenen Vorteile und Begrenzungen. Eine Kombination von Fragebogen und Interview ergibt häufig die besten Ergebnisse bei der Befragung.

6.3.3 Beobachtung

Informationen über das „was", nicht über das „warum"

Beobachten umfasst die optische Aufnahme und die Interpretation der beobachteten Vorgänge. Beobachten lassen sich nur Sachverhalte und Geschäftsprozesse, die sich sinnlich wahrnehmen lassen. Bei der Beobachtung fließt der Informationsstrom nur in einer Richtung, nämlich vom Beobachtungsgegenstand zum Beobachter. Die Beobachtung ermöglicht keine belastbaren Aussagen über Sinnzusammenhänge, auslösende Ursachen und Zielsetzungen. Deswegen ist die Beobachtung für verschiedene Fragestellungen ungeeignet, z. B. um die Aufbaustruktur einer Unternehmung zu erkennen oder um zu verstehen, aus welchen Gründen bestimmte Prozessschritte getan werden.

Die Beobachtung gibt Auskunft über das wirkliche Verhalten, unabhängig von der Fähigkeit und der Bereitwilligkeit der beobachteten Person, Auskünfte zu geben. Das wirkliche Verhalten ist wiederum nicht eindeutig durch eine Befragung zu ermitteln. Für die vollständige Erfassung von Vorgängen sind häufig beide Erhebungsformen notwendig.

6.3.3.1 Typisierung der Beobachtung

Offene und verdeckte Beobachtung

Abhängig von der Beziehung zwischen Beobachtungsgegenstand und Beobachter sowie abhängig von der Vorgehensweise gibt es verschiedene Beobachtungsformen.

Beobachter ist bekannt

Bei der offenen Beobachtung tritt der Beobachter ausdrücklich als Untersuchender auf, d.h. die beobachteten Personen kennen zumindest den Zweck seiner Anwesenheit. Der Beobachter sollte bei organisatorischen Erhebungen die beobachteten Personen grundsätzlich über Ziel und Inhalt der Beobachtung informieren.

Apprenticing als mitarbeitende Beobachtung

Der Beobachter kann aktiv im beobachteten Bereich mitarbeiten (aktiv-teilnehmende Beobachtung) oder lediglich beobachten und aufzeichnen (passiv-teilnehmende Beobachtung). Die aktive Mitarbeit im Beobachtungsbereich eröffnet die Möglichkeit, durch Rückfragen bei den Experten sehr umfassende und detaillierte Informationen zu gewinnen. Im angelsächsischen Sprachbereich wird dies auch als Apprenticing bezeichnet, was soviel bedeutet wie „bei jemandem in die Lehre gehen".

Verdeckte Beobachtungen sind tabu

Bei der verdeckten Beobachtung gibt der Untersuchende seine Identität als Beobachter nicht zu erkennen. Diese Form dürfte in betrieblichen Projekten praktisch bedeutungslos sein.

Abhängig von der Art des Vorgehens lässt sich die Beobachtung weiter in die strukturierte und in die unstrukturierte Beobachtung aufteilen.

Strukturierte und unstrukturierte Beobachtung

Strukturierung erleichtert Auswertung und Koordination

Bei der strukturierten Beobachtung zeichnet der Beobachter seine Beobachtungen nach einem System von Beobachtungskategorien auf. Diese Beobachtungskategorien werden im Voraus festgelegt. Dadurch wird später die Auswertung der erhobenen Daten erleichtert. Außerdem wird eine einheitliche Erfassung beim Einsatz mehrerer Beobachter erreicht. Eine Sonderform der strukturierten Beobachtung ist die Multimomentstudie, die in Kapitel 6.3.3.3 behandelt wird.

Beispiel

In einer strukturierten Beobachtung könnte vorgegeben werden, welche Sachverhalte erhoben werden müssen: z. B. Anteil der Aufgaben mit Kundenkontakt und Anteil interner Aufgaben, Verteilung von Vorgängen nach Standardprozessen und außergewöhnlichen Fällen, Anzahl lieferbare Bestellungen und Anzahl Vormerkungen.

Bei der unstrukturierten Beobachtung liegen nur grobe Hauptkategorien (allgemeine Richtlinien) als Rahmen vor. Innerhalb dieses Rahmens hat der Beobachter Spielraum für seine Beobachtungen. Begehungen, Film- und Fotoaufnahmen, deren zeitliche und räumliche Reihenfolge nicht vorgegeben ist, fallen in diese Kategorie. Ein typisches Beispiel für die unstrukturierte Beobachtung ist die sogenannte Dauerbeobachtung. Dabei hält sich der Beobachter über mehrere Tage hinweg kontinuierlich an den Arbeitsplätzen auf, die untersucht werden sollen. Aufgaben, Hilfsmittel, Störungen, Belege, Umwelteinflüsse und ähnliche Größen werden laufend dokumentiert.

Formen und Umfang unstrukturierter Beobachtungen

Der zeitliche Rahmen der Beobachtung hängt wesentlich von der Vielfalt der Beobachtungskategorien ab. Je mehr verschiedenartige Aufgaben oder Prozesse vorkommen, desto länger ist der notwendige Beobachtungszeitraum. Normalerweise stellen mehrere Stunden die Untergrenze dar, weil bei kürzeren Zeiträumen wegen der fehlenden Gewöhnung ein verfälschender Einfluss vom Beobachter ausgehen kann.

Eine Dauerbeobachtung kann nur in räumlich eng begrenzten Bereichen angewandt werden. Besonders vorteilhaft ist dieses Verfahren, wenn es um die Beurteilung der Auslastung von Aufgabenträgern, Fehlerquellen im Arbeitsablauf und um die Auswirkungen von Umwelteinflüssen geht. Unabdingbare Voraussetzung ist, dass der Beobachter etwas von den anfallenden Arbeiten und Prozessen versteht, da er andernfalls zu leicht getäuscht werden kann und zu falschen Schlüssen kommt.

6.3.3.2 Beurteilung der Beobachtung

Die Beobachtung bringt verschiedene Vor- und Nachteile mit sich, wie die folgende Gegenüberstellung zeigt.

Vorteile	Nachteile
▪ Die Vorgänge werden im Zeitpunkt ihres tatsächlichen Geschehens aufgenommen ▪ Der Erheber kann alle Vorgänge direkt und unverfälscht beobachten ▪ Die Beobachtung vermittelt die Kenntnis über die Sachverhalte und Vorgänge, unabhängig von der Fähigkeit und Bereitwilligkeit der Beobachteten, sie bekannt zu geben.	▪ Die Vorgänge können nur während ihres Auftretens beobachtet werden. Da sich dieser Zeitpunkt häufig nicht vorherbestimmen lässt, kann eine Beobachtung sehr zeitaufwendig sein. ▪ Es besteht die Gefahr der Identifizierung mit den beobachteten Personen, was zu Verfälschungen führen kann ▪ Der Beobachter beeinflusst u. U. den Beobachteten ▪ Bei allen nicht wahrscheinlichkeitstheoretisch abgesicherten Beobachtungen können atypische Beobachtungszeitpunkte oder -zeiträume zu falschen Beobachtungsergebnissen führen.

Abb. 6.09: Vor- und Nachteile der Beobachtung

Zusammenfassung

In der Praxis betrieblicher Projekte werden nur die Formen offener Beobachtungen angewendet. Neben strukturierten Beobachtungen, bei denen die Beobachtungsmerkmale vorher festgelegt werden, gibt es auch unstrukturierte Formen.

6.3.3.3 Multimomentstudie

Ziel einer Multimomentstudie ist es, von einer begrenzten Anzahl beobachteter Fälle – einer Stichprobe – auf die Gesamtheit aller Ereignisse (die Grundgesamtheit) zu schließen. Man beobachtet den infrage kommenden Sachverhalt in vielen Augenblicken (Multimoment). Werden bestimmte Regeln befolgt, kann unterstellt werden, dass die Stichprobe ein nützliches Abbild der Grundgesamtheit liefert. Dieses Verfahren erspart im Vergleich zu einer Dauerbeobachtung erheblich Zeit und Kosten.

Begrenzte Sicherheit und Genauigkeit

Das Ergebnis einer Stichprobe ist ein Prozentanteil (z. B. von allen durchgeführten Aufgaben sind 28 % Schreibarbeiten). Nun gibt die Multimomentstudie aber nicht nur diesen Punkt an. Sie sagt vielmehr, dass der tatsächliche Wert – mit 95 % Sicherheit – innerhalb eines Bereiches liegt, dessen Mittelpunkt der ermittelte Prozentsatz darstellt. Der Bereich wird durch die sogenannte Genauigkeit begrenzt. Sollen Sicherheit und Genauigkeit erhöht werden, müssen mehr Beobachtungen durchgeführt werden.

Eine Multimomentstudie läuft nach folgendem Schema ab:

- Ziel festlegen
- Beobachtungsmerkmale festlegen
- Zahl der notwendigen Notierungen (Beobachtungen) festlegen
- Zahl der Rundgänge ermitteln
- Rundgangswege und Beobachtungsstandpunkte festlegen
- Startzeitpunkte der Rundgänge festlegen
- Beobachtungsbogen entwerfen
- Betroffene und Betriebs-/Personalrat informieren
- erheben
- auswerten.

Ziel festlegen

Es ist zu bestimmen, was mit der Multimomentstudie erreicht werden soll. Mögliche Aufgabenstellungen sind etwa die Ermittlung von

Was soll gemessen werden?

- Zeitanteilen für bestimmte Aufgabenarten
- Bearbeitungszeiten je Vorgang (nur bei gleichzeitiger Erfassung des Mengengerüstes)
- Auslastungsgraden von Mitarbeitern

- Auslastungsgraden von Sachmitteln
- Häufigkeiten bestimmter Ablaufarten
- Warteschlangen (z. B. im Kundenverkehr).

Beobachtungsmerkmale festlegen

Es ist festzulegen, welche Sachverhalte (Merkmale) in der Studie erhoben werden sollen. Diese Sachverhalte müssen zu beobachten und eindeutig abzugrenzen sein. Die Zahl der Merkmale sollte 20 nicht überschreiten.

Was soll beobachtet werden?

Zahl der Notierungen festlegen

Die notwendige Zahl der Notierungen = Beobachtungen ist bei einer unterstellten Sicherheit von 95 % abhängig von der gewünschten Genauigkeit und dem Anteilswert des beobachteten Merkmals. Sie kann über standardisierte Tabellen ermittelt werden.

Zahl der Rundgänge festlegen

Die Zahl der notwendigen Rundgänge ermittelt man aus der Zahl der notwendigen Notierungen und aus der Zahl der je Rundgang zu beobachtenden gleichartigen Stellen oder Arbeitsplätze.

Rundgangswege und Beobachtungsstandpunkte festlegen

Die Rundgangswege werden skizziert und die Beobachtungsstandpunkte eingetragen.

Startzeitpunkte der Rundgänge festlegen

Die statistische Sicherheit und Genauigkeit von Stichprobenergebnissen kann nur dann gewährleistet werden, wenn alle Ereignisse oder Merkmale die gleiche Chance haben, bei der Beobachtung notiert zu werden. Diese Voraussetzung wird nur erfüllt, wenn die Beobachtungszeitpunkte zufällig gewählt werden. Zur Festlegung der Startzeitpunkte der Rundgänge können Tabellen oder entsprechende IT-Werkzeuge herangezogen werden.

Startzeitpunkte nach dem Zufallsprinzip

Beobachtungsbogen entwerfen

Nach diesen Vorarbeiten muss ein Beobachtungsbogen entworfen werden. Besondere Rubriken für Rundgangszeiten, Arbeitsplätze, Beobachtungsmerkmale sowie Summen und Auswertungsspalten und ausreichender Raum für die eigentlichen Notierungen sind vorzusehen.

Informieren

Da es sich um eine offene Beobachtung handelt, ist es unerlässlich, vorher die Betroffenen über die Art der Vorgehensweise und über die Zielsetzung

Betroffene und Mitarbeitervertretungen informieren

zu informieren. Der deutsche Betriebsrat hat gemäß § 90 des Betriebsverfassungsgesetzes ein Unterrichtungs- und Beratungsrecht, laut § 91 ein Mitbestimmungsrecht bei verschiedenen organisatorischen Belangen und laut § 92 ein Unterrichtungs- und Beratungsrecht bei der Personalplanung (entsprechendes gilt auch für die verschiedenen Personalvertretungsgesetze, welche die Mitbestimmung durch Personalräte im öffentlichen Dienst regeln). Diese Rechte sind auch bei den anderen vorgestellten Erhebungstechniken zu beachten.

Erheben

Mit Proberundgängen vor Beginn der Multimomentaufnahme prüft man, ob jeder Erheber jedes Merkmal richtig notiert. Der Erheber kann sich mit dieser Aufnahmetechnik vertraut machen. Gleichzeitig wird der Beobachtungsbogen auf Vollständigkeit geprüft.

Auswerten

In der Auswertung ermittelt man die Notierungen je Beobachtungsmerkmal und setzt sie zur Gesamtzahl der Notierungen in Beziehung.

Beispiel

1.300 Notierungen insgesamt

Beobachtungsmerkmale	Fallzahl	%-Anteil
Telefonieren	210	16,2
Bildschirmarbeit	180	13,9
Schreiben	640	49,2
Ablegen	90	6,9
Sonstiges	180	13,8
Summen	**1.300**	**100,0**

Wenn insgesamt 10 Mitarbeiter 4 Wochen lang beobachtet wurden, errechnen sich folgende Zeiten:

10 Mitarbeiter • 4 Wochen • 40 Stunden pro Woche = 1.600 Stunden

16,2 % der Zeit Telefonieren = 259,2 Stunden

Nach der Wahrscheinlichkeitstheorie beträgt die Genauigkeit eines Anteils von 16,2 % bei 1.300 Notierungen ± 1,8 %.

Die Aussage lautet demnach: Der tatsächliche Zeitanteil, der für das Telefonieren aufgewandt wird, liegt mit 95 % Sicherheit innerhalb des Intervalls von

16,2 - 1,8 = 14,4 % und

16,2 + 1,8 = 18,0 % der gesamten Arbeitszeit.

Eine umfassende Darstellung der Multimomentstudie mit praktischen Beispielen findet sich bei Schmidt, G.; Konz, C.: „Organisation gestalten – Stabile und dynamische Unternehmensstrukturen" (Band 5 dieser Schriftenreihe).

Zusammenfassung

Eine Multimomentstudie läuft nach folgendem Schema ab: Ziel festlegen, Beobachtungsmerkmale festlegen, Zahl der Notierungen festlegen, Zahl der Rundgänge festlegen, Startzeitpunkte der Rundgänge festlegen, Rundgangswege und Beobachtungsstandpunkte festlegen, Beobachtungsbogen entwerfen, informieren, erheben, auswerten.

Die Multimomentstudie birgt eine Reihe von Vor- und Nachteilen in sich, wie die folgende Gegenüberstellung zeigt.

Vorteile	Nachteile
▪ Die Untersuchungsergebnisse sind ein Spiegelbild des tatsächlichen Istzustandes. Keine bewusste oder unbewusste Verfälschung ▪ Es werden keine Zeitmessgeräte benötigt ▪ Der Arbeitsablauf wird nicht gestört ▪ Auf einem Rundgang können nahezu beliebig viele Arbeitsplätze beobachtet werden ▪ Die Beobachtung kann jederzeit abgebrochen und später fortgesetzt werden ▪ Jede gewünschte Genauigkeit ist möglich ▪ Die Auswertung geht schnell.	▪ Durch Multimomentaufnahmen können keine Aussagen über Leistungsgrade gemacht werden ▪ Bei Ereignissen, deren Anteil kleiner als 1 % ist, können keine Genauigkeitsaussagen getroffen werden ▪ Die Beobachtung durch „fremde" Erheber kann menschliche Abwehrhaltungen hervorrufen.

Abb. 6.10: Vor- und Nachteile der Multimomentstudie

6.3.3.4 Multimomentstudie mit Selbstnotierung

Das Verfahren

Strukturierte, zufallsgesteuerte Selbstaufschreibung

Alle allgemeinen Aussagen zu Stichprobenerhebungen gelten sinngemäß auch hier. Der wesentliche Unterschied zu der oben geschilderten Multimomentstudie mit Fremdbeobachtern liegt darin, dass die Betroffenen die zu ermittelnden Sachverhalte selbst notieren. Dazu wird ihnen ein Gerät oder eine Software zur Verfügung gestellt, das/die von einem Zufallsgenerator gesteuert wird. Durch optische und akustische Signale wird der betreffende

Mitarbeiter zur Notierung aufgefordert und die Eingabe der jeweiligen Aufgabe ermöglicht. Auch diese Erhebungstechnik ist insofern strukturiert, als nur bestimmte, vorher festgelegte Merkmale notiert werden.

Zur Vorbereitung einer solchen Studie müssen die Merkmale in einem Katalog zusammengefasst werden. Jedes Ereignis soll möglichst in drei Komponenten beschrieben werden:

Verrichtung	Was wird getan?
Objekt	Woran wird es getan?
Empfänger	Bei wem oder für wen wird es getan?

Was? Verrichtung	Woran? Objekt	Bei wem? Für wen? Leistungsempfänger
1. Lesen	1. Anfragen	1. Kunden
2. Schreiben/ Konzipieren	2. Bestellungen	2. Mitarbeiter
3. Rechnen	3. Reklamationen	3. Lager
4. Besprechen	4. Lageraufträge	4. Fertigung
5. Telefonieren	5. Fertigungs-aufträge	5. Allgemeine Verwaltung
6. Warten	6. Statistik	6. Vorgesetzter
7. Fahren	7. Sonstiges	7. Sonstige
8. Pause/Privates		
9. Sonstiges		

Abb. 6.11: Merkmalskatalog für eine Multimomentstudie mit Selbstnotierung

Bei Arbeitsbeginn schaltet der Mitarbeiter das Gerät ein bzw. startet die Software und gibt auf ein Signal hin die jeweiligen Werte direkt ein.

Bewertung

Die Multimomentstudie mit Selbstnotierung hat gegenüber der Studie mit Fremdbeobachtern einige wesentliche Vorteile und Nachteile (siehe Abbildung 6.12).

Vorteile	Nachteile
▪ Die Merkmale können erheblich weiter aufgegliedert werden, weil jetzt die fehlende „Beobachtbarkeit“ einzelner Merkmale nicht mehr im Wege steht. Die Ergebnisse sind aussagefähiger und genauer, da die Merkmale nach den drei Komponenten geordnet sind; fundierte Analysen sind möglich ▪ Es werden keine Erheber benötigt ▪ Die Selbstnotierung wird von den Betroffenen leichter akzeptiert, weil sie weniger als Kontrolle empfunden wird. ▪ Es können auch einzelne Stellen untersucht werden.	▪ Der Mitarbeiter kann nahezu unbegrenzt manipulieren. Das wirkt sich vor allem im Auslastungsgrad aus. Verteilzeiten (nicht-produktive Zeiten) werden nicht ihrem wirklichen Gewicht entsprechend notiert. Insofern ist dieses Verfahren für Auslastungsstudien und Personalbemessungsaktionen nur begrenzt verwendbar. Die Manipulation kann auch dazu führen, dass solche Aufgaben, die der Betroffene als höherwertig empfindet, überrepräsentiert werden ▪ Die laufenden Notierungen belasten und stören den Mitarbeiter.

Abb. 6.12: Vor- und Nachteile der Multimomentstudie mit Selbstnotierung (Vergleich zur Multimomentstudie mit Fremdbeobachtern)

Diese Erhebungstechnik eignet sich besonders, wenn differenzierte Untersuchungen über Zeitanteile für bestimmte Aufgabenarten durchzuführen sind. Besonders vorteilhaft ist es, wenn mehrere gleichartige Stellen untersucht werden, da dann durch Quervergleiche objektivere Ergebnisse erreicht werden können.

Zusammenfassung

Die Multimomentstudie mit Selbstnotierung ist eine Stichprobenerhebung, die durch Zufallsgeneratoren gesteuert wird und differenzierte Aussagen über Zeiten liefert, die für bestimmte Verrichtungen, Objekte und Leistungsempfänger anfallen. Das wesentliche Problem ist die mit der Selbstnotierung verbundene Manipulationsgefahr.

6.3.3.5 Zeitaufnahme

Direkte Messung von Zeiten

Die Zeitaufnahme (Zeitstudie) setzt die Gliederung der zu untersuchenden Aufgaben in bestimmte Teilaufgaben bzw. Schritte eines Geschäftsprozesses voraus. Für diese Teilaufgaben oder Prozesse werden direkt und kontinuierlich mithilfe von Zeitmessgeräten die Bearbeitungszeiten für einzelne zu beobachtende Fälle erfasst.

Die Zeitaufnahme ist das genaueste Verfahren zur Zeitermittlung. Sie lässt sich sinnvoll jedoch nur bei kurzzyklischen Arbeiten und bei solchen Arbeiten anwenden, bei denen keine großen Schwankungen im Zeitverbrauch auftreten. Die Zeitstudie per Stoppuhr, Filmkamera oder Tonaufzeichnung ist ein äußerst kostspieliges Verfahren. Sie kann nur von Fachleuten vorgenommen werden, da gleichzeitig ein Leistungsgrad geschätzt werden muss. Deswegen lohnt sich dieses Verfahren nur bei sehr häufig wiederkehrenden Arbeitsprozessen, die einen hohen Zeitbedarf haben. Zeitstudien im Büro oder Verwaltungsbereich sind besonders schwierig, da die Aufgaben meistens inhaltlich gar nicht beobachtet werden können. Sie werden dort selten eingesetzt, und wenn sie genutzt werden, dann vorwiegend bei manuellen Routinearbeiten.

Zusammenfassung

Zeitaufnahmen sind Verfahren zur Ermittlung von Einzelzeiten mithilfe von Zeitmessgeräten. Diese Erhebungstechnik setzt voraus, dass die Aufgaben beobachtet werden können.

6.3.4 Dokumentenstudium

Dokumentenstudium in der Vorbereitung

Beim Dokumentenstudium werden Erhebungen am Schreibtisch vorgenommen. In der Regel werden die Betroffenen nicht eingeschaltet. Das Dokumentenstudium steht meistens am Anfang einer Untersuchung, um sich in eine Materie einzuarbeiten und allgemeine Informationen zu sammeln.

Da analoge und digitale Dokumente in Form von Briefen, Berichten, Protokollen, Dateien, Akten, Gutachten, Arbeitsanweisungen, Stellenplänen, Statistiken usw. nahezu alle betrieblichen Sachverhalte abdecken, ist das Dokumentenstudium eine wichtige und häufig angewandte Erhebungstechnik.

Zwei Arten von Dokumenten können unterschieden werden:

- Planmäßig, unabhängig von dem betrieblichen Vorhaben erstellte Dokumente
- ad hoc erstellte Dokumente.

Da bei den planmäßig erstellten Dokumenten kein aktuelles Vorhaben im Hintergrund steht, sind diese Unterlagen nicht im Hinblick auf das Untersuchungsziel manipuliert. Das heißt aber nicht, dass sie vollständig und aktuell sind und dass (etwa bei Arbeitsanweisungen) tatsächlich nach ihnen gearbeitet wird. Typische Beispiele sind Prozessdokumentationen, Stellenpläne, Arbeitsanweisungen, Durchführungsverordnungen, allgemeine Regelungen.

Ad hoc erstellte Dokumente sind aus aktuellen Anlässen entstanden. Typische Beispiele sind Sitzungsberichte, Protokolle, Prüfungsberichte, Aktennotizen und allgemeine Aufzeichnungen. Mit ihnen wird häufig ein bestimmter Zweck verfolgt, der mit betrieblichen Vorhaben im Zusammenhang stehen kann.

Dokumente können strukturiert oder unstrukturiert ausgewertet werden. Bei einer unstrukturierten Auswertung setzt sich der Erheber mit den Dokumenten auseinander, macht eventuell Auszüge und notiert die ihm wichtig erscheinenden Sachverhalte. Eine strukturierte Auswertung erfordert Vorarbeit. Der Erheber legt vorab die Merkmale fest, nach denen er die Auswertung vornehmen will. So werden beispielsweise bei jedem Dokument systematisch Empfänger, Ersteller, Zeitpunkt der Erstellung oder auch die Inhalte nach vorher definierten Gruppen ausgewertet. Diese Strukturierung ist bei einem größeren Volumen vergleichbarer Dokumente sinnvoll, da die spätere Analyse des Materials beschleunigt werden kann.

Formen der Auswertung

Vorteile	Nachteile
▪ breite Informationsbasis ▪ gute Vorbereitung für eine gezieltere Folgeerhebung ▪ schneller Zugriff (wenn gut geordnetes und gespeichertes Material vorliegt) ▪ keine Verfälschung durch den aktuellen Anlass ▪ keine Störung der Betroffenen ▪ vermeidet unnötige Unruhe, etwa im Rahmen einer Voruntersuchung, wo noch gar nicht feststeht, ob das Projekt fortgeführt wird.	▪ Vollständigkeit und Aktualität können problematisch sein ▪ Dokumente geben u. U. nur das Soll, nicht aber den Istzustand wieder ▪ unter Umständen sehr zeitaufwändig.

Abb. 6.13: Vor- und Nachteile des Dokumentenstudiums

Wegen der genannten Eigenschaften wird das Dokumentenstudium selten allein, sondern meistens im Zusammenhang mit anderen Erhebungstechniken eingesetzt.

Das Dokumentenstudium wird meistens benutzt, um sich in eine Materie einzuarbeiten. Dokumente können planmäßig oder ad hoc erstellt werden. Aktualität, Vollständigkeit und Korrektheit können Probleme darstellen.

Zusammenfassung

6.3.5 Selbstaufschreibung

Neben Befragung, Beobachtung und Dokumentenstudium kann die Selbstaufschreibung als Erhebungstechnik eingesetzt werden. Damit können folgende Informationen gewonnen werden:

- die den Stellen und Abteilungen übertragenen Aufgaben
- der Zeitaufwand für einzelne Aufgaben
- der Zeitanteil einzelner Aufgaben (Zeitrang) im Vergleich zu anderen
- die Häufigkeit (Mengen) des Aufgabenanfalls.

Um die spätere Auswertung zu erleichtern, empfehlen sich leicht verständliche Vordrucke, die von den Betroffenen ohne Vorkenntnisse ausgefüllt werden können. Eine sorgfältige Information über den Zweck der Erhebung und über die Vorgehensweise ist unerlässlich. In den ersten Tagen der Erhebung sollte der Erheber eventuell Starthilfe geben.

Aufgaben und Zeiterhebung

Aufgaben, Zeiten und Mengen in Tagesberichten

Ein typisches Beispiel der Selbstaufschreibung ist ein Tagesbericht. In die erste Spalte eines Erfassungsvordrucks werden die erledigten Aufgaben oder Tätigkeiten eingetragen (siehe Abbildung 6.14). Sie werden in der Reihenfolge ihres Auftretens zeilenweise vermerkt. In der zweiten Spalte werden die einzelnen Fälle mit dem jeweiligen Zeitverbrauch festgehalten. Tritt die gleiche Aufgabe erneut auf, wird in der zweiten Spalte lediglich der Zeitverbrauch notiert. So bedeutet in der zweiten Spalte „3, 2, 4, 5, 2", dass fünfmal am Tag die Aufgabe auftrat und insgesamt 16 Minuten beanspruchte.

Es empfiehlt sich, vorab einen Aufgabenkatalog zu erarbeiten, aus dem die Aufgaben oder Tätigkeiten auszuwählen sind. Außerdem sollen auch alle Aktivitäten erfasst werden, die keine Aufgabenerfüllung darstellen, dennoch aber Arbeitszeit des Betroffenen beanspruchen. Darunter fallen etwa Wartezeiten, Privatgespräche, persönliche Verrichtungen, Erholungszeiten und ähnliches. Für organisatorische Maßnahmen können auch Informationen über solche Zeiten von Interesse sein.

Weitere Informationen bei Bedarf

Neben der Spalte, in der die Aufgaben/Tätigkeiten eingetragen werden, können bei Bedarf noch weitere Spalten vorgesehen werden, in denen durch bestimmte Symbole beispielsweise Zwischentätigkeiten (wie ein- und ausgehende Anrufe, Besprechungen usw.) einzutragen sind. Durch diese zusätzlichen Informationen lassen sich Störungen und deren Häufigkeit abbilden. Die Tagesberichte müssen parallel zur Arbeit erstellt werden, da andernfalls Schätzfehler und Manipulationen auftreten können.

Die Ergebnisse der Selbstaufschreibung sind nur dann hinreichend aussagekräftig, wenn sie mindestens während zweier Wochen erstellt werden. Sie sollten in größeren Zeitintervallen, etwa nach Tagen oder Wochenabschnitten, zusammengefasst und verdichtet werden.

In einer weiteren Liste müssen noch solche Aufgaben erfasst werden, die periodisch wiederkehren – etwa Jahresabschlussarbeiten – und solche, die nur gelegentlich anfallen, in den Tagesberichten jedoch nicht aufgeführt worden sind.

Tagesbericht	Name:	Vorname:	
	Abteilung:		Stellenbez.:
	Raum:	Telefon:	
Aufgabe/Tätigkeit	Einzelfälle in Minuten	Telefon	
		Ein	Aus
a	b	c	d
Antrag bearbeiten Anträge prüfen	3, 2, 4, 5 2	III	I
Zeichen Vorgesetzter		Blatt	

Abb. 6.14: Formblatt für einen Tagesbericht

Mängel- oder Wunschlisten

Es kann zweckmäßig sein, zusätzlich mit Mängel- und Wunschlisten zu arbeiten, die Mitarbeiter parallel zu ihrer Arbeit ausfüllen. Sie können als wichtige Materialsammlung für die Würdigung und zur Ermittlung von Anforderungen angesehen werden.

Die Mitarbeiter werden aufgefordert, sich über Verbesserungsmöglichkeiten Gedanken zu machen. Hier wird eine deutliche Beziehung der Selbstaufschreibung zum betrieblichen Vorschlagswesen ersichtlich. Mitdenken und Vorschläge sollen gefördert werden, weil gerade die Ausführenden, aber auch die mittleren hierarchischen Ebenen die Einzelheiten der Aufgabenerfüllung am besten kennen. Noch besser bewährt haben sich allerdings Workshops, in denen Verbesserungsvorschläge gemeinsam erarbeitet werden.

Verlässlichkeit der Aufschreibung

Bei der Selbstaufschreibung taucht die Frage auf, inwieweit die Angaben vertrauenswürdig sind. Allgemeine Aussagen sind dazu nicht möglich. Nirgendwo wird es dem Betroffenen leichter gemacht, Informationen zu manipulieren. Er kann in aller Ruhe überlegen, was er angeben will.

Vorgesetzte überprüfen Selbstaufschreibung

Die Neigung, sich besser – z. B. stärker ausgelastet – darzustellen, als es den Tatsachen entspricht, kann sicherlich nicht ignoriert werden. Es gibt jedoch ein Korrektiv, wenn Tagesberichte dem jeweiligen Vorgesetzten vorzulegen sind. Ein zweites Korrektiv hat der Erheber selbst in der Hand. Wenn ein Stelleninhaber bei einem Acht-Stunden-Tag acht Stunden produktive Arbeit angibt, ist die Manipulation offenkundig. Nicht-produktive Zeit (Verteilzeiten) für persönliche Bedürfnisse oder auch Wartezeiten sind nicht zu umgehen. Behauptet also ein Mitarbeiter von sich, „pausenlos" gearbeitet zu haben, so sollte nachgefasst werden, damit er sieht, dass die Berichte sorgfältig ausgewertet werden.

Das wohl wichtigste Korrektiv ist ein Quervergleich zwischen vergleichbaren Stellen. Von dieser Möglichkeit sollte immer Gebrauch gemacht werden, wenn es die Situation erlaubt. Die gemeinsame Erörterung von deutlichen Abweichungen fördert die Bereitschaft, korrekte Aufzeichnungen zu führen.

Zusammenfassung

Bei der Selbstaufschreibung werden von den Mitarbeitern Tagesberichte sowie Formblätter für zusätzliche Aufgaben bzw. Tätigkeiten ausgefüllt. Sie werden verdichtet und für die Analyse aufbereitet. Die Ergebnisse können manipuliert werden, allerdings gibt es Möglichkeiten, Manipulationen zu begrenzen.

6.3.6 Laufzettelverfahren

Das Laufzettelverfahren ist eine Untersuchungstechnik, die sich auf den Arbeitsablauf bezieht. An einen Informationsträger (Beleg, Vorgang, Akte, Antrag usw.) wird ein Laufzettel geheftet. Dieser wird ähnlich geführt wie die Begleitpapiere eines Auftrages in der Fertigung, allerdings mit dem wesentlichen Unterschied, dass der Verlauf nicht durch den Laufzettel vorgegeben wird, sondern durch diesen ermittelt werden soll. Der jeweilige Aufgabenträger trägt die folgenden Informationen ein, ehe der Laufzettel mit dem bearbeiteten Objekt weitergegeben wird:

Erhebungsinhalte

- Bearbeiter/Stelle
- Art der Bearbeitung/Aufgabe(n)
- Eingangstag und Eingangszeit
- Bearbeitungstag mit Beginn und Ende der Bearbeitung
- Ausgangstag und Ausgangszeit
- Dauer des Bearbeitungsvorganges.

Mithilfe des Laufzettelverfahrens können folgende Fragestellungen beantwortet werden:

Ergebnisse

- Beteiligte an einem Arbeitsprozess
- alternative Wege (Verzweigungen) in einem Prozess
- Häufigkeiten der alternativen Wege
- gesamte Durchlaufzeit, Bearbeitungszeiten, Liegezeiten, Transportzeiten
- Bearbeitungszeiten an den einzelnen Arbeitsplätzen
- Rückläufe.

Da es heute nur noch wenige papiergebundene Vorgänge gibt, kann die Erfassung technisch unterstützt werden. Das elektronische Laufzettelverfahren erfolgt dann beispielsweise mithilfe einer entsprechenden Software.

Aufgabe	Stelle	Eingang	Beginn der Bearbeitung	Ende der Bearbeitung	Ausgang
		Datum	Datum	Datum	Datum
		Zeitpunkt	Zeitpunkt	Zeitpunkt	Zeitpunkt
1	1	13.05.	13.05.	13.05.	13.05.
		09:15	09:45	10:00	12:30
2, 3	2	13.05.	13.05.	13.05.	14.05.
		14:00	15:15	16:00	08:30

Abb. 6.15: Laufzettel

Das Laufzettelverfahren ist eine prozessorientierte Erhebungstechnik. Im Laufzettel werden Eingangs-, Ausgangs- und Bearbeitungszeiten, die Art der Bearbeitung und der Bearbeiter eingetragen.

Zusammenfassung

6.3.7 Schätzung

Eine Schätzung ist formal eine einfache Technik der Erhebung. Durch möglichst leicht zu ermittelnde Daten aus Vorperioden (historische Schätzmethode), eventuell auch durch Vergleiche mit verwandten Sachverhalten, können Informationen beispielsweise über Kosten, Zeiten und Mengen gewonnen werden, um sie für geplante Vorhaben zu nutzen. Schätzungen lassen sich leicht durchführen und bringen wenig Aufwand mit sich. Dieser Vorteil wird meist mit Ungenauigkeiten der Ergebnisse erkauft.

Am Anfang einer Schätzung muss der Sachverhalt, der zu schätzen ist, festgelegt werden. Es kann sich dabei handeln um:

Quantifizierbare Sachverhalte

- Zeiten für Prozesse (Stückzeiten)
- Zeiten für bestimmte Aufgabenarten oder für Teilprojekte
- Mengen (z. B. Anzahl von Bestellungen) und Häufigkeiten
- zeitliche Verteilung von Ereignissen
- Kosten usw.

Wenn hinsichtlich des zu schätzenden Sachverhaltes bereits Erfahrungen vorliegen, muss die als Vergleichsperiode verwendete Zeitspanne bestimmt werden. Dabei ist zu beachten, dass bei vielen Sachverhalten zyklische Schwankungen auftreten. Atypische Vergleichszeiträume müssen ausgesondert werden. Ist der Sachverhalt kompliziert, empfiehlt es sich, ihn zu zerlegen. Bei dieser sogenannten analytischen Zeitschätzung werden die Aufgaben so weit in Teilaufgaben gegliedert, bis es möglich ist, den Zeitbedarf für die Erledigung dieser Aufgabenelemente zu schätzen. Die Einzelzeiten werden dann zu einer Gesamtzeit addiert. Die so ermittelten Werte sollten anschließend mit Experten auf Plausibilität überprüft werden.

Analytische Zeitschätzungen sind immer dann geeignet, wenn die Aufgaben

Analytische Zeitschätzungen

- überwiegend mit geistiger Arbeit verbunden sind
- unregelmäßig auftreten
- in großen Zeitabständen auftreten
- sich über einen größeren Zeitraum erstrecken
- erst in der Zukunft wahrgenommen werden
- im Zeitbedarf stark streuen
- auf sehr unterschiedliche Art und Weise erledigt werden.

Eingabeln bei Schätzungen

Interviews mit Fachleuten oder Betroffenen eignen sich zur Erhebung der Schätzwerte. Zur Steigerung der Präzision der Ergebnisse hat sich die Technik des „Eingabelns“ bewährt. Es wird erst nach den Extremwerten (z. B. mindestens, höchstens) und dann nach dem Normalfall gefragt.

Liegen brauchbare Aufzeichnungen vor, sind diese auszuwerten und zu Kennzahlen zu verdichten.

Entwicklung abschätzen

Da Schätzungen meist für zukünftig wirksame Regelungen vorgenommen werden, müssen die Werte in die Zukunft „verlängert" (extrapoliert) werden. Dabei sind jedoch solche Bedingungen zu beachten, die sich auf die Schätzwerte auswirken und die sich verändert haben oder verändern werden. Um diese Veränderungen der Bedingungen müssen die Schätzwerte korrigiert werden.

Zusammenfassung

Schätzungen dienen meistens der Ermittlung von Zeiten oder Mengen in der Form von Befragungen oder Selbsteinschätzung. Durch eine Zerlegung einer Gesamtschätzung in Teilschätzungen und durch das „Eingabeln" kann die Qualität der Ergebnisse deutlich gesteigert werden.

6.3.8 Erhebungsworkshop

Ein Erhebungsworkshop ist eine Arbeitsgruppe, die speziell für den Zweck der Erhebung einberufen wird. Sie setzt sich meistens aus Experten des betreffenden Fachgebiets und den wichtigsten Stakeholdern zusammen und wird von einem Moderator begleitet, der für ein zielorientiertes Vorgehen sorgt. Meistens ist auch noch die Rolle eines Protokollanten besetzt, der die laufende Diskussion visualisiert und die Ergebnisse dokumentiert.

Workshops zur Ermittlung von Anforderungen

Erhebungsworkshops werden insbesondere dann einberufen, wenn es um die Ermittlung von Anforderungen an neue Lösungen geht. Der Workshop grenzt das gemeinsame Themenfeld ab, sammelt und bewertet Ideen und priorisiert die Anforderungen. Durch die frühzeitige Einbindung vieler Stakeholder steigt die Wahrscheinlichkeit für vollständige Ergebnisse. Gleichzeitig besteht die Chance, die Akzeptanz zu verbessern. Mit Workshops kann wechselseitiges Verständnis gefördert und Vertrauen aufgebaut werden.

Der Moderator eines solchen Workshops hat die folgenden Aufgaben – und sollte dabei die Regeln der Moderation beachten. Der Moderator

Rolle des Moderators

- klärt das Ziel des Workshops (in der Regel mit dem Auftraggeber des Projekts)
- ermittelt die am besten geeigneten Beteiligten, insbesondere die wichtigsten Stakeholder
- legt die Tagesordnung fest
- bereitet die Infrastruktur vor (Raum, Technik, Versorgung etc.)
- stellt den Beteiligten vorbereitendes Material zur Verfügung
- bereitet sich selbst fachlich vor (beispielsweise durch Vorab-Interviews)

- moderiert die Veranstaltung, stellt ein fokussiertes, zielorientiertes Vorgehen sicher und sorgt dafür, dass sich alle Anwesenden in die gemeinsame Arbeit einbringen
- strebt bei Meinungsverschiedenheiten eine Einigung an.

Vorteile	Nachteile
■ Einbindung von Stakeholdern fördert wechselseitiges Verständnis und Akzeptanz von Ergebnissen ■ Konzentration auf gemeinsame Ziele, frei vom Tagesgeschäft ■ Gruppenarbeit verhindert einseitige Ergebnisse ■ Fehlerwahrscheinlichkeit sinkt deutlich ■ relativ kostengünstig im Vergleich zu einer Vielzahl von Interviews.	■ Vielbeschäftigte Stakeholder machen es schwer, einen gemeinsamen Termin zu finden ■ Es ist oft schwierig, die „richtigen" Experten im Voraus ausfindig zu machen ■ Nichteingeladene können sich später „rächen" ■ Ergebnisse hängen entscheidend von der Qualifikation und Akzeptanz des Moderators ab ■ Sind sehr viele beteiligt, kann es schwierig und zeitaufwändig sein, zu gemeinsamen Ergebnissen zu kommen.

Abb. 6.16: Vor- und Nachteile des Erhebungsworkshops

Zusammenfassung

Erhebungsworkshops dienen primär zur Ermittlung von Anforderungen. Kompetente Mitarbeiter werden durch einen Moderator bei der Sammlung und Bewertung der Vorschläge begleitet.

6.4 Erhebungsmix

Notwendigkeit

Kombination von Erhebungstechniken

In der Projektpraxis geht es meistens nicht darum, die eine oder andere Erhebungstechnik zur Bestandsaufnahme einzusetzen. Vielmehr wird häufig ein „Sowohl-als-auch" sinnvoll sein. Da jede Erhebungsaktion vorbereitender und nachbereitender Schritte bedarf, kommt es auf die zweckmäßige Kombination von Erhebungstechniken an. Zur Vorbereitung einer Interview-Serie wird es beispielsweise nützlich sein, auf vorhandene Unterlagen zurückzugreifen (Dokumentenstudium). Zur Vorbereitung einer Multimomentstudie bzw. einer Fragebogenaktion sollte eine Reihe von Interviews stattfinden. In der Phase der Auswertung wiederum werden eine Multimomentstudie, eine Fragebogen- oder Selbstaufschreibungsaktion klärende bzw. weiterführende Gespräche („Nachfass"-Interviews) benötigen.

Erhebungsinstrumente können sowohl hintereinander als auch parallel geschaltet werden. Bei größeren, relativ homogenen Untersuchungsbereichen könnte sich beispielsweise die parallele Durchführung einer Fragebogenaktion (für z. B. 95 % der Betroffenen) einerseits und einer Interviewserie (für die restlichen 5 %) andererseits empfehlen.

Auswahlproblematik

Bei der Kombination einzelner Erhebungsinstrumente hat der Erheber normalerweise einen Entscheidungsspielraum. Ein „Rezept" für den „richtigen" Erhebungsmix gibt es nicht. Entscheidend sind die Ziele der Erhebung und die besonderen Anwendungsbedingungen der Techniken. Im Folgenden werden die wichtigsten Kriterien genannt, die bei der Auswahl der Erhebungstechniken herangezogen werden können.

6.5 Einsatzmöglichkeiten der Techniken

Bei der Darstellung der verschiedenen Erhebungstechniken wurde bereits darauf hingewiesen, dass diese Instrumente unterschiedlich geeignet sind, bestimmte Sachverhalte zu erfassen. Darüber hinaus sind bestimmte Kriterien zu berücksichtigen, die im konkreten Fall eine Hilfe bei der Auswahl der geeigneten Erhebungstechnik sein können. Im Folgenden werden die wesentlichen Kriterien genannt, deren Gewichtung allerdings vom jeweiligen Einzelfall abhängig ist.

Ein wesentliches Kriterium sind die durch die Erhebung verursachten Kosten. Dabei sind folgende Kosten bzw. Aufwände zu berücksichtigen:

- Vorbereitung
- Durchführung
  - die bei den Erhebern anfallen
  - die bei den Auskunftspersonen anfallen
- Aufbereitung der Erhebungsinhalte
- sonstige Sachkosten.

Kriterien für die Auswahl der geeigneten Technik(en)

Einige weitere Kriterien betreffen die Zeit. Hier ist einmal bedeutsam, wie schnell die Ergebnisse vorliegen müssen, d. h. die Dringlichkeit der Erhebung. Zum anderen ist wichtig, ob die Informationen zu einem Zeitpunkt erhoben werden müssen oder ob es zulässig oder wünschenswert ist, die Informationen über einen Zeitraum zu erfassen. Schließlich sind die Erhebungsvarianten unterschiedlich geeignet zur Erhebung vergangenheits-, gegenwarts- oder zukunftsbezogener Informationen.

Auch die räumlichen und geographischen Gegebenheiten spielen eine Rolle. So bieten sich beispielsweise Interviews an, wenn die Anzusprechenden räumlich leicht zu erreichen sind, wohingegen bei starker regionaler Streuung eher Fragebogen eingesetzt werden könnten.

Bei der Auswahl einer geeigneten Erhebungstechnik ist außerdem zu beachten, dass unterschiedliche Anforderungen an die Erheber gestellt werden. Die entscheidenden Kriterien sind die fachlichen und menschlichen Anforderungen, der Stand der Vorinformation und die Verfügbarkeit des Erhebungspersonals.

Die verschiedenen Erhebungsinstrumente stellen auch unterschiedliche Anforderungen an die Auskunftspersonen. So erfordern beispielsweise Multimomentstudien durch Eigennotierung eine gründliche Schulung. Auch kann die innere Einstellung der Befragten zum Projekt, zur Erhebungstechnik und zum Erheber mitbestimmend für die Wahl der Technik sein. Wenn beispielsweise vor kurzer Zeit eine misslungene Fragebogenaktion durchgeführt wurde, so liegt es schon aus diesem Grund nahe, bei dem nächsten Projekt eine andere Technik einzusetzen. Auch die hierarchische Position der Auskunftsperson kann die Auswahl der Erhebungstechnik beeinflussen. So lassen sich ranghohe bzw. qualifizierte Mitarbeiter nur ungern nach einem standardisierten Schema befragen. Sie bevorzugen vielmehr das nicht-standardisierte Interview. Darüber hinaus ist der Umfang der Störung durch die Erhebung in Abhängigkeit vom jeweiligen Erhebungsverfahren zu beachten.

Die Erhebungsergebnisse sind unterschiedlich genau bzw. sicher, je nach der gewählten Technik. Auch ist die Gefahr der Manipulation bei den Techniken unterschiedlich groß. Schließlich gibt es Instrumente, die die Prüfung der Ergebnisse leichter ermöglichen als andere.

Außerdem sind noch einzelne technische Gesichtspunkte zu beachten. Unabdingbare Voraussetzung einer Multimomentstudie mit Fremdbeobachtern sind beobachtbare Erhebungsmerkmale. Daneben spielt eine Rolle, ob die Auskunftspersonen überhaupt angetroffen werden können. Mitarbeitergruppen, die ständig unterwegs sind, erzwingen möglicherweise den Einsatz von Fragebogen, ohne Rücksicht auf die Eignung anderer Erhebungstechniken. Auch ist die Anzahl der Auskunftspersonen zur Bestimmung der geeigneten Erhebungstechnik zu beachten.

Technik und Inhalte

Zum Abschluss wird in der Abbildung 6.17 gezeigt, welche Erhebungstechnik besonders geeignet ist, bestimmte Erhebungsinhalte zu erfassen. Die Anzahl der Kreuze in der Abbildung signalisiert die Eignung der Erhebungstechniken. Drei Kreuze bedeuten „sehr geeignet“, ein Schrägstrich bedeutet, dass diese Technik praktisch nicht einsatzfähig ist. „Bekannt“ bedeutet, dass dieser Aspekt für diese Erhebungstechnik vorausgesetzt wird.

Aus Abbildung 6.17 wird deutlich, dass Interview und Erhebungsworkshop sehr häufig nützlich und erfolgversprechend sind. Andere Techniken haben ihre Stärken meistens bei speziellen Fragestellungen.

Erhebungsinhalte	Erhebungstechniken	Interview	Fragebogen	Beobachtung	Multimomentstudie	MM mit Selbstnotierung	Zeitaufnahme	Dokumentenstudium	Selbstaufschreibung	Laufzettelverfahren	Schätzung	Erhebungsworkshop
Elemente	Aufgaben	xxx	x	xx	bekannt	bekannt	bekannt	x	bekannt	xx	/	xxx
	Aufgabenträger	xxx	xx	xx	bekannt	bekannt	bekannt	x	bekannt	xxx	/	bekannt
	Sachmittel	xxx	xx	xx	bekannt	bekannt	bekannt	x	bekannt	/	/	x
	Informationen	xxx	xx	/	/	bekannt	bekannt	x	bekannt	/	/	xxx
Dimensionen	Menge	x	xx	x	gesonderte Ermittlung	gesonderte Ermittlung	gesonderte Ermittlung	xx	xxx	xxx	x	xx
	Zeit/Raum	x	xx	xx	xxx	xxx	xxx	/	xx	xxx	xx	xx
Beziehungen	Prozessbeziehungen	xxx	x	x	/	/	/	x	/	xx	/	xx
	Aufbaubeziehungen	xxx	xx	/	bekannt	bekannt	/	xx	bekannt	x	/	xx
Zyklus	Ziele	xxx	x	/	/	/	/	/	/	/	/	xxx
	Anforderungen	xxx	x	xx	/	/	/	/	x	/	/	xxx
	Lösungen	xx	x	x	/	/	/	/	/	/	/	xxx
	Bewertung	xx	x	x	/	/	/	/	/	/	/	xxx

Abb. 6.17: Erhebungstechnik und Erhebungsinhalt

Literatur zu Kapitel 6

Alexander, I.; Stevens, R.: Writing Better Requirements. Boston/San Francisco u. a. 2002

Atteslander, P.: Methoden der empirischen Sozialforschung, 13. Aufl., Berlin 2010

Gottesdiener, E.: Requirements by Collaboration: Workshops for Defining Needs. Boston/San Francisco u. a. 2002

Kühl, S.; Strodtholz, P. (Hrsg.): Methoden der Organisationsforschung. Reinbek 2002

Lauesen, S.: Software Requirements. Styles and Techniques. Boston/San Francisco u. a. 2002

Mayer, H. O.: Interview und schriftliche Befragung. Grundlagen und Methoden empirischer Sozialforschung. 6. Aufl., Stuttgart 2013

Naumann, A.-B.: Business-Analyse – Systematisches Anforderungsmanagement für nutzerorientierte Lösungen. Gießen 2018

REFA (Hrsg.): Methodenlehre der Betriebsorganisation. Datenermittlung. München 1997

Schmidt, G.; Konz, C.: Organisation gestalten – Stabile und dynamische Unternehmensstrukturen. 6. Aufl., Gießen 2019

Schnell, R.; Hill, P. B.; Esser, E.: Methoden der empirischen Sozialforschung. 11. Aufl., München/Wien 2018

7 Techniken der Analyse

Ziele dieses Kapitels – Was können Sie erwarten?

- Sie kennen die Bedeutung von Aufgaben für die Projektarbeit und wissen, wozu die Aufgabenanalyse dient
- Sie kennen die Merkmale der Aufgabenanalyse und wissen, wie die Ergebnisse der Analyse dokumentiert werden
- Sie wissen, wie eine Analyse des Informationsbedarfs durchgeführt werden kann
- Sie kennen wichtige Kennzahlen der Mengenanalyse und können Sie einsetzen
- Sie können die ABC-Analyse (Pareto-Analyse) zur Auswertung quantitativer Informationen einsetzen
- Sie kennen Verfahren zur Analyse und Dokumentation von Zeitreihen
- Sie kennen Anwendungsfälle des vernetzten Denkens und wissen, wie eine solche Analyse eingesetzt wird.

Analyse wird definiert als die Ordnung des erhobenen Materials. Ordnungskriterien sind solche Merkmale, die für die weitere Projektarbeit relevant sind. Grundsätzlich kann der Würfel nach allen „Seiten" analysiert werden, nach den Elementen, den Beziehungen und den Dimensionen.

Analyse von Elementen, Beziehungen und Dimensionen

Den Aufbau- und Prozessbeziehungen sind gesonderte Kapitel gewidmet, die dort behandelten Techniken können auch zur Analyse der Aufbau- und Prozessorganisation herangezogen werden.

Von den organisatorischen Elementen werden hier die Aufgabenanalyse und die Informationsanalyse behandelt (Kapitel 7.1 und 7.2). Der „Analyse" des Aufgabenträgers (Menschen) ist eine eigene Publikation in dieser Schriftenreihe gewidmet (Berger, M.; Chalupsky, J.; Hartmann, F.: „Change Management – (Über-)Leben in Organisationen", Band 4). Das Element Sachmittel soll hier ausgeklammert bleiben, da es dazu eine fast unüberschaubare Anzahl von Veröffentlichungen gibt, die zudem mit dem technischen Fortschritt schnell veralten. Auch gibt es im strengen Sinn kaum Techniken, die die Analyse der Sachmittel unterstützen.

Die Analyse der Dimensionen Raum und Zeit steht im Mittelpunkt der Prozessorganisation. Detailliert wird diese Thematik in einer eigenständigen Schrift dieser Schriftenreihe behandelt (Fischermanns, G.: „Praxishandbuch Prozessmanagement", Band 9).

In Kapitel 7.3 werden einige bedeutsame Techniken zur Zeit- und Mengenanalyse dargestellt, die sowohl in der Aufbau- wie in der Prozessorganisation eingesetzt werden können. Das vernetzte Denken findet sich in Kapitel 7.4.

Im Übersichtsmodell (Abbildung 7.01) sind die Organisationstechniken aufgelistet, die in diesem Kapitel behandelt werden.

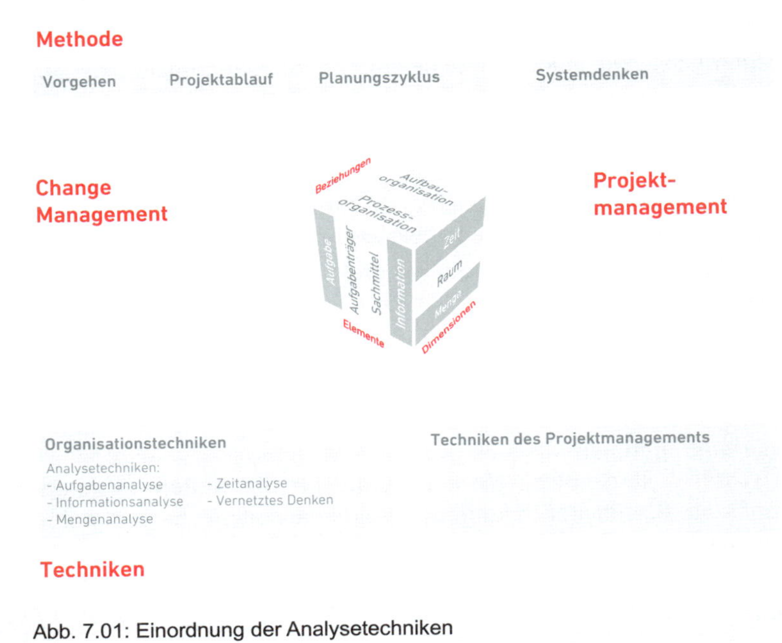

Abb. 7.01: Einordnung der Analysetechniken

7.1 Technik der Aufgabenanalyse

7.1.1 Sinn der Aufgabenanalyse

Aufgaben als Kernelemente der Organisation

Ganz gleich ob eine Gesamtunternehmung neu aufgebaut, eine bestehende Unternehmung reorganisiert oder nur ein kleines Segment einer Unternehmung organisatorisch bearbeitet werden soll, immer lässt sich der Bezugsbereich durch seine Aufgaben beschreiben. Diese Aufgaben stellen die Basis aller aufbau- und prozessorganisatorischen Lösungen dar. Organisieren bedeutet „Verknüpfen von Elementen". Die wesentlichste Elementgruppe wird von den Teilaufgaben gebildet, die so miteinander verbunden werden sollen, dass die Gesamtaufgabe bestmöglich erfüllt werden kann. Anders gesagt, ohne Aufgaben ist auch keine Organisation notwendig, gibt es nichts zu regeln. Die in der Analyse (erhobenen und) geordneten Aufgaben stellen das Baumaterial der Organisationsarbeit dar, die Steine, aus denen organisatorische Gebäude zusammengesetzt sind.

Aufgaben müssen für aufbauorganisatorische und für prozessorganisatorische Projektvorhaben erhoben und analysiert, d. h. geordnet und gegliedert werden. Im Rahmen der Aufbauorganisation werden analytisch gewonnene Aufgaben zu Stellen und Abteilungen zusammengefasst. Die Prozessorganisation regelt, in welcher zeitlichen, logischen und räumlichen Folge Aufgaben zu erledigen sind – es werden Prozesse zur Aufgabenerfüllung strukturiert.

Prozesserhebung zur Ermittlung von Aufgaben

Eine formale Aufgabenanalyse steht nicht zwingend am Anfang einer Aufbau- oder Prozessorganisation. In vielen Fällen wird mit der Erhebung von Prozessen – etwa der Abwicklung eines Auftrags – begonnen. Selbstverständlich sind auch auf diesem Wege organisatorische Verbesserungen möglich. Soll die Aufbauorganisation eines Unternehmens oder eines Bereichs konzeptionell neu gestaltet werden, so hat es sich bewährt, mit einer systematischen Aufgabenanalyse zu beginnen.

Da die Technik der Aufgabenanalyse (Aufgabengliederungstechnik) in der Praxis in den vergangenen Jahren an Bedeutung verloren hat, soll hier nur ein grober Überblick gegeben werden. Detaillierte Beschreibungen dieses Instruments finden sich in den früheren Auflagen dieses Werkes.

Zusammenfassung

Die Aufgabengliederung dient dazu, die zu verteilenden Aufgaben zu erkennen und nach organisatorisch bedeutsamen Kriterien zu ordnen. Die erhobenen Aufgaben werden sowohl für aufbauorganisatorische als auch für prozessorganisatorische Regelungen benötigt.

7.1.2 Ziele der Aufgabenanalysetechnik

Die Technik der Aufgabenanalyse, auch Aufgabengliederungstechnik genannt, bietet ein Instrumentarium an, mit dessen Hilfe folgende Ziele erreicht werden können:

Vorteile der Gliederungstechnik

- vollständige Erfassung
- systematische Gliederung
- übersichtliche Darstellung
- beliebige, stufenweise Detaillierung (vom Groben ins Detail)
- erleichterte Kommunikation und Arbeitsteilung.

Mit den traditionellen Erhebungstechniken, wie unstrukturiertes Interview und Selbstaufschreibung, können zwar Aufgaben erhoben werden, Vollständigkeit und Systematik lassen sich jedoch nur mit einem unvertretbar hohen Erhebungsaufwand erreichen. Die Technik der Aufgabenanalyse liefert demgegenüber bereits im ersten strukturierten Interview weitgehend vollständige und geordnete Ergebnisse. Diese Ergebnisse können mit einfachen Mitteln übersichtlich und leicht lesbar dargestellt werden.

Die ermittelten Aufgaben stehen nicht unverbunden nebeneinander. Sie werden in einem stufenweisen Prozess aus jeweils übergeordneten Aufgaben abgeleitet. Dieser Prozess kann auf jeder beliebigen Ebene abgebrochen und später gegebenenfalls fortgesetzt werden, sodass der Detaillierungsgrad der analysierten Aufgaben dem Projektauftrag und dem Projektfortschritt entsprechend gewählt werden kann.

Da die Technik für vollständige und systematisch geordnete Ergebnisse sorgt, die außerdem noch übersichtlich dargestellt werden, ist die Kommunikation zwischen den Projektbearbeitern und den Betroffenen wesentlich verbessert.

Zusammenfassung

Die Analysetechnik stellt sicher, dass vollständige, systematisch geordnete und übersichtliche Ergebnisse entstehen. Sie erlaubt eine beliebige Detaillierung und fördert Kommunikation und Arbeitsteilung in der Erhebung.

7.1.3 Aufgabenmerkmale und Aufgabenerfüllungsmerkmale

Um eine Aufgabe vollständig zu beschreiben, muss man Angaben über die Merkmale der Aufgabe machen. Objekt und Verrichtung beschreiben eine Aufgabe:

Aufgabenmerkmale

- Objekt (z. B. Bestellung)
- Verrichtung (z. B. ausliefern).

Neben Verrichtung und Objekt sind für den Erheber auch noch andere Informationen wichtig. Sie sollen hier Merkmale der Aufgabenerfüllung (= Organisation der Aufgabe) genannt werden.

Merkmale der Aufgabenerfüllung

Zur Beschreibung der Aufgabe selbst ist es nicht notwendig zu sagen, wer die Aufgabe erfüllen soll – die Aufgabe besteht unabhängig von dem , der sie ausführt:

- Aufgabenträger (wer?).

Gleiches gilt für die Aspekte, die herangezogen werden müssen, um die Aufgaben zu erfüllen:

- Sachmittel (womit?).

Für die Erfüllung der Aufgaben ist nicht nur wichtig, „was“ „woran“ getan werden muss. Angaben über den Zeitpunkt oder die Zeitdauer sind nötig, um die Aufgabenerfüllung zeitlich zu konkretisieren:

- Zeit (wann? wie lange?).

Zur Konkretisierung der Aufgabenerfüllung ist weiterhin anzugeben, wo eine Aufgabe zu erfüllen ist bzw. woher etwas kommt und wohin etwas weiterzuleiten ist:

- Ort/Raum (wo? woher? wohin?).

Außerdem müssen noch Angaben über die Menge gemacht werden:

- Menge (wie viel? wie oft?).

Die Angabe der Erfüllungsmerkmale, das sei noch einmal betont, dient jedoch nicht mehr der Beschreibung der Aufgabe. Aufgabenträger, Raum, Zeit, Menge und Sachmittel stellen vielmehr zusätzliche Informationen dar, die für den Analytiker von Bedeutung sind, weil sie die Aufbau- und Prozessorganisation der Aufgabe beschreiben, und die er deswegen auch erheben muss. Die Aufgabe selbst wird durch diese Merkmale jedoch nicht bestimmt.

Beschreiben der Organisation der Aufgabe

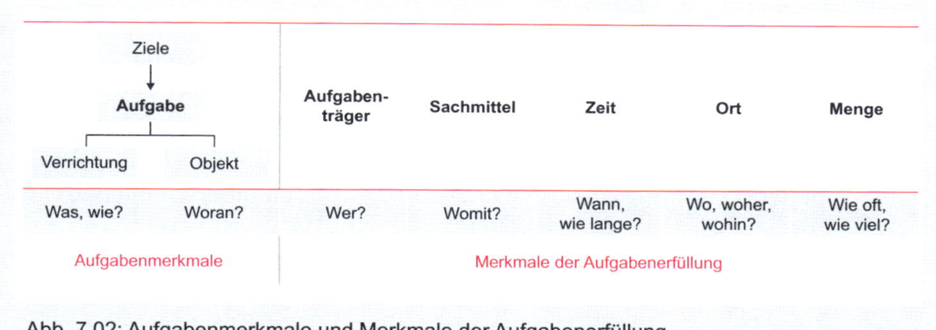

Abb. 7.02: Aufgabenmerkmale und Merkmale der Aufgabenerfüllung

In diesem Zusammenhang soll noch ein Bezug zu den Zielen hergestellt werden. Ziele sind angestrebte Wirkungen oder Zustände. Um Ziele erreichen zu können, muss das System Aufgaben erfüllen. Anders gesagt, Aufgaben lassen sich aus den verfolgten Zielen ableiten.

Aufgaben leiten sich aus Zielen ab. Mit Angaben über Verrichtung und Objekt wird eine Aufgabe beschrieben. Neben diesen Aufgabenmerkmalen sind organisatorisch weiter bedeutsam die Merkmale der Aufgabenerfüllung – Aufgabenträger, Sachmittel, Raum, Zeit und Menge.

Zusammenfassung

7.1.4 Analyse der Aufgabenmerkmale

7.1.4.1 Verrichtungsanalyse

Die Verrichtung ist die eine Seite der „Münze“ Aufgabe, die andere Seite ist das Objekt. Die Verrichtung (Tätigkeit oder Aktivität) gibt an, was zu tun ist. Verrichtung und Objekt gehören immer zusammen. Nur für die Überle-

Verrichtungen erfolgen an Objekten

gung, welche verschiedenen Verrichtungen zu erfüllen sind oder auf welche verschiedene Art und Weise ein und dieselbe Aufgabe erfüllt werden kann, empfiehlt es sich, von den Objekten zu abstrahieren und sich auf die Verrichtungen zu konzentrieren. Bei einer Verrichtungsanalyse wird daher die Verrichtungskomponente zerlegt ohne Betrachtung der Auswirkungen auf das Objekt. Die Aufgabe „Abwickeln von Aufträgen" lässt sich wie folgt (Abbildung 7.03) nach dem Merkmal Verrichtung weiter untergliedern:

Beispiel

Abwickeln von Aufträgen				
Annehmen (Auftrag)	Prüfen (Auftrag)	Weiterleiten (Auftrag)	Fakturieren	Versenden

Abb. 7.03: Verrichtungsanalyse (UND-Verrichtungsgliederung)

Auf dieser zweiten Ebene stehen also die Verrichtungen im Vordergrund, nach ihnen wird gegliedert. Das Merkmal Verrichtung kann nahezu beliebig oft hintereinander angewandt werden. Die nötige Tiefe der Untergliederung der Verrichtung lässt sich nicht allgemeingültig bestimmen. Sie hängt unter anderem von der voraussichtlichen Lösung ab.

In der Verrichtungsanalyse gibt es zwei logisch zu unterscheidende Gliederungsmöglichkeiten. Hier werden

UND- und ODER-Gliederung der Verrichtung

- UND-Verrichtungsgliederung (siehe oben)

  und
- ODER-Verrichtungsgliederung

unterschieden. Zur Und-Verrichtungsgliederung gelangt man durch die Frage: Was muss man alles tun, um das Objekt zu bearbeiten? Die ODER-Verrichtungsgliederung erkennt man auf die Frage: Auf welche verschiedene Art und Weise kann das Objekt bearbeitet werden?

7.1.4.2 Objektanalyse

Verrichtungen werden immer an Objekten vollzogen. Aber so, wie bei der Untergliederung nach der Verrichtung dieses Merkmal in den Vordergrund geschoben wurde, so können gedanklich auch die Objekte isoliert werden.

Beispiel

Abwickeln von Aufträgen	
Telefonische Aufträge	Schriftliche Aufträge

Abb. 7.04: Objektgliederung (ODER-Objektgliederung)

Bei der Objektanalyse können ebenfalls zwei Gliederungsformen unterschieden werden:

UND- und ODER-Gliederung von Objekten

- UND-Objektgliederung
- ODER-Objektgliederung.

Die ODER-Objektgliederung kann durch folgende Frage erreicht werden: Gibt es verschiedene selbstständige Objekte, die bearbeitet werden?

Die UND-Objektgliederung leitet sich aus der Frage ab: Welche Teile eines Objekts werden bearbeitet?

7.1.4.3 Kombination der Merkmale

Diese vier logisch möglichen Formen der Aufgabenanalyse und die zugehörigen analytischen Fragen werden in der folgenden Übersicht zusammengefasst. In der praktischen Projektarbeit werden sie in Interviews nacheinander aus der konkreten Aufgabe abgeleitet und dabei als verständliche Fragen formuliert. Stufenweise kann so ein immer höherer Detaillierungsgrad erreicht werden.

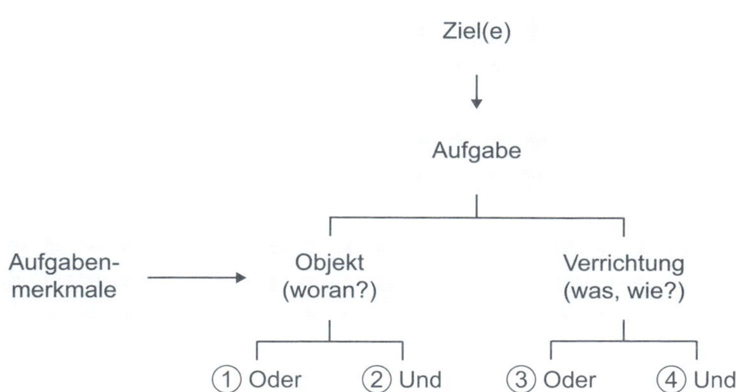

Zur Gliederung führende Fragen:

1. Gibt es verschiedene selbstständige Objekte, die bearbeitet werden?
2. Welche Teile eines Objekts werden bearbeitet?
3. Auf welche verschiedene Weisen kann das Objekt bearbeitet werden (alternative Verfahren)?
4. Was muss getan werden, um das Objekt zu bearbeiten?

Abb. 7.05: Begriffszusammenhang der Aufgabenanalyse

7.1.4.4 Darstellung der Aufgabenanalyse

Die Ergebnisse der Befragung können in einem sogenannten Rasterblatt dokumentiert werden. Dadurch kann die Vollständigkeit erheblich gefördert werden. Außerdem kann an jeder beliebigen Stelle unterbrochen und später wieder fortgesetzt werden. Ein Beispiel für eine im Rasterblatt dokumentierte Aufgabengliederung findet sich in der Abbildung 7.06. Dabei bedeutet „x", die Aufgabe wird tiefer untergliedert, „-" bedeutet das Ende der Zerlegung.

1	2	3	4	5	6	
1 x Aufträge abwickeln						a
11 x Annehmen Auftrag	12 x Prüfen Auftrag	13 - Weiterleiten Auftrag	14 x Fakturieren	15 - Versenden		b
111 - Schriftliche Aufträge	112 x Telefonische Aufträge					c
112 1 - Entgegennehmen	112 2 x Erstellen internen Auftrag					d
112 21 - Kundendaten	112 22 - Auftragsdaten					e
121 x Vollständigkeit prüfen	122 x Bonität prüfen	123 x Lieferfähigkeit prüfen				f
121 1 - Nachfragen	121 2 - Ergänzen					g
122 1 - Vermerk: Rechnung	122 2 - Vermerk: Nachnahme					h
123 1 - Absagen	123 2 - Weiterbearbeiten					i
141 x Erstellen Rechnung	142 - Prüfen Rechnung	143 - Trennen Rechnungssatz	144 - Weiterleiten Rechnung			j
141 1 - Aufrufen Maske	141 2 - Eingeben Kundennummer	141 3 x Eingeben Auftragsdaten	141 4 - Auslösen Auftrag			k
141 31 - Artikel	141 32 - Menge	141 33 - Mehrwertsteuersatz	141 34 - Lieferart			l

Projekt:	Vertrieb Buch		
Aufgenommen am:	30.06.	bei: Huber	durch: SCH
Aufgabe:	Auftragsabwicklung		Blatt 1

Abb. 7.06: Rasterblatt zur Dokumentation einer Aufgabenanalyse

Die Gliederungssystematik (Dezimalklassifikation) im Rasterblatt ermöglicht es, durch eine einfache Umsortierung die Aufgabenanalyse in einer Form darzustellen, die die Kommunikation mit dem Befragten erleichtert. In Abbildung 7.07 findet sich ein Beispiel für eine Aufgabengliederungsübersicht, die auch als Aufgabenstrukturbild bezeichnet wird.

Transparente Aufbereitung

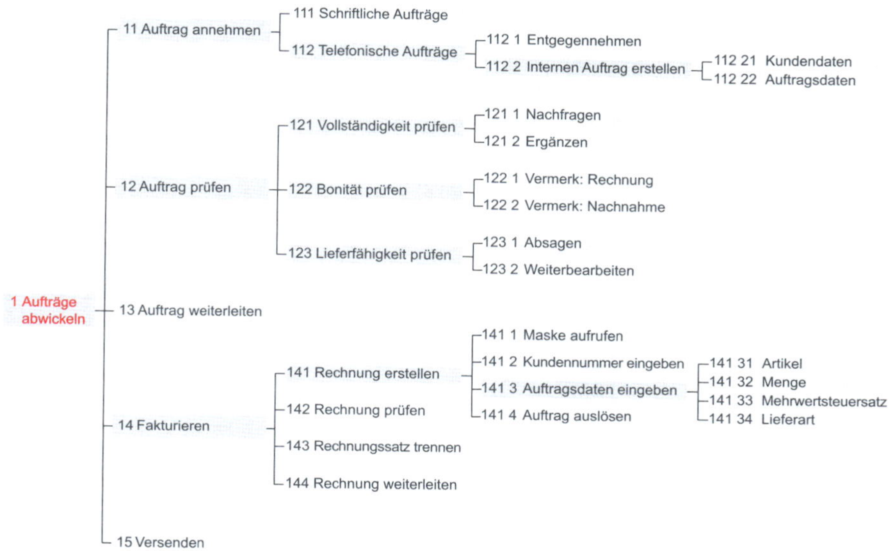

Abb. 7.07: Aufgabengliederungsübersicht (Aufgabenstrukturbild)

Aufgabenanalysen können in eine Matrix überführt und zur Dokumentation der Aufbauorganisation verwendet werden. Beispiele dafür finden sich unter den Techniken der Aufbauorganisation (Kapitel 11).

7.1.4.5 Grenzen der Aufgabenanalyse

Bei allen Vorzügen der Aufgabenanalyse darf nicht übersehen werden, dass auch sie ihre Grenzen hat. Zum einen kann eine Aufgabengliederung nicht alle Informationen liefern, die für die organisatorischen Gestaltungsmaßnahmen notwendig sind. Angaben über die zur Verfügung stehenden Aufgabenträger, Sachmittel, Häufigkeit und Dauer der Aufgabenerfüllung, die vorhandene Aufbauorganisation, Formulare, Prozesse usw. müssen zusätzlich erhoben werden.

Weitere Informationen sind nötig

Eine weitaus wichtigere Grenze der Aufgabengliederung, die sich zudem nicht ohne weiteres beheben lässt, ist darin zu sehen, dass einige Aufgaben unmittelbar abhängig sind von der gewählten organisatorischen Gestaltung.

Aufgaben wandeln sich

Durch strukturelle Maßnahmen entstehen Aufgaben neu, die im Rahmen der Gliederung vorhandener Aufgaben (Untersuchung des Istzustands) nicht erkannt werden können, weil es sie (so) noch nicht gab.

Beispiel

Es wird ein Benutzerservice neu eingerichtet. Aufgaben, die der Leiter des Benutzerservice erledigen muss (etwa Einteilung der Arbeit, Leistungskontrolle), gab es in dieser Form früher überhaupt nicht.

Und umgekehrt fallen u. U. bestimmte Aufgaben durch organisatorische Maßnahmen fort. Aus diesen Grenzen wird ersichtlich, dass die Aufgabengliederung immer nur Auskunft geben kann über Aufgaben, die zu einem bestimmten Zeitpunkt zu erfüllen sind.

Zusammenfassung

Die Aufgabenanalyse liefert eine weitgehend vollständige, systematisch gegliederte und transparente Darstellung der Aufgaben. Sie enthält allerdings nicht alle organisatorisch bedeutsamen Informationen.

7.2 Informationsanalyse

7.2.1 Begriffe

Aufgabenerfüllung = Informationsverarbeitung

Informationen sind ein wesentliches Element der Organisation. Aufgabenträger benötigen Informationen, um überhaupt tätig werden zu können. So benötigt ein Bankmitarbeiter Informationen über die Bonität eines Kunden, ehe er einen Kreditwunsch bearbeiten kann. Gleichzeitig verarbeitet er Informationen, indem er den Kundenwunsch entgegennimmt und in ein System eingibt. Schließlich produziert er – oder auch das ihn unterstützende IT-System – neue Informationen über Kredithöhe und -konditionen.

In Banken, Versicherungen und sonstigen Unternehmen des Dienstleistungssektors wie der öffentlichen Verwaltung sind die eigentlichen Leistungsaufgaben – die „Produktion“ – mit Prozessen der Informationsaufnahme, -verarbeitung, -speicherung und -weiterleitung weitgehend identisch. In allen anderen – z. B. Güter produzierenden – Unternehmen werden die physischen Prozesse (z. B. Beschaffen, Herstellen, Verkaufen von Gütern) von breiten Informationsströmen begleitet.

Informationssysteme

Kunden-, Personal-, oder Produktinformationssysteme oder Systeme zur computerunterstützten Sachbearbeitung sind Beispiele, in denen die Information eindeutig im Mittelpunkt steht. Sollen solche oder ähnliche Systeme entwickelt oder verändert werden, müssen zuvor Informationen analysiert werden.

Informationssysteme bestehen – wie alle Systeme – aus Elementen und Beziehungen. Auch hier sind wieder die bekannten Elemente der Organisation anzutreffen (Aufgabe, Aufgabenträger, Sachmittel und Informationen).

Diese Elemente werden in einem Informationssystem miteinander verbunden:

Informationsbeziehungen

- Beziehungen zwischen den Informationen selbst, beispielsweise in einer Datenbank, aber auch in einem Telefonbuch
- Beziehungen zwischen Aufgaben und Informationen, etwa durch die Ermittlung des Informationsbedarfs zur Erledigung der Aufgaben
- Beziehungen zwischen Informationen und Aufgabenträgern bzw. Stellen (z. B. Zugriffsberechtigungen)
- Beziehungen zwischen Sachmitteln und Informationen, indem beispielsweise geregelt wird, welche Sachmittel zur Informationsaufnahme, Informationsspeicherung, Informationsverarbeitung, Informationsabgabe bereitgestellt werden.

Im Vordergrund steht dabei häufig die Ermittlung des Informationsbedarfs. Das Thema soll hier nur insoweit behandelt werden, wie die Informationsanalyse durch organisatorische Techniken unterstützt werden kann.

7.2.2 Ermittlung des Informationsbedarfs

Für den Informationsbedarf gibt es zwei wesentliche Ursachenbündel:

Aufgaben und menschliche Bedürfnisse bestimmen Informationsbedarf

- die zu erledigenden Aufgaben (sachbezogener Bedarf)
- die Bedürfnisse des Menschen, z. B. nach Anerkennung, Sicherheit o. ä. (personenbezogener Bedarf).

Da der personenbezogene Bedarf nicht verallgemeinert werden kann, ist er einer organisatorischen Regelung nicht zugänglich. Die Informationsanalyse muss sich also an den zugrunde liegenden Aufgaben orientieren. Soll der Informationsbedarf ermittelt werden, müssen die zu erledigenden Aufgaben bekannt sein.

Grundsätzlich bieten sich Interviews zur Ermittlung des Informationsbedarfs an. Der dabei angemeldete Bedarf ist jedoch meistens überhöht. Das hat verschiedene Ursachen, wie z. B. das jedem Menschen eigene Sicherheitsbestreben, Neugierde, der mit dem Informationsbesitz verbundene Status, evtl. aber auch die fehlende Urteilsfähigkeit eines Aufgabenträgers.

Der Informationsbedarf lässt sich tendenziell objektivieren, wenn folgende Maßnahmen ergriffen werden:

Objektivierung des Informationsbedarfs

- logische Überprüfung anhand der zu erledigenden Aufgaben
- wertanalytische Abklärung – was könnte schlimmstenfalls passieren, wenn eine Information nicht zur Verfügung stehen würde?
- Befragung von Experten – z. B. Vorgesetzten, Fachleuten etc.
- gemeinsame Diskussion zwischen Nachfragern und Anbietern (etwa in Workshops).

Techniken hierzu werden insbesondere in den Kapiteln 6 und 8 behandelt, deswegen wird hier nicht näher darauf eingegangen.

7.3 Analyse der Dimensionen

Bei der Analyse der Dimensionen geht es einerseits um die Mengenanalyse, andererseits um die Zeitanalyse. Mengen und Zeiten werden z. B. für die Stellenbildung (Anzahl notwendiger Stellen) wie auch für die Prozessorganisation benötigt (z. B. wann Stapelverarbeitung, wann Direktverarbeitung).

7.3.1 Mengenanalyse – Kennzahlen

Kennzahlen zur quantitativen Analyse

Bei einer statistischen Auswertung quantitativer Daten können verschiedene Kennzahlen ermittelt werden, die im weitesten Sinne etwas mit dem Durchschnitt aller Werte und der Verteilung der Werte zu tun haben. Anhand eines einfachen Beispiels sollen hier die folgenden Werte kurz demonstriert werden:

- Mittelwert
- häufigster Wert
- Median
- Spannweite
- Varianz
- Standardabweichung.

Beispiel

Bei einer Untersuchung der durchschnittlichen Durchlaufzeit (in Stunden) von Aufträgen wurden bei einer Stichprobe von 19 untersuchten Fällen die folgenden Messwerte ermittelt (Abbildung 7.08). Alle hier gemachten Aussagen gelten aber auch für solche Fälle, in denen eine Vollerhebung durchgeführt wurde, und nicht nur für Stichproben.

Beispiel Durchlaufzeit

Anzahl der Fälle	Zeitdauer pro Fall	Produkt = Zeit gesamt
1	2	2
2	3	6
2	4	8
3	5	15
3	6	18
4	8	32
3	26	78
1	34	34
19		**193**

Abb. 7.08: Beispiel zur Berechnung von Kennzahlen

Mittelwert

Der Mittelwert der betrachteten Fälle wird errechnet, indem die Gesamtzeit durch die Anzahl der Fälle geteilt wird. Bei dem Beispiel ergibt sich als mittlere Durchlaufzeit:

193 Stunden/19 Fälle = 10,16 Stunden mittlere Durchlaufzeit.

$$\bar{x} = \frac{1}{N}\sum_{i=1}^{N} x_i \quad = \frac{1}{19}\,193 = 10{,}16$$

Abb. 07.08a: Formel für die Berechnung des Mittelwertes

Häufigster Wert

Der häufigste Wert ist derjenige, der in der untersuchten Stichprobe mit der größten Frequenz auftrat.

Häufigster Wert = 8.

Median

Der Median ist der Wert, der genauso viele Werte unter sich wie über sich hat. Bei 19 Fällen insgesamt hat der 10. Fall 9 Werte unter sich und 9 Werte über sich.

Der Median ist in diesem Fall 6.

Bei einem Vergleich dieser Werte wird deutlich, dass sie sehr stark von einander abweichen:

Mittlere Durchlaufzeit	=	10,2 Std.
Häufigste Durchlaufzeit	=	8,0 Std.
Median der Durchlaufzeit	=	6,0 Std.

Auswahl der geeigneten Kennzahl

Es gibt keine allgemein gültigen Regeln für die Nutzung dieser Mittelwerte. Häufig wird ihre Wahl davon abhängig gemacht, was man demjenigen vermitteln möchte, der diese Zahlen erhält. Generell kann man empfehlen, den Mittelwert zu nehmen, wenn die Verteilung der Werte tendenziell einer glockenförmigen Normalverteilung entspricht (vgl. Kapitel 7.3.2). Der häufigste Wert bietet sich an, wenn es einen eindeutigen „Sieger" gibt, also ein Ereignis, das in Relation zu allen anderen Fällen sehr oft auftritt. Der Median kann sinnvoll sein, wenn es Ausreißer gibt, die den Mittelwert stark in eine Richtung ziehen, wie es in dem obigen Beispiel der Fall ist.

Spannweite

Die Spannweite gibt die Distanz an, die zwischen dem größten und dem kleinsten Wert besteht. Im Beispiel beträgt die Spannweite:

Größter Wert = 34 kleinster Wert = 2 Spannweite = 32

Varianz

Die Varianz ist ein Maß, das beschreibt, wie sehr ein Sachverhalt „streut". Je größer die Varianz, desto breiter die Streuung der Einzelwerte. Die Varianz wird mit den folgenden Schritten berechnet:

1. Ermittlung des Mittelwerts
2. Ermittlung der Differenz der Messwerte (Zeitdauer pro Fall) vom Mittelwert
3. Multiplikation dieser Differenzwerte mit sich selbst (quadrieren)
4. Addition der quadrierten Werte (Summe der Quadratwurzeln)
5. Division der Summe der Quadratwurzeln durch die Anzahl der Messwerte minus 1.

$$v_x = \sigma_x{}^2 = \frac{1}{N\text{-}1} \sum_{i=1}^{N} (x_i - \bar{x})^2$$

Abb. 07.08b: Formel für die Berechnung der Varianz

Dabei bedeuten:

σ_x^2 = Quadrat der Standardabweichung

x = Merkmalswert (z. B. Durchlaufzeit eines Auftrags)

$\bar{x}$ = Mittelwert (hier 10,16 Std.)

$\sum$ = Summe

N = Anzahl der Fälle

Beispiel

N = Anzahl der Fälle	x = Zeitdauer pro Fall	Produkt = Zeit gesamt	Diff. zum Mittelwert (10,16)	Quadrat der Differenz	Quadrat • Zahl der Fälle
1	2	2	8,16	66,55	66,55
2	3	6	7,16	51,24	102,47
2	4	8	6,16	37,92	75,84
3	5	15	5,16	26,60	79,81
3	6	18	4,16	17,29	51,86
4	8	32	2,16	4,66	18,63
3	26	78	-15,84	250,97	752,92
1	34	34	-23,84	568,45	568,45
19		**193**			**1.716,52**

$\bar{x} = 193 : 19 = 10{,}16 \qquad \sigma_x^2 = 1.716{,}52 : 18 = 95{,}36$

Abb. 7.09: Berechnungsbeispiel Varianz

In dem Beispiel beträgt der Wert für die Varianz $\sigma_x^2 = 95{,}36$. Ein Nachteil dieses Wertes (der Varianz) ist es, dass sie nicht den gleichen Wert repräsentiert, der ursprünglich berechnet wurde (Durchlaufzeit in Stunden). Diese Aussage macht jedoch die Standardabweichung.

Standardabweichung

Eine Standardabweichung σ_x ist der durchschnittliche Abstand der Einzelwerte vom Mittelwert. Die Standardabweichung wird ermittelt, indem aus der Varianz die Wurzel gezogen wird. Dieser Wert entspricht in unserem Beispiel wieder der urspünglichen Messgröße „Durchlaufzeit in Stunden".

$$\sigma_x = \sqrt{95{,}36} = 9{,}76$$

Abb. 07.09a: Formel für Berechnung der Standardabweichung

Analyse mehrstufiger Prozesse

Bei der Analyse eines Prozesses, der sich aus mehreren Schritten zusammensetzt, für die jeweils eigene Varianzwerte ermittelt wurden, können die Varianzen addiert werden. Wenn aus deren Summe die Quadratwurzel gezogen wird, erhält man die Standardabweichung für den gesamten untersuchten Prozess. Demgegenüber ist es nicht zulässig, die Standardabweichungen zu addieren.

7.3.2 Mengenanalyse – Verteilungen

Sollen Mengen oder Häufigkeiten dargestellt werden, bietet sich dazu die Häufigkeitsverteilung an. Alternativ können die Werte auch als Teile eines Kreisdiagramms abgebildet werden.

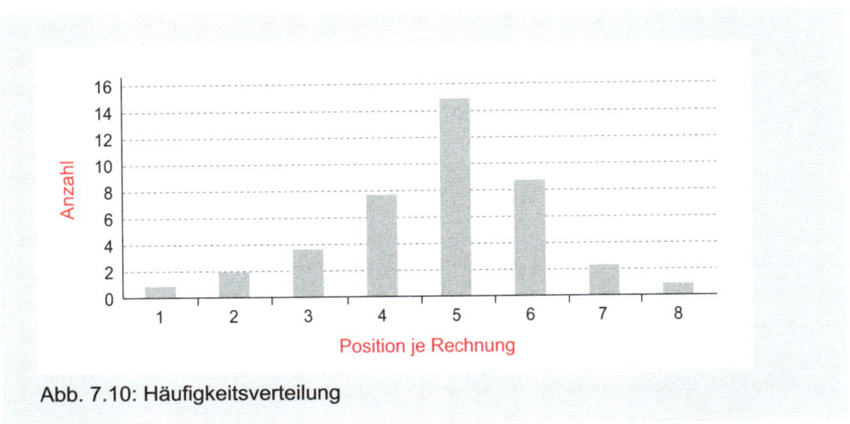

Abb. 7.10: Häufigkeitsverteilung

Werden anstelle von Säulen übereinander aufgeschichtete Punkte zur Darstellung verwendet, spricht man auch von einem Dot Plot.

Gaußsche Normalverteilung

Streuen die Werte gleichmäßig um den häufigsten Wert, erhalten wir eine Normalverteilung (siehe Abbildung 7.11). Eine solche Normalverteilung (Gauß-Kurve) der Werte ergibt sich häufig bei Stichproben, die nach dem strengen Zufallsprinzip gezogen werden. Die Standardabweichung gibt für eine solche Normalverteilung das Maß der Streuung der Werte an.

Beispiel

Ergibt sich aus einer Stichprobe ein errechneter Anteilswert (z.B. ein Sachbearbeiter berät Kunden zu einem Zeitanteil von 25 %), so liegt dieser Wert mit einer Wahrscheinlichkeit (statistischen Sicherheit) von 68,26 % innerhalb eines Bereichs, der maximal ± 1 σ_x von dem errechneten Wert abweicht. Der tatsächliche Wert fällt mit einer Wahrscheinlichkeit von 95,46 % in einen Bereich, der von ± 2 σ_x begrenzt wird. Angenommen, der Wert für 2 σ_x sei 1,5 (die Größe dieses Wertes hängt von dem Anteilswert – hier 25 – und von der Größe der Stichprobe ab), dann ist die folgende Aussage zulässig: Der tatsächliche Wert für Beratungsleistungen liegt mit einer statistischen Sicherheit von 95,46 innerhalb eines Intervalls von 25 ± 1,5 = 23,5-26,5 %. (siehe dazu auch die Ausführungen zur Multimomentstudie in Kapitel 6.3.3.3).

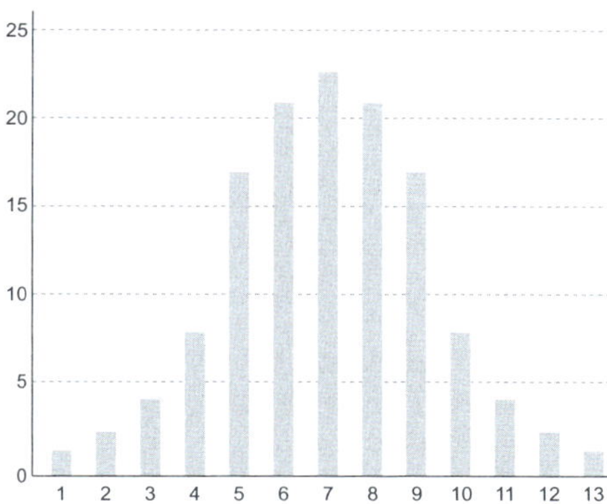

Abb. 7.11: Häufigkeitsverteilung (als Normalverteilung)

7.3.3 Mengenanalyse – ABC-Analyse (Pareto-Analyse)

Pareto-Verteilung

Die ABC-Analyse ist eine allgemein anwendbare Technik, um Aufgaben oder andere mengenmäßig erfassbare Sachverhalte (Produkte, Kunden, Artikel, Verfahren usw.) nach ihrer Häufigkeit oder nach anderen Kriterien zu ordnen und daraus eventuell Prioritäten für deren Behandlung festzulegen. Welche Kriterien für die Gruppierung maßgebend sind, ist je nach Anwendungsgebiet verschieden. Pareto untersuchte die Verteilung des Vermögens in Italien und fand heraus, dass ca. 20 % der Familien ca. 80 % des Vermögens besitzen. Daraus leitete er beispielsweise die Empfehlung ab, dass sich Kreditinstitute vornehmlich um diese 20 % der Menschen kümmern sollten, um so einen Großteil ihres Geschäfts zu sichern. Pareto entwickelte daraus das nach ihm benannte Pareto-Prinzip, das auch „80-zu-20-Regel“ oder Pareto-Effekt genannt wird. Dieses Prinzip besagt, dass sich viele Aufgaben mit einem Mitteleinsatz von 20 % so erledigen lassen, dass 80 % aller Probleme gelöst werden. Die ABC-Analyse ist mit der Pareto-Analyse praktisch identisch. Beide Begriffe werden hier synonym verwendet.

Analytiker legt die Kriterien fest

Auch im Verwaltungs- und Dienstleistungsbereich kann die ABC-Analyse eingesetzt werden, z. B. um festzustellen, welche Aufgaben in erster Linie untersucht werden sollten. Hier werden die Kriterien vor allem sein:

- Wie häufig ist diese Aufgabe zu erfüllen?
- Wie viel Zeit wird jeweils dafür benötigt?

	A-Aufgaben	B-Aufgaben	C-Aufgaben
Anteil am Gesamt-Arbeitsaufwand	ca. 80 %	ca. 15 %	ca. 5 %
Anzahl Aufgaben	klein	mittel	groß

Abb. 7.12: ABC-Analyse

Es können aber auch andere Sachverhalte nach der ABC-Analyse untersucht werden, z. B. Antragsteller und Zahl der Anträge, Aufträge und Auftragswert etc.

Die Technik

Steht die Untersuchung der Aufgaben im Vordergrund, werden vor der Durchführung der ABC-Analyse die einzelnen Aufgaben ermittelt. Sodann werden für diese Aufgaben deren Häufigkeit und der Zeitbedarf für deren Erledigung erhoben. Anstelle einer exakten Zeitmessung oder sonstigen Erhebung, die oft mit einem großen Aufwand verbunden ist, kann zunächst geschätzt werden (groß/mittel/klein). Mit den Werten Häufigkeit und Zeitbedarf lässt sich der prozentuale Zeitanteil der einzelnen Aufgaben am gesamten Zeitaufwand errechnen.

Ordnung nach abnehmenden Werten

Als nächstes sind die Kategorien A, B, C gegeneinander abzugrenzen und die einzelnen Aufgaben diesen Kategorien zuzuteilen – nachdem die Aufgaben vorher nach dem fallenden Anteil am gesamten Zeitaufwand geordnet wurden.

Grafische Aufbereitung als Lorenzkurve

Die Verteilung kann graphisch aufgezeichnet werden. Die Kurve, die durch die Abbildung der kumulierten Werte (fortlaufende Zwischensummen) entsteht, nennt man Lorenzkurve. Bei völliger Gleichverteilung müssten die kumulierten Werte auf Abszisse (Waagerechte) und Ordinate (Senkrechte) gleich sein, die Lorenzkurve würde gleichmäßig ansteigen (Abbildung 7.14, gestrichelte Linie). Je stärker die Konzentration ist, umso mehr weicht die Lorenzkurve von dieser Geraden ab.

Der wesentliche Vorteil der ABC-Analyse liegt darin, dass die Aufgaben (allgemein: Sachverhalte) leicht erkannt werden können, für die es sich lohnt, tätig zu werden. In den A-Aufgaben finden sich meistens die vielen Normalfälle. Gelegentlich kann es sinnvoll sein, nur für diese Normalfälle überhaupt Regelungen zu entwerfen. Einzel- und Ausnahmefälle werden als solche erkannt.

Die Anwendung

Die beschriebene Technik soll hier am Beispiel der Auftragsabwicklung eines Buchverlags angewendet werden.

Die Aufgabe wird in Teilaufgaben aufgegliedert und für jede Teilaufgabe werden Häufigkeit (Anzahl pro Jahr) und jeweiliger Zeitaufwand (Minuten) festgestellt oder geschätzt. Der Rest ist Rechenarbeit. Im hinteren Teil der Tabelle werden dann die Teilaufgaben nach ihrem %-Anteil am Gesamtzeitaufwand geordnet und die kumulierten Werte werden errechnet.

Vorbereiten						Ordnen		
Kurz-bez.	Aufgaben	Anzahl pro Jahr	Zeit-aufwand	Gesamter Zeitaufwand	Prozent-anteil	Kurz-bez.	Prozent-anteil	Addition der Prozent-anteile
AA	Auftrag annehmen	10.000	3'	30.000	8,9	VS	59,1	59,1
AV	Vollständigkeit prüfen	10.000	2'	20.000	5,9	F	11,8	70,9
AB	Bonität prüfen	500	5'	2.500	0,7	AA	8,9	79,8
AL	Lieferfähigkeit prüfen	1.000	2'	2.000	0,6	RB	8,9	88,7
RB	Rückfragen bearbeiten	2.000	15'	30.000	8,9	AV	5,9	94,6
F	Fakturieren	10.000	4'	40.000	11,8	SO	2,9	97,5
AE	Änderungen bearbeiten	500	8'	4.000	1,2	AE	1,2	98,7
SO	Sonderfälle (Eilaufträge) verfolgen	1.000	10'	10.000	2,9	AB	0,7	99,4
VS	Versenden	10.000	20'	200.000	59,1	AL	0,6	100,0
	Summen	45.000		338.500	100		100	

Abb. 7.13: ABC-Analyse von Aufgaben

Die Teilaufgaben werden nun in dieser Reihenfolge längs der Abszisse eingetragen und die zugehörigen kumulierten Werte auf der Ordinate vermerkt. Dies ergibt die Lorenzkurve für dieses Beispiel (siehe Abbildung 7.14).

Es ist nun eine Ermessensfrage, ob man als A-Aufgaben diejenigen bezeichnen und entsprechend behandeln will, die zusammen z.B. 70 % oder 80 % der Zeit beanspruchen. Je nach Wahl erhält man 2 oder 3 A-Aufgaben. Im Beispiel wurde der Wert 80 % gewählt, und die Grenze zwischen B- und C-Aufgaben wurde bei 95 % angesetzt. Das Pareto-Prinzip bzw. die ABC-Analyse gelten aber auch, wenn diese Prozentanteile nicht exakt zutreffen.

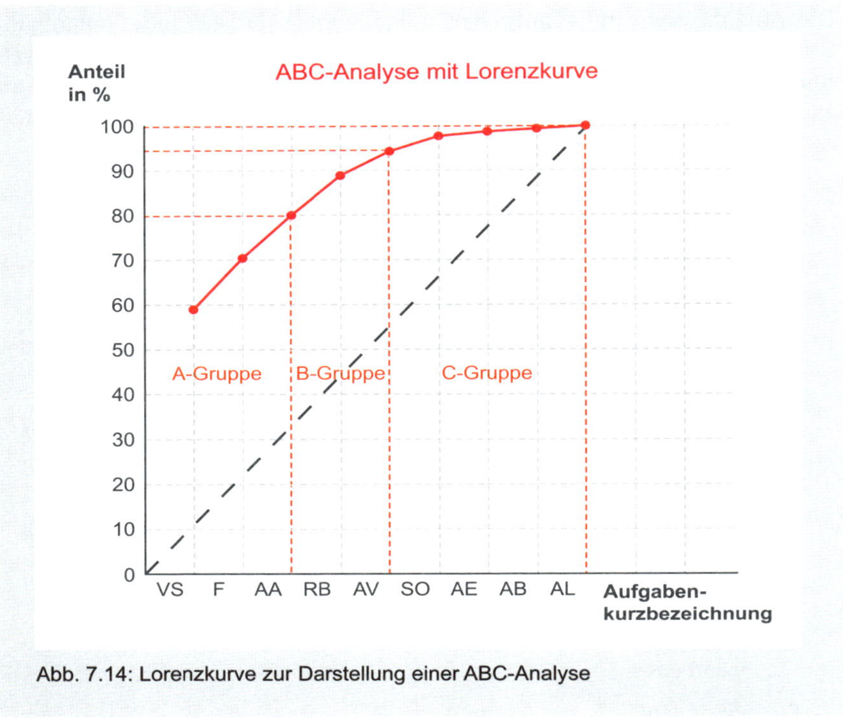

Abb. 7.14: Lorenzkurve zur Darstellung einer ABC-Analyse

7.3.4 Zeitanalyse (Zeitreihen)

Von einer Zeitreihe wird gesprochen, wenn Daten über den gleichen Sachverhalt für eine Reihe von Zeitpunkten oder Zeiträumen vorliegen. Zur Darstellung wird normalerweise ein Koordinatensystem verwendet. Auf der Abszisse werden die Zeitpunkte oder Zeiträume und auf der Ordinate die Merkmalswerte (Kapazität, Menge, Kosten usw.) dargestellt. Der zeitliche Abstand der einzelnen Werte sollte gleich groß gewählt werden.

Zeitreihen als Linien

Normalerweise werden die aufeinander folgenden Punkte miteinander verbunden. Dadurch kommt die zeitliche Entwicklung besser zum Ausdruck. Das soll durch das folgende Beispiel „Umsatzentwicklung von 3 Buchtiteln" (Abbildung 7.15) verdeutlicht werden.

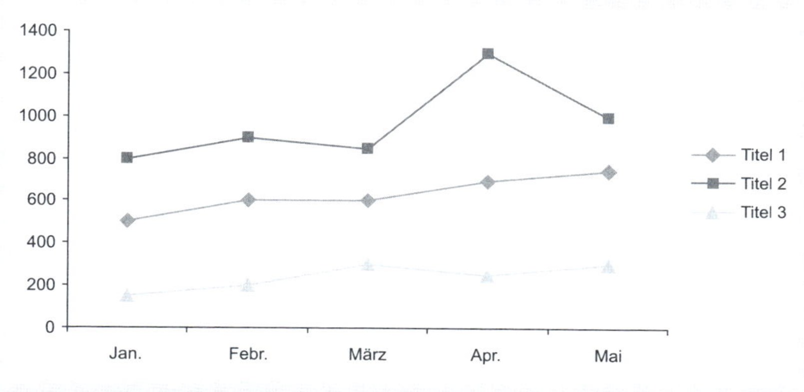

Abb. 7.15: Liniendiagramm (Umsatzentwicklung)

Zeitreihen als Säulen

Sollen demgegenüber die Mengen dargestellt und in ihrer absoluten Größe verglichen werden, bietet sich die Säulendarstellung an, die auch als Histogramm bezeichnet wird. Die Fläche des Balkens (bzw. die Höhe, da die Breite stets gleich sein soll) repräsentiert die Merkmalswerte, d.h. die Besetzungszahlen oder Häufigkeiten. Durch Schraffierung, Rasterung oder Farbgebung können mehrere Zeitreihen (in der folgenden Abbildung 7.16 die Absatzmengen verschiedener Produkte) im gleichen Koordinatensystem abgebildet werden.

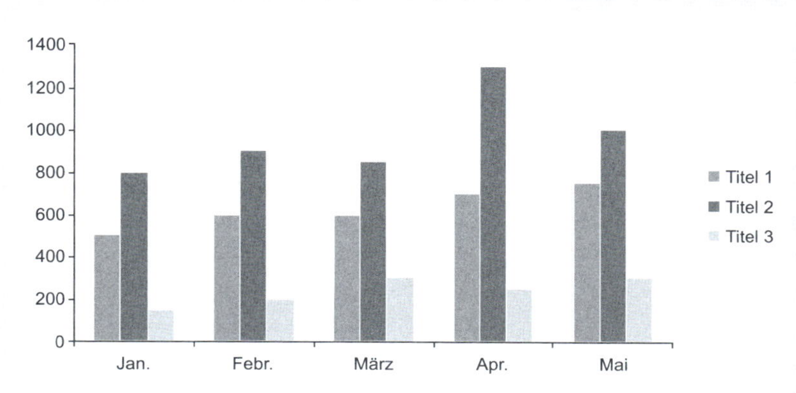

Abb. 7.16: Säulendiagramm (Umsatzentwicklung)

7.4 Vernetztes Denken

Graphische Aufbereitung von Zusammenhängen

Das vernetzte Denken wird hier unter den Techniken der Analyse behandelt, es kann aber auch in anderen Schritten im Zyklus angewendet werden, wie noch gezeigt wird. Das vernetzte Denken ist ein Anwendungsfall des Systemdenkens. Es greift auf Begriffe und Denkansätze systemorientierter Arbeit zurück. Mithilfe des vernetzten Denkens werden Projekte und die in ihnen zu bearbeitenden Problemsituationen modelliert, d. h. dargestellt, und in ihrem Verhalten untersucht.

Menschen neigen dazu, komplizierte Zusammenhänge zu vereinfachen. Mit dem vernetzten Denken wird versucht, Probleme ganzheitlich darzustellen und zu lösen.

Beispiel

„Wenn-dann-Aussagen" etwa mit dem Inhalt: „Wenn ich einem Kundenberater eine bessere Technik zur Verfügung stelle, gewinnt er Zeit für die Beratung!" sind zwar prinzipiell vermutlich richtig. Derartige Vereinfachungen lassen aber beispielsweise außer Betracht, dass verschiedene Faktoren dafür maßgeblich sind, ob die Technik genutzt wird (empfundene Bedrohung durch die Technik, Schulungsanstrengungen bei den Anwendern usw.), ob die Technik überhaupt geeignet ist (Art der Aufgaben, Wiederholungshäufigkeit der Aufgaben etc.), ob die Technik nicht neue Aufgaben hervorruft, die mit ihrem Einsatz einhergehen (z. B. Anwender legen sich selbst umfangreiche Dateien an) usw. Werden solche Zusammenhänge unzulässig vereinfacht, treten unerwartete (Neben-)Wirkungen auf, die oftmals sogar das Gegenteil von dem bewirken, was eigentlich beabsichtigt wurde.

Modellmäßige Untersuchung von Wirkzusammenhängen

Mit dem vernetzten Denken wird versucht, Problemsituationen in ihrer realen Vielschichtigkeit zu erfassen und die Auswirkungen von Eingriffen zu untersuchen. Aus diesem Grund beschränkt sich das vernetzte Denken auch nicht auf organisatorische Sachverhalte (Elemente und Beziehungen), sondern es bezieht alle Faktoren und deren Verknüpfungen mit ein, die mit einem Problem bzw. mit einem Vorhaben zusammenhängen, auch wenn sie durch das Projekt nicht verändert werden können. So können dann aus einem organisatorischen Projekt heraus Hinweise gegeben werden, wo weiterer Handlungsbedarf besteht, wenn das Problem ganzheitlich gelöst werden soll.

Zeitliche Entwicklung kann modelliert werden

Ein weiteres Merkmal des vernetzten Denkens besteht darin, dass die zeitliche Dynamik von Systemen bewusst berücksichtigt wird. Veränderungen im Zeitablauf und die sich daraus ergebenden Wirkungsverläufe werden bewusst untersucht. Es sind also Entwicklungen zu prognostizieren, die sich aus Eingriffen ergeben (so kann beispielsweise der Einsatz von Technik erst zu Einbußen und später zu deutlichen Verbesserungen führen).

Bei der Modellierung einer Situation geht man von Zielen oder erwünschten Wirkungen aus. Es werden dann alle Faktoren ermittelt, die direkt oder indirekt, positiv oder negativ, kurz-, mittel- oder langfristig, stark oder schwach usw. auf das Ziel wirken. Im Einzelnen sind folgende Bearbeitungsschritte zu durchlaufen:

Schritte zur Modellierung von Netzwerken	Beispiele
Zielvorstellungen klären	**Verbesserung der Beratungsleistung**
Relevante, zielwirksame Faktoren ermitteln	▪ Beraterqualifikation ▪ Beratermotivation ▪ aussagefähige Informationen beim Berater ▪ Teilhabe am Erfolg
Verbinden der Faktoren durch Beziehungen (möglichst als Regelkreise)	▪ **Teilhabe am Erfolg wirkt auf Beratermotivation** ▪ **Motivation wirkt auf Beratungsqualität** ▪ **Qualität wirkt auf Umsatz** ▪ **Umsatz wirkt auf Teilhabe-Ergebnis**
Wirkungsverläufe ermitteln: ▪ positiv oder negativ ▪ stark oder schwach ▪ kurz-, mittel- oder langfristig	▪ positive Wirkung von Teilhabe auf Motivation ▪ starke Wirkung bei hoher Teilhabe ▪ kurzfristige Wirkung bei hoher Teilhabe ▪ langfristig stark negative Wirkung bei langsamen Entscheidungen durch Vorgesetzte
Wechselbeziehungen mit der Systemumwelt darstellen	**Teilhabe wirkt eher negativ, wenn sie im Vergleich mit anderen Stellen oder Abteilungen als ungerecht – zu niedrig – empfunden wird**
Rahmenbedingungen ermitteln, die durch das Projekt nicht beeinflusst werden können.	Konjunktur und Verhalten der Mitbewerber haben unabhängig von den Anstrengungen der Berater einen ganz wesentlichen Einfluss auf die Erfolge der Berater.

Abb. 7.17: Bearbeitungsschritte zur Modellierung von Netzwerken

Im folgenden Beispiel wird die Problemstellung „Stärkung der Marktstellung durch verbesserte Beratungsleistungen in einem Kreditinstitut“ modelliert.

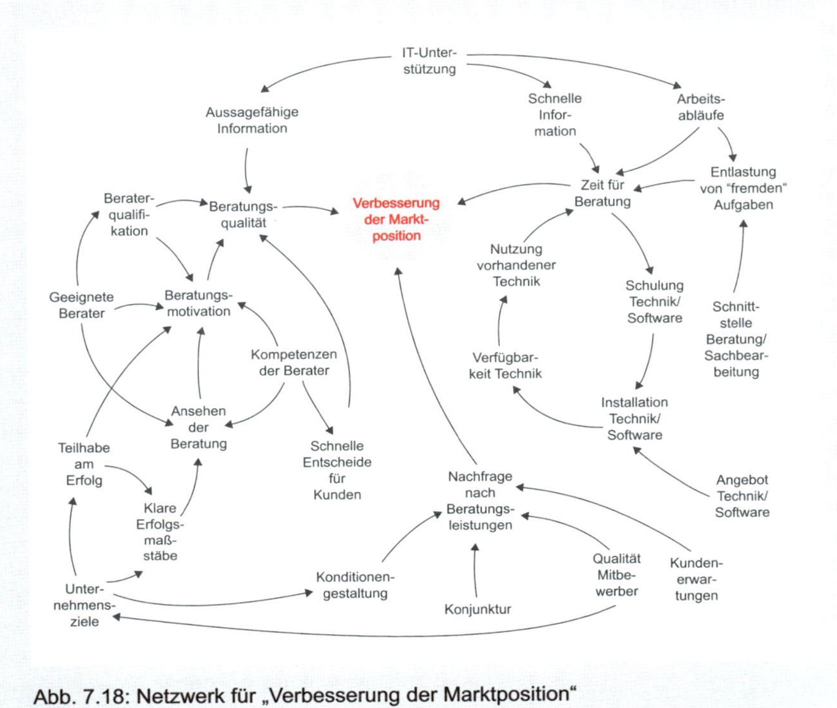

Abb. 7.18: Netzwerk für „Verbesserung der Marktposition“

Im gesamten Zyklus anwendbar

Das vernetzte Denken unterstützt die Projektarbeit nicht nur in der Analyse sondern auch bei den übrigen Schritten im Zyklus (siehe Abbildung 7.19).

Schritt im Zyklus	Anwendung des vernetzten Denkens
Erhebung/Analyse	▪ Modellierung der Ausgangssituation ▪ Ermittlung des Erhebungsbedarfs durch die Modellierung
Anforderungen/Stärken/Schwächen	Ermittlung der Faktoren, welche die Zielereichung im Istzustand behindern (Ursache-Wirkungs-Ketten)
Lösungsentwurf	Ermittlung von zu beeinflussenden (lenkbaren) Faktoren bzw. Varianten, die geeignet erscheinen, die Zielerreichung zu verbessern
Bewertung	Untersuchung der voraussichtlichen Wirkung (Richtung, Stärke und Fristigkeit) von Eingriffen unter Berücksichtigung des notwendigen Aufwandes

Abb. 7.19: Anwendung des vernetzten Denkens im Planungszyklus

Das vernetzte Denken ist angewendetes Systemdenken. Problemsituationen werden in ihren komplizierten, mehrstufigen Wirkungszusammenhängen dokumentiert, gewürdigt und daraufhin untersucht, welche Einflüsse geplante Eingriffe voraussichtlich haben werden.

Zusammenfassung

Literatur zu Kapitel 7

Borgert, S.: Unkompliziert! Das Arbeitsbuch für komplexes Denken und Handeln in agilen Unternehmen. Offenbach 2018

Gomez, P.; Probst, G. J.: Die Praxis des ganzheitlichen Problemlösens. 3. Aufl. Bern/Stuttgart/Wien 2007

Heinrich, L. J.; Riedl, R.; Stelzer, D.: Informationsmanagement: Grundlagen, Aufgaben, Methoden. 11. Aufl., München 2014

Probst, G. J. B.; Gomez, P.: Vernetztes Denken. Ganzheitliches Führen in der Praxis. 2. Aufl., Wiesbaden 1991

Schnell, R.; Hill, P. B.; Esser, E.: Methoden der empirischen Sozialforschung. 11. Aufl., München/Wien 2018

Ulrich, H.; Probst, G. J. B.: Anleitung zum ganzheitlichen Denken und Handeln. 3. Aufl., Stuttgart 1991

8 Techniken der Anforderungsermittlung

Ziele dieses Kapitels – Was können Sie erwarten?

- Sie wissen, was Anforderungen sind und kennen deren Bedeutung für den Erfolg eines Projekts
- Sie kennen unterschiedliche Anforderungsarten
- Sie kennen Qualitätskriterien für Anforderungen
- Sie wissen, auf welchem Weg Anforderungen erarbeitet werden
- Sie kennen Use-Case-Diagramme als Instrumente zur Ableitung von Anforderungen
- Sie wissen, wie eine Anforderung vollständig beschrieben wird
- Sie kennen Prüffragenkataloge, SWOT-Analyse, Benchmarking und Problemanalyse als Techniken zur Ermittlung von Anforderungen
- Sie kennen das Instrument Wertanalyse
- Sie wissen, wie Anforderungen gewichtet werden können
- Sie kennen die Bedeutung der Qualitätssicherung für Anforderungen
- Sie wissen, mithilfe welcher Techniken die Qualitätssicherung unterstützt werden kann.

8.1 Grundlagen

8.1.1 Einordnung des Themas

Anforderungen als kritische Erfolgsfaktoren in Projekten

In diesem Kapitel steht die Ermittlung, Dokumentation und Prüfung von Anforderungen im Mittelpunkt. Die Bedeutung der Anforderungen für den Erfolg eines Projekts kann kaum überschätzt werden. Nur wenn die Anforderungen bekannt sind, kann die richtige Lösung erarbeitet werden. Nur wenn die Anforderungen erfüllt werden, gibt es zufriedene Kunden (Stakeholder). Nur wenn die richtigen Anforderungen ermittelt und zu einem schlüssigen Gesamtsystem verdichtet sind, lässt sich der Aufwand für ein Projekt sinnvoll planen bzw. schätzen. Nur wenn übertriebene Anforderungen rechtzeitig „abgewehrt" werden, kann eine Lösung in vertretbarer Zeit und mit vertretbaren Kosten erarbeitet werden. Nur wenn Anforderungen frühzeitig erkannt werden, können sie mit einem vertretbaren Aufwand umgesetzt werden. Im schlimmsten Fall werden Anforderungen erst in der Einführung bewusst. Das ist ein sicherer Weg zu erheblichen Mehrkosten. Es gibt sicherlich viele mögliche Gründe für unbefriedigende oder sogar gescheiterte Projekte. Der sicherste Weg, mit einem Projekt zu scheitern, sind gravierende Mängel bei der Ermittlung der Anforderungen.

In früheren Auflagen dieses Werkes wurde hier von Würdigung gesprochen. Anforderungen können in der Tat aus der Würdigung einer vorgefundenen Lösung abgeleitet werden. Es gibt aber auch die Fälle, wo sie unabhängig von einem Istzustand entwickelt werden. Deswegen wird hier vorrangig von Anforderungen gesprochen. Die klassischen Techniken der Würdigung gehören jedoch unverändert zu diesem Schritt im Zyklus. Sie werden weiter unten ebenso behandelt wie Techniken zur Sammlung von Anforderungen. Ehe im Einzelnen auf diese Techniken eingegangen wird, sollen vorab noch einige Grundlagen geklärt werden.

Die Ermittlung der Anforderungen stellt einen Schritt im Planungszyklus dar. Modellhaft erfolgt sie im Anschluss an die Auftragsabstimmung, Erhebung und Analyse. Nachdem der Auftrag geklärt und das Material über den Istzustand gesammelt und geordnet ist (Erhebung und Analyse), setzt man sich wertend mit dem Istzustand auseinander und leitet daraus die Anforderungen an die neue Lösung ab. Dazu finden normalerweise Gespräche (Erhebungen) mit den Zielträgern (Stakeholdern) statt. Anforderungen können aber auch gedanklich abgeleitet werden.

Wie schon mehrfach betont, stellen die Schritte im Zyklus keine Einbahnstraße dar. Das wird im Schritt Anforderungsermittlung besonders deutlich. Da die Anforderungen normalerweise bei den Stakeholdern erhoben werden, spielen die Techniken der Erhebung eine große Rolle bei ihrer Ermittlung. Außerdem kann es sein, dass neu erkannte Anforderungen nachträgliche Erhebungen über den Istzustand erfordern, an die vorher noch nicht gedacht wurde. Die formale Einordnung in die Gesamtthematik zeigt die folgende Abbildung 8.01.

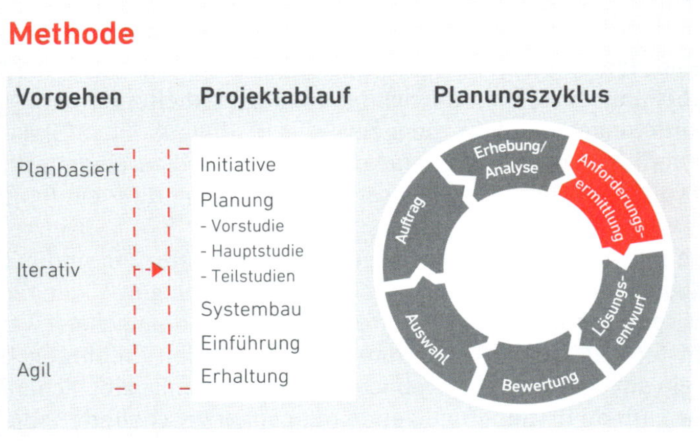

Abb. 8.01: Anforderungen im Gesamtzusammenhang

Insbesondere Business-Analysten beschäftigen sich intensiv mit Anforderungen. Band 7 dieser Schriftenreihe (NAUMANN, A.-B.: „Business-Analyse – Systematisches Anforderungsmanagement für nutzerorientierte Lösungen“) vertieft methodisches Vorgehen, erläutert weitere Aufgaben und Techniken rund um Anforderungen.

8.1.2 Ansätze zur Anforderungsermittlung

Definition

Eine Anforderung ist (1) ein Bedarf, der durch einen Stakeholder wahrgenommen wird, (2) eine Fähigkeit oder Eigenschaft, die ein System haben sollte, (3) eine dokumentierte Repräsentation eines Bedarfs, einer Fähigkeit oder Eigenschaft.

Effektivität und Effizienz

Betriebliche Lösungen müssen effektiv und effizient sein. Aus diesen beiden Begriffen lassen sich Anforderungen an die zukünftige Lösung ableiten. Eine Lösung ist effektiv, wenn sie dazu beiträgt, das Richtige zu tun (doing right things). Damit ist im Wesentlichen gemeint, dass eine Lösung dazu dienen muss, die Strategie eines Unternehmens oder einer Verwaltung zu erfüllen. So ist es nicht sinnvoll, einen Prozess zu perfektionieren, wenn dieser Prozess nicht dazu beiträgt, zentrale Unternehmensziele zu erreichen. Deswegen sollte sehr früh im Projekt die Frage gestellt werden, ob mit der heutigen oder der zukünftigen Lösung die zentralen (Projekt-)Ziele des Unternehmens sowie Ziele der Kunden erfüllt werden. Nur wenn diese Frage mit Ja beantwortet wird, ist es sinnvoll, die Effizienz zu steigern. Eine Lösung ist effizient, wenn sie kostengünstig und zeitgerecht die gewünschten Leistungen in der geforderten Qualität hervorbringt (doing things right).

Anforderungen interner und externer Kunden

Besonders wichtig – für den Erfolg eines Projekts – sind die Erwartungen interner oder externer Kunden. Externe Kunden sind die Abnehmer von Produkten oder Leistungen, diejenigen also, die bereit sind, einen (Markt-) Preis für die Leistung zu bezahlen. Interne Kunden sind alle Empfänger von Produkten oder Leistungen, die noch weiterbearbeitet oder verarbeitet werden müssen.

Voice of the customer (VOC)

Die Kundensicht wird im angelsächsischen Sprachbereich auch als Voice of the customer (VOC) bezeichnet. Dieser Stimme des Kunden zu lauschen, ist die zentrale Aufforderung bei der Ermittlung von Anforderungen. Ein kleines Beispiel soll verdeutlichen, welche Anforderungen ein Bankberater als interner Kunde einer IT-Anwendung stellen könnte, um seinen externen Kunden gerecht werden zu können.

Beispiel

Der Kundenberater der Bank erwartet von der zu entwickelnden Software, dass er jederzeit sämtliche über einen Kunden verfügbaren Daten an seinem Arbeitsplatz aktuell aufrufen kann. Neben den gewährten Krediten will er die Bonitätsmerkmale des Kunden, dessen persönliche Daten, die Guthaben des Kunden auf dem laufenden Konto, auf Sparkonten und in Depots aufrufen können. Außerdem erwartet er Werkzeuge, mit denen er die Verzinsung bestimmter Anlageformen ermitteln kann.

Hätte es bisher für den besagten Mitarbeiter keine IT-Unterstützung gegeben, dann müssten diese Anforderungen gedanklich konstruiert oder aufgrund von Erfahrungen in anderen Banken abgeleitet werden. Gäbe es jedoch heute schon eine solche IT-Anwendung, dann ist es häufig sinnvoll, sich wertend mit dem Istzustand auseinander zu setzen, also nach Stärken und Schwächen der bereits vorhandenen Lösung zu fragen.

Bei einer unerwünschten Abweichung von einem Sollzustand (z. B. die Kreditbewilligung dauert drei Wochen, sollte aber nur maximal zwei Tage in Anspruch nehmen) spricht man von einem Problem. Es geht aber nicht nur darum, Probleme zu beseitigen. Auch vorhandene Stärken öffnen den Blick für die Anforderungen an eine neue Lösung. Stärken sollen beibehalten oder ausgebaut, Schwächen (Probleme) beseitigt werden. Aus beiden können unmittelbar Anforderungen abgeleitet werden.

Zwei Wege

Es gibt also zwei mögliche Ansätze zur Anforderungsermittlung:

- eine vorhandene Ist-Situation, die gewürdigt wird
- eine gedanklich-konzeptionelle Erarbeitung von Anforderungen.

Tipp

Gegenüber betroffenen Mitarbeitern (Stakeholdern) sollte möglichst nicht von Problemen gesprochen werden, da diese ein Problem als eine Belastung, vielleicht sogar als eine persönliche Bedrohung empfinden. Viel weniger belastend ist es, wenn von Verbesserungen oder neuen Anforderungen die Rede ist.

8.1.3 Anforderungsarten

Im Vordergrund der Anforderungsermittlung stehen die sogenannten funktionalen Anforderungen. Das sind beispielsweise Leistungen (Funktionen), die eine Software zur Verfügung stellt, oder der unmittelbare Nutzen, den ein Produkt bietet.

Daneben gibt es zwei weitere Anforderungsarten: nicht-funktionale Anforderungen (Qualitätsanforderungen) und Randbedingungen. Randbedingungen entsprechen weitgehend den in Kapitel 3.3.2 vorgestellten Restriktionen und Rahmenbedingungen. Nicht-funktionale Anforderungen sind beispielsweise Anforderungen an die Entwicklung einer neuen Lösung oder an nachgelagerte Prozesse wie Wartung und Unterstützung. Zum besseren Verständnis soll darauf eingegangen werden.

Funktionale Anforderungen	Nicht-funktionale Anforderungen
Die eigentliche Leistung einer Lösung oder eines Systems (z. B. verfügbare Informationen, Tools, Funktionen).	▪ Anforderungen an die Benutzerschnittstelle ▪ technische Anforderungen ▪ Effizienz, Zuverlässigkeit, Wartbarkeit ▪ Anforderungen an sonstige zu liefernde Bestandteile ▪ Anforderungen an die Projektentwicklung ▪ rechtlich-vertragliche Anforderungen

Abb. 8.02: Zwei Anforderungsarten

Typische Beispiele für nicht-funktionale Anforderungen werden im Folgenden erläutert.

Anforderungen an die Benutzerschnittstelle

Benutzerschnittstelle – entscheidend für die Kundenzufriedenheit

Hier geht es beispielsweise darum, wie übersichtlich eine Bildschirmmaske aufgebaut ist, wie gut ein System Fehleingaben verarbeitet, welche Bearbeitungshilfen dem Benutzer gegeben werden oder wie einfach ein Gerät zu bedienen ist. Je besser diese Anforderungen abgedeckt sind, desto zufriedener ist ein Kunde (Anwender). Funktionale Defizite werden leichter verziehen als Mängel in der Benutzerschnittstelle. Derartige Anforderungen können sich auch auf das physische Umfeld beziehen wie zum Beispiel Licht, Lärm, Schmutz oder Temperaturbelastungen eines Anwenders.

Beispiel Apple

Die Produkte von Apple sind gute Beispiele für die Bedeutung nicht-funktionaler Anforderungen. Funktional bieten sie das, was im Prinzip alle anderen vergleichbaren Produkte auch zu bieten haben. Das Besondere ist die frappierend einfache, intuitiv erlernbare Bedienung dieser Geräte und das ausgezeichnete Design. Diese nicht-funktionalen Merkmale haben dazu geführt, dass Apple eines der wertvollsten Unternehmen der Welt geworden ist. Viele Kunden nehmen relativ hohe Preise und die Restriktionen einer „geschlossenen Welt" in Kauf, weil sie diese nicht-funktionalen Merkmale sehr hoch gewichten.

Technische Anforderungen

Damit die Anwendung funktioniert

Dazu zählt die physikalische Infrastruktur, die notwendig ist, um eine Lösung zu betreiben wie Rechner und Peripheriegeräte, Sachmittel am Arbeitsplatz, Kommunikationseinrichtungen. Bei IT-Anwendungen können hier auch

Anforderungen an die Programmiersprache, an die Hardwarekomponenten, an den Datenaustausch mit anderen Anwendungen, an die eingesetzte Software oder an die Architektur eines Systems gestellt werden.

Beispiel

Für ein Notebook könnten etwa die Größe der Festplatte, die Kapazität des Akkus und die Auflösung des Displays derartige technische Anforderungen sein.

Effizienz, Zuverlässigkeit, Wartbarkeit

Viele Kriterien für Qualität sind möglich

Beispiele für diese Qualitätsanforderungen sind etwa Antwortzeiten von IT-Anwendungen, fehlerfreie Ergebnisse, stabile Lösungen, geringer Aufwand zur Wiederherstellung – etwa nach Systemabstürzen – hohe Verfügbarkeit, Ordnungsmäßigkeit, Erfüllung von Normen und Standards sowie gesetzlichen Bestimmungen und sonstigen Vorschriften. Aus der Sicht der Entwickler können das auch Anforderungen an die Qualität einer Programmdokumentation, an die Modularität, an die Prüfbarkeit oder an die Wartbarkeit von Anwendungen sein.

Beispiel

Fehlerfreie Zugriffe auf die Festplatte oder die Schockresistenz der Festplatte sind Beispiele für Qualitätsanforderungen an ein Notebook.

Anforderungen an sonstige zu liefernde Bestandteile

Diese Anforderungen können sich auf Sachverhalte beziehen, die den laufenden Betrieb der Anwendung unterstützen wie zum Beispiel Service Level Agreements (Zusagen über die Qualität des Service), die Schnelligkeit, mit der Störungen beseitigt werden, die Verfügbarkeit einer Hotline in bestimmten Zeiträumen, die Bereitstellung von Schulungen für neue Anwender oder die Zusage der Wartung über einen Zeitraum von X Jahren.

Anforderungen an die Projektentwicklung

Hier geht es um Erwartungen, die sich an die Verantwortlichen im Projekt und deren eigene Arbeit richten. Die Beteiligung späterer Anwender, die Durchführung von Informationsveranstaltungen in einem bestimmten zeitlichen Rhythmus, Berichte an den Lenkungsausschuss oder die Einhaltung definierter Meilensteine im Projekt sind Beispiele für derartige Anforderungen.

Rechtlich-vertragliche Anforderungen

Hierzu zählen die vertraglichen Regelungen zwischen Auftraggeber und externem Auftragnehmer – eventuell auch im Innenverhältnis der Projektgruppe. Zahlungsmodalitäten, Umgang mit veränderten Anforderungen und alle

Konsequenzen, die sich ergeben, falls Vertragsbestandteile nicht eingehalten werden, sind Beispiele für solche rechtlich-vertraglichen Anforderungen.

Anforderungen sind gewünschte Leistungen oder Eigenschaften einer Lösung. Lösungen müssen effektiv und effizient sein. Bei der Weiterentwicklung von Anwendungen kann eine Würdigung dazu beitragen, Anforderungen zu erkennen. Bei Neuentwicklungen müssen die Anforderungen erhoben oder abgeleitet werden. Es werden funktionale, nicht-funktionale Anforderungen und Randbedingungen unterschieden. Bei Produkten oder Dienstleistungen hängt es häufig von der Erfüllung der nicht-funktionalen Anforderungen ab, ob sie am Markt erfolgreich sind beziehungsweise von den Nutzern akzeptiert werden oder nicht.

Zusammenfassung

8.1.4 Anforderungsermittlung – eine Herausforderung

Die Ermittlung der Anforderungen stellt eine echte Herausforderung in vielen Projekten dar. Das hat im Wesentlichen die folgenden Gründe:

Stakeholder (Zielträger, Kunden) – Es wurde schon in Kapitel 5 im Abschnitt Stakeholder darauf hingewiesen, dass es schwierig ist, alle an einem Projektergebnis Interessierten zu identifizieren und die Bedeutung ihrer jeweiligen Anforderungen angemessen zu gewichten. Unterschiedliche Stakeholder haben aber nicht nur unterschiedliche, sondern häufig auch einander widersprechende Interessen. Die Berücksichtigung dieser Interessenlagen setzt viel Fingerspitzengefühl voraus und erfordert Entscheidungen des Auftraggebers, wenn Konflikte anders nicht beseitigt werden können.

Stakeholder – Ziele und Anforderungen müssen zusammenpassen

Ziele – Stakeholder sind sich selbst oft nicht über ihre Ziele im Klaren, sie denken eher in Lösungen oder in Problemen. Es kommt immer wieder vor, dass es ihnen schwerfällt, zwischen Zielen einerseits und Anforderungen oder Lösungen andererseits zu unterscheiden. Da sich Anforderungen aber immer auf legitimierte betriebliche Ziele zurückführen lassen müssen, bleibt es die Aufgabe der Projektverantwortlichen, gemeinsam mit den Stakeholdern die übergeordneten Ziele zu ermitteln.

Kommunikationsprobleme – Schwierigkeiten in der Verständigung bestehen insbesondere zwischen Spezialisten unterschiedlicher Fachrichtungen. Ihnen fällt es oft schwer, eine Sprachebene zu finden, die ihr Gegenüber auch versteht. Diese Problematik tritt insbesondere immer wieder bei der Entwicklung von IT-Systemen auf, wenn Entwickler direkt mit dem Fachbereich Kontakt aufnehmen. Diese Kommunikationsprobleme sind einer der wesentlichen Gründe, weshalb die Rolle des Business-Analysten so wichtig genommen wird. Dieser Analyst steht an der Schnittstelle zwischen Fachbereich und IT und fördert die Verständigung.

Die Verständigung als Problem – der Business-Analyst kann helfen

Bewegliche Ziele und wachsender Appetit

Bewegliche Ziele (moving targets) und Anforderungen – mit dem Projektfortschritt treten neue Ziele auf. Die Anforderungen wachsen in aller Regel – mit dem Essen kommt der Appetit. Anwender wie auch Entwickler neigen dazu, eine möglichst perfekte, umfassende Lösung haben zu wollen (Goldrandlösung). Das steigert normalerweise die Komplexität der Lösung, treibt die Kosten, verzögert die Fertigstellung und führt häufig dazu, dass viele Funktionalitäten später gar nicht genutzt werden. Deswegen muss auf die Auswahl und Priorisierung von Anforderungen besonderer Wert gelegt werden. Erschwerend kommt hinzu, dass Lösungen immer schwieriger und in aller Regel auch immer teurer werden, je später die Anforderungen erkannt worden sind.

Sicherung der Qualität von Anforderungen

Mehrdeutigkeit der Anforderungen – Werden Anforderungen nicht ausreichend präzise formuliert, führt das unweigerlich dazu, dass unterschiedliche Beteiligte diese Anforderungen unterschiedlich interpretieren. So entstehen Missverständnisse, die sich oftmals erst klären, wenn eine Anwendung kurz vor der Einführung steht. Deswegen ist es bei der Ermittlung der Anforderungen wichtig, Standards und Regeln der Beschreibung und Dokumentation zu beachten. Besonders große Spielräume ergeben sich, wenn die Anforderungen nur sehr vage formuliert worden sind (siehe Kapitel 8.2.3). Deswegen sollte die Qualitätssicherung in der Anforderungsermittlung sehr ernst genommen werden.

Das sind nur einige – allerdings wichtige – Probleme, die sich in der Ermittlung der Anforderungen stellen.

Einzelne Anforderungen wie auch komplette Anforderungskataloge oder -dokumente sollten die folgenden Qualitätskriterien erfüllen:

Qualitätskriterien

- Zielrelevant – Die Anforderung lässt sich auf ein übergeordnetes betriebliches Ziel beziehungsweise die Projektziele zurückführen.
- Eindeutig – Die Anforderung kann nur auf eine Weise verstanden werden.
- Prüfbar – Die Anforderung muss so formuliert sein, dass sich die Erfüllung durch einen Test oder eine Messung nachweisen lässt.
- Korrekt – Die Anforderung gibt die Vorstellung des Stakeholders richtig wieder.
- Vollständig – Die Anforderung beschreibt die geforderte und zu liefernde Funktionalität umfassend. Fehlen noch Angaben, so ist das zu vermerken. Für das gesamte System sind sämtliche Anforderungen zu erfassen.
- Verbindlich – Die Anforderung muss klassifiziert sein nach „zwingend erforderlich“, „erforderlich“ oder „wünschenswert“ beziehungsweise nach der juristischen Verbindlichkeit.
- Gültig – Die Anforderung muss unverändert bestehen oder aber dem jeweiligen Stand entsprechend angepasst werden.

- **Verfolgbar** – Die Anforderung muss eindeutig gekennzeichnet sein (unveränderliche Anforderungsnummer). Teilanforderungen, die sich aus übergeordneten Anforderungen ableiten lassen, sollten anhand ihrer Nummer zugeordnet werden können.
- **Konsistent** – Die Anforderung darf in keinem direkten Widerspruch zu anderen Anforderungen stehen.

Zusammenfassung

Zur Ermittlung der Anforderungen sind die Stakeholder zu identifizieren. Deren Bedürfnisse sind zu ermitteln. Anforderungen und Anforderungskataloge sollten relevant, eindeutig, korrekt, vollständig, verbindlich, prüfbar, gültig, verfolgbar und konsistent sein.

8.1.5 Ergänzende Schritte bei der Ermittlung von Anforderungen

Oben wurde die Ermittlung der Anforderungen ganz allgemein in den Planungszyklus eingebettet. Wegen der großen Bedeutung dieser Thematik soll hier neben der eigentlichen Ermittlung auf ergänzende – häufig ebenso wichtige – Schritte eingegangen werden, so wie in Abbildung 8.03 dargestellt.

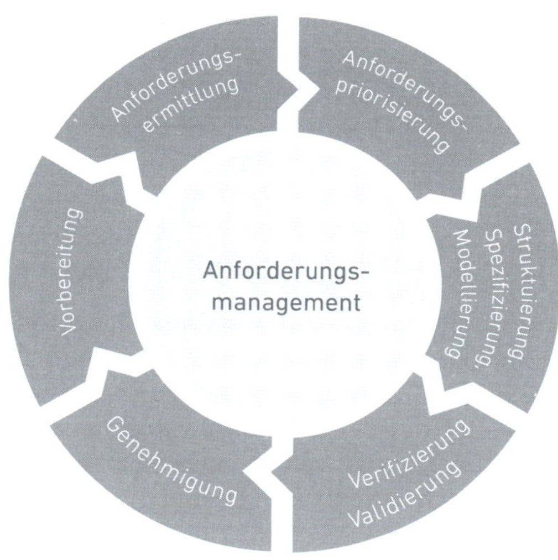

Abb. 8.03: Schritte neben der Anforderungsermittlung (vgl. NAUMANN, 2018)

Vorbereitung

Wird ein Projekt gestartet, hat der Auftraggeber vermutlich bereits Vorstellungen über die umzusetzenden Anforderungen. Die Unterscheidung in funktionale, nicht-funktionale Anforderungen und Randbedingungen dürfte aber schon deutlich gemacht haben, dass in einem konkreten Projekt ein sehr breites Spektrum möglicher Anforderungen zu berücksichtigen ist. Daher ist eine Vorbereitung der Anforderungsermittlung sinnvoll. Es ist schwierig genug, alle infrage kommenden Stakeholder frühzeitig zu identifizieren. Noch anspruchsvoller wird es, deren Anforderungen zu ermitteln und dabei die oben genannten Qualitätskriterien einzuhalten.

Erhebungen, Dokumente und Anforderungsbibliotheken als Quelle

Um Anforderungen zu ermitteln, werden normalerweise Erhebungen durchgeführt. Dazu können viele der bereits genannten Erhebungstechniken eingesetzt werden. Darüber hinaus gibt es noch zusätzliche Instrumente, auf die in Kapitel 8.3 eingegangen wird. In vielen Projekten werden Anforderungen auch aus vorhandenen Dokumenten abgeleitet. Dies können Verträge, Standards, Spezifikationen sein oder andere Dokumente, deren Vorgaben einzuhalten bzw. umzusetzen sind. Unternehmen, die ein etabliertes Anforderungsmanagementsystem besitzen, können auf eine Anforderungsbibliothek (Repositorium) zurückgreifen, in der Anforderungen aus früheren Projekten dokumentiert und geordnet sind. Solche gesammelten Anforderungen können wie Checklisten genutzt werden. Es wird geprüft, ob sie für das konkrete vorliegende Projekt bedeutsame Hinweise enthalten. Insbesondere viele nicht-funktionale Anforderungen werden in den unterschiedlichsten Projekten wiederkehren.

Priorisierung

Weiterhin ist es meistens schwierig, Entscheidungen bei sich widersprechenden Anforderungen herbeizuführen und eine angemessene Gewichtung oder Priorisierungen von Anforderungen vorzunehmen, gerade wenn mehr Anforderungen ermittelt wurden, als voraussichtlich realisiert werden können (vgl. Kapitel 8.4).

Wer schreibt, ...

Gesammelte Anforderungen sind zu dokumentieren. Dies kann textlich geschehen (Spezifizierung) oder mithilfe von Modellen (Modellierung). Dazu hat es sich bewährt, auf Dokumentationsstandards (Templates und Notationen) zurückzugreifen. In Kapitel 8.2 finden sich dazu Beispiele.

Qualitätssicherung von Anforderungen

In einem weiteren Schritt sind diese formalisierten Anforderungen in Abstimmung mit den Stakeholdern und hier insbesondere mit dem Auftraggeber und den späteren Kunden (Anwendern) zu überprüfen. Dies kann zum einen nach formalen Kriterien geschehen (Verifizierung, zum Beispiel hinsichtlich Widerspruchsfreiheit und Konsistenz), zum anderen hinsichtlich der Übereinstimmung der Anforderungen mit den Projektzielen (Validierung, vgl. Kapitel 8.5).

Die letzte Entscheidung über die Genehmigung der Anforderungen fällt dann der Auftraggeber (Lenkungsausschuss).

Ein Anforderungsmanagement soll insbesondere sicherstellen, dass Anforderungen im Projektfortschritt auch bei Änderungen nachverfolgt werden können (vgl. Kapitel 8.6).

Die Anforderungen fließen nach der Genehmigung (bei planbasierten Vorgehen zunächst) in die Detailplanung und (bei agilen Vorgehen direkt) in den Systembau ein. Komponenten- und Systemtests können wiederum Hinweise auf Anforderungen geben.

Nach der Einführung und Nutzung einer Lösung (eines Produkts) ergeben sich in der Regel wiederum Anforderungen, die möglicherweise zum Anstoß für ein neues Projekt oder auch nur zu einer punktuellen Änderung einer Lösung führen.

Zusammenfassung

An die Erhebung der Anforderungen schließt sich die Priorisierung, Dokumentation und Qualitätskontrolle der Anforderungen an. Die genehmigten Anforderungen fließen in das Anforderungssystem oder ein Anforderungsdokument ein. Sie werden in einem Anforderungsrepositorium zur Nachverfolgung und für eine eventuelle spätere Verwendung gespeichert.

Zum besseren Verständnis wird zunächst auf die Dokumentation von Anforderungen eingegangen, bevor die weiteren sinnvollen (und notwendigen) Schritte und Techniken erläutert werden.

8.2 Dokumentationstechniken für Anforderungen

Für die Erhebung der Anforderungen sollte die Fragestellung des Projekts in kleinere, übersichtliche „Pakete“ (Prozesse, Funktionen) aufgegliedert werden. Für die Abgrenzung der Problemstellung und für die Aufgliederung bietet sich das Denken in Systemen an (Systemgrenze festlegen, Abgrenzung von Unter- und Teilsystemen), das in Kapitel 3 behandelt wurde. Hier werden Darstellungstechniken gezeigt, mit deren Hilfe auf relativ einfache Weise komplizierte Fragestellungen aufbereitet werden können, um mit ihnen Anforderungen zu ermitteln bzw. zu dokumentieren:

- Use-Case-Diagramm
- Use-Case-Beschreibung
- textliche Beschreibung einer Anforderung
- User-Story.

Diese Dokumentationstechniken werden hier zwar getrennt von den Erhebungstechniken behandelt, oft entstehen die Dokumentationen aber gemeinsam mit den Befragten während der Erhebung, um eine Ausgangssituation zu modellieren und um sicherzustellen, dass man sich gegenseitig richtig versteht. Eine geeignete Visualisierung der betrachteten Funktionen erleichtert es, die Anforderungen gezielt zu ermitteln oder zu verfeinern.

8.2.1 Use-Case-Diagramm

Vorgänge, die durch ein Ereignis ausgelöst werden und ein bestimmtes Ergebnis zur Folge haben, werden im angelsächsischen Bereich als Use-Case (Anwendungsfall) bezeichnet. Im Folgenden sollen hier Use-Cases für Systeme genutzt werden, auch wenn die gleiche Denkweise bei Produkten (z. B. einem Auto, einer Waschmaschine oder kleineren Bausteinen davon) oder anderen Sachverhalten angewendet werden kann.

Ein System oder ein Produkt muss das leisten, was der Anwender oder der Kunde sich wünscht. In aller Regel soll ein Produkt diese Wünsche auch noch besser erfüllen, als das bisher der Fall war.

Dokumentationstechnik für Interaktion mit System

Ein Use-Case-Diagramm ist ein einfaches und praktikables Instrument, um einen Überblick über den zu bearbeitenden Gestaltungsbereich (das System) zu erhalten. Ein Use-Case-Diagramm kann in Gesprächen mit den entsprechenden Stakeholdern modelliert und bei Bedarf angepasst werden. Im Vordergrund steht das erwünschte Verhalten des Systems (Produkt, Lösung) aus der Sicht der Beteiligten. Das (technische) Verhalten innerhalb des Systems wird in dieser Phase bewusst nicht untersucht, um sich auf die (fachlichen) Anforderungen zu konzentrieren.

Im Use-Case-Diagramm werden die Anwendungsfälle und ihre Beziehungen untereinander sowie zu den Beteiligten – das können Personen, organisatorische Einheiten oder IT-Anwendungen sein – grafisch dargestellt. Use-Cases können jeweils näher textlich beschrieben werden (siehe Kapitel 8.2.2).

Bei der Abgrenzung der einzelnen Use-Cases ist darauf zu achten, dass sie

- möglichst natürliche Bausteine sind (jeder Use-Case führt zu einem gut zu erkennenden Ergebnis)
- wenige Beziehungen (Schnittstellen) zu anderen Use-Cases haben
- gut abgegrenzt sind (es kann leicht erkannt werden, wo sie beginnen und enden)
- eindeutigen Stakeholdern zugeordnet werden können, die als Kunden oder Bearbeiter Experten für diesen Use-Case sind.

Es ist wichtig, sich frühzeitig über die Systemgrenze bewusst zu werden und alle externen Einheiten aufzuführen, die aktiv oder passiv die abgebildeten Use-Cases beeinflussen. In der Sprache des Systemdenkens sind das Umsysteme, die zwar nicht durch die Lösung selbst verändert werden dürfen, mit dieser Lösung aber in Austauschbeziehungen stehen.

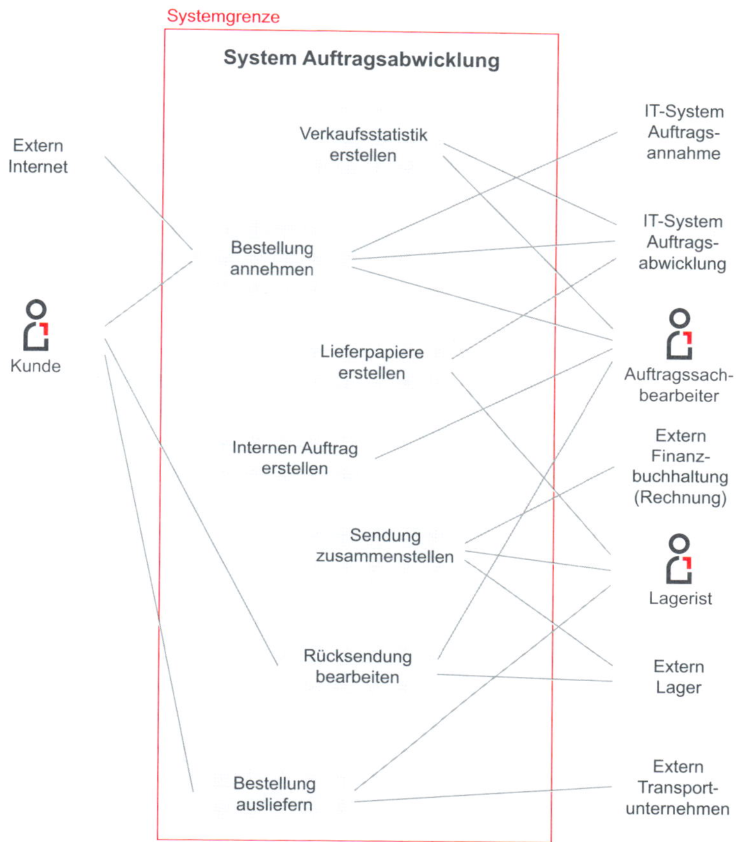

Abb. 8.04: System-Use-Case-Diagramm (Beispiel)

In Abbildung 8.04 sind einige Akteure als Extern gekennzeichnet. Das ist gleichbedeutend damit, dass sie außerhalb des Gestaltungsbereichs liegen. Sie müssen zukünftig genauso arbeiten können wie bisher. Zu ihnen sind allerdings geeignete Schnittstellen herzustellen.

Externe Akteure = Umsystem

Für die Anforderungsermittlung sind Use-Cases hilfreich. Aus den Ergebnissen lassen sich gut die Anforderungen ableiten oder verfeinern. Ohne sich mit dem Innenleben eines Systems auseinander zu setzen, wird deutlich, welche Ergebnisse herauskommen sollen, welche Leistungen zu erbringen sind. Es wird bewusst ein Standort außerhalb des Systems eingenommen, um von außen auf die gewünschten Ergebnisse zu schauen. Das fällt einem Anwender unter Umständen schwer, wenn er mit den Details vertraut ist. Der Analytiker muss dann besonders darauf achten, dass das Hauptaugenmerk auf die gewünschten Anforderungen gerichtet wird.

Bei dieser Betrachtung von außen können die funktionalen Anforderungen besonders gut abgeleitet werden (z. B. was muss alles getan werden, damit eine Sendung vollständig ausgeliefert werden kann?). Die nicht-funktionalen Anforderungen liegen nicht immer auf der Hand, lassen sich aber in der Regel aus den gewünschten Ergebnissen erkennen.

Zusammenfassung

Ein Use-Case-Diagramm ist eine einfache grafische Darstellung, um das erwünschte Verhalten eines Systems zu dokumentieren. Es erleichtert die Kommunikation mit den Stakeholdern bei der Ermittlung der funktionalen Anforderungen.

8.2.2 Use-Case-Beschreibung

Ein Use-Case-Diagramm bietet einen guten Überblick, trifft allerdings keine Aussagen zum „Innenleben" der Use-Cases. Um jeweils einen Use-Cases zu detaillieren, bietet sich eine Use-Case-Beschreibung an. In einer Tabelle werden wesentliche Aspekte dieses Use-Case aufgeführt.

Use-Case, was herauskommt ist entscheidend

Ein solcher Use-Case kann dann etwa wie in Abbildung 8.05 standardisiert dokumentiert werden (siehe dazu auch Naumann, A.-B.: „Business-Analyse – Systematisches Anforderungsmanagement für nutzerorientierte Lösungen", Band 7 dieser Schriftenreihe).

Da diese Beschreibung keine Symbole nutzt, ist sie leicht verständlich und kann mit den Betroffenen gemeinsam erstellt werden.

Lösungsneutralität lässt alle Optionen offen

Für die Ermittlung der Anforderungen ist darauf zu achten, dass die einzelnen Schritte lösungsneutral formuliert werden. Häufig bietet es sich an, weder die eingesetzten Systeme noch die genutzte Technik zu beschreiben, da dieses nur den Blick für eine möglicherweise neuartige Lösung versperren könnte. So wäre es beispielsweise denkbar, dass die Prozessschritte 1 und 2 an ein externes Unternehmen ausgegliedert (Outsourcing) werden, das dann autonom über die Bearbeitungsmodalitäten entscheidet. Würden bei der Prozessbeschreibung die derzeitigen IT-Systeme genannt werden, würde es schwerer fallen, davon zu abstrahieren und an eine gänzlich andere Lösung zu denken.

Name Use-Case	Bestellung ausliefern
Beschreibung	Eine Bestellung wird an den Kunden ausgeliefert
Akteure	Kunde, Lagerist, externes Transportunternehmen
Vorbedingung	Bestellung ist verpackt und adressiert
Auslöser	Die Sendung ist zusammengestellt
Ergebnis	Der Kunde hat die vollständige Bestellung erhalten
Normaler Ablauf	1. Lagerist sortiert Bestellung nach Region und Versandart 2. Lagerist übergibt Bestellung dem Transportunternehmen 3. Transportunternehmen bringt Bestellung zum Kunden 4. Transportunternehmen übergibt Bestellung an Kunden 5. Kunde nimmt Bestellung entgegen
Nicht-funktionale Anforderungen	Lieferungen müssen innerhalb von 24 Stunden beim Kunden sein.

Abb. 8.05: Use-Case-Beschreibung

Eine Use-Case-Beschreibung nennt wesentliche Aspekte eines Use-Case in Tabellenform und ergänzt damit ein Use-Case-Diagramm.

Zusammenfassung

Neben der Dokumentation von Anforderungen mithilfe von Modellen (z. B. Use-Case-Diagramm) oder Tabellen (z. B. Use-Case-Beschreibungen) sind textliche Dokumentationen sehr gebräuchlich. Im Folgenden werden Regeln benannt, damit Anforderungen möglichst eindeutig und verständlich textlich beschrieben werden.

8.2.3 Textliche Beschreibung einer Anforderung

Die praktische Lebenserfahrung lehrt, dass die menschliche Sprache selten eindeutig ist, was zu vielerlei Kommunikationsstörungen und Missverständnissen führen kann. Deswegen muss großer Wert darauf gelegt werden, dass Anforderungen möglichst keine nennenswerten Interpretationsspielräume lassen. Das soll an einem Beispiel verdeutlicht werden.

Eine Anforderung an das System heißt „Auftragsdaten erfassen“. Diese scheinbar klare Anforderung lässt durchaus Interpretationsspielräume zu. Zum einen ist nicht klar, was alles zu den Auftragsdaten gehört. Zum anderen lässt das Verb „erfassen“ noch offen, ob diese Erfassung durch das zu entwickelnde System geschehen soll oder durch einen Bediener des Systems.

Beispiel

Nutzung eines Glossars

Um das Objekt „Auftragsdaten“ unmissverständlich zu machen, sollte es in einem Glossar definiert werden, etwa nach dem Muster: Auftragsdaten sind Informationen über den Kundenstammsatz (der wiederum selbst definiert sein müsste), die bestellten Artikel und deren Mengen, über den Versandweg und über die Rechnungsstellung.

Art der Funktionalität eines Prozesses

Das Verb „erfassen“ steht hier für eine oder mehrere Tätigkeiten, die selbst ebenfalls nicht eindeutig sind. So kann die Anforderung zum einen lauten, dass das System selbstständig die Erfassung vornimmt oder dass es einen Erfassungsprozess durch einen Dritten unterstützt. Zusätzlich kann hier noch unterschieden werden, ob ein Kunde selbst – etwa per Internet – alle relevanten Daten eingeben kann, sodass das System in diesem Fall eine Schnittstelle zur Aufnahme der Daten bereitstellt.

Verbindlichkeit der Anforderung

Mit der Beschreibung der Art der Funktion sind aber immer noch nicht alle möglichen Interpretationsspielräume eingeengt. Eine Anforderung kann zwingend sein – das System muss dann also diese Anforderung erfüllen. In einem anderen Fall kann es aber auch sein, dass die Anforderung zwar ein dringender Wunsch (Soll), aber keine zwingende Vorgabe ist. Die schwächste Form ist eine weiche Formulierung wie „kann“ (nice to have).

Bedingungen für eine Anforderung nennen

Weiterhin ist klarzustellen, unter welchen Bedingungen eine bestimmte Funktionalität bereitzustellen ist. So kann die Anforderung beispielsweise lauten: „Falls der Kunde den Auftrag per Internet selbst erfasst hat, ist eine Schnittstelle zur Übertragung in die Auftragsabwicklung bereitzustellen.“ Für jeden geforderten Prozessschritt sind also die zugehörigen logischen (z. B. falls...dann) oder zeitlichen (z. B. am Ende jedes Arbeitstages) Bedingungen aufzuführen.

Oft hilft es zur Präzisierung der Anforderung auch, wenn der Empfänger der Leistung ausdrücklich genannt wird. Die Anforderung könnte zum Beispiel lauten: „Das System ermöglicht es dem Auftragssachbearbeiter, die aktuellen Lagerbestände der Artikel abzufragen.“

Beispiel

Die vollständige Anforderung für das obige Beispiel könnte lauten: Falls Aufträge telefonisch übermittelt werden, muss der Auftragssachbearbeiter mit Hilfe der Lösung die Auftragsdaten erfassen.

Folgende Grundsätze sollten also bei der Formulierung von Anforderungen beachtet werden:

Regeln für die Formulierung von Anforderungen

- Aufbau und Nutzung eines Glossars für alle wichtigen Begriffe
- Beschreiben der Anforderung durch Verrichtung und Objekt (was soll woran getan werden?)
- Art der gewünschten Funktionalität des zu entwickelnden Systems nennen (selbstständige Erledigung durch das System, Bereitstellen der Funktionalität auf Anstoß durch Benutzer, Schnittstelle zu einem anderen System oder manuelle Tätigkeit)

- Verbindlichkeit der Anforderung verdeutlichen (Anforderung muss, soll oder kann umgesetzt werden)
- Nennen der logischen oder zeitlichen Bedingung, unter der eine Leistung erbracht werden soll
- Empfänger der Leistung oder Nutzer einer Funktion.

Regeln für die Formulierung von Anforderungen

Anforderungen sollen eindeutig und umfassend über die Erwartungen Auskunft geben. Dazu ist die Verbindlichkeit einer gewünschten Leistung des Systems zu beschreiben, indem Verrichtung und Objekt, die Bedingungen, unter denen sie erbracht werden muss, sowie der Empfänger angegeben werden.

Zusammenfassung

8.2.4 User-Story

Agile Vorgehensmodelle betonen, dass Kommunikation einer umfangreichen Dokumentation vorausgehen solle. Daher werden Anforderungen häufig „leichtgewichtig" mithilfe von User-Storys dokumentiert, da diese eine einfache und strukturierte Form bieten. Auch Stakeholdern, die sonst keine Berührungspunkte zu Anforderungen haben, können User-Storys schnell und verständlich erläutert werden. Ihre einfache Form erlaubt es sogar, dass Stakeholder ihre Anforderungen selbst formulieren oder zumindest einen Vorschlag vorbereiten, den sie zusammen mit Business-Analysten weiter verfeinern oder detaillieren.

Eine User-Story ist eine grobe und kurze Beschreibung der für einen Stakeholder wertvollen Fähigkeit einer Lösung.

Definition

User-Storys beschreiben Bedürfnisse der Kunden und anderer Stakeholder und sind dabei kurz genug, um z. B. auf eine DIN-A6-Karteikarte oder einen Klebezettel zu passen. Häufig werden folgende drei Bestandteile genutzt:

- Wer: Rolle oder Persona
- Was: eine Aktion, Verhalten oder Funktionalität
- Warum: Nutzen, Bedürfniserfüllung oder Mehrwert, der entsteht, wenn die User-Story umgesetzt wurde.

Aus den drei Bestandteilen wird ein vollständiger Satz gebildet:

Beispiel

- (Wer) Als Autor des Verlags
- (Was) möchte ich eine monatliche Übersicht über den Absatz meiner Bücher,
- (Warum) damit ich den Abverkauf verfolgen und eine Neuauflage rechtzeitig vorbereiten kann.

User-Storys werden aus der Rolle desjenigen formuliert, der die gewünschte Aktion, das Verhalten oder die Funktionalität der Lösung benötigt bzw. nutzt. Häufig haben die Personen bei einer Anforderungsermittlung diese Rolle auch selbst inne. Grundsätzlich kann auch jemand User-Storys für andere Rollen benennen, wenn beispielsweise ein Abteilungsleiter für seine Mitarbeiter spricht oder ein Verkäufer die Sichtweise seiner Kunden einnimmt.

Weitere Techniken der Dokumentation, die auch zur Ermittlung und Beschreibung von Anforderungen verwendet werden können, finden sich in den Kapiteln 11 und 12 sowie bei NAUMANN, A.-B., 2018 (Band 7 dieser Schriftenreihe). Hier finden sich auch vertiefende Informationen zum Ermitteln und Dokumentieren nicht-funktionaler Anforderungen.

8.3 Techniken zur Ermittlung von Anforderungen

Anforderungsermittlung durch Erhebungen

Gemäß dem Planungszyklus schließt sich die Ermittlung von Anforderungen an den Schritt Erhebung und Analyse an. Es werden also Informationen über die Ausgangssituation vorausgesetzt, ehe im Einzelnen mit der Ermittlung der Anforderungen begonnen werden kann. Die Ermittlung der Anforderungen dürfte jedoch in den seltensten Fällen „im stillen Kämmerlein" der Analytiker passieren. Normalerweise werden dazu umfangreiche Erhebungen bei den Stakeholdern notwendig.

Es wurde bereits erwähnt, dass die Ermittlung der Anforderungen normalerweise schwierig ist. Deswegen ist es besonders wichtig, die geeigneten Techniken einzusetzen, mit deren Hilfe die Wahrscheinlichkeit steigt, die Anforderungen gezielt und vollständig zu ermitteln. Oft ist nicht eine Erhebungstechnik die beste, sondern eine Mischung verschiedener Instrumente. Zur Anforderungsermittlung können neben den in Kapitel 8.2 vorgestellten Dokumentationstechniken die folgenden Techniken eingesetzt werden:

- Erhebungstechniken
- Schnittstellenanalyse
- Reverse Engineering
- Kreativitätstechniken
- Techniken der Würdigung.

8.3.1 Erhebungstechniken

Zu Erhebungstechniken siehe Kapitel 6

Im Kapitel 6 wurde ein breites Spektrum von Erhebungstechniken vorgestellt. Dort wurde auch schon darauf hingewiesen, dass nicht alle Techniken geeignet sind, Anforderungen zu ermitteln. Besonders leistungsfähig sind Interviews und Erhebungsworkshops. Wichtige Aufschlüsse können auch durch Beobachtungen vor Ort gewonnen werden. Dokumentenstudium, Fragebogen und Selbstaufschreibungen vervollständigen das Instrumentarium, auch wenn die Letzteren zur Ermittlung von Anforderungen nur eingeschränkt empfohlen werden können – sie können allerdings dann eine große Rolle spielen, wenn mit ihrer Hilfe sehr viele Stakeholder eingebunden werden sollen.

8.3.2 Schnittstellenanalyse

Eine Schnittstelle ist eine Verbindung zwischen zwei Komponenten. Typische Beispiele sind:

- Benutzerschnittstelle (intern oder extern)
- Schnittstelle zu anderen (externen) Systemen (Organisationseinheiten, IT-Anwendungen etc.)
- Schnittstellen zu technischen Einrichtungen (Maschinen, Computer, Automaten usw.).

Schnittstellen als Anforderungsquellen

Die Personen, die Benutzer, Systeme beziehungsweise technische Einrichtungen repräsentieren, wissen selbst am besten, welche Anforderungen jeweils zu beachten sind. Interviews und Workshops sind besonders gut geeignet, um diese Anforderungen zu ermitteln.

Mit der Schnittstellenanalyse lässt sich klären, welche Eingangsgrößen benötigt werden, um bestimmte Ausgangsgrößen (Daten, Produkte, Leistungen) hervorbringen zu können. Aus der Sicht der (internen) Kunden wird damit klar, welche Anforderungen an den jeweiligen (internen oder externen) Lieferanten zu stellen sind.

Das Instrumentarium zur Zerlegung von Systemen und die Bedeutung von Schnittstellen wurden bereits in Kapitel 3 behandelt. Use-Case-Diagramm und Use-Case-Beschreibung als Beispiele für Dokumentationstechniken wurden in Kapitel 8.2 gezeigt.

8.3.3 Reverse Engineering

Gibt es für eine Software oder für ein technisches System keine ausreichend aktuelle Dokumentation und ist es notwendig, die Funktionsweise der Software oder des Systems zu verstehen, ist das Reverse Engineering geeignet, die fehlenden Informationen zu gewinnen. Normalerweise wird ein System gebaut, indem von einer relativ abstrakten Beschreibung der Anforderungen zunehmend konkretisiert wird, wie diese geforderten Leistungen durch das System erbracht werden können, bis schließlich ein funktionierendes System hergestellt ist.

Definition

Reverse Engineering ist der Vorgang, aus den Ergebnissen eines bestehenden Systems bzw. einer bestehenden Lösung schrittweise auf die beteiligten Systemelemente und die ablaufenden Prozesse zu schließen.

Es werden zwei Ansätze des Reverse Engineering unterschieden:

- Black-Box-Reverse-Engineering, bei dem nur das Ergebnis untersucht wird. Dieses ist gleichbedeutend mit der Schnittstellenanalyse, die soeben behandelt wurde
- White-Box-Reverse-Engineering, bei dem die Komponenten und das Funktionieren des Systems selbst untersucht werden.

8.3.4 Kreativitätstechniken

Kreativitätstechniken dienen dazu, sogenannte Denkblockaden zu überwinden. So wird es beispielsweise in einem Interview nicht immer möglich sein, alle bedeutsamen Anforderungen zu ermitteln, da ein Prozessbeteiligter häufig sehr stark in den Kategorien des vorgefundenen Zustands denkt. Er kann es sich kaum vorstellen, dass ein Prozess auch völlig anders ablaufen könnte und damit neuartige Anforderungen entstehen.

Beispiel

Ein Sachbearbeiter im Versand eines Verlags fordert, dass die Bücher in Abhängigkeit von ihren Verkaufszahlen gelagert werden sollen, um damit die Wege beim Zusammenstellen von Sendungen zu verkürzen. Aus seiner Erfahrung könnte damit viel Zeit gewonnen werden. Dieser Sachbearbeiter wird kaum darauf kommen, dass mit einer vollautomatischen Lagerverwaltung völlig andere Anforderungen verbunden sind, da er vom Istzustand ausgeht, der bisher eher manuell abgewickelt wird.

Kreativitätstechniken siehe Kapitel 9

Kreativitätstechniken eignen sich nicht nur zur Ermittlung von Anforderungen, sondern auch zur Entwicklung von Lösungen – auch „auf der grünen Wiese“. Daher ist ihnen ein eigenes Kapitel 9.4 gewidmet. Alle wichtigen Instrumente, die auch zur Ermittlung von Anforderungen eingesetzt werden können, werden dort behandelt.

8.3.5 Techniken der Würdigung

Die Würdigung setzt sich wertend mit dem Istzustand auseinander. Sie fragt nach den Stärken und Schwächen einer vorhandenen Lösung. Techniken zur Würdigung sind immer dann besonders geeignet, wenn es darum geht, einen vorgefundenen Zustand zu verbessern (empirisches Vorgehen), ohne ihn grundsätzlich infrage zu stellen. Es kann aber auch sein, dass die Würdigung Hinweise darauf gibt, dass vorgefundene Schwächen nur dann beseitigt werden können, wenn eine konzeptionell neue Lösung entwickelt wird.

Würdigung geht vom Istzustand aus

Oft sind aufgetretene Probleme Auslöser für Projekte. Probleme sind Abweichung zwischen einem Istzustand und einem erwünschten Sollzustand. Sie können offenkundig sein – es treten beispielsweise Störungen auf, die beseitigt werden müssen – oder sie zeigen sich als ein diffuses Störgefühl – „man sollte einmal untersuchen, ob das alles richtig läuft" – oder sie sind niemandem bewusst, weil „es ja schon immer so lief". Oft sind Abweichungen jedoch erst zu erkennen, wenn von außen auf das eigene Unternehmen oder auf einen Bereich geblickt wird.

Probleme lösen Projekte aus

Hier sollen die folgenden Techniken behandelt werden:

- Prüffragenkatalog
- SWOT-Analyse
- Wertanalyse
- Benchmarking
- Problemanalyse
- Ursache-Wirkungs-Diagramm.

8.3.5.1 Prüffragenkatalog

Mit Prüffragenkatalogen werden gleichzeitig zwei Zwecksetzungen verfolgt:

- Typische Schwachstellen – Fehler und Versäumnisse – sollen erkannt werden. Dieses Verfahren ähnelt den Diagnose-Centern für Autos, die auf mögliche Defekte untersucht werden. Aus diesen Schwachstellen sollen dann Anforderungen an die neue Lösung abgeleitet werden.
- Bekannte Lösungsmöglichkeiten sollen auf ihre Anwendbarkeit im konkreten Fall untersucht werden. So kann etwa geprüft werden, ob regelmäßig Meetings einer bestimmten Mitarbeitergruppe veranstaltet werden sollten, um die Kommunikation zu verbessern.

Prüffragenkataloge haben einen entscheidenden Mangel; sie können kein allgemeines Gerüst für alle Probleme bilden. Es muss letztlich für jede Problemstellung ein eigener Prüffragenkatalog aufgestellt werden, da die Fragen immer nur spezielle Sachverhalte ansprechen können.

Prüffragenkatalog immer nur für konkrete Sachverhalte

Ein Prüffragenkatalog zur Untersuchung eines Materialflusses muss beispielsweise ganz anders aufgebaut sein als ein Katalog zur Verbesserung der Aufbauorganisation. Die Fragen selbst und der Detaillierungsgrad der Fragen unterscheiden sich in den beiden Fällen ganz erheblich.

Prüffragenkataloge setzen umfangreiche Erfahrungen voraus

Damit soll die Leistungsfähigkeit der Prüffragenkataloge nicht infrage gestellt werden. Ausgereifte und problembezogene Kataloge sind ein wirksames Instrument zur Erhebung von Anforderungen. Sie sind allerdings nur dann sinnvoll, wenn in einer größeren Anzahl vergleichbarer Aufgabenstellungen (Projekte) bereits Erfahrungen gesammelt wurden.

Obwohl das Hauptanwendungsgebiet der Prüffragenkataloge die Ermittlung von Anforderungen ist, können sie auch zur Beurteilung neu konzipierter Lösungen herangezogen werden. Sie reichen dann in den Lösungsentwurf hinein.

In Abbildung 8.06 wird ein Auszug aus einem Katalog vorgestellt. Die Fragen zielen auf generelle aufbauorganisatorische Probleme.

Prüffragenkatalog zur Aufbauorganisation –
Stellen- und Abteilungsbildung

1. Sind die Aufgaben der Stelle klar definiert?
2. Kann ein gedachter Aufgabenträger die erforderliche Qualifikation besitzen? Wurde die Stelle berufstypologisch (nach vorhandenen Berufsbildern) gebildet?
3. Sind alle Phasen einer Aufgabe verteilt (Entscheidungsvorbereitung, Entscheidung, Realisation und Kontrolle)?
4. Sind einzelne Aufgaben mehrfach auf verschiedene Stellen verteilt?
5. Kontrolliert ein Aufgabenträger (eine Gruppe) seine (ihre) eigene Aufgabenerfüllung?
6. Hat ein Aufgabenträger Einfluss auf die zu erreichenden Ziele?
7. Fehlen bestimmte Aufgaben, die in vergleichbaren Unternehmen anzutreffen sind (z. B. Zukunftsaufgaben)?
8. Ist die Messung der Leistung von Stelleninhabern, Gruppen, Abteilungen oder Bereichen möglich?
9. Begünstigt die Stellenbildung die Spezialisierung? Wie weit ist die Spezialisierung vorangeschritten? Sind negative Auswirkungen der Spezialisierung zu erwarten?
10. Kann der Stelleninhaber seinen eigenen Beitrag zur Leistungserfüllung deutlich erkennen?
11. ....

Abb. 8.06: Beispiel für einen Prüffragenkatalog zur Aufbauorganisation

Prüffragenkataloge dienen dazu, typische Schwachstellen gezielt zu erkennen und die Anwendbarkeit bekannter Lösungsmöglichkeiten zu prüfen. Gute Prüflisten sind eine wesentliche Hilfe, um Anforderungen zu ermitteln. Ihr Nachteil ist, dass für jeden Problemkreis und für jede Detaillierungsstufe neue Prüffragenkataloge entwickelt werden müssen.

Zusammenfassung

8.3.5.2 SWOT-Analyse

SWOT setzt sich aus den Anfangsbuchstaben folgender Begriffe zusammen (Akronym): Strengths, Weaknesses, Opportunities, Threats. Diese Begriffe können als Stärken und Schwächen, Chancen und Risiken übersetzt werden. Inzwischen ist jedoch der Begriff SWOT-Analyse weit verbreitet. Deswegen wird er auch hier verwendet.

SWOT – Was ist das?

Eine SWOT-Analyse setzt grundsätzlich voraus, dass die Ziele bekannt sind. Stärken und Schwächen, Chancen und Risiken bestehen immer nur im Verhältnis zu Zielvorstellungen. Wird ein Ziel gut erreicht, so ist das eine Stärke, gelingt es nicht, ein Ziel zu erreichen, so ist das eine Schwäche. Analog gilt das für Chancen und Risiken, da sich mit Chancen Gelegenheiten für die Zielerreichung bieten und Risiken die Zielerreichung bedrohen.

Ziele als Voraussetzung einer SWOT-Analyse

Stärken und Schwächen liegen immer in einem vorgefundenen Zustand begründet, sind also unmittelbar mit einer vorhandenen Lösung oder einem Produkt verbunden. Chancen und Risiken sind interne oder externe Einflüsse, die den zukünftigen Erfolg der Lösung oder des Produkts fördern oder bedrohen können.

Häufig wird die Verbesserung einer Lösung mit der Beseitigung von Problemen gleichgesetzt. Soll die zukünftige Lösung jedoch erfolgreich sein, müssen auch die wesentlichen Übereinstimmungen zwischen dem Ist und dem Soll untersucht werden, d.h. es müssen auch die Stärken des Ists bewusst gemacht werden, um sie zu konservieren und weiterzuentwickeln.

Auch Stärken bewusst machen

Negative Abweichungen können auch erst in der Zukunft auftreten. Dann stellen sie Risiken dar. In diesen Fällen ist eine vorausschauende Aktion sinnvoll, um die Situation von vornherein in den Griff zu bekommen, d. h. vorbeugend tätig zu werden. So kann ein mögliches Problem verhindert werden oder es werden Maßnahmen ergriffen, um die Auswirkungen des Problems zu begrenzen.

Zukünftige Bedrohungen

Die Unterstützung für eine installierte Software läuft in zwei Jahren aus, da der Anbieter bereits auf eine neue Produktlinie umgestiegen ist. Die fehlende Serviceleistung wird zu einem Problem. Vorbeugend kann rechtzeitig auf eine neue Anwendung umgestiegen werden (vorbeugende Maßnahme), oder man sucht am Markt ein Dienstleistungsunternehmen, das bereit ist, zukünftig die Pflege zu übernehmen (Problembegrenzung).

Beispiel

Chancen erkennen und ergreifen

Chancen sind (externe) Einflüsse, die eine Gelegenheit bieten, zukünftig die Ziele noch besser zu erreichen. Oft ist allerdings noch unklar, ob oder wann dieser Einfluss wirksam wird. Nur wenn ein solcher Einfluss frühzeitig erkannt und berücksichtigt wird, besteht auch die Chance, daraus Nutzen zu ziehen.

Damit ergeben sich in der SWOT-Analyse die folgenden Kombinationen:

	Positiv	Negativ
Heute	Stärken (Strengths)	Schwächen, Probleme (Weaknesses)
Zukünftig	Chancen (Opportunities)	Risiken (Threats/Risks)

Abb. 8.07: Vier Felder einer SWOT-Analyse

Bewusste Auseinandersetzung mit der Zukunft

Die SWOT-Analyse zwingt dazu, nicht nur über Probleme nachzudenken, die meistens in Projekten im Vordergrund stehen. Sie lenkt den Blick auf zu erhaltende Stärken und fordert zusätzlich auf, gezielt auch über die zukünftige Entwicklung und die Einflüsse von außen nachzudenken.

Besonders ergiebig ist eine SWOT-Analyse, wenn die vier Felder mithilfe einer Gruppe von Stakeholdern gemeinsam erarbeitet werden. So können die Anforderungen an eine zukünftige Lösung ermittelt werden.

Zusammenfassung

In der SWOT-Analyse wird gezielt nach Stärken und Schwächen, Chancen und Risiken einer Lösung im Istzustand gesucht. So können Anforderungen an eine neue Lösung abgeleitet werden.

8.3.5.3 Wertanalyse

Nur das bieten, wofür der Kunde zu zahlen bereit ist

Die Wertanalyse (engl. Value Analysis, Value Engineering) zielt auf die Verbesserung von Produkten oder Prozessen. Sie beinhaltet ein Denkmodell, das darauf abzielt, alles zu eliminieren, was nicht unmittelbar zum Nutzen eines Produkts oder eines Prozesses beiträgt, was also für den Kunden oder Abnehmer keinen Wert bringt. Durch die Konzentration auf wertschöpfende Funktionen oder Aufgaben können gleichzeitig die Qualität gesteigert und die Kosten gesenkt werden. In einem weiteren Sinne ist die Wertanalyse ein Vorgehensmodell, das jedoch seinen eindeutigen Schwerpunkt in der Würdigung bestehender Produkte oder Prozesse hat und deswegen hier behandelt wird. Das Vorgehen bei einer Wertanalyse entspricht den Schritten des Planungszyklus (siehe Kapitel 2.4.1.2).

Wert = subjektiver Nutzen

Zentraler Begriff der Wertanalyse ist der Wert. Unter dem Wert einer Sache, einer Dienstleistung oder einer Information versteht man die Bedeutung, Wichtigkeit oder den Nutzen aus der Sicht eines Betrachters, Besitzers oder potenziellen Käufers.

Beispiel

Ein Maschinenhersteller bietet ein Spitzenprodukt an, das nahezu universell eingesetzt werden kann und extrem präzise arbeitet. Er findet nur wenige Kunden, die bereit sind, den für diese Spitzenleistungen notwendigen Preis zu zahlen. Für alle anderen ist der Nutzen kleiner als der Preis. Wenn der Produzent seinen Absatz ausweiten will, muss er für alle übrigen potenziellen Kunden ein weniger anspruchsvolles Modell entwickeln, das dann auch zu niedrigeren Kosten produziert werden kann.

Im Rahmen einer Wertanalyse muss somit sichergestellt werden, dass der Nutzen (Wert) für die angepeilte Zielgruppe mindestens gleich oder größer ist als der mit der Bereitstellung verursachte Aufwand (Preis), oder dass der Nutzen gleich oder größer ist als bei Produkten anderer Anbieter.

Die Wertanalyse stellt die folgenden Fragen:

Die zentralen Fragen

- Welche Leistungen (Funktionen) soll ein Produkt oder Prozess aus Sicht des Kunden bereitstellen oder hervorbringen?
- Welche Funktionalität ist wünschenswert, aber nicht zwingend notwendig?
- Welche Qualität des Produkts/der Leistung ist angemessen?
- Wie können die gewünschten oder notwendigen Leistungen (Funktionen) kostengünstig(er) erbracht werden?
- Welchen Preis ist ein Kunde oder Abnehmer bereit, für diese Leistungen (Funktionen) zu bezahlen?

Die Wertanalyse kann auch angewendet werden, um bestehende Arbeitsprozesse zu verbessern.

Beispiel

Der besagte Hersteller von Maschinen hat sich seit Jahren sehr erfolgreich darum bemüht, die Kosten in der Produktion zu senken und die Qualität zu steigern. Dort werden kaum noch Reserven gesehen. Ganz anders sieht es in den Verwaltungseinheiten und hier insbesondere im Vertrieb aus. Zudem verursachen die Unterhaltung eines umfangreichen Produkt- und Ersatzteillagers und die Belieferung des Großhandels sowie der Direktverkauf an Kunden relativ hohe Kosten. Es wird ein Projekt gestartet, das die Frage klären soll, wie diese Vertriebs- und Logistikprozesse verbessert und kostengünstiger gestaltet werden können.

Um eine solche Frage zu beantworten, empfiehlt es sich, das Produkt bzw. den Prozess in einzelne Funktionen aufzugliedern und dabei drei Funktionsklassen zu unterscheiden:

- Hauptfunktionen (der eigentliche Grund dafür, dass es dieses Produkt oder diese Leistung gibt = wertschöpfende Funktionen)
- notwendige Nebenfunktionen (Wert ermöglichende Funktionen)
- nicht-notwendige Nebenfunktionen (nicht-wertschöpfende Funktionen).

Beispiel

Der eigentliche Transport und die Auslieferung sind Hauptfunktionen, für die der Kunde auch bereit ist zu zahlen, da er andernfalls das Produkt selbst beim Hersteller abholen müsste. Die Bereitstellung der Begleitpapiere und die Disposition des Fuhrparks sind notwendige Nebenfunktionen, die dem Kunden allerdings keinen direkten Nutzen bringen. Werden die Mitarbeiter des Fuhrparks überwacht, beispielsweise um Diebstähle oder Umwege zu vermeiden, oder werden umfangreiche Daten über die Vertriebsprozesse gesammelt, so handelt es sich um nicht-notwendige Nebenfunktionen, für die ein Kunde prinzipiell nicht zu zahlen bereit ist.

Der Grundgedanke der Wertanalyse zielt darauf ab, nur solche Funktionen zu erfüllen, die entweder dem Kunden direkten Nutzen stiften oder aber zwingend notwendig sind, um die Hauptfunktionen bereitstellen zu können. Alle nicht notwendigen Funktionen sollen so weit wie möglich eliminiert werden. Die Hauptfunktionen und die notwendigen Nebenfunktionen sind dann so zielorientiert (z. B. hinsichtlich Kosten, Qualität, Zeit) wie möglich zu gestalten. Dazu werden für alle Funktionen deren Kosten ermittelt, die bei der Durchführung dieser Funktion entstehen, wie zum Beispiel für Material, Gehälter, Abschreibungen. Bei einer Wertanalyse für ein Produkt kann so ermittelt werden, welche Kosten für die einzelnen Module oder Funktionen dieses Produkts anfallen. Gleiches gilt für die Funktionen in einem Prozess.

Mithilfe der Wertanalyse können folgende Ziele erreicht werden:

Was bringt die Wertanalyse?

- Stärkeres Ausrichten am Kundennutzen
- Entwickeln und Verbessern von Produkten und Prozessen
- Verbessern der Marktposition
- Beschleunigen von Prozessen
- Senken von Produkt- und Prozesskosten
- Erkennen von Kernfunktionen und Funktionen, die ausgegliedert werden können (Outsourcing).

8.3.5.4 Benchmarking

Um eine Lösung oder ein Ergebnis als gut oder schlecht qualifizieren zu können, sind geeignete Maßstäbe notwendig. Die Umsetzung dieser selbstverständlich erscheinenden Aussage kann in der Praxis durchaus Schwierigkeiten bereiten, weil oft allgemein anerkannte Vergleichsmaßstäbe fehlen. Je höher die Latte liegt, desto kleiner sieht derjenige aus, der sie überqueren möchte. Im Benchmarking, dem Vergleich mit dem Besten, steckt man sich sehr hohe Ziele, nämlich mindestens so gut zu sein, wie der Beste.

Vergleich mit den Besten

Die Technik des Vergleichs mit Dritten ist im Prinzip schon lange bekannt – so gibt es seit Jahrzehnten Vergleichszahlen innerhalb bestimmter Branchen. Das systematische Benchmarking kann daher als eine etablierte Technik angesehen werden und hat in der Wirtschaftspraxis einen hohen Stellenwert gewonnen.

Bewährte Technik

Wenn Vergleiche angestellt werden, muss geklärt werden,

- was verglichen werden soll (Objekt der Messung)
- woran gemessen werden soll (Kriterium)
- wo gemessen werden soll (Vergleichspartner)
- wie gemessen werden soll (Verfahren der Messung)
- wann gemessen werden soll (Zeitpunkt/Zeitraum der Messung).

Diese Parameter sollen im Folgenden näher betrachtet werden.

Parameter der Messung	Mögliche Ausprägungen			
Objekt	Produkte	Prozesse	Verfahren/ Technik	
Kriterien	Kosten	Funktionalität	Qualität	Zeit
Vergleichs-partner	Innerhalb des eigenen Unter-nehmens	Innerhalb der gleichen Branche	Unabhängig von der Branche	
Verfahren	Studium von Sekundärquellen	Informations-austausch	Besichti-gung	
Zeit	Einmalig	Kontinuierlich		

Abb. 8.08: Parameter der Messung beim Benchmarking

Zu allen genannten Parametern müssen im konkreten Fall Entscheidungen gefällt werden. Aus der Tabelle (morphologischer Kasten, vergleiche Abbildung) ist also die im Einzelfall am besten geeignete Kombination herauszufinden. Dabei ist selbstverständlich auch die Machbarkeit zu berücksichtigen.

Die Messung kann sich an dem jeweiligen Produkt orientieren. Dabei kann es sich um marktfähige Produkte handeln, also Leistungen, die für externe Kunden erbracht werden, wie auch um interne Produkte wie zum Beispiel Leistungen der IT für den Vertrieb. Es ist unerheblich, ob es sich um

Was wird gemessen – Objekt des Benchmarking?

Dienstleistungen – z. B. Beratung für Kunden – oder um physische Produkte handelt. Die Messung kann sich auch auf Prozesse beziehen, also beispielsweise auf den Prozess der Auftragsabwicklung oder auf den Prozess der Kreditbewilligung. In diesem Fall stehen die aufbau- und prozessorganisatorischen Regelungen im Vordergrund.

Schließlich kann die Messung die eingesetzten Verfahren bzw. die verwendeten Techniken – z. B. die Technik der Informationsspeicherung im Archiv und das damit verbundene Zugriffsverfahren – zum Gegenstand haben.

Woran wird gemessen?

Als Kriterien der Messung können die Kosten verwendet werden. Das liegt immer dann nahe, wenn die Produkte (Leistungen) weitgehend verglichen werden können, diese Leistungen aber offensichtlich oder vermutlich zu unterschiedlichen Kosten erbracht werden. Bei Unterschieden in den Produkten kann auch verglichen werden, welche Leistungen bzw. Funktionen die Produkte des Vergleichspartners beinhalten. So kann sich beispielsweise herausstellen, dass Mitbewerber ihren Kunden einen Zusatznutzen bieten, der einen wesentlichen Wettbewerbsvorteil darstellt (z. B. der Lieferant übernimmt die Entsorgung der Verpackung). Schließlich kann sich der Vergleich auf die Qualität der Leistung beziehen. Mögliche Kriterien können sein die Störanfälligkeit, die ergonomische Gestaltung, die Flexibilität eines Produkts usw. Schließlich kann auch die Zeit ein wichtiger Vergleichsmaßstab sein. So ist es für die Abnehmer – insbesondere bei gleicher Qualität und bei ähnlichen Preisen – oft entscheidend, wer schneller liefern kann oder wer schneller auf Forderungen des Markts reagieren kann.

Mit wem wird verglichen?

Vergleichspartner können im gleichen Unternehmen, z. B. in anderen Abteilungen oder Unternehmensbereichen gesucht werden – sogenanntes internes Benchmarking. Das bietet sich z. B. bei großen Unternehmen an, in denen es viele vergleichbare Einheiten (z. B. Filialen) gibt. Größere Abweichungen und damit größere Potenziale zeigen sich meistens beim wettbewerbsorientierten Benchmarking, wenn man sich an den besten Mitbewerbern oder an den Besten aus der gleichen Branche misst. Noch wichtiger können Impulse aus dem Vergleich mit fremden Branchen sein, deren Kernprozesse ähnlich zu den untersuchten Prozessen sind – sogenanntes funktionales Benchmarking. Beispielsweise kann ein Versandunternehmen als Vergleichsbasis für die Logistik im Lager eines produzierenden Unternehmens dienen oder der Kundenservice in einer Bank als Maßstab für die Ausgabestelle von Ausweisdokumenten in einer Kommune.

Wie wird verglichen?

Als mögliche Verfahren kommen das Studium von Fachliteratur, der Besuch von Tagungen oder Messen infrage. Wesentlich gezieltere Informationen sind möglich, wenn mit den Vergleichspartnern schriftlich oder mündlich Informationen ausgetauscht werden. Die unmittelbare Besichtigung liefert ohne Zweifel die besten Informationen, dieser Weg ist aber aus Wettbewerbsgründen oft versperrt. Als Ausweg bietet es sich an, neutrale Dritte wie z. B. Beratungsunternehmen mit dem Vergleich zu beauftragen.

Benchmarking kann eine einmalige Aktion sein. Den größten Nutzen dürfte es jedoch bringen, wenn die Vergleiche kontinuierlich mit konstanten oder wechselnden Objekten, Kriterien und Vergleichspartnern durchgeführt werden.

Wird es wiederholt?

Mit der Festlegung der Objekte, der Kriterien, der Vergleichspartner und der Verfahren ist die Vorbereitung des Benchmarkings abgeschlossen. In einem nächsten Schritt sind dann Abweichungen zu ermitteln, die z. B. die Kosten, die Qualität, die Zeit usw. betreffen können. Dann ist herauszufinden, auf welche Ursachen diese Abweichungen zurückzuführen sind. Daraus können dann Anforderungen abgeleitet werden.

Vom Benchmarking zur Anforderung

Als Objekte der Messung im Benchmarking bieten sich Produkte, Prozesse und Verfahren an. Kriterien können sein die Kosten, die Leistungen, die Qualität und die Zeit der Leistungen. Vergleichspartner können im eigenen Unternehmen, in der gleichen Branche oder über die Branche hinaus gefunden werden. Abweichungen werden auf ihre Ursachen untersucht. In Projekten wird dann versucht, die eigenen Potenziale zu nutzen. Die besten Erfolgschancen bietet ein kontinuierliches Benchmarking.

Zusammenfassung

8.3.5.5 Problemanalyse

Soweit Maßnahmen nicht von außen erzwungen werden, z. B. durch den Gesetzgeber oder durch Verpflichtungen gegenüber Verbänden, besteht die Freiheit, selbst zu entscheiden, ob eine Soll-Ist-Abweichung – ein Problem – groß genug ist, um darauf mit einer Maßnahme zu reagieren.

Probleme als Auslöser für Projekte

Insbesondere bei komplizierten, umfangreichen Vorhaben ist ein systematisches Vorgehen einem unsystematischen, eher intuitiven Ansatz überlegen, da nur so sichergestellt werden kann, dass

Ziele einer systematischen Problemanalyse

- möglichst alle Probleme, Stärken, Chancen, Risiken erkannt werden
- Probleme klar beschrieben werden
- planmäßig nach den Ursachen gesucht wird, um Ursachenketten zu erkennen und um nicht nur an den Symptomen zu kurieren
- subjektive Einschätzungen in Grenzen gehalten werden.

Allerdings kann auch ein methodisches Vorgehen bei der Problemanalyse Subjektivität nicht verhindern. Methodisches Vorgehen kann allerdings insofern die Subjektivität in Grenzen halten, als die

- Vollständigkeit (gegenüber subjektiver Einseitigkeit) und die
- Nachvollziehbarkeit einer Aussage

eher gewährleistet sind.

Probleme und Ursachen als Quellen für Anforderungen

Zur Problemanalyse im hier verstandenen Sinne gehören die Erkennung, Untersuchung und Beurteilung der Ursachen von Problemen sowie deren Dokumentation, um daraus die richtigen Anforderungen abzuleiten. Nicht immer liegen Probleme „klar auf der Hand", noch weniger sind die Problemursachen immer leicht zu erkennen. Oft ist auch das von einem Auftraggeber geschilderte „Problem" beim näheren Hinsehen nur das Symptom für tiefer liegende Problemstellungen. Daher ist ein schrittweises Einkreisen und Präzisieren des Problems, seiner Struktur sowie seiner Ursachen erforderlich. Sonst geht die spätere Lösungssuche teilweise oder ganz am Problem vorbei. Mängel der Problemanalyse „rächen" sich spätestens bei der Einführung ungeeigneter Lösungen.

Die Problemerkennung läuft in drei Teilschritten ab:

- Problemsuche
- Problemdarstellung
- Problembewertung.

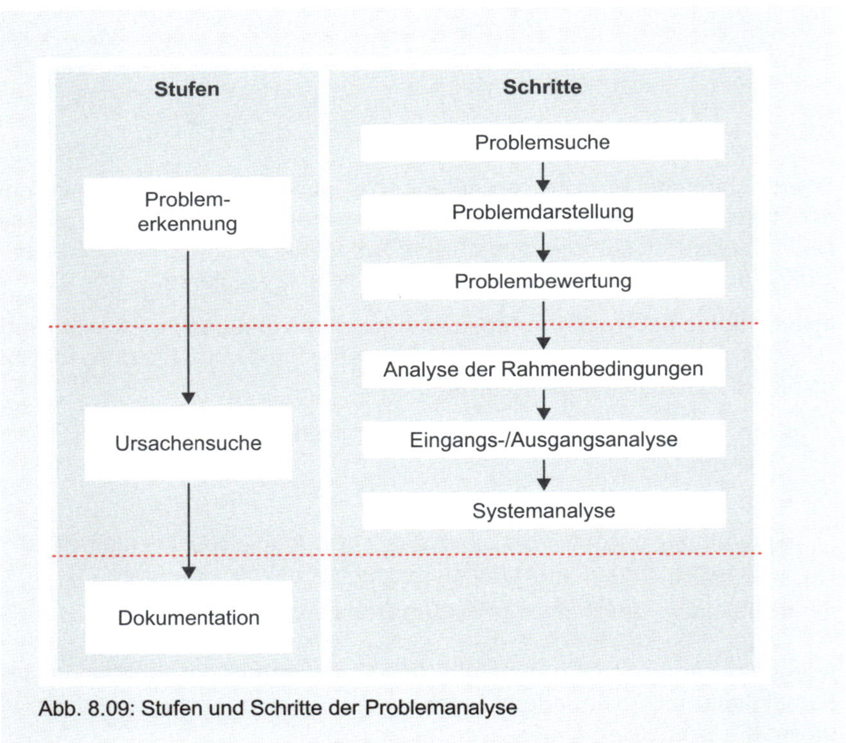

Abb. 8.09: Stufen und Schritte der Problemanalyse

Problemsuche

Abweichungen im Ergebnis und unerwünschte Auswirkungen

Gegenstand der Problemsuche sind nicht nur die Probleme (Soll-Ist-Abweichungen) der Gegenwart, sondern auch diejenigen, deren Entstehen in der Zukunft aufgrund externer oder interner Einflüsse abzusehen ist. Es kann sich dabei um drohende Gefahren oder mögliche Chancen handeln. Soll-Ist-Abweichungen werden in erster Linie beim Ergebnis (eines Prozesses bzw. Leistung eines Produkts) bemerkt.

Neben den Mängeln am Ergebnis der Aufgabenerfüllung selbst, können unerwünschte Auswirkungen innerhalb und außerhalb des Untersuchungsbereichs auftreten (z. B. übermäßige Belastungen der Aufgabenträger durch Überstunden). Dies kann auch der Fall sein, wenn die Aufgaben einwandfrei erfüllt werden.

Befragungen und Workshops sind die favorisierten Erhebungstechniken, um die Mängel wie auch die unerwünschten Auswirkungen zu ermitteln.

Problemdarstellung

Zur Problemdarstellung werden die folgenden Fragen gestellt und beantwortet:

W-Fragen zur Problemdarstellung

- Was für eine Abweichung tritt auf? Diese Frage ist schon im Schritt „Problemsuche“ beantwortet worden. Hier soll das erkannte Problem nun so präzise wie möglich beschrieben werden.
- Wo tritt die Abweichung auf bzw. wo finden sich die mangelhaften Ergebnisse (am bearbeiteten Objekt oder innerhalb/außerhalb des Untersuchungsbereichs)?
- Wann tritt die Abweichung auf (in welchem Zeitraum, zu welchen Zeitpunkten, mit welcher Zeitdauer)?
- Wie viele der bearbeiteten Objekte sind betroffen bzw. wie groß ist die Abweichung?

IST und IST-NICHT

Die Fragen werden für den Bereich gestellt und beantwortet, der betroffen IST. Sie werden aber auch für den Bereich gestellt, der NICHT betroffen IST, obwohl er aufgrund scheinbarer Gleichheit oder Ähnlichkeit bzw. aufgrund von Gemeinsamkeiten ebenfalls hätte betroffen sein können. Durch einen Vergleich von IST und IST-NICHT lassen sich die möglichen Ursachen besser abgrenzen. Denkbare Ursachen, die im IST wie im IST-NICHT vorkommen, können ausgeklammert werden, da Ursachen, die im IST für die Abweichung verantwortlich sind, andernfalls auch im IST-NICHT zu Abweichungen hätten führen müssen.

Bei der Beschreibung des IST-NICHT handelt es sich also nicht um die Beschreibung des „Soll“, sondern um eine mögliche Abweichung, die hätte auftreten können.

	IST	IST-NICHT
Was?	Lange Durchlaufzeiten von Bestellungen	Lange Bearbeitungszeiten
Wo?	Vertrieb Katalogprodukte	Vertrieb Sonderanfertigungen
Wann?	Seit etwa zwei Monaten	Vorher
Wie viel?	Es sind ca. 30 % aller Bestellungen betroffen. Die Durchlaufzeiten betragen mehr als 4 Tage.	Etwa 50 % aller Bestellungen werden innerhalb eines Tages abgewickelt.

Abb. 8.10: Beispiel für eine Problemdarstellung von IST und IST-NICHT

Problembewertung

Ist das Problem wichtig genug, um es weiter zu bearbeiten?

Der dritte Schritt im Rahmen der Problemerkennung ist die Problembewertung, die durchzuführen ist, bevor die Ursachenforschung in Angriff genommen wird. Es gilt zu klären, ob nach der Beschreibung des Problems die Entscheidung dafür fällt, das Problem weiter zu untersuchen, oder ob man zu dem Ergebnis kommt, dass sich der Aufwand nicht lohnt. Ein großer Teil der in der Praxis auftretenden Probleme ist eher als unwichtig einzustufen; nur wenige Probleme hingegen sind von grundlegender Bedeutung. Mithilfe der Problembewertung sollen die Kernprobleme von Randproblemen getrennt werden. Als Kriterien hierfür werden herangezogen:

Priorisierung von Problemen

- Dringlichkeit des Problems (z. B. gibt es einen Termin, bis zu dem das Problem gelöst sein muss?)
- Wichtigkeit des Problems (wie groß sind die Auswirkungen?)
- Entwicklung des Problems (verschärft oder entschärft sich das Problem, je länger nichts unternommen wird?)
- Verfügbare Ressourcen (welche Kapazität steht für die Problembearbeitung bereit?)
- Abhängigkeit (ist die Lösung dieses Problems Voraussetzung für die Lösung anderer Probleme? Sollte das Problem in einem Zug mit anderen gelöst werden?).

Zusammenfassung

In der Problemdarstellung wird ermittelt, was für eine Abweichung wo, wann und in welchem Umfang auftritt; aber auch, wo sie nicht auftritt, aufgrund einer ähnlichen Situation aber hätte auftreten können. Zur Problembewertung werden die Dringlichkeit und Wichtigkeit des Problems, die Entwicklung sowie die Verfügbarkeit von Ressourcen und die Abhängigkeit von anderen Problemen untersucht.

Ursachenermittlung

Vorgehensweise

Besonderheiten geben Hinweise

Nach der Problemerkennung muss die Frage nach der/den Ursache(n) des Problems gestellt werden (sofern die Ursache nicht schon von vornherein bekannt ist). Erst die Kenntnis der Ursache(n) eines Problems ermöglicht es, wirkungsvolle Maßnahmen gegen das Problem zu entwickeln.

Wesentliche Anhaltspunkte für die Ursache(n) ergeben sich bereits aus der Beschreibung des IST und des IST-NICHT. Ein besonderes Augenmerk ist hierbei auf die Unterschiede bzw. die Besonderheiten zu richten, die sich zwischen dem IST und dem IST-NICHT zeigen. Diese Unterschiede müssen vorhanden sein, da sonst auch der angrenzende Bereich vom Problem betroffen wäre, was ja ausdrücklich nicht der Fall ist (IST-NICHT).

Beispiel

Da beim Vertrieb von Sonderanfertigungen keine Verzögerungen auftreten, muss die Ursache im Bereich der Katalogprodukte zu suchen sein. Es muss hier Besonderheiten geben, da andernfalls auch der Vertrieb von Sonderanfertigungen mit dem Problem der langen Durchlaufzeiten zu tun hätte. Die Sonderheit ist, dass Katalogprodukte vom Lager verkauft werden, während Sonderanfertigungen nicht über das Lager laufen.

Neue Probleme durch Veränderungen bei Besonderheiten

Ist ein Problem neu aufgetaucht, muss als Ursache für das Problem eine Veränderung verantwortlich sein, die es zu erfassen gilt. Jede eingetretene Veränderung kommt als mögliche Ursache infrage. Dass die Veränderungen ursächlich sind, ist umso wahrscheinlicher, je besser sich die eingetretenen Wirkungen (IST) wie auch die nicht eingetretenen Wirkungen (IST-NICHT) durch die Veränderung erklären lassen. Je weniger das möglich ist, desto unwahrscheinlicher ist es, dass die Veränderung auch die gesuchte Ursache ist.

Beispiel

Verändert hat sich seit zwei Monaten die technische Ausstattung des Lagers. Dort wurde ein neues vollautomatisches System der Ein- und Auslagerung eingeführt. Aufgrund von Programmfehlern kommt es immer wieder zu erheblichen Verzögerungen.

Es wird die Hypothese aufgestellt, dass die Verzögerungen auf diese technischen Probleme zurückzuführen sind. Anschließend wird versucht, diese Hypothese durch Untersuchungen zu untermauern.

Systemdenken als Hilfe bei der Ursachenermittlung

Bei der Durchführung der Problemuntersuchung empfiehlt sich die Anwendung des Systemdenkens. Danach sollte die Suche nach der Ursache und nach den das Problem hervorrufenden Veränderungen nach dem Prinzip vom Groben ins Detail und von außen nach innen erfolgen. Hier bieten sich drei Arbeitsschritte an:

- Analyse der Rahmenbedingungen
- Eingangs-/Ausgangsanalyse
- Systemanalyse.

Zusammenfassung

Ursachen müssen auf Veränderungen bei den Besonderheiten des IST beruhen. Diese Veränderungen sind zu ermitteln, um Hypothesen für die Ursachen zu finden.

Analyse der Rahmenbedingungen

Liegt die Ursache draußen?

Kein Problemfeld ist völlig isoliert. Auf jedes System wirken Faktoren von außen ein, die außerhalb des Gestaltungsbereichs liegen – und somit auch aus dem eigenen Unternehmen stammen können. Solche Rahmenbedingungen können die Wettbewerbssituation sein, die technologische Entwicklung, rechtliche Regelungen, die Situation auf dem Arbeitsmarkt, eine andere strategische Ausrichtung, veränderte Geschäftsprozesse in anderen Bereichen usw. Ziel der Analyse der Rahmenbedingungen ist es, die Art und den Umfang der Einflüsse von außen auf das zu betrachtende System zu ermitteln, die möglicherweise eingetretenen Veränderungen festzustellen und ihre Auswirkungen für das Problem zu erfassen.

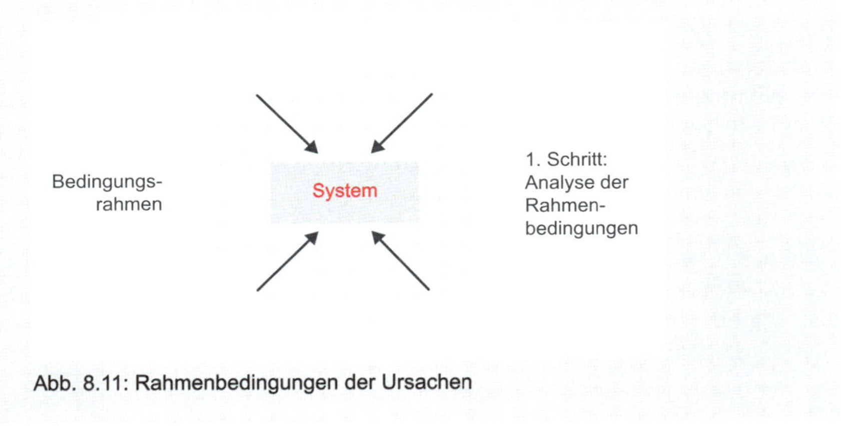

Abb. 8.11: Rahmenbedingungen der Ursachen

Beispiel

Die Marktbedingungen haben sich verändert. Während früher fast ausschließlich die Bestellungen telefonisch eingingen oder durch Vertreter gesammelt wurden, bestellen heute immer mehr Kunden über das Internet. Dadurch kommt es heute öfter vor, dass Bestellungen unvollständig sind, sodass der Vertrieb die fehlenden Informationen einholen muss.

Analyse der Ein- und Ausgänge

Vorgehen von außen nach innen

Sind die Probleme oder Mängel am Ausgang des betrachteten Systems bekannt, ist zu prüfen, inwieweit diese Mängel auf die Eingänge in das betrachtete System zurückzuführen sind. Das System selbst wird hier immer noch als schwarzer Kasten (Blackbox) betrachtet.

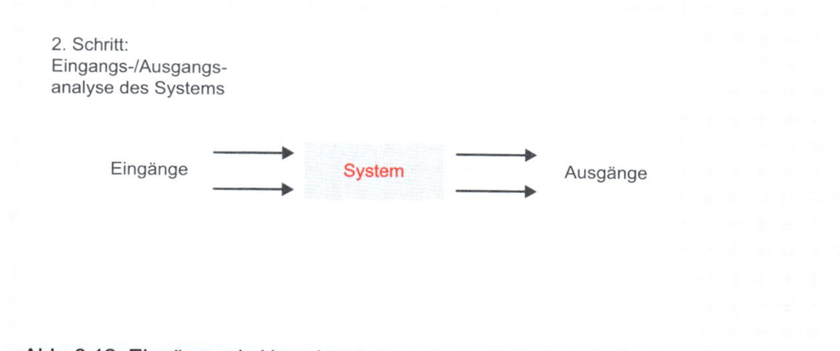

Abb. 8.12: Eingänge als Ursachen

Stufenweise Rückverfolgung

Zeigt sich im Ausgang des Systems ein Mangel, muss dieser Mangel entweder durch das System selbst oder bereits durch die Eingänge in das System verursacht sein. Ehe man sich detailliert mit dem System auseinandersetzt, ist es besser, erst die Eingänge zu überprüfen. Sollten nämlich bereits die Eingänge mit Mängeln behaftet sein, die die Abweichung im Ausgang hinreichend erklären, ist es nicht nötig, das System selbst näher zu untersuchen. Die Ursachen liegen dann offensichtlich im Vorfeld des untersuchten Systems und sind dort ausfindig zu machen.

Systemanalyse

Eingrenzen des verursachenden Bereichs

Erklären die Eingänge in das System nicht oder nicht hinreichend die Mängel im Ergebnis, muss das System selbst näher untersucht werden. Auch innerhalb des Systems empfiehlt sich ein Vorgehen vom Groben ins Detail und von außen nach innen. Dazu wird das System in Untersysteme (oder in Use-Cases) aufgegliedert, die jedes für sich als Quelle der Ursache infrage kommen. Bei einer ablauforientierten Betrachtung werden – ausgehend von dem Untersystem, welches das mängelbehaftete Ergebnis liefert – die Eingänge dieser Einheit geprüft. Wenn sie nicht oder nicht hinreichend die Abweichung im Ergebnis erklären, werden die Eingänge des vorgelagerten Untersystems überprüft. Dieses Vorgehen wird so lange fortgesetzt, bis die Einheiten feststehen, deren Eingänge in Ordnung sind, deren Ausgänge jedoch Abweichungen aufweisen. Innerhalb dieser Einheiten muss die Ursache oder müssen die Ursachen liegen (siehe dazu die Abbildung 8.13).

Beispiel

Die fehlerhaften Auslieferungen treten beim Kunden auf. Der Versand kann nicht die Ursache sein, da er selbst bereits fehlerhafte Zusammenstellungen der Produkte erhält. Als nächstes wird das Lager untersucht. Auch hier kann nicht die alleinige Ursache liegen, weil das Lager fehlerhafte Lageraufträge erhält. Allerdings werden die Auslieferungen durch die Softwareprobleme im Lager teilweise verzögert. Also ist zu vermuten, dass der vorgelagerte Vertrieb die fehlerhaften Sendungen verursacht.

Erkennen von Ursachenketten

Durch dieses schrittweise Eingrenzen des Verursachers wird die Ursachensuche nicht zu früh beendet. Wenn nämlich ein Eingang eine Abweichung im Ausgang nur teilweise erklärt, wird in den vorgelagerten Einheiten weiter gesucht, bis die Abweichung restlos erklärt ist. Auf diese Art können ganze Ursachenketten ermittelt werden, die insgesamt verantwortlich für die Abweichung im Ergebnis des Systems sind. Nach dem Prinzip vom Groben ins Detail müssen nun die als ursächlich erkannten Untersysteme (oder Use-Cases) analysiert werden.

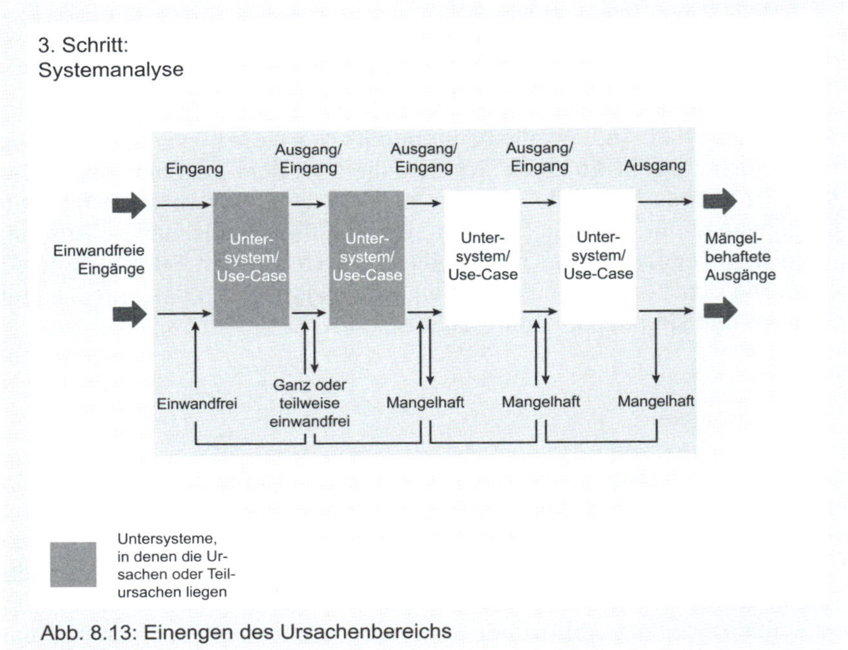

Abb. 8.13: Einengen des Ursachenbereichs

Zusammenfassung

Die Ursachensuche (Problemuntersuchung) erfolgt in den Arbeitsschritten: Analyse der Rahmenbedingungen, Analyse der Ein- und Ausgänge des betrachteten Systems, Gliederung des Systems in Untersysteme und schrittweise rückwärts verlaufende Untersuchung der Ein- und Ausgänge sowie Analyse der identifizierten Einheiten, in denen Abweichungen entstehen.

Problemdokumentation

Ableitung der Anforderungen aus Problemen und Ursachen

In der Problemdokumentation werden die ermittelten heutigen oder zukünftigen Probleme und die für sie verantwortlichen oder prognostizierten Ursachen oder Ursachenketten umfassend und übersichtlich dargestellt. Dazu bietet sich beispielsweise das im Folgenden vorgestellte Ursache-Wirkungs-Diagramm. Im gleichen Sinne können auch die festgestellten Chancen und die zu ihrer Realisierung notwendigen Voraussetzungen sowie die Risiken als Ergebnisse der Problemanalyse dokumentiert werden. Aus den Problemen und deren Ursachen wie auch aus den Chancen und Risiken können die Anforderungen an die neue Lösung abgeleitet werden.

8.3.5.6 Ursache-Wirkungs-Diagramm (Ishikawa-Diagramm)

Analyse von Ursachen für Probleme

Das Ursache-Wirkungs-Diagramm (engl. Cause and Effect Diagram) wird nach seinem Autor auch als Ishikawa-Diagramm bezeichnet. Es dient dazu, die möglichen Ursachen für ein Problem zu ermitteln und grafisch aufzubereiten. Die möglichen Ursachen werden in Haupt- und Nebenursachen zerlegt und in der Form von Fischgräten dargestellt – daher auch die Bezeichnung Fishbone Diagram (Fischgräten-Diagramm). Anstelle einer negativen Formulierung (Problem) kann auch ein angestrebtes Ziel Ausgangspunkt für den Aufbau eines Ishikawa-Diagramms sein.

Normalerweise wird es in der Form eines von links nach rechts verlaufenden Pfeils dargestellt, an dessen Spitze das möglichst präzise formulierte Problem steht (z. B. unzureichende Leistung der Kundenberater). Auf diesen Pfeil stoßen die Linien der Haupteinflussgrößen, die zu dieser Wirkung beitragen (können). Auf diese Haupteinflussgrößen laufen dann wieder Linien zu, die (mögliche) Ursachen für die Haupteinflussgrößen sind.

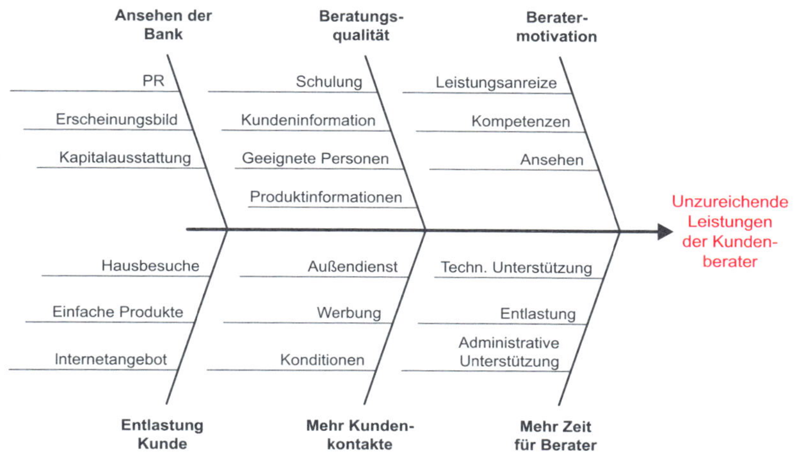

Abb. 8.14: Beispiel für ein Ishikawa-Diagramm

Bewertung nach der Ermittlung

Die grafische Aufbereitung ist gut geeignet für Gruppenarbeiten. Schritt für Schritt werden Ursachenkategorien zusammengetragen und verfeinert. Dazu kann auch auf Kreativitätstechniken zurückgegriffen werden. Es wird empfohlen, erst einmal alle überhaupt denkbaren Ursachen zu erfassen und zu untergliedern, um sie dann in einem weiteren Schritt zu bewerten. Dazu können die folgenden Kriterien herangezogen werden:

- Wahrscheinlichkeit, die wirkliche Ursache darzustellen
- Bedeutung für das Problem (Ziel) – Stärke des Einflusses
- Mögliche Effekte, wenn dieser Einfluss beseitigt würde.

Vorteile	Nachteile
■ Einfache Handhabung ■ Geringer Aufwand bei der Durchführung ■ Gute Grundlage für Gruppenarbeit ■ Gezielte Lenkung der Ursachensuche	■ Unübersichtlich bzw. ungeeignet bei komplexen Problemstellungen ■ Vernetzte Beziehungen können nicht dargestellt werden

Abb. 8.15: Vorteile und Nachteile des Ishikawa-Diagramms

Zusammenfassung

Das Ishikawa-Diagramm ist eine übersichtliche grafische Aufbereitung von möglichen Ursachen für ein Problem. Es bietet sich für die Gruppenarbeit an. Nach der Sammlung werden die möglichen Ursachen bewertet. Aus Problemen und Ursachen lassen sich wiederum Anforderungen ableiten.

8.4 Gewichtung und Priorisierung von Anforderungen

Welche Anforderungen setzen sich durch?

Anforderungen haben für die verschiedenen Stakeholder nicht alle die gleiche Bedeutung. Es gibt Anforderungen, die zwingend umgesetzt werden müssen, und andere, bei denen sorgfältig zwischen Aufwand und Nutzen abzuwägen ist. Es sollte deswegen geprüft werden, welche Anforderungen überhaupt umgesetzt werden sollen beziehungsweise unter Beachtung der vorhandenen Ressourcen umgesetzt werden können.

In vielen Fällen entscheidet der Auftraggeber in einem Projekt, welche Anforderungen realisiert werden. Diese Entscheidung kann mehr oder weniger systematisch vorbereitet werden. Häufig werden Gespräche mit den wichtigsten Stakeholdern geführt, um ein besseres Gefühl für die relative Wichtigkeit und Dringlichkeit von Anforderungen zu gewinnen. Bewährt haben sich auch Workshops, in denen Stakeholder repräsentiert sind, welche unterschiedliche Interessenlagen vertreten.

Interessenausgleich durch Kompromisse

Wie bei der Gewichtung der Ziele ist es auch bei der Gewichtung der Anforderungen sinnvoll, die richtigen Stakeholder – auch unter Berücksichtigung ihrer konkreten Machtposition – zu beteiligen und bei abweichenden Interessen einen Kompromiss zu finden, dem die wichtigsten Stakeholder zustimmen. Viele Probleme lassen sich zumindest vorläufig lösen, wenn Projekte nach Versionen (iterativ) entwickelt werden und es somit eine Perspektive gibt, dass eine Anforderung zu einem späteren Zeitpunkt umgesetzt werden kann.

Im Folgenden werden zwei Techniken dargestellt, mit deren Hilfe die Anforderungen gewichtet werden können. Wie bei den Zielen gilt auch hier die Aussage, dass die Gewichtung von Anforderungen ein sehr subjektiver Vorgang ist und bleibt, auch wenn noch so viele Techniken eingesetzt werden.

Weitere Aspekte und Techniken zur Gewichtung bzw. Priorisierung von Anforderungen werden in Band 7 dieser Schriftenreihe (Naumann, A.-B.: „Business-Analyse – Systematisches Anforderungsmanagement für nutzerorientierte Lösungen“) erläutert. Darunter sind auch Werkzeuge, die verstärkt im agilen Kontext genutzt werden.

8.4.1 Präferenzmatrix

Die Präferenzmatrix wurde in Kapitel 5.4.3.7 beschrieben und mit einem Beispiel dargestellt. Dort geht es um die relative Bedeutung von Zielen. Das gleiche Instrument kann herangezogen werden, um damit Anforderungen direkt miteinander zu vergleichen und so die relativ wichtigsten Anforderungen herauszufiltern. Diese Technik stößt allerdings schnell an ihre Grenzen, wenn Dutzende oder gar Hunderte von Anforderungen miteinander verglichen werden müssen. Sind die Anforderungen wie beispielsweise in einer Zielhierarchie hierarchisch strukturiert, dann dürfte es meistens zumindest möglich sein, auf einer höheren Verdichtungsebene die Präferenzmatrix zu nutzen.

8.4.2 Kano-Analyse

Noriako Kano hat einen Ansatz entwickelt, mit dessen Hilfe Anforderungen klassifiziert werden können, um damit auch Aussagen über deren relative Bedeutung zu machen. Die nach ihm benannte Kano-Analyse bietet insbesondere bei Produkten und Leistungen eine gute Hilfe für eine Gewichtung.

Kano versucht unterschiedliche Arten von Anforderungen zu ermitteln, indem er potenziellen Kunden oder Abnehmern zwei Fragen stellt:

- Wie würden Sie es finden, wenn diese Anforderung erfüllt würde (positive Frage)?
- Wie würden Sie es finden, wenn diese Anforderung nicht erfüllt würde (negative Frage)?

Für beide Fragen sind vier Antwortmöglichkeiten vorgegeben:

- Fände ich gut
- Erwarte ich (ist normal, dass es geboten wird)
- Ist mir gleichgültig
- Würde mir nicht gefallen.

Werden diese Fragen und die Antwortmöglichkeiten in einer Matrix einander gegenübergestellt, ergeben sich die folgenden sinnvollen Kombinationen:

		Wie würden Sie es finden, wenn die Anforderung nicht erfüllt würde?			
		fände ich gut	erwarte ich	ist mir gleich-gültig	gefiele mir nicht
Wie würden Sie es finden, wenn die Anforderung erfüllt würde?	fände ich gut	–	außerordentlich zufrieden	außerordentlich zufrieden	macht zufrieden
	erwarte ich		–	unerheblich	macht unzufrieden
	ist mir gleich-gültig			unerheblich	macht unzufrieden
	gefiele mir nicht				–

Abb. 8.16: Matrix zur Kano-Analyse

Kano nimmt die Position des Kunden (Anwenders, Nutzers) ein und unterscheidet drei Kategorien von Anforderungen:

- Elementare Anforderungen (machen unzufrieden, wenn nicht erfüllt)
- Performance-Anforderungen (machen zufrieden, wenn erfüllt)
- Überzeugende Anforderungen (machen außerordentlich zufrieden, wenn erfüllt).

Elementare Anforderungen (Basisanforderungen) sind zwingend erwartete Bestandteile oder Funktionalitäten eines Produkts, einer Leistung oder eines Prozesses. Werden diese Anforderungen nicht erfüllt, ist der Kunde (äußerst) unzufrieden. Damit können diese Anforderungen auch als Muss-Bestandteile angesehen werden. Kunden oder Anwender nennen diese Anforderungen häufig gar nicht, weil sie aus ihrer Sicht selbstverständlich sind.

Elementare Anforderungen sind Muss-Bestandteile

Beispiele für elementare Anforderungen an einen kabellosen Kopfhörer sind die Funktionalitäten, dass er Musik und Sprache wiedergeben kann, dass die Lautstärke geregelt werden kann usw.

Beispiel

Performance-Anforderungen (Leistungsanforderungen) sind Standardmerkmale eines Produkts oder einer Leistung, die unterschiedlich ausfallen können.

Bessere Performance sichert Zufriedenheit

Bei einem kabellosen Kopfhörer könnte dies beispielsweise die Klangqualität oder die Leistungsfähigkeit des Akkus sein. Hier gilt die Aussage, dass je besser diese Anforderung erfüllt ist, desto zufriedener der Kunde ist.

Beispiel

Überzeugende Anforderungen (Begeisterungsanforderungen) sind Leistungen oder Funktionen eines Produkts oder eines Prozesses, die der Kunde gar nicht erwartet und die er deshalb von sich aus auch nicht als Anforderung formulieren würde. Das Angebot überrascht den Kunden, beeindruckt ihn und führt im besten Fall dazu, dass er von der Leistung des Produkts begeistert ist.

Mehr als der Kunde erwartet

Bietet ein Kopfhörer erstmalig die Möglichkeit, die Passform und Größe individuell anfertigen lassen zu können, so wird dies für viele Kunden eine Neuerung sein, die einen erheblichen Vorteil gegenüber anderen Geräten bietet und die dem Anbieter damit einen Wettbewerbsvorteil beschert – zumindest so lange, wie die Mitbewerber nicht nachziehen.

Beispiel

Den Zusammenhang zwischen dem Ausmaß der Erfüllung dieser unterschiedlichen Anforderungen und der Kundenzufriedenheit zeigt Abbildung 8.17.

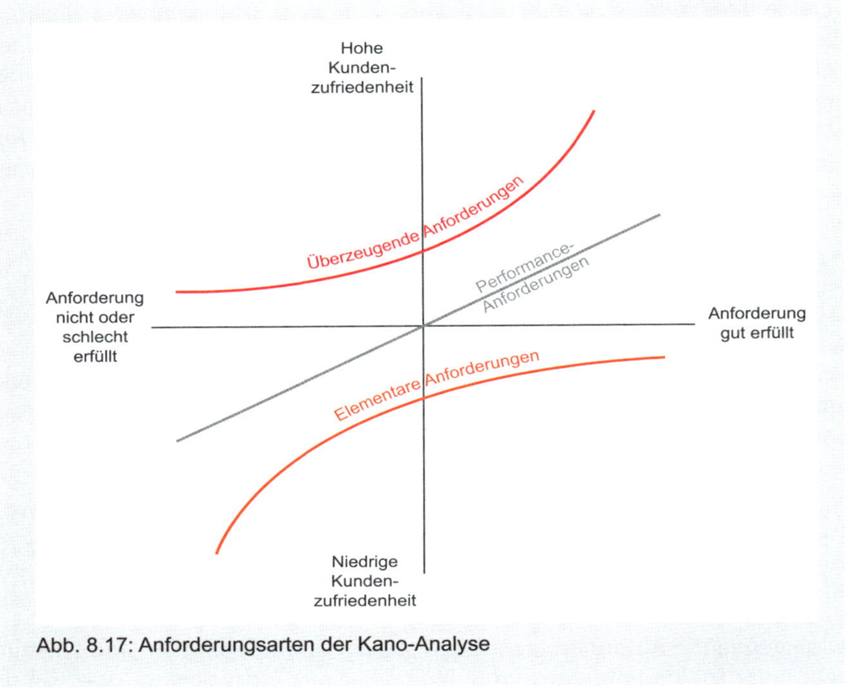

Abb. 8.17: Anforderungsarten der Kano-Analyse

Wettbewerbsvorteil durch Alleinstellungsmerkmal

Werden elementare Anforderungen erfüllt, kann damit lediglich Kundenunzufriedenheit vermieden werden. Je besser die Performance-Anforderungen erfüllt werden, desto höher ist die Kundenzufriedenheit. Kann der Kunde darüber hinaus mehr bekommen als er sich „erträumt" hat, so steigt die Kundenzufriedenheit unter Umständen sehr steil an. Das ist auch die Erklärung dafür, warum Unternehmen immer wieder versuchen, Wettbewerbsvorteile durch sogenannte Alleinstellungsmerkmale (Unique Selling Proposition, USP) zu gewinnen, durch Leistungsmerkmale, welche die Mitbewerber noch nicht bieten und die von den Kunden hoch geschätzt werden. In einem marktwirtschaftlichen Umfeld führt das normalerweise dazu, dass immer mehr Anbieter diese „einmaligen" Funktionalitäten bieten, sodass permanent Innovationen gesucht werden, um erneut einen Wettbewerbsvorteil zu gewinnen. Die gleiche Aussage gilt auch für die Performance-Anforderungen. So steigen die Erwartungen der Kunden an bestimmte Leistungsmerkmale (z. B. geringer Verbrauch bei Autos, Ausstattung mit Sicherheitssystemen und elektronischen Fahrhilfen) immer weiter an, je mehr ehemalige Spitzenleistungen zum Standard werden.

Die Anforderungsanalyse nach Kano kann also dazu beitragen, aus Kundensicht die richtigen Prioritäten bei den Anforderungen zu setzen.

Die Befragung von Kunden über ihr Urteil zur Erfüllung bzw. Nicht-Erfüllung von Anforderungen gibt Hinweise darauf, wie Unzufriedenheit vermieden, Kundenzufriedenheit gefördert und durch Alleinstellungsmerkmale außerordentliche Kundenzufriedenheit geschaffen werden kann. Daraus kann die Gewichtung von Anforderungen abgeleitet werden.

Zusammenfassung

8.5 Qualitätssicherung von Anforderungen

8.5.1 Voraussetzungen

Qualität durch methodische Projektarbeit

Es bestehen gute Chancen, dass es weder bei der Qualitätssicherung noch bei der späteren Umsetzung „böse Überraschungen" gibt, wenn die bereits erläuterten wesentlichen Voraussetzungen erfüllt werden:

- Korrekte Projektabgrenzung (siehe Kapitel 5.2)
- Auswahl und Beteiligung der richtigen Stakeholder (siehe Kapitel 5.3)
- Dokumentation der Anforderungen (siehe Kapitel 8.2)
- Gewichtung der Anforderungen (siehe Kapitel 8.4).

Aber auch wenn alle diese Voraussetzungen gegeben sind, ist es noch nicht sicher, dass die Anforderungen formal richtig sind. Bei einer Verifizierung werden Anforderungen daher insbesondere geprüft, ob sie eindeutig formuliert sind, ob sie vollständig und widerspruchsfrei allen Erwartungen der Stakeholder gerecht werden. Auch die anderen Qualitätskriterien (siehe Kapitel 8.1.4) sollten beachtet werden.

Interessenkonflikte moderieren

Insbesondere ist damit zu rechnen, dass unterschiedliche Stakeholder auch unterschiedliche Ziele verfolgen und daraus Anforderungen ableiten, die mit den Anforderungen anderer Stakeholder möglicherweise nicht verträglich sind. In einer Validierung wird daher entschieden, welche Anforderungen akzeptiert und umgesetzt werden, da sie den (Projekt-)Zielen entsprechen, und welche Anforderungen zu streichen sind, da nicht zielführend oder als „Goldrandlösung" einzustufen. Können sich die Stakeholder nicht einigen, können bei der Bewertung strittiger Fälle letztlich machtpolitische Kriterien den Ausschlag geben (z. B. „Ober sticht Unter", „Wer bezahlt, bestellt die Musik"). Es ist eine anspruchsvolle Aufgabe des Projektverantwortlichen, die viel Fingerspitzengefühl verlangt, hier zwischen den Interessenvertretern zu vermitteln und zu Lösungen hin zu moderieren, welche die Beteiligten das Gesicht wahren lassen und die sie akzeptieren können.

Die Qualitätssicherung der Anforderungen kann fortlaufend stattfinden – agile Vorgehensmodelle wenden dies an – oder zu einem Zeitpunkt, wenn Anforderungen umfassend erhoben und dokumentiert sind. Eine (zu) frühe

Den richtigen Reifegrad für die Qualitätssicherung finden

Prüfung im Projektfortschritt – also etwa schon in einer Vorstudie – bringt die Herausforderung mit sich, dass dort erfahrungsgemäß der Reifegrad der Anforderungen noch nicht ausreichend ist. Stellt es sich bei der Qualitätssicherung heraus, dass die bisherige Ermittlungsarbeit unzureichend war, kann es durchaus sein, dass vor der Detaillierung (beispielsweise in den Teilstudien) noch einmal die Qualität der Anforderungen überprüft wird.

Versäumnisse in der Praxis

In der praktischen Projektarbeit wird immer wieder auf eine Qualitätssicherung verzichtet oder diese wird „pro forma“ durchgeführt, weil man glaubt, die Anforderungen zu kennen und richtig verstanden zu haben. Versäumnisse zeigen sich dann erst beim Test und in der Einführung. Die dann notwendigen Nacharbeiten sind mit großer Wahrscheinlichkeit sehr viel umfangreicher, als wenn zuvor die Anforderungen gründlich überprüft worden wären.

Wichtig für den Erfolg der Qualitätssicherung ist die Auswahl der geeigneten Personen. Das können einmal Mitarbeiter des Projekts sein, die sich mit den Stakeholdern austauschen. Es wird allerdings nicht immer möglich sein, die wichtigsten Stakeholder für die Qualitätssicherung zu gewinnen. Alternativ werden deswegen auch Auditoren hinzugezogen, die entweder den bearbeiteten Bereich sehr gut kennen oder aber die Anforderungen eher aus formaler Sicht beurteilen.

8.5.2 Techniken

Hier sollen vier Techniken der Qualitätssicherung kurz dargestellt und bewertet werden, die sich in der Praxis bewährt haben:

- Stellungnahme
- Walkthrough
- Inspektion
- Prototyp.

8.5.2.1 Stellungnahme

Vier Augen sehen mehr ...

Die Stellungnahme ist ein wenig formalisierter Ansatz. Der Verfasser gibt die Anforderungen einem (oder mehreren) Dritten zu lesen, der fachlich kompetent ist, und bittet ihn um eine Stellungnahme. Anmerkungen und Anregungen werden dann von dem Autor in das Dokument eingearbeitet. Bei diesem Verfahren kann von der Lebenserfahrung ausgegangen werden, dass vier Augen mehr sehen als zwei. Formale Mängel, offensichtliche Lücken und Mehrdeutigkeiten können auf diesem Weg entdeckt werden. Die Qualität des Feedbacks hängt entscheidend von den Erfahrungen des Gutachters und von seiner Bereitschaft ab, sich intensiv mit dem Dokument auseinander zu setzen. Außerdem kann die Stellungnahme sehr einseitig sein, abhängig von der Interessenlage und der fachlichen Position des Gutachters.

8.5.2.2 Walkthrough

In einem Walkthrough (Durchgehen) stellt der Autor oder der Projektleiter schrittweise die Anforderungen vor und erläutert, welche Aussagen und Gedanken zu diesen Anforderungen geführt haben beziehungsweise wer als Stakeholder hinter diesen Anforderungen steht. Es handelt sich also um eine wenig formalisierte Präsentation vor Personen, die thematisch als Experten gelten können.

Lernen in und durch Präsentation

Ein erster Vorteil ergibt sich bereits durch die aktive Rolle des Autors (Projektleiters). Mit der Schilderung gegenüber Dritten nimmt er eine neue Position gegenüber den Anforderungen ein. Auch ohne jedes Feedback werden ihm Mängel und Versäumnisse bewusst. Das wird durch Fragen der Teilnehmer noch wesentlich verstärkt. Da darüber hinaus die Experten Kritik üben, sowie eigene Ideen und Vorstellungen einbringen, wird die Qualität der Anforderungen durch ein Walkthrough erheblich gesteigert. Werden die eigentlichen Stakeholder zu dem Walkthrough hinzugezogen, kann das gemeinsame Verständnis der Anforderungen weiter gefördert werden. So lassen sich häufig auch Kompromisse finden, die helfen, Konflikte zu verhindern.

8.5.2.3 Inspektion

Die Inspektion ist ein Prüfverfahren, das hauptsächlich bei IT-Entwicklungen sowohl zur Prüfung der Anforderungen wie auch für die Prüfung des Codes oder der Testfälle verwendet werden kann. Es handelt sich um ein stärker formalisiertes Verfahren – insbesondere im Vergleich zu den beiden bereits genannten Ansätzen. Nach Gilb/Graham werden die folgenden Phasen unterschieden:

Formalisiertes, schrittweises Vorgehen fördert Qualität

- Planung: Festlegung der Zahl und der Zeitpunkte der Inspektionen, Auswahl der Inspektoren, Erarbeitung der Checkliste(n)
- Vorbesprechung: Erste Sitzung mit den Inspektoren. Die Inspektoren erhalten die gesammelten Anforderungen. Checklisten werden verteilt, das weitere Vorgehen wird erläutert
- Individuelle Vorbereitung: Die Inspektoren prüfen die Anforderungen anhand der Checklisten und versuchen, so viele Mängel und Fehler wie möglich zu finden
- Reviewsitzung: Gemeinsames Treffen der Inspektoren und des Auftraggebers des Reviews. Die Inspektoren bringen alle von ihnen gefundenen Punkte ein. Diese werden bei Bedarf diskutiert und anschließend dokumentiert. Verbesserungen können sowohl die Anforderungen wie auch die Checklisten betreffen
- Nachbearbeitung: Die Ergebnisse des Reviews werden in die Anforderungskataloge eingearbeitet.

Durch die intensive Planung, Vorbereitung und Durchführung anhand vorgegebener Kriterien bieten die Inspektionen solide und belastbare Ergebnisse. Andererseits sind damit viel Zeitaufwand und Kosten verbunden, die bei wichtigen Vorhaben allerdings gerechtfertigt sind.

8.5.2.4 Prototyping

Aha-Erlebnisse durch Prototypen

In Kapitel 2.5.6 wurde bereits auf das Prototyping eingegangen. Funktionale Prototypen und Prototypen der Benutzerschnittstelle sind sehr gut geeignet, die umgesetzten Anforderungen zu überprüfen. Da hier insbesondere die eigentlichen Anwender als Prüfer genutzt werden, wird ihnen durch den Prototyp oft erstmalig bewusst, welche Auswirkungen das neue System auf ihre Arbeit hat. Damit können sie sehr viel konkreter bisher übersehene Anforderungen und nicht geeignete Lösungen erkennen und den Projektverantwortlichen mitteilen. Insbesondere die Qualität der Benutzerschnittstelle kann praxisnah überprüft und bei Bedarf korrigiert werden. Diesen erheblichen Vorteilen stehen die Nachteile gegenüber, dass ein funktionierender Prototyp unter Umständen hohe Vorleistungen erfordert. Handelt es sich jedoch um sogenannte Ausbau-Prototypen, die also nach der Überarbeitung weiter verwendet werden können, kann ein solcher Aufwand gerechtfertigt sein. Allerdings verführt der Einsatz von Prototypen leicht dazu, die Ermittlung der Anforderungen im Vorfeld der Entwicklung von Prototypen zu vernachlässigen.

Zusammenfassung

Maßgeblich für die Güte der Qualitätssicherung sind die richtigen Beteiligten (Stakeholder, Inspektoren). Je formalisierter das Verfahren der Qualitätssicherung ist, desto besser sind die Ergebnisse. Die Stellungnahme ist ein einfacher aber nicht sehr leistungsfähiger Ansatz. Deutlich bessere Ergebnisse bringen Walkthrough, Inspektion und Prototyping.

8.6 Anforderungsmanagement

8.6.1 Management von Änderungen

Es gibt vielerlei Gründe dafür, dass sich die Anforderungen in einem Projekt weiterentwickeln und verändern. Einige Beispiele dafür sind:

Anforderungen entwickeln sich mit dem Projektfortschritt

- Unvollständige Ermittlung in der Planung eines Projekts zwingen zu Nacharbeiten in der Realisation
- Stufenweise Verfeinerung und Weiterentwicklung in der Planung und in der Umsetzung
- Wachsende Anforderungen durch immer höhere Ansprüche
- Veränderte gesetzliche Anforderungen

- Veränderungen im Machtgefüge eines Unternehmens – einzelne Stakeholder können sich besser, andere jedoch schlechter mit ihren Vorstellungen durchsetzen
- Randbedingungen des Projekts haben sich geändert
- Annahmen über die Machbarkeit stellen sich als falsch heraus etc.

Gerade agile Vorgehensmodelle gehen davon aus, dass sich Anforderungen „ohnehin“ ändern werden (vgl. Kapitel 2.6). Im Sinne von „Das Bessere ist der Feind des Guten“ werden Änderungen akzeptiert und – soweit sie einen Mehrwert für den Kunden bzw. Anwender bieten – sogar forciert. Ausgenommen und damit „geschützt“ sind typischerweise nur die Anforderungen, die sich aktuell in der Umsetzung befinden (zum Beispiel in der aktuellen Iteration). Eine Verwaltung der Veränderungen, wie im Folgenden beschrieben, findet bei agilen Vorgehensmodellen daher häufig mit weniger Aufwand bzw. mit geringerer Dokumentation statt.

Bestandteile eines formellen Bewilligungsverfahrens für Anforderungen

Sollen in mittleren oder größeren Projekten Veränderungen der Anforderungen vernünftig verwaltet werden, muss sichergestellt sein, dass der Entwicklungsprozess der Anforderungen nachverfolgt werden kann (engl. Traceability). Dazu sind organisatorische Vorkehrungen für den Prozess der Veränderungen erforderlich, also ein eindeutiges Verfahren, nach dem Änderungen erfasst, genehmigt und nachverfolgt werden. Dieses Verfahren muss allen Beteiligten bekannt sein. Wichtige Bestandteile eines solchen Verfahrens sind:

- Änderungsanträge (Change Requests) müssen formell schriftlich beantragt werden
- Alle Änderungsanträge sind bei einer zentralen Stelle einzureichen, in der sie gesammelt, aufbereitet und in das Gesamtsystem der Anforderungen eingeordnet werden. Diese zentrale Stelle ist meistens auch für die Weiterverfolgung und Nachvollziehbarkeit zuständig (siehe unten)
- Änderungsanträge müssen ihrer jeweiligen Bedeutung entsprechend klassifiziert werden – für diese Einordnung ist allgemein gesagt die Bedeutung oder Tragweite einer Änderung maßgeblich. Die Kriterien für diese Zuordnung sollten vorher verbindlich festgelegt werden. Je nach Klassifizierung kann im Projekt direkt entschieden werden oder es müssen formelle Bewilligungsverfahren durchlaufen werden (Eskalationsstufen)
- Die Entscheidungsbefugnisse für die verschiedenen Anforderungsklassen müssen geregelt sein (z. B. Projektleiter, Lenkungsausschuss, Lenkungsausschuss und Geschäftsführung). Oft wird für wichtige und weitreichende Änderungen auch ein spezielles Gremium eingerichtet, das beispielsweise aus Projektmitarbeitern und Stakeholdern besteht und über die Freigabe und die Priorisierung der Anforderung entscheidet (Change Control Board oder Configuration Board).

8.6.2 Nachvollziehbarkeit von Anforderungen (Traceability)

Schon bei mittelgroßen Projekten gibt es häufig hunderte von Anforderungen. Dann ist es gar nicht einfach, diese Anforderungen zu ordnen und in ihrer Entwicklung (ihrem „Lebenszyklus") zu verfolgen.

Ergänzende Informationen zu Anforderungen

Jede einzelne Anforderung kann durch eine Reihe von Merkmalen (Anforderungsattribute) gekennzeichnet werden, die erfasst werden müssen. Beispiele für solche Merkmale sind:

- Stakeholder dieser Anforderung
- Ziel(e), aus dem (denen) sie sich ableiten lässt
- Version der Anforderung
- Beziehung zu, Abhängigkeit von anderen Anforderungen
- Testverfahren zur Überprüfung der Umsetzung der Anforderung
- Status (Planung, Umsetzung, Test etc.).

Solche Merkmale sollten möglichst frühzeitig bei jeder Anforderung vermerkt werden. Welche Merkmale im Einzelnen in dem konkreten Projekt maßgeblich sind, hängt von den mit der Dokumentation verfolgten Zwecksetzungen ab. Die zuständige Stelle ist außerdem dafür verantwortlich, dass diese Merkmale permanent gepflegt werden. Softwaretools können eine wichtige Hilfe bieten zur Dokumentation von Anforderungen und zugehörigen Merkmalen.

Traceability zu Merkmalen, anderen Anforderungen und Versionen

Unter Nachvollziehbarkeit (Traceability) versteht man zum einen die Möglichkeit, die Beziehung einer Anforderung zu diesen Merkmalen feststellen zu können. So kann es sehr wichtig sein, beispielsweise den Stakeholder einer Anforderung jederzeit identifizieren zu können, etwa wenn von einem Dritten eine Änderung gewünscht wird, die mit dem ursprünglichen Stakeholder abgestimmt werden muss. Zur Nachvollziehbarkeit gehört weiterhin, dass untergeordnete Detailanforderungen auf übergeordnete Anforderungen zurückgeführt werden können. Schließlich gehört es zur Nachvollziehbarkeit, dass der Werdegang einer Anforderung von ihrer ursprünglichen Fassung bis zur letzten aktuellen Version – und dazu möglichst auch die Gründe für die Veränderungen – jederzeit rekonstruiert werden können. Die Version einer Anforderungen wird beispielsweise über eine nummerische oder alphanumerische Klassifikation dargestellt.

Zusammenfassung

Anforderungen müssen dokumentiert und systematisch aufbereitet werden. Zur Aufbereitung gehören die Klassifikation der Anforderungen und die Zuordnung von relevanten Merkmalen. Für jede Anforderungskategorie gibt es ein (formalisiertes) Bewilligungsverfahren. Die Beziehungen der Anforderungen zu Stakeholdern, zu Zielen und zu anderen Anforderungen sind ebenso zu dokumentieren wie die Veränderungen der Anforderungen und deren Ursachen im Zeitablauf (Traceability).

Literatur zu Kapitel 8

Alexander, I.; Stevens, R.: Writing Better Requirements. Boston/San Francisco u. a. 2002

Ambler, S.: The Elements of UML 2.0 Style. Cambridge 2005

Gilb, T.; Graham, D.: Software Inspection. Boston/San Francisco u. a. 1993

Harrington, H. J.: Business Process Improvement: The Breakthrough Strategy for Total Quality, Productivity and Competitiveness. New York 1991

Horvàth, P.; Herter, R. N.: Benchmarking. Vergleich mit den Besten der Besten. In: Controlling 1/1992, S. 4-11

IIBA® International Institute of Business Analysis (Hrsg.): BABOK® v3 – Leitfaden zur Business-Analyse. BABOK® Guide 3.0. 3. Aufl., Gießen 2017

Kepner, C. H.; Tregoe, B. B.: Entscheidungen vorbereiten und richtig treffen. Rationales Management – die neue Herausforderung. 5. Aufl., Landsberg/Lech 1991

Khanna, K. K.: Benchmarking. A Tool for Competitive Advantage. 2017

Naumann, A.-B.: Business-Analyse – Systematisches Anforderungsmanagement für nutzerorientierte Lösungen. Gießen 2018

Pohl, K.; Rupp, C.: Basiswissen Requirements Engineering. 4. Aufl., Heidelberg 2015

Robertson, S.; Robertson, J.: Mastering the Requirements Process. 2. Aufl., Boston/San Francisco u. a. 2006

Rupp, C. & die SOPHISTen: Requirements-Engineering und -Management. 6. Aufl., München/Wien 2014

9 Techniken des Lösungsentwurfs

Ziele dieses Kapitels – Was können Sie erwarten?

- Sie wissen, welche Kategorien unterschiedlicher Lösungen für betriebliche Projekte infrage kommen
- Sie kennen die Vorteile und die Grenzen des klassischen, erfahrungsbasierten Vorgehens bei der Lösungssuche
- Sie können ausgewählte und bewährte Techniken zur kreativen Lösungssuche anwenden
- Sie kennen den Aufbau einer Mindmap und wissen, wie sie zur Lösungssuche eingesetzt werden kann
- Sie kennen die Fehlermöglichkeits- und Einflussanalyse (FMEA) zur vorbeugenden Suche möglicher Fehler und deren Ursachen
- Sie kennen SCAMPER als eine Technik zur strukturierten Suche von Lösungsansätzen.

9.1 Einordnung

Lösungsentwurf als Teil des Planungszyklus

Normalerweise folgt der Lösungsentwurf auf Erhebung, Analyse und Anforderungsermittlung. Lösungen dienen dazu, Anforderungen umzusetzen. Grundsätzlich muss dazu die Ausgangssituation, d. h. der Istzustand bekannt sein. Die Bedingungen des Istzustands (z. B. das Mengengerüst der Aufgaben, die personelle Struktur, das bestehende Produkt etc.) sind im Einzelfall auch dafür maßgeblich, welche Lösungen infrage kommen bzw. besonders geeignet sind. Soll eine bestehende Lösung verbessert werden, geht es oft darum, Probleme zu beseitigen. Dazu müssen die Probleme und deren Ursachen bekannt sein. Bewährte Techniken zu Erhebung, Analyse und Anforderungsermittlung wurden in den vorangegangenen Kapiteln vorgestellt.

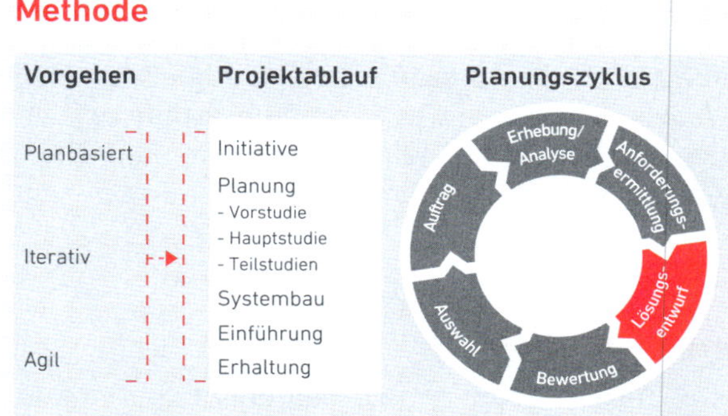

Abb. 9.01: Einordnung der Techniken des Lösungsentwurfs

Mehrere Varianten statt einer Lösung

Oft steht die Lösung allerdings schon zu Beginn eines Projekts fest, sodass die weiteren Schritte nur noch dazu dienen, das vorgegebene Lösungskonzept zu detaillieren, sachgerecht umzusetzen und in die bestehende Organisation einzubetten. Grundsätzlich sollten allerdings Varianten gesucht und untersucht werden, weil die Eignung einer Lösung letztlich erst dann beurteilt werden kann, wenn sie mit anderen Lösungsvarianten verglichen wurde (siehe dazu Kapitel 10).

Lösungsarten

Bei den infrage kommenden Lösungsvarianten können verschiedene Formen unterschieden werden. Vorläufige Lösungen sollen dazu beitragen, Zeit zu gewinnen. Ohne die Ursache auszuschalten, mildert man die negativen Auswirkungen – so wie bei Kopfschmerzen Tabletten genommen werden. Anpassende Lösungen müssen in den Fällen gewählt werden, wenn sich Bedingungen geändert haben, auf die man nur reagieren kann. Abstellende Lösungen beseitigen die Ursache einer Abweichung und stellen den gewünschten Sollzustand (wieder) her.

Neben Lösungsansätzen, die bereits eingetretene Abweichungen beheben oder mildern sollen, gibt es Lösungsvarianten, die der Vorbereitung auf ein künftiges Ereignis dienen. So können vorbeugende Maßnahmen ergriffen werden, welche die möglichen Ursachen eines in der Zukunft auftretenden Problems beseitigen oder die Wahrscheinlichkeit des Auftretens verringern sollen. Daneben gibt es Lösungsvarianten für Eventualfälle, das sind „Schubladenlösungen“, die nur dann eingesetzt werden, falls ein mögliches Problem tatsächlich auftreten sollte.

Hier werden vier methodisch unterschiedliche Ansätze näher vorgestellt, wie Lösungen erarbeitet werden können. Dabei handelt es sich um:

- Traditionelle Technik (Erfahrungswissen)
- Kreativitätstechniken als generell nützliche Werkzeuge der geistigen Arbeit und zur Suche neuer Lösungen
- Mindmaps zur Darstellung einer geistigen „Landkarte“
- Entwurfstechniken, die sich bei einer (punktuellen) Verbesserung der Ausgangslösung bewährt haben, wie SCAMPER und FMEA.

Techniken der Aufbau- und Prozessorganisation einschließlich der Entwurfstechniken für IT-Anwendungen, die der Kommunikation zwischen Fachbereich, Entwickler und Business-Analyst dienen, können ebenfalls der Lösungssuche dienen. Sie werden in den Kapiteln 11 und 12 behandelt.

9.2 Traditionelle Technik

Ausgehend von den Zielvorstellungen und den ermittelten Anforderungen werden Möglichkeiten zusammengetragen, die aus Erfahrung, logischer Einsicht, vergleichbaren Fragestellungen, d. h. aus einem vorhandenen Wissenpotenzial heraus als Lösungen des Problems infrage kommen. Dieser Weg wird immer dann beschritten, wenn Experten mit der Bearbeitung beauftragt werden. Sie können aufgrund ihrer Erfahrungen auf Lösungsmodelle zurückgreifen.

Experten greifen auf Erfahrungen zurück

Ein Vorgehen, das auf Erfahrungen basiert, ergibt sich nahezu zwangsläufig, wenn lediglich Probleme beseitigt werden sollen. Dann können Werkzeuge der Würdigung eingesetzt werden, die in Kapitel 8.3.5 behandelt wurden. Da die Würdigung sowohl auf die Ermittlung von Problemen wie auch auf die Suche nach Problemursachen zielt, liegen Lösungen zur Beseitigung der Problemursachen häufig „auf der Hand", sodass eine gezielte weitere Lösungssuche in vielen Fällen entbehrlich ist. Deswegen soll hier auf die bereits behandelten Instrumente lediglich verwiesen werden. Die Vorteile des Weges über die Würdigung zu einer neuen Lösung sind offenkundig: Mit relativ geringem Risiko können meistens schnell Ergebnisse umgesetzt werden. Allerdings ist auch der Nachteil offensichtlich: Neue, unkonventionelle und unter Umständen bahnbrechende Lösungen dürften, wenn überhaupt, eher zufällig als systematisch entstehen. Diesem Ziel kommen die Kreativitätstechniken näher.

Problembeseitigung – der Weg über die Würdigung

9.3 Kreativitätstechniken

Kreative Ideen entstehen, wenn vorhandenes Wissen und Erfahrungen in bisher unbekannter Weise kombiniert und geordnet werden. Das Ziel der Techniken ist es, aus vorhandenen Denkmustern oder Denkschablonen auszubrechen. Das menschliche Gehirn programmiert wiederkehrende Verhaltensmuster. Treten gleiche oder ähnliche Situationen auf, wird normalerweise ohne Nachdenken (unreflektiert) das Bewährte wiederholt. Diese Fähigkeit ist ungeheuer wichtig und positiv, soweit der Mensch sich in gewohnten Bahnen bewegt. Dieser Effekt ist bei Menschen sehr ausgeprägt, deren Gehirnaktivitäten „linkslastig" sind, die also sehr stark vom Kopf gesteuert werden und die ein logisches, systematisch strukturiertes Vorgehen bevorzugen. Experten sprechen hier auch von „konvergentem Denken".

Bei der Suche nach Neuem führt dieses Verhalten jedoch leicht zu sogenannten Denkblockaden. Je mehr Erfahrungen ein Mensch gesammelt hat, desto größer werden die Denkblockaden. Viele Probleme lassen sich durch rein logisches Denken nicht ohne weiteres lösen. Ein unstrukturiertes, fantasievolles, „bauchgesteuertes" Vorgehen, ein sogenanntes divergentes Denken ist notwendig, wenn es um völlig neue Lösungsansätze geht. Das fällt Menschen leichter, deren Gehirnaktivitäten „rechtslastig" sind, wie das bei Künstlern und musisch Begabten eher der Fall ist.

Kreativitätstechniken zur Vermeidung von Denkblockaden

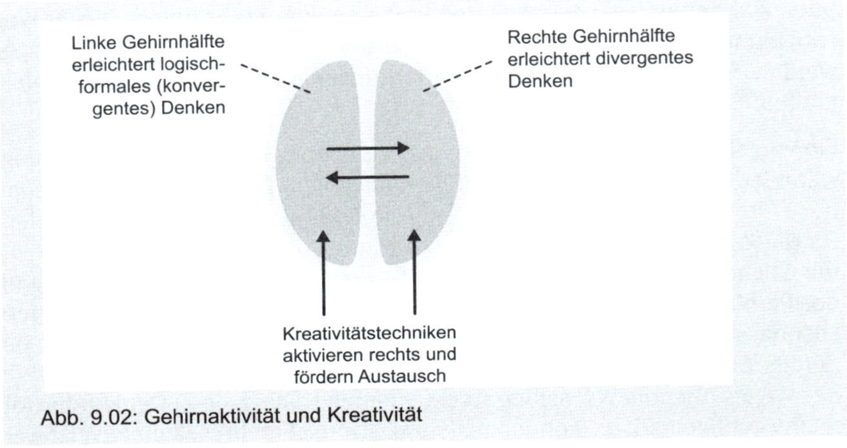

Abb. 9.02: Gehirnaktivität und Kreativität

Nun ist es nicht immer ganz einfach, die „richtigen Gehirne" zu einer Problemlösung zusammenzubringen, zumal in den Arbeitsschritten Erhebung, Analyse und Anforderungsermittlung das formale Denken sehr gefordert ist. Durch Kreativitätstechniken können die Begrenzungen „linkslastigen" Denkens zumindest teilweise aufgehoben werden. Aus einem großen Angebot von Kreativitätstechniken soll hier eine Auswahl gezeigt werden, die sich in der praktischen Organisationsarbeit und bei der Arbeit von Business-Analysten bewährt hat.

Zusammenfassung

Lösungen können traditionell – auf Erfahrungen beruhend – mithilfe der Techniken der Aufbau- und Prozessorganisation oder durch den Einsatz von Kreativitätstechniken erarbeitet werden. Es steht eine Fülle von Kreativitätstechniken zur Verfügung. Sie dienen dazu, das divergente Denken anzuregen und Denkblockaden zu überwinden.

9.3.1 Brainstorming

Brainstorming ist die bekannteste und am häufigsten angewandte Technik des Lösungsentwurfs. Sie dient gemeinsamem Nachdenken und damit gemeinsamer Ideenfindung zu einem vorgegebenen Problem unter der Leitung eines Moderators. Der Teilnehmerkreis sollte zwischen 5 und 12 Personen liegen, bei möglichst unterschiedlichem Erfahrungshintergrund. Auch ist darauf zu achten, dass keine allzu großen hierarchischen Unterschiede zwischen den Teilnehmern bestehen, da andernfalls der Ideenfluss gebremst werden könnte. In der Einladung sind Ort, Zeit, Teilnehmer und Themenkreis, möglichst aber nicht das zu behandelnde Problem bekannt zu geben, da zu viele Vorüberlegungen zu Blockaden führen können.

Zu Beginn der Brainstorming-Sitzung sind die Regeln bekannt zu geben:

Regeln des Brainstorming

- keine Kritik oder Bewertung
- Quantität vor Qualität
- möglichst ungewöhnliche Ideen
- Fortführen und Weiterentwickeln bereits vorgebrachter Ideen
- auch „spinnen" ist erlaubt.

Dann wird das Thema vorgestellt und visualisiert. Es ist darauf zu achten, dass eine von allen akzeptierte Problembeschreibung – nicht zu weit und nicht zu eng gefasst – gefunden wird.

Aufgaben des Moderators

Der Moderator sorgt für die Einhaltung der Regeln, aktiviert alle Mitglieder und visualisiert die Ideen. Besonders wichtig für die ungehemmte Ideenproduktion ist, dass der Moderator durch zustimmende Gesten oder Bemerkungen positiv verstärkt und auch sinnlos erscheinende Ideen nicht abblockt.

Am Ende einer Brainstorming-Sitzung, die 30 Minuten nicht überschreiten sollte, werden die Ideen vom Moderator systematisiert, gruppiert (Bildung sogenannter Cluster) und gemeinsam mit den Gruppenmitgliedern bewertet.

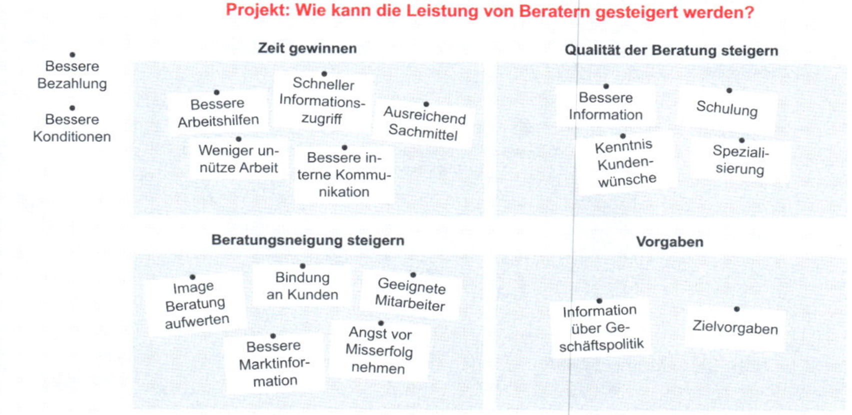

Abb. 9.03: Clustern von Ideen nach einem Brainstorming

9.3.2 Methode 635

Die Methode 635 wurde aus dem Brainstorming entwickelt und zeichnet sich durch eine höhere Formalisierung aus. Ideen werden schriftlich festgehalten und weitergereicht. Das fördert die Konzentration auf die Weiterentwicklung bereits produzierter Ideen. Gerade die systematische Vertiefung von Ideen führt häufig zu besonders guten Ergebnissen.

Ausgangsideen werden vertieft

Zu Beginn werden ebenfalls Regeln und Thema bekannt gegeben. Jedes Mitglied der aus 6 Teilnehmern bestehenden Gruppe schreibt 3 Ideen auf ein Blatt Papier. Danach reicht jedes Mitglied sein Blatt im Kreisverkehr weiter. Aufbauend auf den vorliegenden Gedanken sollen die Teilnehmer jeweils drei weitere Ideen zur Problemlösung ergänzen. Die Ideen sollen sich möglichst an die vorhandenen anlehnen und diese weiterentwickeln. Insgesamt werden die Blätter 5-mal weitergereicht.

Ein besonderer Vorteil dieser Technik ist, dass die Teilnehmer nicht physisch zusammenkommen müssen. Eine Kommunikation zum Beispiel per Mail mit Rückantwort an den Veranstalter (Projektleiter) bietet sich an, da vom Veranstalter auch die Termineinhaltung überwacht werden kann.

Wegen der vertiefenden Wirkung eignet sich die Methode 635 insbesondere auch als Folgeaktion auf das Brainstorming. Die attraktivsten Vorschläge aus dem Brainstorming werden in die Kopfzeile der Blätter eingetragen. Die Methode 635 baut auf diesen Ideen auf und vertieft sie. So können auch die Vorteile des Brainstorming, insbesondere die wechselseitigen Anregungen während der Sitzung, genutzt werden.

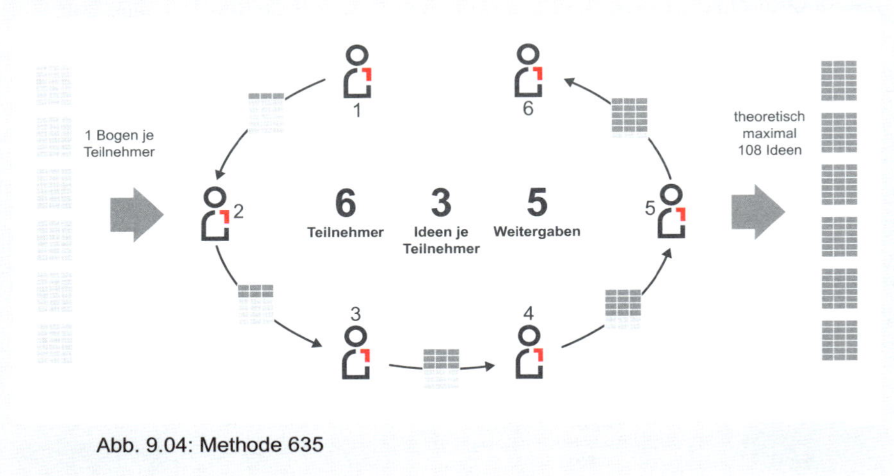

Abb. 9.04: Methode 635

9.3.3 Morphologische Analyse

Die Morphologie – Denken in geordneter Form – befasst sich mit einer Denkmethode, der Theorie des Entdeckens und Erfindens. Die morphologische Analyse dient der vollständigen Erfassung eines komplizierten Problembereichs, um daraus alle möglichen Lösungen abzuleiten.

Projekt: Einrichtung eines Benutzerservice

Teilelemente	Lösungsansätze			
Anzahl	Ein zentraler Benutzerservice	Je Gebäude ein Benutzerservice		
Schulung	Alle Schulungen extern	Schulungen extern, ausgenommen Standardsoftware A, B, C	Alle Schulungen intern, ausgenommen Software E	Alle Schulungen intern
Einkauf	Nur Verbrauchsmaterial	Verbrauchsmaterial, Hardware und Software, soweit Rahmenabschlüsse bestehen	Verbrauchsmaterial, Hardware und Software	Verbrauchsmaterial, Hardware, Software, Schulungen
Software-Zuständigkeit	Nur Standard-Software	Standard-Software und ERP-Software	Jede eingesetzte Software	
Betreuungsumfang	Nur Hilfen und Fehlerbehebung	Zuzüglich Installation und Updates	Zuzüglich Entwicklung diverser kleiner Anwendungen	
Personelle Besetzung	"Experten" aus den Fachabteilungen	Neu eingestellte Mitarbeiter	Mitarbeiter Fachabteilung und "Neue"	
Raum	3. Ebene, eigenes Gruppenbüro	Keller	Großraum 4. Ebene	
Technische Kommunikation	Telefon	Telefon und internes Netzwerk	Telefon, internes Netzwerk und Chat	
Leistungsverrechnung	Keine	Nur für Schulung	Alle Leistungen	

Abb. 9.05: Morphologischer Kasten

Kern der morphologischen Analyse ist eine Matrix (siehe Abbildung 9.05). In der Kopfspalte werden mindestens 5, maximal 10, möglichst voneinander unabhängige Teilprojekte bzw. isolierbare Problemfelder aufgelistet, für die

Matrix bildet Handlungsspielraum ab

Lösungen gefunden werden müssen. Zur Abgrenzung solcher Problemfelder kann das Systemdenken – siehe Kapitel 3 – eingesetzt werden. Für jedes Teilprojekt (Problemfeld) werden alle denkbaren Lösungsvarianten eingetragen. So entsteht ein sogenannter „morphologischer Kasten". Bei der Sammlung der Teilprojekte und deren Lösungsansätze kann das Brainstorming genutzt werden, damit auch ungewöhnliche Vorschläge gemacht werden. In der Matrix werden anschließend denkbare Kombinationen der verschiedenen Lösungselemente zusammengestellt (siehe dazu die beispielhafte Linie in Abbildung 9.05). Eine Lösungsvariante für das Gesamtprojekt setzt sich dann aus der Kombination mehrerer Teillösungen zusammen. Durch diese formalisierte Erarbeitung möglicher Lösungskombinationen können originelle Lösungen gefunden werden.

Der morphologische Kasten hat sich insbesondere bei der Arbeit von Projektgruppen oder in Workshops bewährt. Er kann auch als Dokumentationswerkzeug in Präsentationen eingesetzt werden.

9.3.4 Synektik

Die Synektik (griechisch: etwas miteinander in Verbindung bringen, verknüpfen) ist eine Kreativitätstechnik, in der systematisch nach Analogien gesucht wird, um damit unbewusste Denkprozesse anzuregen. Dazu wird versucht, das Bekannte zu verfremden und das Unbekannte vertraut zu machen. Diese Technik wurde schon in den fünfziger Jahren des letzten Jahrhunderts von William Gordon entwickelt.

Verfremdung durch Analogien

Menschen neigen dazu, sich erst einmal allem Fremden und Neuen zu verschließen. Es kann aber wesentliche Einsichten bringen, wenn man das Fremde mit dem Bekannten verknüpft, das heißt, vertraute Dinge einmal aus einer ganz anderen Blickrichtung betrachtet, indem sie dazu erst einmal verfremdet werden. Erfahrungsgemäß können damit neue und überraschende Lösungsansätze entwickelt werden.

In einem Synektik-Prozess werden mehrere Schritte durchlaufen, in denen Analogien gebildet werden. Dabei entfernt man sich sachlich zuerst immer weiter von dem eigentlichen Problem. Die am Ende dieser Schritte gefundenen Begriffe sind dann die Grundlage für die eigentliche Ideenfindung in den weiteren Schritten. Das folgende Beispiel soll dazu dienen, die Prozessschritte zu zeigen und diese abstrakten Aussagen verständlich zu machen.

Prozessschritt	Ergebnis	Weitergeführte Idee
Problemdefinition und -analyse	In einer Süßwarenfabrik werden unbeschädigte Hälften von Walnüssen für die Produktion von Pralinen benötigt. Bisher werden bei der manuellen Öffnung sehr viele Nüsse verletzt (40 % Ausschuss). Es soll ein Verfahren gefunden werden, mit dessen Hilfe die Nüsse geöffnet werden können, ohne dass Ausschuss entsteht.	
Brainstorming zur Sammlung spontaner Lösungsansätze	▪ Bessere Zangen zur Öffnung ▪ Unterlage beim Öffnen ▪ Meißel zum Spalten der Nuss ▪ Andere Nusssorten verwenden	
Neu-Formulierung des Problems	Wir wollen, dass die Nuss unversehrt das Licht der Welt erblickt	
Bildung einer direkten Analogie zum Beispiel aus der Natur	▪ Küken sprengt Eischale ▪ Eichel keimt ▪ Kieferzapfen sprengt Samen frei ▪ Schlange streift Haut ab	Küken sprengt Eischale
Persönliche Analogie (Identifikation), um sich weiter von dem ursprünglichen Problem zu entfernen und sich mit der Analogie zu identifizieren	Wie fühle ich mich als Küken in dem ungeöffneten Ei? ▪ Bedrückende Enge ▪ Nimmt mir die Luft zum Atmen ▪ Sehnsucht nach dem Licht ▪ Ungeduldiges Warten	Nimmt mir die Luft zum Atmen
Symbolische Analogie, die Gefühle werden weiter verfremdet, z. B. indem ein Substantiv um ein paradoxes Adjektiv ergänzt wird = „Kontradiktionen“	▪ Schwere Luft ▪ Befreiende Fessel ▪ Atmender Panzer ▪ Schwarzes Licht	Befreiende Fessel

Abb. 9.06 (Teil 1): Beispiel für Synektik

Prozessschritt	Ergebnis	Weitergeführte Idee
Direkte Analogie, z. B. in der Technik	▪ Druckbehälter ▪ Überdruckventil ▪ Schleuse	Schleuse
Analyse der direkten Analogie	Der Druck des in der Schleuse aufgestauten Wassers öffnet das Tor und gibt das Wasser frei	
Übertragung auf das Problem	Etwas in die Nuss hineinbringen, das sie von innen aufsprengt	
Lösung	Kanüle an der weichen Stelle in die Nussschale einführen. Stoßartig Luft unter hohem Druck in die Nuss pressen	

Abb. 9.06 (Teil 2): Beispiel für Synektik

Hohe Anforderungen an die Beteiligten

Dieses Verfahren setzt einen gut ausgebildeten Moderator und Teilnehmer voraus, die bereit sind, sich auf einen unkonventionellen Weg einzulassen. Im Unterschied zum Brainstorming, das eher gewohnten Denkbahnen folgt und meistens schon nach einer halben Stunde abgeschlossen ist, machen sich die Teilnehmer an einer Synektik-Sitzung auf einen längeren Weg in unbekanntes Gelände – Synektik-Sitzungen dauern häufig bis zu einem halben Tag.

9.3.5 Sechs Hüte (de Bono)

Sechs Hüte sollen Problemlösen vereinfachen

Das größte Problem menschlichen Denkens und Problemlösens ist laut de Bono, dass Menschen versuchen, zu viel gleichzeitig zu tun: Die logische Durchdringung des Problems, die Berücksichtigung von Informationen, Hoffnungen und Befürchtungen, die sich mit der Problemlösung verbinden, neue Lösungswege. All das „schießt durch den Kopf" und macht es schwierig, zu einem Ergebnis zu kommen. „Es ist so, als wenn man mit zu vielen Bällen jonglieren würde", so de Bono. Die Schwierigkeiten werden noch einmal deutlich verstärkt, wenn mehrere Menschen in einer Gruppenarbeit zusammensitzen und gemeinsam über eine Problemlösung nachdenken – wenn sie, bildlich gesprochen, sich auch noch gegenseitig zusätzliche Bälle zuwerfen.

Die so simpel wie einleuchtend erscheinende Idee von de Bono lautet: „Setzt euch mit allen Facetten eines Problems auseinander, aber tut es nicht gleichzeitig! Konzentriert euch jedes Mal auf nur einen Aspekt, setzt euch also gedanklich einen Hut auf und diskutiert nur und ausschließlich Sachverhalte, die zu diesem Hut gehören". Die Vorteile werden bei einer Gruppenarbeit besonders deutlich. So kommt jeder mit seiner Meinung zu dem konkreten Problem zu Wort, jeder ist dann aber auch aufgefordert, sich bewusst mit allen Hüten auseinander zu setzen, auch mit solchen, die er sonst niemals tragen würde. So kann die Intelligenz aller Beteiligten genutzt werden, kann jeder seine Erfahrungen und sein Wissen und seine Standpunkte einbringen.

Jeder Hut steht für eine Blickrichtung auf ein Problem

Die folgende Übersicht (Abbildung 9.07) zeigt die Hüte und deren jeweilige Sicht auf die Problemstellung:

Sechs Hüte nach DE BONO	
Weißer Hut	Weiß wirkt neutral und objektiv. Der weiße Hut steht für objektiv bewiesene oder beweisbare Fakten und Zahlen. Es sind auch Aussagen über Annahmen und Vermutungen zulässig, dann müssen sie aber als solche zu erkennen sein.
Roter Hut	Rot symbolisiert Emotionen und Gefühle. Der rote Hut steht für einen emotionalen Blick auf das Problem. Hier sind Aussagen oder Fragen zulässig wie „Mein Bauch sagt mir..." oder „Was empfinden Sie dabei?" Bewusst soll hier auf logische Begründungen verzichtet werden.
Schwarzer Hut	Schwarz wirkt eher traurig und ernsthaft. Der schwarze Hut steht für Vorsicht und warnt vor Schwächen, Widerständen und Risiken. Hier wird gezielt nach der dunklen Seite einer Lösung gefragt, ohne dass derjenige, der sie äußert, gleich in die Ecke des „ewigen Nörglers" gestellt wird.
Gelber Hut	Mit Gelb werden Sonne und positives Denken assoziiert. Der gelbe Hut lenkt die Aufmerksamkeit auf Vorteile und neue Möglichkeiten. Hier wird bewusst eine Gegenposition zum schwarzen Hut eingenommen. Es ist hier auch Platz für Visionen und Träume. Kennzeichnend sind weiter Zuversicht und Mut, etwas zu tun und durchzuziehen.
Grüner Hut	Grün steht für Natur, Wachstum und Fruchtbarkeit. Der grüne Hut betont Kreativität und neue Ideen. Die Suche nach alternativen Lösungsmöglichkeiten, die Veränderung, das Beschreiten neuer Wege stehen hier im Vordergrund. Sogar die Provokation ist ein erlaubtes Mittel, um neue Aspekte zu betonen und neue Lösungen zu finden.
Blauer Hut	Blau bedeutet Kühle und Nüchternheit. Der blaue Hut steht für die Steuerung des Prozesses und die Nutzung der übrigen Hüte, also die Rolle des Dirigenten. Die Definition des Problems und die Überwachung der Regeln gehören ebenso dazu wie Zusammenfassungen, Standortbestimmungen und Schlussfolgerungen. Diese Rolle hat normalerweise ein Moderator, jede andere Person kann sich aber ebenfalls bei Bedarf „diesen Hut aufsetzen".

Abb. 9.07: Übersicht der Hüte

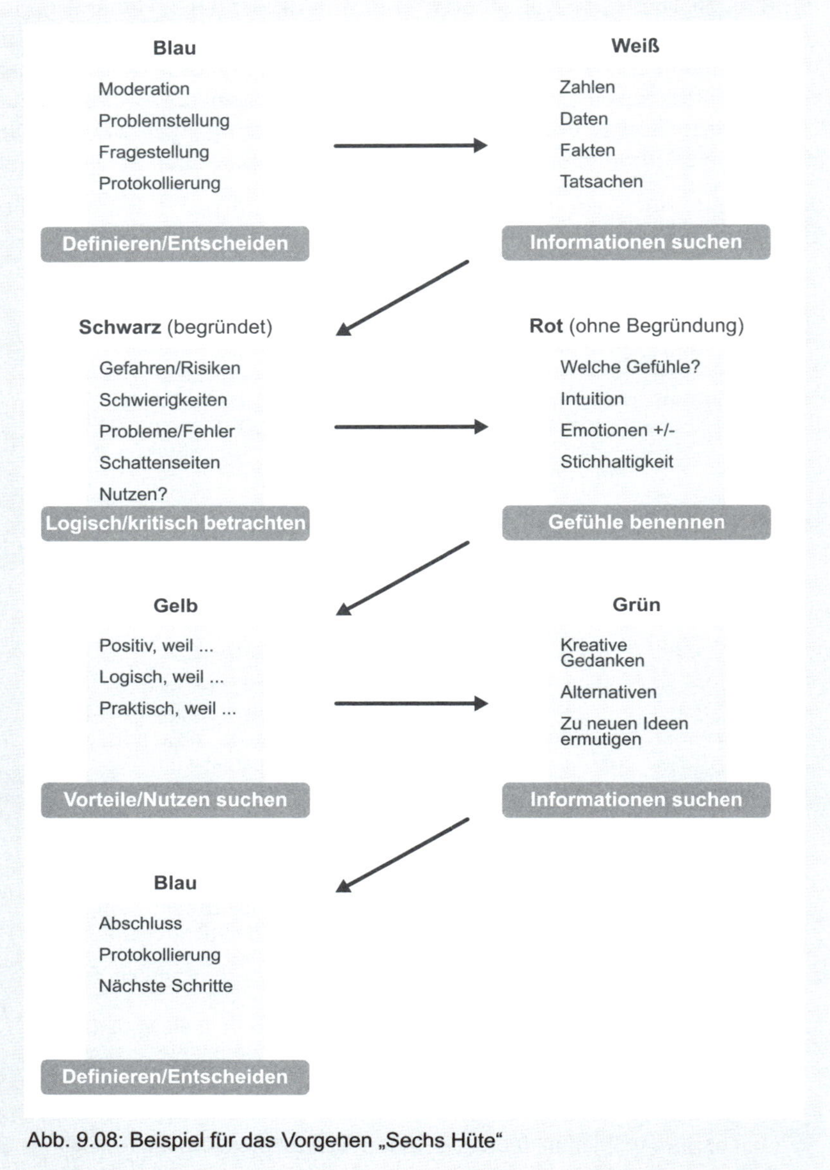

Abb. 9.08: Beispiel für das Vorgehen „Sechs Hüte"

Zusammenfassung

Die Sechs Hüte sind eine Strukturierungshilfe für die geistige Auseinandersetzung mit einer Aufgabenstellung. Nacheinander werden von allen Beteiligten die Hüte aufgesetzt und damit die jeweiligen Standpunkte eingenommen. Das fördert die sachliche Lösungsfindung und entschärft zwischenmenschliche Spannungen.

9.4 Mindmap

Mindmap, ein universell nutzbares Instrument

Eine Mindmap ist eine grafische Darstellung für eine „geistige Landkarte". Mit ihrer Hilfe sollen Begriffe, die zu einem zentralen Thema führen oder zu ihm gehören, aufbereitet und leicht leserlich gemacht werden. Dazu wird ein Begriff (z. B. Problem, Thema, Lösung) zentral angeordnet – bei manueller Herstellung empfiehlt sich ein Blatt im Querformat, alternativ können zur Darstellung Softwarewerkzeuge genutzt werden. Von diesem zentral angeordneten Begriff verzweigen dann Linien, die sachlich zu dem Ausgangsbegriff gehören. Diese Linien können in einem mehrstufigen Vorgehen weiter aufgefächert werden, um so Teilaspekte der übergeordneten Begriffe zu erfassen. So können in einer Mindmap beispielsweise Ideen aufgegliedert werden, die zur Lösung eines Problems beisteuern können. Mit Mindmaps kann aber auch die Aufgliederung eines Produkts in seine Bestandteile dargestellt werden oder die Ursachen, die zu einem Problem geführt haben. Deswegen können Mindmaps auch in der Analyse oder in der Anforderungsermittlung genutzt werden.

Ein Beispiel soll helfen, diese Aussagen zu verdeutlichen.

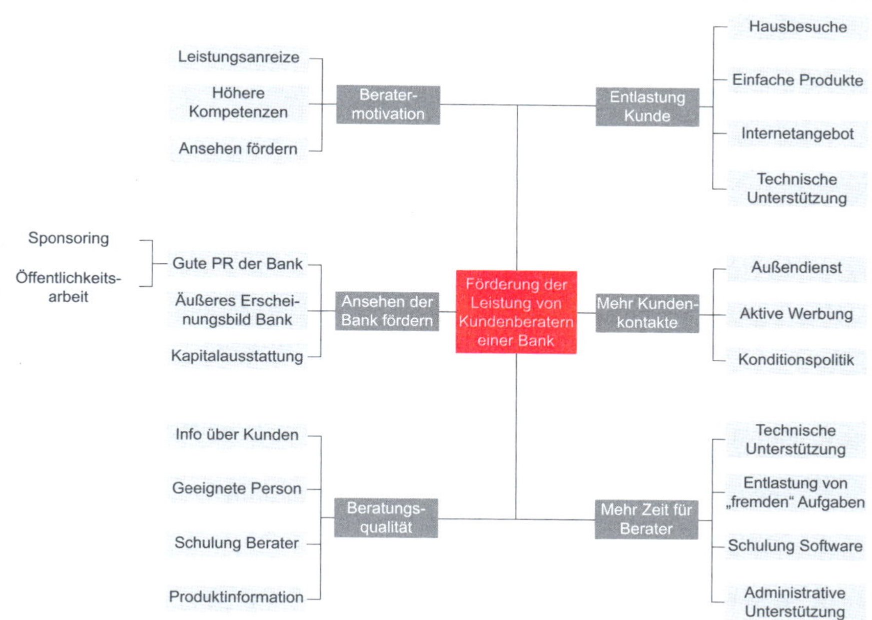

Abb. 9.09: Beispiel für eine Mindmap

Empfehlungen, die helfen können, dass Mindmaps übersichtlich, leserlich und attraktiv sind:

- Bilder verwenden, ein zentrales Bild für das eigentliche Thema
- Einsatz von Farben und Symbolen (Bedeutung sollte vorher eindeutig geklärt sein)
- unterschiedliche Schriftgrößen und Linienformen
- gute Raumaufteilung
- möglichst horizontal schreiben.

Mindmaps eignen sich sehr gut als Werkzeuge in der Gruppenarbeit. So können die in einem Brainstorming gesammelten Ideen strukturiert und visualisiert werden.

Für lineare Zusammenhänge geeignet

Sollen Beziehungen abgebildet werden, die nicht ausschließlich hierarchisch sind – z. B. wechselseitige Beziehungen zwischen einzelnen Elementen oder kreisförmige Beziehungen wie in einem Regelkreis – dann sind die Netzwerkdarstellungen besser geeignet (siehe dazu Kapitel 7.4).

Mindmaps sind grafische Darstellungen von hierarchisch gegliederten Sachverhalten, die auf ein zentrales Thema (Problem, Produkt, Lösung etc.) zurückgeführt werden.

9.5 Entwurfstechniken

Zwei Entwurfstechniken, die primär auf IT-Projekte ausgerichtet sind, sind:

- UML-Aktivitätsdiagramm
- Business Process Model and Notation (BPMN).

Beides sind Werkzeuge zur Analyse und Dokumentation von Prozessen. Das kann auch gemeinsam mit Betroffenen und Stakeholdern geschehen, sodass diese ihre eigenen Anforderungen formulieren, konkretisieren und einbringen können.

Diese beiden Werkzeuge werden in Kapitel 12 behandelt, da sie nicht nur zum Lösungsentwurf, sondern ganz allgemein zur Erhebung, Analyse, Anforderungsermittlung und Dokumentation genutzt werden können.

9.6 FMEA – Fehlermöglichkeits- und Einflussanalyse

FMEA-Schwerpunkt: Entwurfsphase

Die ursprüngliche Bezeichnung für die FMEA lautet Failure Mode and Effects Analysis. Diese Technik stammt aus dem militärischen Bereich der Vereinigten Staaten und hat dann über die Automobilindustrie der USA unter anderem auch den Weg in deutsche Industrienormen gefunden. Zu Beginn wurde sie primär in Produktionsunternehmen eingesetzt. Heute wird sie auch für organisatorische Prozesse und IT-Anwendungen genutzt.

Die FMEA kann auch als Technik zur Würdigung bestehender Produkte oder Prozesse verwendet werden. Sie hat jedoch ihren Anwendungsschwerpunkt in der Entwurfsphase von Produkten oder Prozessen, weswegen sie in diesem Kapitel behandelt wird.

Mit der FMEA werden mehrere Ziele verfolgt:

- Analyse des Zusammenwirkens von Teil- und Untersystemen in einem übergeordneten System
- Erkennen möglicher Fehler in Produkten, Prozessen oder Leistungen
- Abschätzen des Risikos für das Auftreten von Fehlern
- Auffinden von Ursachen für das Auftreten von Fehlern
- Priorisierung von Maßnahmen zur Verminderung des Risikos.

Einsatzgebiete

Es werden drei verschiedene Arten der FMEA unterschieden:

- Konstruktions-FMEA
- Prozess-FMEA
- System-FMEA.

In der Konstruktions-FMEA wird der Entwurf für ein neues Produkt oder eine Leistung vor der eigentlichen Herstellung mit der Fragestellung untersucht, welche Fehler auftreten könnten. So sollen bereits in der Entwurfsphase mögliche Fehlfunktionen, Sicherheitsrisiken oder auch unzureichende Kundenzufriedenheit erkannt werden.

Produkte, Prozesse oder Systeme im Fokus

Eine Prozess-FMEA leitet sich bei Produkten aus der Konstruktions-FMEA ab. Generell befasst sich eine Prozess-FMEA mit möglichen Schwachstellen im Fertigungs- oder Leistungsprozess, indem das Zusammenwirken von Funktionen, Menschen, Materialien, Ausrüstung, Arbeitsmethoden etc. untersucht wird, um mögliche Fehlerquellen festzustellen.

Die System-FMEA untersucht das Zusammenwirken von Teil- und Untersystemen in einem übergeordneten Systemverbund beziehungsweise das Zusammenwirken mehrerer Komponenten in einem komplizierten System.

Das Hauptaugenmerk liegt hier auf den Schnittstellen zwischen den Komponenten und den sich daraus möglicherweise ergebenden Problemen.

Formblatt als Arbeitsanweisung

Die FMEA wird normalerweise durch ein Formblatt unterstützt, das die folgenden Spalten aufweist, womit gleichzeitig auch die Schritte der FMEA und deren Reihenfolge beschrieben werden:

- Beschreibung des Teilprozesses oder Teilprodukts. Bei Prozessen sollten zuerst die Schritte oder Aufgaben untersucht werden, die den größten Beitrag zum Wert dieses Prozesses liefern.
- Potenzielle Fehler, die dazu führen, dass das Produkt oder der Prozess nicht die gewünschten Ergebnisse bringt. Zur Ermittlung können beispielsweise das Brainstorming oder Workshops eingesetzt werden.
- Art der Wirkungen potenzieller Fehler auf das Ergebnis.
- Intensität der Wirkung des potenziellen Fehlers (z. B. Rangskala von 1-10, mit 10 für den schlimmsten möglichen Einfluss auf den Abnehmer oder Kunden).
- Mögliche Ursachen für das Auftreten des Fehlers
  - Häufigkeit des Auftretens der Fehlerursache (z. B. Skala von 1-10, wobei 10 für die höchste Wahrscheinlichkeit steht).
  - Welche Maßnahmen zur Fehlervermeidung werden bereits ergriffen?
  - Wahrscheinlichkeit, dass die mögliche Fehlerursache entdeckt wird, bevor das Ergebnis weitergegeben wird (Werte etwa aus einer Skala von 1-10, mit 10 für die geringste Wahrscheinlichkeit, die Fehlerursache rechtzeitig zu entdecken.) Die Kriterien für alle drei Merkmale, Intensität, Häufigkeit und Entdeckungswahrscheinlichkeit sollten allen Beteiligten „vor Augen stehen" – visualisiert werden.

Der Weg zur Risiko-Prioritäten-Zahl (RPZ)

- Risiko-Prioritäten-Zahl (RPZ, risk priority number) bilden. RPZ = Intensität • Häufigkeit • Entdeckungswahrscheinlichkeit. Hohe Werte signalisieren hier großen Handlungsbedarf. Sie können also zur Priorisierung für weitere Maßnahmen herangezogen werden. Als Faustformel kann gelten, dass bei einer RPZ $\geq$ 125 Handlungsbedarf besteht. Bei extrem hohen Werten (9 oder 10) von Intensität, Häufigkeit oder Entdeckungswahrscheinlichkeit sollte auch bei einer RPZ $<$ 125 genauer untersucht werden, ob gehandelt werden sollte.
- Maßnahmen vereinbaren, die dazu beitragen können, dass Fehlermöglichkeiten und deren Einflüsse vermindert werden. Bei komplizierten Problemstellungen können dazu eigene (Teil-)Projekte eingerichtet werden; in einfacheren Fällen reicht es möglicherweise aus, Einzelverantwortlichkeiten zu vergeben. Vorbeugende Maßnahmen sollen dazu beitragen, dass zukünftig Fehler gar nicht erst entstehen.

Falls es nicht möglich oder wirtschaftlich sinnvoll ist, vorbeugende Maßnahmen zu ergreifen, sollten Eventualmaßnahmen vorgesehen werden, auf die zurückgegriffen werden kann, wenn ein unvermeidlicher Fehler aufgetreten ist.

- Nachdem konkrete Maßnahmen vorgeschlagen wurden, wird versucht, die Auswirkungen auf die Entdeckungswahrscheinlichkeit, sowie die Intensität und die Häufigkeit des Auftretens abzuschätzen. Dazu kann eine RPZ neu berechnet werden.

Ein vereinfachtes Beispiel für eine FMEA zeigt Abbildung 9.10 (siehe nächste Seite). Dabei geht es um den Vertriebsprozess von Büchern in einem Verlag.

9.7 SCAMPER

SCAMPER unterstützt Lösungssuche

SCAMPER ist ein Kunstwort, das sich aus den ersten Buchstaben einer Liste von Verben zusammensetzt (Akronym). Diese Verben sollen bei der Lösungssuche dazu beitragen, mögliche Lösungsansätze zu erkennen. SCAMPER kann hilfreich sein, gezielter nach Lösungsfeldern zu suchen, an die man ohne eine solche Strukturierungshilfe möglicherweise nicht gedacht hätte. Deswegen kann SCAMPER die Kreativitätstechniken (vgl. Kapitel 9.3) ergänzen.

SCAMPER steht für:

- Substitute (ersetzen)
- Combine (kombinieren, verbinden)
- Adapt (anpassen)
- Modify (verändern)
- Put to other uses (anderweitig verwenden)
- Eliminate (beseitigen)
- Reverse/rearrange (anders anordnen).

SCAMPER kann sowohl für die Weiterentwicklung von Produkten als auch von Prozessen eingesetzt werden. Dazu empfiehlt es sich, Produkte wie auch Prozesse in kleinere Module beziehungsweise Teilprozesse oder Prozessschritte aufzugliedern und jeweils gezielt zu untersuchen, ob eine der von SCAMPER angebotenen Lösungsrichtungen im konkreten Fall angewendet werden kann. Formal kann das in einer Matrix (siehe Abbildung 9.11) geschehen, die als Visualisierungshilfe zum Beispiel in einem Brainstorming eingesetzt werden kann:

Prozess/Produkt: Buchversand									Bearbeiter:							
Verantwortlich:									FMEA-Datum:							
Prozess-schritt/ Input	Poten-zielle Fehler	Poten-zielle Aus-wirkungen	Intensität (1-10)	Mögliche Ursachen	Häufigkeit (1-10)	Gegen-wärtige Kontrol-len	Entdeckung (1-10)	RPZ	Empfohle-ne Maß-nahmen	Zu-stän-dig	Ergriffene Maßnah-men	Intensität (1-10)	Häufigkeit (1-10)	Entdeckung (1-10)	RPZ
Welcher Prozess-schritt/ Input wird untersucht?	Was läuft evtl. falsch (Prozess/ Input)?	Was für ein Fehler kann aus Kunden-sicht auftreten?		Woran kann es liegen (Prozess/ Input)?		Welche Kontrol-len und Verfahren zur Vor-beugung gibt es?			Welche Maßnah-men kön-nen Fehler beseitigen/ verringern?	Wer setzt um?	Was ist umge-setzt?				
Lieferung zusammen-stellen (Bücher/ Liefer-papiere)	Fehler-hafte Bestell-daten	Kunde erhält Falsch-lieferung	7	Falsch übertrage-ne Artikel-nummer/ Menge	4	Keine	9	252	Kontrolle Auftrags-daten vor Weitergabe	KS	Doppel-erfassung Auftrags-daten/ Abgleich	7	2	2	28
Ausliefe-rung	Lange Durchlauf-zeiten	Lieferung spät beim Kunden	8	Ungüns-tiger Zeitpunkt Bestell-eingang	6	Augen-schein	7	336	Häufigere Übergabe an Spedi-teur	KS	Zwei Ausliefe-rungen pro Tag	3	3	2	18

Abb. 9.10: Beispiel für eine FMEA

	S	C	A	M	P	E	R
Teilprozess 1/Modul 1							
Teilprozess 2/Modul 2							
Teilprozess 3/Modul 3							
etc.							

Abb. 9.11: SCAMPER – Matrix zur Lösungssuche

In der folgenden Tabelle (Abbildung 9.12) finden sich einige Erläuterungen zu den Begriffen, welche die Verwendung als Checkliste erleichtern sollen. Der Begriff Elemente steht hier ganz allgemein für Module oder Bauteile eines Produkts, Prozessschritte, Teilaktivitäten etc., abhängig vom jeweiligen Detaillierungsgrad der Betrachtung.

Substitute	Wo finden sich Elemente, die vergleichbare Ergebnisse bringen, die gleiche Wirkung haben? Welche Elemente können durch andere ersetzt werden?
Combine	Welche Elemente können anders gruppiert oder anders zusammengesetzt werden? Kann Funktionalität integriert werden? Lassen sich Module oder Prozessschritte anders gruppieren?
Adapt	Was lässt sich anpassen? Können Standards genutzt werden? Können Funktionen verändert werden? Gibt es ähnliche Elemente, die durch eine Anpassung genutzt werden können?
Modify	Welche Elemente lassen sich sinnvoll modifizieren durch Veränderung von Form, Farbe, Menge, Größe, Maßstab, Haptik, Akustik, Nutzung von Technik, Automatisierung, Umfang etc.?
Put to other uses?	Wie kann das Produkt oder der Prozess anders genutzt werden? Welchen neuen Anwendungsbereich gibt es? Welche Elemente können in anderen Prozessen oder Produkten genutzt werden? Kann es zweckentfremdet oder anderen Zwecken zugeführt werden? Wo könnte man es sonst noch nutzen?
Eliminate	Welche Elemente könnten eliminiert werden? Welche Wirkung hätte das für das Produkt oder den Prozess? Wie kann das Produkt oder der Prozess vereinfacht werden?
Reverse/ Rearrange	Welchen Effekt hätte es, wenn die Elemente eine andere Reihenfolge durchlaufen? Kann ein Prozess (teilweise) rückwärts durchlaufen werden? Lassen sich Elemente austauschen? Sind entgegengesetzte Nutzungen denkbar?

Abb. 9.12: Checkliste für SCAMPER

9.8 Zusammenfassung

In der folgenden Abbildung 9.13 werden einige Kriterien genannt, die zur Beurteilung der Eignung der hier vorgestellten Techniken herangezogen werden können. Drei Symbole bedeuten gute Ergebnisse bzw. geringe Anforderungen, ein Symbol bedeutet eine relativ schlechte Bewertung aus der Sicht dieses Kriteriums.

Anwendungskriterien	Brainstorming	Methode 635	Morph. Analyse	Synektik	Sechs Hüte	Mindmap	FMEA	SCAMPER
Anforderungen an Moderator	XXX	X	XX	X	XX	X	X	XX
Anforderungen an Beteiligte	XX	XX	XXX	XX	XX	X	XX	XX
Geringe emotionale Widerstände	XXX	XX	XX	X	XX	XXX	XX	XXX
Schnelle Ergebnisse/ Zeitaufwand	XXX	XX	XX	X	XX	XXX	X	XX
Überwinden von Denkblockaden	XX	XX	X	XX	XXX	X	X	X
Strukturierte Suche	X	X	XXX	XXX	XX	XX	XXX	XX
Für komplizierte Probleme geeignet	X	X	XX	XX	XX	XX	XXX	X
Vorbeugende Fehlersuche	X	X	XX	X	XX	XX	XXX	X
Eignung für Teamarbeit	XXX	X	XXX	XXX	XXX	XX	XX	XX

Abb. 9.13: Anwendungskriterien der Techniken des Lösungsentwurfs

Literatur zu Kapitel 9

Barth, P.: Das Buch für Ideensucher: Denkanstöße, Inspirationen und Impulse für Kreative. Bonn 2016

Buzan, T.; Buzan, B.: Das Mind-Map-Buch: Die beste Methode zur Steigerung Ihres geistigen Potenzials. München 2013

De Bono, E.: Bewerten, beurteilen, entscheiden. Frankfurt/Wien 2004

De Bono, E.: Lateral Thinking. London 2009

De Bono, E.: Six Thinking Hats. London/New York u. a. 2016

Knieß, M.: Kreativitätstechniken. Methoden und Übungen. Berlin 2006

Naumann, A.-B.: Business-Analyse – Systematisches Anforderungsmanagement für nutzerorientierte Lösungen. Gießen 2018

Nölke, M.: Kreativitätstechniken. 7. Aufl., Freiburg 2015

Rohm, A. (Hrsg.): Change-Tools II – Erfahrene Prozessberater präsentieren wirksame Workshop-Interventionen. 2. Aufl., Bonn 2016

Tietjen, T.; Decker, A.; Müller, D. H.: FMEA-Praxis. 3. Aufl., München 2011

10 Techniken der Bewertung

Ziele dieses Kapitels – Was können Sie erwarten?

- Sie wissen, dass Bewertungen immer subjektive Vorgänge sind
- Sie kennen die Bedeutung einer transparenten Bewertung für die Kommunikation zwischen Entscheidungsvorbereitern und Entscheidern
- Sie kennen die Bedeutung einer Vorprüfung und wissen, welche zentralen Fragen dort gestellt werden sollten
- Sie kennen grundlegende Verfahren zur Berechnung der Wirtschaftlichkeit oder Rentabilität betrieblicher Lösungen und wissen, wie unterschiedliche Zeitpunkte von Ausgaben und Einnahmen berücksichtigt werden
- Sie können eine verbale Bewertung durchführen und kennen deren Grenzen
- Sie können eine Nutzwertanalyse zur Bewertung von Lösungsvarianten erstellen und kennen deren Vorteile für die Kommunikation mit Entscheidern
- Sie kennen die Kosten-Wirksamkeits-Analyse und wissen, wie die Ergebnisse grafisch aufbereitet werden
- Sie kennen einfache grafische Darstellungstechniken zur Visualisierung von Bewertungsergebnissen.

10.1 Probleme der Bewertung

Bewertung ein subjektiver Vorgang

Techniken der Bewertung dienen dazu, von den erarbeiteten Lösungsvarianten die am besten geeignete auszuwählen. Dazu werden die infrage kommenden Varianten den Zielen bzw. Kriterien gegenübergestellt. Die Eignung einer Alternative hängt ab vom Grad der Zielerreichung. Nur in den seltensten Fällen können betriebliche Lösungen ausschließlich quantitativ bewertet werden. Aufwendungen lassen sich weitgehend in Geldeinheiten ausdrücken und damit quantifizieren. Die Ertragsseite ist jedoch selten ausschließlich in Geld- oder Mengeneinheiten zu erfassen. Neben quantifizierbaren Kriterien gibt es fast immer auch qualitative Beurteilungsmaßstäbe. Deswegen müssen meistens „Hilfsrechnungen" verwendet werden, in denen qualitative Nutzenschätzungen in „quantifizierte" Werte überführt werden. Ein weiteres Problem ist die Subjektivität jeder Bewertung, die mit quantitativen Zielen (z. B. Erwartung zukünftiger Kosten) wie mit qualitativen Zielen (z. B. gute Kundenbindung) fast immer verbunden ist. Jedes Bewertungsverfahren baut im Kern auf subjektiven Größen auf.

Stakeholder einbeziehen

Subjektive Einflüsse gibt es schon vor der eigentlichen Bewertung. Auch die Zielfindung (was wird als Ziel anerkannt?) und die Zielgewichtung sind nicht zu objektivieren (vgl. Kapitel 5.4). Einseitige, subjektive Verzerrungen können begrenzt werden, indem der Zielfindungs- und Bewertungsvorgang von mehreren Personen übernommen wird. Wesentlich ist dabei allerdings, dass nicht alle Bewerter die „gleiche Brille aufhaben", d. h. die gleiche Urteilsposition einnehmen, andernfalls wird die Subjektivität u. U. noch erhöht. Alle wichtigen Stakeholder sollten in die Bewertung eingebunden werden.

Beispiel

Es ist nicht sinnvoll, mehrere Verkäufer hinsichtlich der Vertriebsorganisation zu befragen. Eine Objektivierung ist zu erwarten, wenn auch der Vertriebsleiter, Kunden, Mitarbeiter des Innenbereichs etc. bei der Beurteilung mit herangezogen werden.

Transparenz oberstes Gebot

Es sollen aber nicht nur einseitige, subjektive Verzerrungen vermieden werden. Da betriebliche oder organisatorische Konzepte in aller Regel von Entscheidern verabschiedet werden, die an der Entscheidungsvorbereitung nicht mitgewirkt haben, ist die Transparenz der Bewertung oberstes Gebot. Transparenz bedeutet, dass der Entscheider den Bewertungsprozess nachvollziehen kann, dass ihm sämtliche Gesichtspunkte offengelegt werden, die zu der Entscheidung geführt haben. Diese Forderung wird von verbalen Berichten, Gutachten etc. nicht oder nur bedingt erfüllt.

Nach der Schilderung der sogenannten Vorprüfung werden einfache Wirtschaftlichkeitsrechnungen zur Bewertung vorgestellt. Dann folgen Verfahren, in denen auch der nicht-monetäre Nutzen berücksichtigt wird.

Zusammenfassung

In Bewertungen fließen quantitative und qualitative Kriterien ein. Obwohl Bewertungen immer subjektiv sind, sollten einseitige subjektive Verzerrungen durch die Beteiligung wichtiger Stakeholder begrenzt werden. Als Mindestanforderung an seriöse Bewertungen gilt, dass sie transparent und damit nachvollziehbar sein sollen.

10.2 Vorprüfung

Bevor Varianten in einer systematischen Bewertung einander gegenübergestellt werden, ist es zweckmäßig, sie einer Vorprüfung zu unterziehen. Damit werden zwei Ziele verfolgt:

- Es soll verhindert werden, dass nicht-funktionstüchtige Varianten in die Bewertungsphase gelangen
- Mangelhafte oder verbesserungsfähige Varianten sollen eine Chance zur Verbesserung erhalten.

In der folgenden Liste (Abbildung 10.01) werden Prüffragen vorgestellt, die typischerweise in einer Vorprüfung zu beachten sind.

Prüffragen in einer Vorprüfung

- Ist die Lösung mit anderen Varianten vergleichbar? (z. B. gleicher Konkretisierungsgrad)
- Formale Aspekte: Sind die Restriktionen eingehalten?
- Abläufe (nach innen gerichtete Betrachtung): Sind die Abläufe aus der Sicht der Benutzer, der Lieferanten (Material, Information, Energie etc.) und des Bedienungspersonals zu Ende gedacht?
- Sind Normalfälle und Sonderfälle geregelt?
- Integration (nach außen gerichtete Betrachtung): Ist die Integrationsfähigkeit sichergestellt? Was benötigt das System aus anderen Systemen und aus der Umwelt? Was liefert es? Werden die benötigten Eingänge bereitgestellt? Können die Ausgaben des Systems von der Umwelt verarbeitet werden?
- Sicherheit, Zuverlässigkeit: Welche Möglichkeiten und Wahrscheinlichkeiten des Ausfalls von Komponenten bestehen? Welche Folgen könnten sich ergeben? Ist eine Ausfallorganisation nötig und geregelt?
- Gibt es Regelungen für die laufende Erhaltung?
- Voraussetzungen: Sind die Bedingungen für das Funktionieren der Lösung erfüllt?
- Konsequenzen: Ergeben sich negative Konsequenzen bei der Wahl dieser Lösung? Wie kann negativen Konsequenzen vorgebeugt werden?

Abb. 10.01: Beispiele für Prüffragen in einer Vorprüfung

Bevor Lösungsansätze systematisch bewertet werden, sollten sie einer Vorprüfung unterzogen werden. Zusammenfassung

10.3 Wirtschaftlichkeitsrechnungen

10.3.1 Kostenvergleiche

Wenn den Varianten eindeutig Kosten zugerechnet werden können, lassen sich diese Varianten unmittelbar vergleichen. In den folgenden Beispielen werden die durchschnittlichen Gesamtkosten oder die Stückkosten der alternativen Lösungen einander gegenübergestellt.

Beispiel	Lösung A	Lösung B
Personalkosten	1.000	1.200
Abschreibungen auf Sachmittel	200	50
Verbrauchsgüter	50	100
Gesamtkosten	**1.250**	**1.350**

Abb. 10.02: Kostenvergleich

Stückkosten bei unterschiedlichen Mengen

Wird unterstellt, dass beide Lösungen die gleichen mengenmäßigen Leistungen erbringen, erübrigt sich die Ermittlung von Stückkosten und Variante A erscheint als die bessere der beiden Lösungen. Ansonsten sind die Stückkosten bei optimaler Auslastung zu ermitteln. Wird unterstellt, dass im obigen Beispiel mit der Lösung A 1.000 Mengeneinheiten (ME) (etwa Drucksachen) erstellt werden können, mit der Lösung B aber 1.500, so erweist sich Lösung B als günstiger, da die Stückkosten hier nur 0,90 gegenüber 1,25 bei der Lösung A betragen. Liegt die voraussichtliche Auslastung – die benötigte Menge – unter 1.000 ME, bleibt A die günstigere Lösung.

Fixe und variable Kosten

Meistens sind nicht alle Kostengrößen konstant. Viele verändern sich in irgendeiner Form mit der Ausbringung. Es liegen also fixe und variable Kostenbestandteile vor. Fixe Kosten entstehen beispielsweise für Gehälter, Abschreibungen (AfA), Zinsen etc. Ausbringungsabhängig und damit variabel sind etwa Stücklöhne, Materialeinsatz, leistungsabhängige Abschreibungen, Stücklizenzen etc.

Sollen die Kosten alternativer Lösungen verglichen werden, spielt die Erwartung über die zukünftige Auslastung immer dann die erwähnte Rolle, wenn mit den Alternativen unterschiedliche Leistungsmengen hervorgebracht werden können und das Verhältnis von fixen und variablen Kosten bei beiden Alternativen unterschiedlich ist, wie in Abbildung 10.03 grafisch gezeigt.

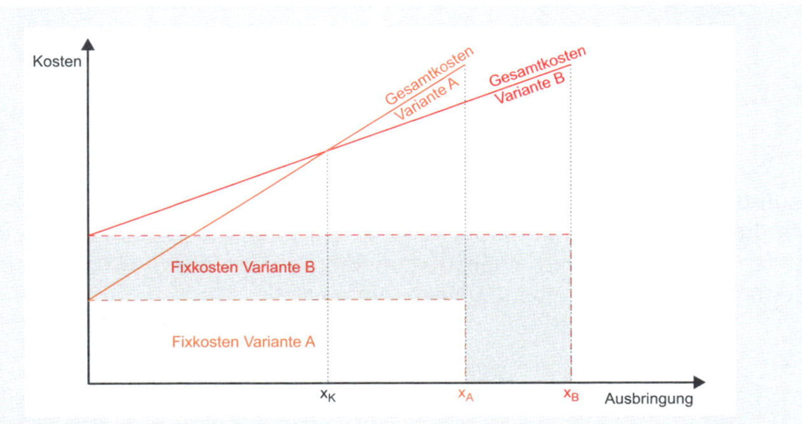

Abb. 10.03: Kostenvergleich bei unterschiedlichen Mengen

Bis zur Menge x_K (Kritische Menge) ist die Variante A kostengünstiger. Im Bereich von x_K bis x_A ist die Variante B kostengünstiger. Im Bereich x_A bis x_B kommt überhaupt nur die Alternative B infrage, da die maximale Ausbringung der Variante A x_A Einheiten beträgt.

Die Kostenvergleichsrechnungen weisen einen erheblichen Mangel auf. Die Vergleiche berücksichtigen nicht, dass die Alternativen unter Umständen – über die Mengenunterschiede hinausgehend – mit unterschiedlichen Leistungen verbunden sind. Diese Unterschiede können in der Flexibilität, Schnelligkeit, Fehlerfreiheit, Sicherheit, Genauigkeit usw. liegen. Wenn das der Fall ist, müssen weitere Vor- und Nachteile der Alternativen mit in die Überlegungen einbezogen werden. Dazu sind Nutzwertanalysen und Kosten-Wirksamkeits-Analysen geeignet, die unten vorgestellt werden.

Kostenvergleiche sind rechnerische Gegenüberstellungen der Gesamt- oder Stückkosten mehrerer zur Auswahl stehender Lösungen.

Zusammenfassung

10.3.2 Gewinn- und Rentabilitätsvergleiche

Neben den Kosten auch Erlöse berücksichtigen

Da die Lösungsvarianten unter Umständen unterschiedliche Leistungen (Erlöse) erbringen, sind Kostenvergleichsrechnungen häufig nicht ausreichend aussagekräftig. Sie können sogar zu Fehlschlüssen verleiten. Diesen Mangel beheben Gewinnvergleichs- oder Rentabilitätsberechnungen. Voraussetzungen für diese Rechnungen sind isolierbare, d. h. den einzelnen Varianten zurechenbare, Leistungen und ihre Bewertung in Geldeinheiten (Erlöse). Diese Bedingungen liegen bei organisatorischen Lösungen recht selten vor. Es sind jedoch Anwendungsfälle denkbar, in denen einem Projekt nicht nur Kosten sondern auch Erlöse zugerechnet werden können. Ein Beispiel ist der Einsatz von Geldausgabeautomaten. Neben den Kosten können Erlöse je Auszahlung angesetzt werden. Auch in diesen Fällen bereitet jedoch die Bewertung qualitativer Sachverhalte Probleme, wie etwa weniger Wartezeiten für Kunden, geringeres Überfallrisiko usw.

Beispiel

	Variante A		Variante B	
	Ertrag/ Leistung	Kosten	Ertrag/ Leistung	Kosten
Umsatzerlöse	5.000		6.000	
Personalkosten		1.000		2.000
Abschreibungen		500		800
Zinsen		50		80
Material		1.500		800
Gewinn	**1.950**		**2.320**	

Abb. 10.04: Gewinnvergleich

Bei unterschiedlichen Leistungsmengen der Alternativen muss die Berechnung auf die erwartete Ausbringung bezogen werden.

In Rentabilitätsvergleichsrechnungen wird die Verzinsung des für die Varianten notwendigen Kapitaleinsatzes verglichen. Auch organisatorische Maßnahmen sind letztlich auch unter dem Gesichtspunkt zu beurteilen, ob sie sich positiv auf die Verzinsung des eingesetzten Kapitals auswirken. Insofern ist dieser Ansatz sinnvoll. Es ergibt sich aber wiederum das Problem, dass organisatorischen Lösungen nur selten Gewinne direkt zugerechnet werden können.

Beispiel

	Variante A	Variante B
Jahresgewinn Kapitaleinsatz	1.000 10.000	800 7.000
Rentabilität (Gewinn/Kapital • 100)	10%	11,4%

Abb. 10.05: Rentabilitätsvergleich

Barwertmethode berücksichtigt Fristen von Fälligkeiten

Eine ganze Reihe weiterer Rechenverfahren, die im Rahmen der Investitionsrechnungen entwickelt wurden, kann zur Beurteilung betrieblicher Lösungen herangezogen werden. Ein wichtiges Verfahren ist die Barwertmethode. Sie berücksichtigt die unterschiedlichen Zeitpunkte, zu denen Ausgaben und Einnahmen anfallen. Je früher eine Ausgabe fällig ist, desto „teurer" ist sie, da die benötigten Mittel gebunden sind und nicht anderweitig rentabel eingesetzt werden können. Je später eine Ausgabe fällig wird, desto geringer ist ihr Wert zu einem früheren Zeitpunkt anzusetzen – die Mittel können in der Zwischenzeit gewinnbringend anderweitig eingesetzt werden. Umgekehrtes gilt für Einnahmen. Je eher sie eingehen, desto früher können sie wieder gewinnbringend eingesetzt werden. Die unterschiedlichen Zeitpunkte der Fälligkeit von Einnahmen und Ausgaben können durch eine Abzinsung (Diskontierung) berücksichtigt werden. Dazu wird ein bestimmter – alternativ zu erreichender – Zinssatz festgelegt, um den zukünftige Werte vermindert werden. Das rechentechnische Instrumentarium lohnt sich in aller Regel bei Investitionsvorhaben, bei denen sich die zeitliche Folge der Ausgaben und Einnahmen deutlich unterscheiden.

Problematisch an diesen Investitionsrechnungen ist die Tatsache, dass die Rechengrößen meistens mit großen Unsicherheiten verbunden sind, die mit zunehmender zeitlicher Dauer immer größer werden.

Barwerte berücksichtigen zeitliche Verteilung

Das folgende Beispiel in Abbildung 10.06 zeigt zwei Varianten, die sich hinsichtlich des zeitlichen Verlaufs von Ausgaben und Einnahmen deutlich unterscheiden und damit zu unterschiedlichen Barwerten kommen, obwohl die Brutto-Einnahmen und die Brutto-Ausgaben gleich hoch sind, wenn die zeitliche Verteilung nicht berücksichtigt wird. Dieses Verfahren wird auch als

Barwertmethode bezeichnet. Im Beispiel „gewinnt" die Variante A insbesondere deswegen, weil wesentliche Ausgabenanteile erst in späteren Jahren fällig werden (Zeitpunkt + x bedeutet x Jahre in die Zukunft).

	Varianten							
	A				B			
	Brutto	Dis-kontiert	Brutto	Dis-kontiert	Brutto	Dis-kontiert	Brutto	Dis-kontiert
Ausgaben Zeitpunkt 0	10.000	10.000			20.000	20.000		
Ausgaben Zeitpunkt +1	4.000	3.774			1.500	1.415		
Ausgaben Zeitpunkt +2	4.000	3.560			1.500	1.335		
Ausgaben Zeitpunkt +3	4.000	3.358			1.500	1.259		
Ausgaben Zeitpunkt +4	4.000	3.168			1.500	1.188		
Ausgaben Zeitpunkt +5								
Einnahmen Zeitpunkt 0			5.000	5.000			3.000	3.000
Einnahmen Zeitpunkt +1			8.000	7.547			5.000	4.717
Einnahmen Zeitpunkt +2			15.000	13.350			10.000	8.900
Einnahmen Zeitpunkt +3			15.000	12.594			15.000	12.594
Einnahmen Zeitpunkt +4			15.000	11.881			17.000	13.466
Einnahmen Zeitpunkt +5			5.000	3.736			13.000	9.714
Summe	26.000	23.860	63.000	54.109	26.000	25.198	63.000	52.391
mit Zinssatz 6% Zeitpunkte = Jahre	**Einnahmen – Ausgaben**		**37.000**		**Einnahmen – Ausgaben**		**37.000**	
		Barwert		**30.249**		**Barwert**		**27.194**

Abb. 10.06: Gewinnvergleich unter Berücksichtigung einer Diskontierung (Barwertmethode)

10.3.3 Amortisationszeit (Payback Period)

Manche Entscheider neigen dazu, Investitionsentscheidungen danach zu beurteilen, wie lange es dauert, bis eine Investition die mit ihr verbundenen Ausgaben über Erlöse oder über Kostensenkungen wieder „verdient" hat. Oft werden auch Organisationsvorhaben anhand der Amortisationszeit beurteilt, bzw. es werden nur solche Projekte genehmigt, deren prognostizierte Payback Period beispielsweise ≤ 3 Jahre ist. In dem Augenblick, in dem die Einsparungen die Kosten erreichen, wird auch vom Break-even-Punkt gesprochen. Dieser Punkt gibt den Amortisationszeitpunkt wieder.

Dabei wird unterstellt, dass die Kosten eines Organisationsvorhabens ermittelt werden können. Das dürfte in vielen Fällen zumindest anhand des Aufwands für ein Projekt annähernd möglich sein. Weiter wird dabei unterstellt, dass Einsparungen – vorwiegend oder ausschließlich – auf die Ergebnisse dieses Projektes zurückgeführt werden können. Das dürfte schon wesentlich schwieriger sein, da es viele Einflüsse auf die Kosten gibt, die von einem Projekt gar nicht beeinflusst werden können. Außerdem dienen die wenigsten Vorhaben ausschließlich der Kostensenkung. Mit ihnen werden fast immer gleichzeitig auch qualitative Ziele verfolgt, die ohne diese Investition nicht zu erreichen gewesen wären. Oft führt das dazu, dass Vorhaben „rentabel gerechnet" werden, damit sie die Genehmigungshürde nehmen können.

Formal ist die Berechnung der Amortisationszeit einfach. Dazu ein Beispiel:

Beispiel

Die Investitionskosten für ein Vorhaben betragen 50.000 Geldeinheiten. Als jährliche Einsparungen werden 15.000 Geldeinheiten erwartet. Der Break-even wird voraussichtlich nach 3 1/3 Jahren erreicht.

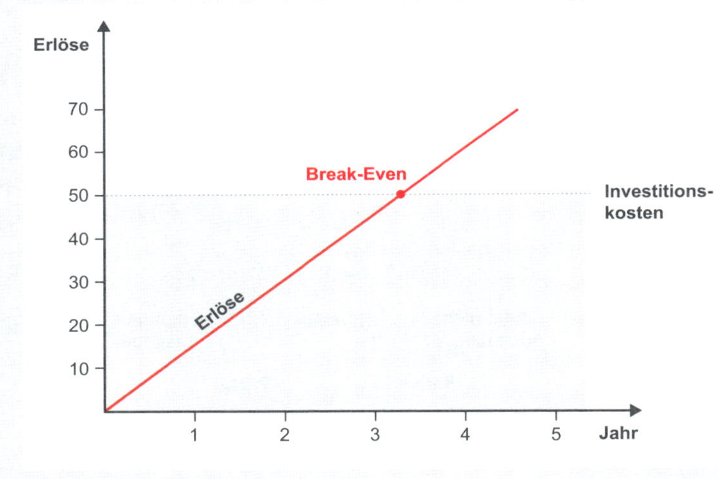

Abb. 10.07: Beispiel für ein Break-even

Zusammenfassung

In Gewinn- und Rentabilitätsvergleichsrechnungen werden zusätzlich zu den Kosten betrieblicher Lösungen auch deren Leistungen berücksichtigt. Ihre Einsatzmöglichkeiten sind begrenzt, da die Leistungen vieler betrieblicher Lösungen nur selten in Geldeinheiten quantifiziert werden können. Für große Investitionsprojekte kann die Barwertmethode genutzt werden, bei der die unterschiedliche zeitliche Verteilung von Einnahmen und Ausgaben durch Abzinsung auf einen gemeinsamen Zeitpunkt berücksichtigt wird.

10.4 Verbale Bewertung

Anhand des Beispiels einer Reorganisation des Vertriebs einer Bank sollen die weiteren Bewertungstechniken vorgestellt werden. Dabei wird auf den im Kapitel 5.4 erarbeiteten Zielen aufgebaut. Mit diesem Beispiel soll der Aufbau der Techniken verdeutlicht und deren Vergleich erleichtert werden.

	Varianten
Variante A	Spezialisten sind für bestimmte, abzugrenzende Kundengruppen zuständig, wie z. B. kleine und mittlere Unternehmen, vermögende Privatkunden, Schüler und Studenten
Variante B	Spezialisten sind für bestimmte Produkte und Kundengruppen zuständig, wie z. B. Kredite, Auslandsgeschäft und Zahlungsverkehr für gewerbliche Kunden
Variante C	Spezialisten sind für bestimmte Produkte für alle Kunden gleichermaßen zuständig, wie z. B. Kreditspezialisten für alle Kunden
Variante D	Regionale Einteilung, jeder Mitarbeiter im Vertrieb bearbeitet alle Produkte der Kunden seiner Region

Abb. 10.08: Untersuchte Varianten zur Reorganisatin des Vertriebs

In der verbalen Bewertung werden den Varianten Vor- und Nachteile zugeordnet, wie Abbildung 10.09 zeigt.

	Varianten Spezialisierung nach:			
	Kundengruppen	Kunden und Produkt	Produkte	Region (alle Kunden, alle Produkte)
Vorteile	▪ gute Kenntnis der Kunden ▪ Kundenbindung ▪ eindeutige Ansprechpartner ▪ wenig Wartezeiten ▪ transparente Lösung ▪ anspruchsvolle Aufgaben	▪ qualifizierte Berater	▪ gute Produktkenntnis	▪ kurze Wege für Kunde ▪ gute Kundenkenntnis

Abb. 10.09 (Teil 1): Beispiel für eine verbale Bewertung

	Varianten Spezialisierung nach:			
	Kundengruppen	Kunden und Produkt	Produkte	Region (alle Kunden, alle Produkte)
Nachteile	■ lange Wege für den Kunden	■ hohe Personalkosten ■ ungleichmäßige Auslastung ■ lange Wege für den Kunden ■ hohe Investitionskosten ■ keine Chancengleichheit der Mitarbeiter	■ geringe Kundenkenntnis ■ lange Wege für den Kunden ■ hohe Investitionskosten ■ keine Chancengleichheit der Mitarbeiter ■ ungleichmäßige Auslastung	■ schlechte Produktkenntnis ■ lange Wartezeiten ■ wenig transparente Lösung ■ Überforderung der Mitarbeiter ■ ungleichmäßiger Arbeitsanfall

Abb. 10.09 (Teil 2): Beispiel für eine verbale Bewertung

Einfach, aber wenig transparent

Bei diesem Bewertungsverfahren kann der Entscheider sehr leicht manipuliert werden, indem der favorisierten Variante viele Vorteilsargumente und wenige Nachteilsargumente zugeordnet werden. Das ist insofern einfach, als Vor- und Nachteile beliebig aufgegliedert bzw. verdichtet werden können (z. B. kundenfreundliche Lösung einerseits oder andererseits eindeutige Ansprechpartner, kurze Wege, gute Kundenkenntnis, leichte Erreichbarkeit, gute Parkmöglichkeiten). Das Verfahren macht eine Manipulation auch daher so leicht, weil aus der Darstellung nicht ersichtlich wird, welches Gewicht ein Vorteils- oder Nachteilsargument hat. Die verbale Bewertung verletzt somit die Grundregel der Transparenz und Nachvollziehbarkeit von Bewertungen.

10.5 Nutzwertanalyse

Kennzahl für den Nutzen

In der Nutzwertanalyse wird ein vergleichbares Beurteilungsmaß – ein Punktwert – für jede zu bewertende Variante ermittelt. Dieser Punktwert ist eine kompakte Kennzahl für die Vorteilhaftigkeit – den Nutzen – einer Variante gemessen an den Zielen.

Eine Nutzwertanalyse läuft in sechs Stufen ab (siehe dazu Abbildung 10.10):

1. Ermittlung der Ziele
2. Gewichtung der Ziele
3. Vergabe von Punkten für die Varianten

4. Multiplikation von Gewichten mit zugehörigen Punkten
5. Ermittlung der gewichteten Punkttotale
6. Sensitivitätsanalyse.

Voraussetzung der Nutzwertanalyse ist ein gewichteter Zielkatalog. Die Sammlung, Ordnung und Gewichtung von Zielen wurden bereits in Kapitel 5.4 behandelt. Die Ziele aus dem dort verwendeten Beispiel werden hier genutzt.

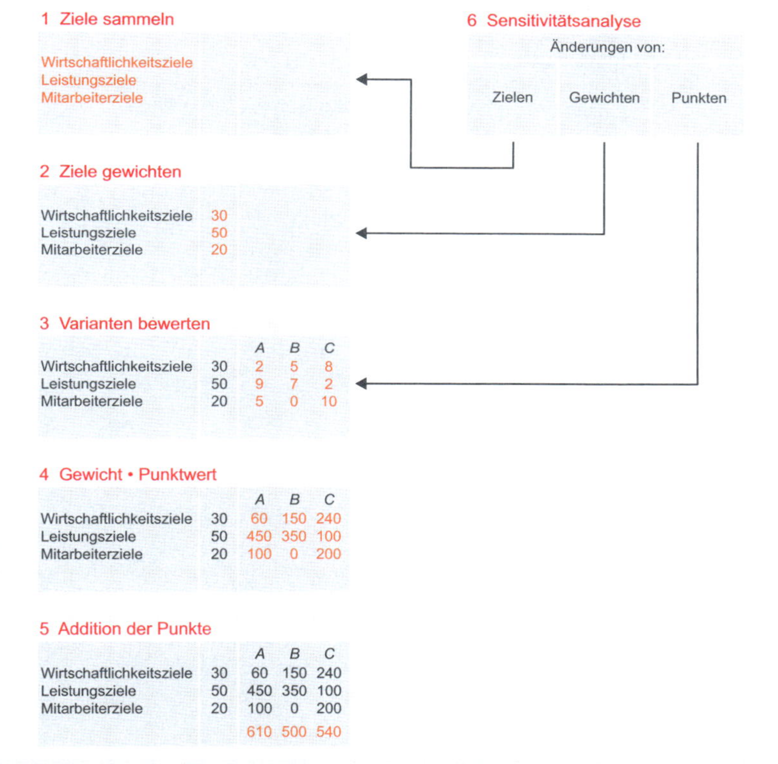

Abb. 10.10: Schematische Darstellung der Nutzwertanalyse

Vergabe von Punkten

Nutzwert-analyse als Matrix

Als dritter Schritt sind für die betrachteten Varianten Punkte zu vergeben. Die Anzahl der Punkte hängt ab vom Grad der Zielerreichung durch die jeweilige Variante. Die Ziele werden dazu den Lösungsmöglichkeiten gegenübergestellt. Man bedient sich zweckmäßigerweise einer Matrix (siehe Abbildung 10.11). In der Kopfzeile werden die Varianten grob beschrieben. Im oberen Bereich wird geprüft, ob die Varianten die Restriktionen (Muss-Ziele) einhalten. Bei quantifizierbaren Restriktionen sollte nicht nur JA oder NEIN vermerkt, sondern der effektive Wert angegeben werden. Für die übrigen Ziele werden maximal 10, minimal 0 Punkte vergeben. Normalerweise erhält die Variante,

10 Punkte, die das Ziel sehr gut erfüllt, und die Lösung, die sehr schlecht abschneidet, erhält 0 Punkte. Diese Extremwerte müssen aber nicht immer vergeben werden, wenn keine Variante extrem gut oder schlecht ist. Es können auch alle untersuchten Varianten gleich benotet (bepunktet) werden, wenn sie sich bei dem betreffenden Kriterium nicht unterscheiden.

Die Zielgewichte werden den Zielen zugeordnet und ebenfalls in die Matrix eingetragen.

Lösungsvarianten		A		B		C		D	
Muss-Ziele		Kunden-gruppen		Kunden + Produkt		Produkte		Region	
Kein zusätzliches Personal		Erfüllt		Erfüllt		Erfüllt		Erfüllt	
Budgeteinhaltung (2.5000.000)		1.800.000		900.000		900.000		2.300.000	
Kein Outsourcing Vertrieb		Erfüllt		Erfüllt		Erfüllt		Erfüllt	
Kann-Ziele	Gewicht	Punkte	Produkt	Punkte	Produkt	Punkte	Produkt	Punkte	Produkt
Wirtschaftlichkeit									
▪ Investition für Personal	5	5	25	10	50	10	50	0	0
▪ Investition für Bau/Einrichtung	5	3	15	3	15	3	15	8	40
▪ Niedrige lfd. Personalkosten	20	4	80	0	0	10	200	6	120
Leistungsziele									
▪ Gute Produktkenntnisse	15	2	30	10	150	10	150	0	0
▪ Gute Kundenkenntnis	20	10	200	10	200	3	60	6	120
▪ Eindeutige Ansprechpartner	5	10	50	6	30	3	15	3	15
▪ Kurze Wege für Kunden	3	3	9	3	9	3	9	10	30
▪ Kurze Wartezeit für Kunden	3	6	18	10	30	8	24	3	9
▪ Schnelle Abwicklung	2	6	12	10	20	6	12	5	10
▪ Transparente Lösung	2	10	20	5	10	4	8	2	4
Mitarbeiterziele									
▪ Anspruchsvolle Aufgaben	10	10	100	8	80	6	60	3	30
▪ Chancengleichheit MA	5	3	15	3	15	3	15	10	50
▪ Gleichmäßiger Arbeitsanfall	5	5	25	5	25	5	25	2	10
Summe	100		599		634		643		438
Zielerreichungsgrad			60%		63%		64%		44%
Mögliche nachteilige Wirkungen									

Abb. 10.11: Beispiel für eine Nutzwertanalyse

Multiplikation und Ermittlung der gewichteten Punkttotale

Die vergebenen Punkte werden dann mit den Gewichten multipliziert Die Summe der gewichteten Punkttotale wird durch die spaltenweise Addition der Produkte errechnet. Das Bewertungsbeispiel ergibt somit die Rangfolge:

Beispiel

Variante	Punkte
Produkte	643
Kunden + Produkt	634
Kundengruppen	599
Region	438

Nutzwertanalysen werden etwa in Präsentationen oder in Berichten üblicherweise in die Anlage „verbannt". In einer Präsentation oder in einem Bericht werden lediglich die Ergebnisse der Bewertung und die wichtigsten Gründe für „Sieg oder Niederlage" erläutert, um die Entscheider nicht mit zu vielen Zahlen zu überfordern. Bei Bedarf sollte man aber immer in der Lage sein, den Entscheidern eine vollständige Nutzwertanalyse zur Einsicht vorzulegen.

Sensitivitätsanalyse

Unterschiedliche Annahmen simulieren

Unter einer Sensitivitätsanalyse versteht man das Variieren von Zielen, Gewichten und Punktwerten, um die Auswirkungen dieser Veränderungen auf die Rangfolge der Varianten zu überprüfen. Wird beispielsweise ein Gewicht auf- und ein anderes abgewertet, so errechnet man die Auswirkung auf das Gesamtergebnis. Diese Sensitivitätsanalyse kann verschiedenen Zwecken dienen, wie z. B.

- dem Beweis, dass selbst bei veränderten Annahmen eine favorisierte Lösung standhält
- der Demonstration, wie sich die Reihenfolge ändert, wenn bestimmte Teilbewertungen (Annahmen, Prämissen) geändert werden
- dem Versuch, zu dem Ergebnis zu kommen, das man intuitiv haben möchte. Dieses Vorgehen kann durchaus legitim sein, wird dem „Manipulierer" doch auf jeden Fall deutlich, wo Abstriche gemacht werden und welche Ziele besonders hoch gewichtet werden müssen, um das gewünschte Ergebnis zu erhalten.

Zusammenfassung

In einer Nutzwertanalyse werden an alle Varianten die gleichen, gewichteten Ziele angelegt. Für die Zielerreichung werden 0 bis maximal 10 Punkte vergeben. Aus der Multiplikation der Gewichte mit den Punkten und der anschließenden Addition dieser Produkte ergibt sich der Nutzwert. Mit einer Sensitivitätsanalyse kann ermittelt werden, wie stabil oder empfindlich ein Bewertungsergebnis auf veränderte Annahmen (Ziele, Gewichte, Punkte) reagiert.

Abschließend soll die Nutzwertanalyse selbst – verbal – bewertet werden.

Vorteile	Nachteile
▪ Besser vergleichbare Bewertung, weil an alle Varianten die gleichen, gleich gewichteten Kriterien angelegt werden. ▪ Fördert die Transparenz, ermöglicht damit dem Entscheider, den Bewertungsvorgang nachzuvollziehen. ▪ Ermöglicht Sensitivitätsanalysen, sodass die Auswirkungen abweichender Annahmen durchgerechnet werden können. ▪ Fördert die Objektivität, wenn viele unterschiedliche Stakeholder an der Bewertung beteiligt werden.	▪ Punktwerte können eine Korrektheit oder Objektivität vortäuschen. Objektivität und Richtigkeit kann es bei Bewertungsvorgängen nie geben. Bewertungen sind immer subjektiv. ▪ Für die nicht in Geldeinheiten quantifizierbaren Größen ist die Nutzwertanalyse sehr sinnvoll. Nachteilig ist jedoch, dass finanzielle Größen in Punktwerte umgeformt und damit verfremdet werden.

Abb. 10.12: Vor- und Nachteile der Nutzwertanalyse

Ein Nachteil, die Umwandlung von Geldbeträgen in Punktwerte und die damit verbundene Verfremdung, kann durch die Kosten-Wirksamkeits-Analyse behoben werden, die im nächsten Kapitel vorgestellt wird.

Eine Verfeinerung und Vertiefung der Nutzwertanalyse ist die Technik Analytic Hierarchy Process. Die Grundstruktur entspricht dem oben dargestellten Ansatz. Zur Gewichtung werden die hierarchisch gegliederten Ziele (Kriterien) jeweils paarweise miteinander verglichen, ähnlich wie das bei der Präferenzmatrix der Fall ist. Im Unterschied zur Präferenzmatrix werden jedoch die Ziele (Kriterien) auf allen hierarchischen Ebenen miteinander verglichen. Außerdem gibt es nicht nur die Wahlmöglichkeit zwischen 0 (verloren) und 1 (gewonnen). Vielmehr sind graduelle Abstufungen beim Vergleich der

Ziele beispielsweise von 0 bis 9 möglich. Dieses von Thomas Saaty entwickelte Verfahren ermöglicht darüber hinaus die Berechnung von Kennzahlen, die darüber Aufschluss geben, ob die einzelnen Bewertungen in sich konsistent sind. Wegen des relativ hohen mathematischen Aufwands ist dieser Ansatz wenig verbreitet.

10.6 Kosten-Wirksamkeits-Analyse (Kosten-Nutzen-Analyse)

Kosten der Varianten transparent machen

In der Nutzwertanalyse werden sowohl monetäre wie auch nicht-monetäre Größen zu einem Punktwert verdichtet. Das widerspricht insofern dem normalen wirtschaftlichen Denken, da Entscheider fast immer die Kosten der Lösungsvarianten kennen wollen. In der Kosten-Wirksamkeits-Analyse[1] werden deswegen zwei Werte je Variante ermittelt:

- Kosten je Periode (z. B. Jahr)
- Nutzen (gemäß Nutzwertanalyse).

Damit wird – zumindest formal und vorläufig – auch das Problem umgangen, die Kostengrößen und die übrigen Größen gegeneinander zu gewichten.

Anhand des gewählten Beispiels soll die Kosten-Wirksamkeits-Analyse demonstriert werden. Dazu wurden für jede Variante die relevanten Kosten ermittelt. Hier wird beispielhaft von drei Kostenkategorien ausgegangen. Außerdem werden die in der Nutzwertanalyse ermittelten Punktwerte um die Beträge vermindert, die aufgrund der Kostenziele erreicht wurden. So hat die Variante C „Produkte" in der Nutzwertanalyse insgesamt 643 Punkte erreicht, davon allein 200 wegen der relativ niedrigen laufenden Kosten für Personal und 65 für die Investitionskosten. Es verbleiben also 378 Punkte für die nicht-monetären Ziele. Nach diesem Muster werden auch die übrigen Punktwerte korrigiert. Bei den Kosten und Punktwerten ergeben sich die nachfolgenden Werte (Abbildung 10.13).

[1] Hier wird der Begriff Kosten-Wirksamkeits-Analyse verwendet, um deutlich zu machen, dass damit ein anderes Verfahren gemeint ist als die Kosten-Nutzen-Analyse, die in der öffentlichen Verwaltung verbreitet ist. Dort wird versucht, auch die nicht-monetären Nutzenbestandteile in monetäre Größen umzuwandeln, d. h. einen gesamten monetären Nutzenausdruck zu gewinnen. Wegen der Problematik der Bemessung von Geldwerten für die Erreichung nicht-monetärer Ziele wird dieses Verfahren hier nicht näher behandelt.

	Varianten			
	A	B	C	D
Investitionskosten Personal	1.300.000	400.000	400.000	2.200.000
Investitionskosten Bau/ Einrichtung	500.000	500.000	500.000	100.000
Lfde. Kosten Personal	2.000.000	3.000.000	1.500.000	1.800.000
Kosten pro Jahr	**3.800.000**	**3.900.000**	**2.400.000**	**4.100.000**
Bereinigte Punktwerte	479	569	378	278
Kosten/Punkt	**7.933**	**6.854**	**6.349**	**14.784**

Abb. 10.13: Kosten-Wirksamkeits-Analyse

Preis-Leistungs-Verhältnis

In der letzten Zeile der Tabelle werden die Kosten den verbleibenden Punktwerten gegenübergestellt. Damit ergibt sich eine Kennziffer, die den finanziellen Aufwand für einen Qualitätspunkt ausdrückt, ein Wert, der auch als Preis-Leistungs-Verhältnis bezeichnet wird. Demnach ist Variante C am besten, weil sie den geringsten Aufwand (6.349 Geldeinheiten) je Punkt verursacht.

Die Relation Kosten zu Nutzen lässt sich informativ aufbereiten, wenn die ermittelten Größen in einem Koordinatensystem grafisch dargestellt werden. Auf der Senkrechten werden die Punktwerte, auf der Waagerechten die Geldbeträge abgebildet (siehe Abbildung 10.14).

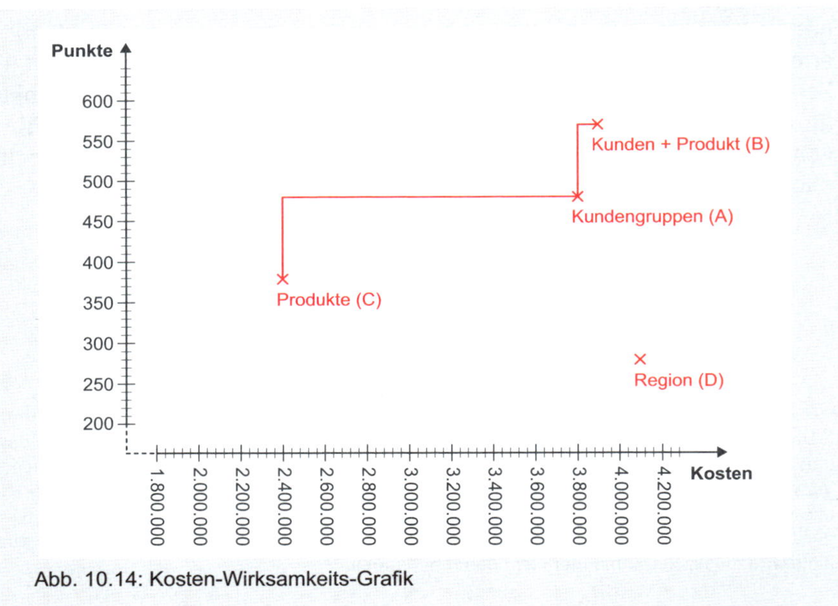

Abb. 10.14: Kosten-Wirksamkeits-Grafik

Es werden dann alle Punkte miteinander verbunden. Die in der Abbildung 10.11 eingetragene Variante „Region" ist nicht weiter zu verfolgen, weil sie schlechter als andere Varianten ist und dabei höhere Kosten verursacht. Durch diese Darstellung werden die überhaupt infrage kommenden Varianten offensichtlich, ohne jedoch daraus ableiten zu können, welche die beste Variante ist. Die Entscheidung für die „beste" Variante hängt ab von der – subjektiven – Gewichtung der Kostenziele einerseits und der Qualitätsziele andererseits. Wird eine solche Bewertung vorgelegt, muss der Entscheidungsvorbereiter zusätzlich eine verbale Empfehlung abgeben.

Beispiel

„Wir empfehlen die Variante Produkte, weil sie die niedrigsten Kosten und eine hinreichende Qualität bietet". Die Empfehlung könnte aber auch heißen: „Trotz der hohen Kosten von Kunden + Produkt empfehlen wir diese Variante, weil zu den Mehrkosten von 1,5 Millionen Geldeinheiten eine deutlich höhere Qualität erreicht werden kann, die wir auch anstreben sollten". Im ersten Fall werden die Kostenziele im zweiten Fall die Qualitätsziele höher gewichtet. Der Entscheider kann dann relativ leicht selbst zu einem Urteil kommen, welche Gewichtung er favorisiert.

Anwendungsbedingungen

Eine Kosten-Wirksamkeits-Analyse empfiehlt sich, wenn

- die Kostenverursachung einer Variante eindeutig festgestellt werden kann
- die monetären Ziele gegenüber den übrigen Nutzengrößen einen relativ hohen Stellenwert haben
- neben den monetären Zielen auch die nicht-monetären Ziele bedeutend sind (andernfalls genügt eine Kostenvergleichs- oder Rentabilitätsrechnung).

Zusammenfassung

Die Kosten-Wirksamkeits-Analyse entspricht bei den nicht-finanziellen Zielen der Nutzwertanalyse (Punktbewertung). Die Kosten werden jedoch nicht in Punkte umgerechnet, sondern periodisiert und rechnerisch (Kosten je Punkt) oder grafisch in einem Koordinatensystem den Punktwerten gegenübergestellt.

10.7 Visuelle Bewertung

Symbole für den Nutzen

Visualisierung in Präsentationen

Als weitere, relativ einfache Techniken sollen hier zwei visuelle Bewertungen vorgestellt werden.

Visualisierung in Präsentationen

Im ersten Beispiel werden für die Zielerreichung Punktsymbole oder Kreuze vergeben. Je mehr Symbole eine Variante auf sich vereinigt, desto besser werden die Ziele erreicht. Diese Technik ist im Prinzip der Nutzwertanalyse sehr ähnlich, allerdings werden keine Gewichte berücksichtigt. Auch erscheint es für den Entscheider schwieriger, die Entscheidungsvorlage nachzuvollziehen. Sensitivitätsanalysen sind nicht möglich. Allerdings ist diese Darstellung sehr einprägsam und deswegen für Präsentationen gut geeignet.

Die visuelle Bewertung wird hier gleichzeitig dazu verwandt, die Leistungsfähigkeit der verschiedenen Bewertungstechniken einander gegenüberzustellen (Abbildung 10.15).

Varianten / **Ziele**	Verbale Bewertung	Nutzwert-analyse	Kosten-Wirksam-keits-Analyse	Visuelle Bewertung
Beliebig viele Ziele können berücksichtigt werden	●●●	●●●	●●●	●●●
Einheitliche Maßstäbe für alle Varianten		●●●	●●●	●●●
Berücksichtigung der Gewichte		●●●	●●●	
Sensitivitätsanalysen möglich		●●●	●●●	
Transparenz/Nachvollziehbarkeit		●●	●●	●
Erklärungsbedarf bei Entscheider	●●●	●	●	●●●
Finanzielle Auswirkungen direkt zu erkennen			●●●	
	6	15	18	10

Abb. 10.15: Visuelle Bewertung

Netzgrafik

Die Netzgrafik ist eine einfache und relativ transparente Form zur Darstellung einer Bewertung. Für jedes Ziel wird von einem Zentrum aus ein gleichlanger Strahl geführt, der in fünf oder zehn Segmente unterteilt ist. Je dichter ein Wert auf diesem Strahl beim Zentrum liegt, desto schlechter ist die Zielerreichung. Für jede Variante werden dann auf den Zielskalen die jeweiligen Werte eingetragen, markiert und miteinander verbunden. Die dabei entstehenden unregelmäßigen Gebilde geben zumindest einen schnellen Überblick über die wesentlichen Stärken und Schwächen einer Variante und über ihre relative Position zu den übrigen betrachteten Lösungsmöglichkeiten. Die wesentlichen Mängel dieser Darstellungsform liegen darin, dass auch hier die Gewichtung der einzelnen Ziele nicht ersichtlich wird und ein „Sieger" schwierig zu erkennen ist, wenn die Stärken der Varianten unterschiedlich sind.

In Abbildung 10.16 werden drei der vier Varianten des Beispiels in einer Netzgrafik dargestellt. Da sich die Investitionskosten für Bau nicht unterscheiden, wurden sie bewusst ausgelassen.

Abb. 10.16: Netzgrafik

10.8 Sammlung negativer Auswirkungen und Absicherung der Lösung

Nach der Bewertung der Varianten empfiehlt es sich, deren – potenzielle – negative Auswirkungen zu ermitteln. Dieser zusätzliche Prüfvorgang ist schon deswegen sinnvoll, weil bei der Bewertung zwar der Zielerreichungsgrad, weniger aber mögliche oder wahrscheinliche Nachteile für einzelne Ziele beachtet werden. Eine bewährte Technik, negative Auswirkungen zu erarbeiten, ist das Pro-und-Contra-Spiel (siehe Abbildung 10.17).

Pro- und Contra-Spiel macht Gegenargumente früh bewusst

Zwei Parteien, die aus jeweils zwei bis vier Mitgliedern bestehen, bereiten sich auf Argumente für und gegen eine Lösungsvariante vor. Besonders wirkungsvoll ist dieser Ansatz, wenn Fachleute mit tatsächlich abweichenden Meinungen aufeinandertreffen. Die beiden Parteien setzen sich einander gegenüber und beginnen ihre Diskussion, wobei die Pro-Partei nur Argumente dafür und die Contra-Partei nur Argumente dagegen bringen darf. Kommen keine neuen Argumente mehr (meistens nach 5-10 Minuten), werden die Rollen vertauscht. Die bisher dafür waren, müssen nun dagegen argumentieren und umgekehrt. Während der gesamten Diskussion visualisieren zwei Protokollanten sämtliche vorgebrachten Argumente. Diese Argumente werden anschließend geordnet und nach ihrer Bedeutung sortiert. Bis dahin nicht erkannte Gegenargumente werden, soweit sie gravierend sind, vertieft und weiterbearbeitet. Diese Technik macht unangenehme Überraschungen insbesondere später in einer Präsentation zwar nicht unmöglich, aber zumindest doch weniger wahrscheinlich. Außerdem kann so glaubwürdig die Seriosität der Entscheidungsvorbereitung demonstriert werden.

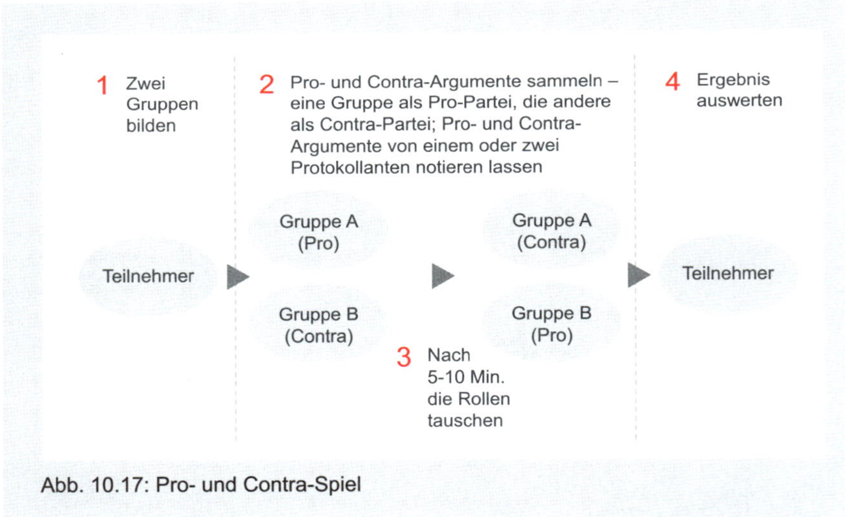

Abb. 10.17: Pro- und Contra-Spiel

Die nachteiligen Wirkungen werden nach den Kriterien Wahrscheinlichkeit und Tragweite bewertet. Varianten mit sehr wahrscheinlichen und weitreichenden möglichen negativen Auswirkungen werden auf diese Weise erkannt. Wenn die Varianten trotz der nachteiligen Wirkungen realisiert werden sollen, müssen Anstrengungen unternommen werden, um die nachteiligen Wirkungen abzufangen. Sollten damit Kosten verbunden sein, so sind diese Kosten den jeweiligen Varianten anzulasten. Das kann zu einer neuen Rangfolge der Lösungsmöglichkeiten führen.

Nach der Entscheidung für eine Variante werden vorbeugende Maßnahmen gegen potenzielle Probleme ergriffen, indem versucht wird, Ursachen möglicher Probleme auszuschalten. Solche absichernden Maßnahmen kommen allerdings nur für wahrscheinliche und weitreichende negative Abweichungen infrage. Alternativ können Eventual-Maßnahmen geplant werden, die erst zu ergreifen sind, wenn bereits Probleme aufgetreten sind.

Literatur zu Kapitel 10

Eisenführ, F.; Weber, M.: Rationales Entscheiden. 4. Aufl., Berlin/Heidelberg u. a. 2002

Götze, U.: Investitionsrechnung: Modelle und Analysen zur Beurteilung von Investitionsvorhaben. 7. Aufl., Berlin/Heidelberg 2014

Hirth, H.: Grundzüge der Finanzierung und Investition. München 2005

Hoffmeister, W.: Investitionsrechnung und Nutzwertanalyse. Eine entscheidungsorientierte Darstellung mit vielen Beispielen und Übungen. 2. Aufl., Berlin 2008

Kruschwitz, L.; Lorenz, D.: Investitionsrechnung. 15. Aufl., Berlin 2019

Naumann, A.-B.: Business-Analyse – Systematisches Anforderungsmanagement für nutzerorientierte Lösungen. Gießen 2018

Röthig, P.: Empfehlung zur Durchführung von Wirtschaftlichkeitsbetrachtungen beim Einsatz der IT in der Bundesverwaltung. Köln 1992

Saaty, T. L.: Multicriteria decision making – the analytic hierarchy process. Planning, priority setting, resource allocation. 2. Aufl., Pittsburgh 1990

Zangemeister, C.: Nutzwertanalyse in der Systemtechnik. 5. Aufl., Winnemark 2014

11 Techniken der Aufbauorganisation

Ziele dieses Kapitels – Was können Sie erwarten?

- Sie wissen, welche Inhalte zur Aufbauorganisation gehören
- Sie kennen den Weg von der Aufgabenanalyse zur Aufbauorganisation
- Sie kennen den Inhalt von Stellenbeschreibung und Rollenbeschreibung sowie deren Nutzen als Dokumentationsinstrument
- Sie kennen Darstellungstechniken für die Abbildung betrieblicher Hierarchien und hierarchiearmer Organisationen
- Sie können verschiedene Formen von Funktionendiagrammen zur Darstellung der Beziehungen von Aufgaben und Aufgabenträgern einsetzen.

11.1 Inhalte der Aufbauorganisation

Die wesentlichen Inhalte der Aufbauorganisation, deren Darstellung durch organisatorische Techniken unterstützt wird, sind

- Aufgabenbeziehungen (Stellen und Rollen)
- Leitungsbeziehungen (Hierarchie).

Sie können mithilfe der folgenden Techniken dokumentiert werden.

Inhalte	Techniken
Stellen/Rollen	▪ Stellenbeschreibung ▪ Rollenbeschreibung ▪ Verzeichnisse/ Organisationsanweisungen ▪ Funktionendiagramm ▪ Anforderungsprofil
Leitungsbeziehungen	▪ Organigramm ▪ Funktionendiagramm ▪ Rollen- und Kreisstruktur

Abb. 11.01: Dokumentationstechniken für die Inhalte der Aufbauorganisation

Die hier vorgestellten Techniken sind primär Techniken zur Dokumentation der Aufbauorganisation. Eine geeignete Dokumentation kann in allen Phasen und Schritten die Projektbearbeitung unterstützen. Im Einzelnen dient eine geeignete Dokumentation der/dem

- Erhebung
- Analyse
- Anforderungsermittlung/Würdigung
- Lösungsentwurf
- Bewertung

aufbauorganisatorischer Sachverhalte.

„Klassisch“ und agil

Gleich zu Beginn dieses Kapitels soll darauf hingewiesen werden, dass die „klassische“ Hierarchie und ihre Stellen zunehmend infrage gestellt werden und damit auch die klassischen Techniken zur Dokumentation von Hierarchie und Stellen. Holokratie ist ein Beispiel für eine Organisationsform, die agile, selbstorganisierte und selbstbestimmte Prinzipien unterstützt. Es gibt nur wenige hierarchische Elemente, vielmehr werden diese Unternehmen durch Selbstorganisation gesteuert, die sich an dem Unternehmenszweck, dem „Purpose“ (Sinn und Zweck, „Wofür gibt es uns?“) ausrichtet. Daher finden sich keine klassischen Organigramme mehr, die eher starre, hierarchische Strukturen voraussetzen. Auch gibt es wenige oder keine Stellen, die eine längerfristig gültige Organisation voraussetzen. Stellen werden in diesen Organisationsformen abgelöst von Rollen, die in der Regel viel weniger langlebig sind, da sie immer wieder situativ an veränderte Bedingungen und Anforderungen angepasst werden. Rollenbeschreibungen und unter Umständen auch Funktionendiagramme bieten sich an, da sie schnell und flexibel modifiziert werden können.

11.2 Von der Aufgabenanalyse zur Aufbauorganisation

Aufgaben als Bausteine

Die Stellenbildung (bzw. Rollenbildung) und die Verbindung von Stellen sind zentrale Inhalte der Aufbauorganisation. Stellen sind Aufgabenbündel für Aufgabenträger (Personen). Organisatorische Regelungen setzen somit voraus, dass die zu bündelnden (zu verteilenden) Aufgaben häufig wiederkehren und (möglichst vollständig) bekannt sind. Um die zu verteilenden Aufgaben zu ermitteln, kann die Technik der Aufgabenanalyse (siehe dazu Kapitel 7.1) eingesetzt werden.

Dimensionen müssen bekannt sein

Bei der Stellenbildung ist darüber hinaus darauf zu achten, dass der Stelleninhaber in der Lage sein muss, qualitativ und quantitativ die Aufgaben zu bewältigen. Er muss also nicht nur den inhaltlichen Anforderungen gewachsen sein, sondern auch das Mengenvolumen bewältigen können. Voraussetzung der Stellenbildung ist deswegen die Kenntnis der Dimensionen der Aufgabe: Wie oft fällt eine Aufgabe an und wie groß ist der Zeitverbrauch je Aufgabenerfüllung? Diese Sachverhalte wurden im Abschnitt Analyse ebenfalls behandelt.

Hier soll beispielhaft die Aufgabengliederung in Abbildung 11.02 zugrunde gelegt werden.

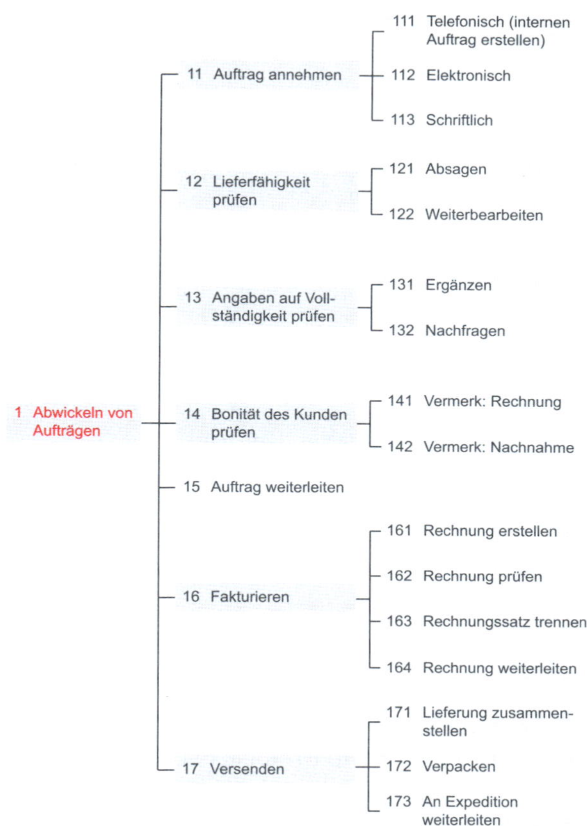

Abb. 11.02: Aufgabenstrukturbild für eine Auftragsabwicklung

Die Stellenbildung in der Auftragsabwicklung könnte bei diesem Beispiel so aussehen, dass die Stelleninhaber auf einzelne Teilaufgaben spezialisiert werden.

Stelle 1	Stelle 2	Stelle 3	Stelle 4
▪ Antrag annehmen ▪ Lieferfähigkeit prüfen ▪ Angaben auf Vollständigkeit prüfen und ergänzen ▪ Bonität prüfen ▪ Auftrag weiterleiten	▪ Rechnung erstellen ▪ Rechnung weiterleiten	▪ Rechnung prüfen ▪ Rechnungssatz trennen	▪ Lieferung zusammenstellen ▪ Verpacken ▪ an Expedition weiterleiten

Abb. 11.03: Stellenbildung als Aufgabenbündelung

Hierarchie

Werden den ausführenden Stellen stufenweise Leitungsstellen übergeordnet, entsteht ein Leitungssystem (die Stellen werden durch Weisungswege miteinander verbunden).

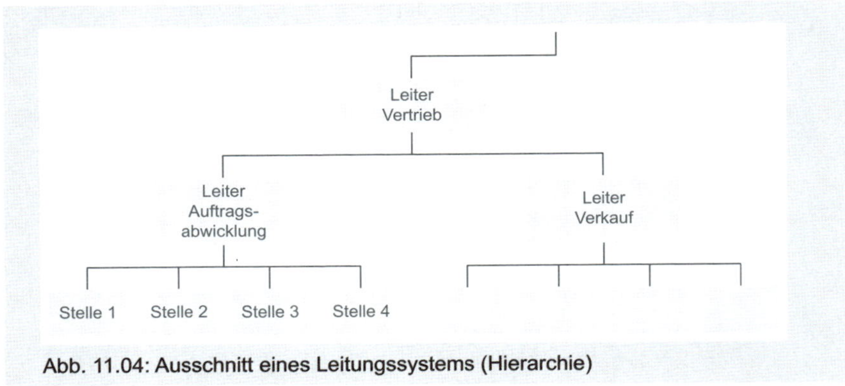

Abb. 11.04: Ausschnitt eines Leitungssystems (Hierarchie)

Schließlich wird noch ein überlagerndes Netz von Kommunikationskanälen eingerichtet, damit jeder Stelleninhaber mit anderen Stellen oder Einheiten in Verbindung treten kann, soweit dies seine Aufgabe erfordert.

Selbstorganisierte Unternehmen verzichten (weitestgehend) auf hierarchische Leitungssysteme, betonen dafür die Kanäle zur Kommunikation und Abstimmung der Rollen untereinander (vgl. auch Kapitel 11.3.2 und 11.4.5).

Im Folgenden sollen nun die Techniken der Aufbauorganisation vorgestellt werden, unterteilt in verbale und grafisch/tabellarische Techniken.

Zusammenfassung

Aufbauorganisatorische Regelungen setzen Aufgaben voraus. Aufgaben werden auf Stellen oder Rollen übertragen. Stellen werden durch Weisungsbeziehungen miteinander verbunden. Die Ergebnisse können durch entsprechende Dokumentations- und Gestaltungstechniken abgebildet werden.

11.3 Verbale Darstellungstechniken

11.3.1 Stellenbeschreibung

Stellenbeschreibungen finden sich in der Literatur auch unter den Bezeichnungen Funktionenbeschreibung, Tätigkeits- oder Aufgabenbeschreibung, Positionsbeschreibung oder Job-Description. Eine Stellenbeschreibung ist eine innerbetrieblich verbindliche Dokumentation personenbezogener Aufgabenkomplexe, zugehöriger Befugnisse sowie der organisatorischen Einordnung des Stelleninhabers. Häufig werden in Stellenbeschreibungen auch die Anforderungen an den Stelleninhaber aufgenommen.

Instanzielle Einordnung	Ziele, Aufgaben, Kompetenzen	Informations-, Kommunikations-system	Anforderungs-profil
▪ Bezeichnung der Stelle ▪ (Dienst-)Rang des Stellen-inhabers ▪ Vorgesetzter (Unterstellung) ▪ Mitarbeiter (Überstellung) ▪ Stellvertretung	▪ Allgemeine Zielsetzung der Stelle ▪ Einzelaufga-ben (Fach-/ Sonderauf-gaben) ▪ Kompetenzen (Befugnisse) ▪ Einzelauf-träge	▪ Eingehende Informationen ▪ Ausgehende Informationen ▪ Zusammen-arbeit mit anderen Stellen ▪ Mitarbeit in Ausschüssen, Kollegien etc.	▪ Vorbildung, Erfahrung, Qualifikation etc.

Abb. 11.05: Inhalte einer Stellenbeschreibung

In Stellenbeschreibungen können nur vorhersehbare Aufgaben beschrieben werden. Der Anteil vorhersehbarer, programmierbarer Aufgaben nimmt generell mit steigender Hierarchieebene und mit zunehmender Qualifizierung der Mitarbeiter ab.

Stellenbeschreibungen eher auf unteren Ebenen

Haben Stellen unvorhersehbare Aufgaben zu erfüllen und es sollen dennoch Stellenbeschreibungen angefertigt werden, so können in einer Stellenbeschreibung keine detaillierten Angaben über die Aufgaben gemacht werden. Dann werden unter Umständen nur die zu verfolgenden Ziele angegeben.

In Stellenbeschreibungen werden folgende Sachverhalte schriftlich fixiert:

01) Bezeichnung der Stelle

Struktur einer Stellenbeschreibung

Beispiele: Leiter Vertrieb Inland, Leiter Rechnungsprüfung, Assistent des Geschäftsführers, Einkaufssachbearbeiter.

Abteilung (z. B. Einkauf) und Unternehmungsbereich sind hier ebenfalls anzugeben, wenn das nicht deutlich aus der Bezeichnung der Stelle hervorgeht.

02) Rang des Stelleninhabers

Beispiele: Gruppenleiter, Abteilungsleiter, Hauptabteilungsleiter.

03) Vorgesetzte(r) des Stelleninhabers

Bei Mehrfachunterstellungen sind die Befugnisse der Vorgesetzten (fachlich, disziplinarisch) zu nennen.

04) Unmittelbar unterstellte Mitarbeiter

Hier werden die Stellenbezeichnungen aller fachlich und/oder disziplinarisch unterstellten Stelleninhaber genannt.

05) Stellvertretung

051) Stelleninhaber wird vertreten durch: (Angabe der Stellenbezeichnung sowie des Umfangs der Stellvertretung. Sind mehrere Stellvertreter vorgesehen, so sollten sie alle mit ihrem Vertretungsgebiet genannt werden).

052) Stelleninhaber vertritt: (Auch hier sind Aufgabengebiete und Umfang zu nennen).

06) Zielsetzung der Stelle

Hier sollten nur die wesentlichen Ziele und evtl. die Hauptaufgabe kurz und treffend beschrieben werden.

07) Einzelaufgaben der Stelle

Alle dauerhaften einzelnen Aufgaben, die der Stelleninhaber zu erfüllen hat.

071) Fachaufgaben (Kern der Aufgabenbeschreibung)

071) Sonderaufgaben (wie z. B. Mitarbeit in Projekten, fachliche Zuständigkeiten, die über die Fachaufgaben hinausgehen).

08) Befugnisse des Stelleninhabers

Zusammenstellung aller Befugnisse, die den Stelleninhaber ermächtigen, über seine fachlichen und personellen Entscheidungsrechte hinausgehend zu handeln.

081) Vertretungsbefugnisse (z. B. Vollmachten wie Prokura)

082) Verfügungsbefugnisse (z. B. Berechtigungen, etwa im Einkaufs- und Verkaufsverkehr, Urlaubsgewährung usw.)

083) Unterschriftsbefugnisse (z. B. Gegenzeichnung von Schriftverkehr).

09) Schriftliche Information der Stelle

091) Eingehende Berichte, Mitteilungen, Statistiken, Zugriffsrechte auf zentral geführte Datenbestände

092) Ausgehende Informationen.

Evtl. zu untergliedern nach der Fristigkeit.

10) Zusammenarbeit mit anderen Stellen

Hier werden alle diejenigen Stellen genannt, mit denen der Stelleninhaber regelmäßig zusammentritt, um bestimmte – zu nennende – Aufgaben zu lösen. Die Zusammenarbeit kann sein: informativ, koordinierend, beratend, mitentscheidend, ausführend.

11) Mitarbeit in Ausschüssen, Konferenzen, Arbeitskreisen oder ähnlichen Gremien

12) Einzelaufträge

Welche Einzelaufträge – außerhalb des üblichen Aufgabengebiets – erhält der Stelleninhaber von wem? Hier werden häufig standardisierte Formulierungen verwendet, die im Wesentlichen darauf abzielen, dass ein Stelleninhaber sich nicht nur auf die in der Stellenbeschreibung fixierten Aufgaben zurückziehen kann, wenn er unvorhergesehene Aufträge erfüllen soll.

13) Bewertungsmaßstab für die Stelle

Die Bewertungsmaßstäbe sollen als Messlatte für die Leistung des Stelleninhabers zu verwenden sein (sie werden heute eher in der periodischen Zielvereinbarung dokumentiert).

14) Anforderungen an den Stelleninhaber

Berufliche Vorbildung, Erfahrungen, Qualifikationen und charakterliche Eigenschaften, die zur Wahrnehmung der Stellenaufgaben notwendig sind.

Vor der endgültigen schriftlichen Fixierung ist die organisatorische Lösung auf ihre Eignung zu prüfen und mit dem betroffenen Stelleninhaber abzustimmen.

Einmal eingeführte Stellenbeschreibungen müssen periodisch geprüft und u. U. überarbeitet werden.

Zusammenfassung

In Stellenbeschreibungen werden die Einordnung von Stellen, Aufgaben und Kompetenzen des Stelleninhabers sowie die Anforderungen an den Stelleninhaber festgehalten. Sie sichern klare Zuständigkeiten, Unterstellungsverhältnisse und Kompetenzen, erleichtern Zusammenarbeit, berufliche Förderung und Beurteilung der Stelleninhaber. Die Bedeutung nimmt ab, weil sie für eine flexible (Rollen-)Organisation eher ungeeignet sind.

Vorteile	Nachteile
■ Klare Unterstellungsverhältnisse ■ Vermeidung von Kompetenzstreitigkeiten ■ Klare Delegation ■ Bessere Übersicht über das Gesamtsystem und damit bessere Koordination ■ Leichtere Einarbeitung neuer Mitarbeiter ■ Erleichterte Stellvertretung ■ Präzisere Vorgaben für Personalbedarfsermittlung, Personalwerbung und -einstellung ■ Bewertungsmaßstäbe bringen Sicherheit für die Stelleninhaber hinsichtlich der Beurteilung ihrer Leistung ■ Besetzungsbilder können Grundlage für die Lohn- und Gehaltsfindung sein.	■ Hoher Aufwand bei Einführung und Änderung ■ Für die Dokumentation von Rollen eher ungeeignet ■ Gefahr der Überorganisation ■ Kann flexible Anpassung behindern ■ Nicht sehr übersichtlich – insbesondere im Vergleich mit dem Funktionendiagramm ■ Keine Möglichkeit, Überschneidungen und Lücken organisatorischer Regelungen zu erkennen.

Abb. 11.06: Vor- und Nachteile der Stellenbeschreibung

11.3.2 Rollenbeschreibung

Rollen statt Stellen

Die „klassische" Organisation unterstellt, dass es dauerhaft gleichförmig wiederkehrende Aufgaben gibt. Da diese Bedingung in vielen Branchen und Unternehmen heute nicht mehr zutrifft, bieten sich eher agile, selbstorganisierte Strukturen an. Zentrales Strukturelement ist dabei die Trennung von Rolle und Person. Mitarbeiter können aus eigener Initiative für eine begrenzte Zeit Rollen übernehmen, um damit dem Unternehmen bestmöglich zu dienen. Holokratie ist ein Beispiel für eine solche Unternehmensorganisation.

Daseinszweck

Da aber nicht sichergestellt ist, dass jeder Mitarbeiter erkennen kann, was für das Unternehmen das Beste ist, muss jeder sein Handeln an etwas ausrichten. Dazu dient der sogenannte Purpose (Zweck), in dem geklärt wird, wofür es diese Rolle gibt, was ihre Daseinsberechtigung ist. Der Purpose der Rolle ist dabei auf das größere Ganze, den Purpose einer Organisationseinheit und letztlich auf den Purpose des gesamten Unternehmens auszurichten.

Ohne näher auf agile und hierarchiearme Strukturen einzugehen (siehe dazu Kapitel 11.4.5 und insbesondere Schmidt, G.; Konz, C.: „Organisation gestalten – Stabile und dynamische Organisationsstrukturen", Band 5 dieser Schriftenreihe) sollen hier nur die notwendigen Bestandteile der Dokumentation von Rollen dargestellt werden.

Jede Rolle setzt sich aus drei Bestandteilen zusammen:

- Sinn und Zweck (Purpose) der Rolle:
  Wofür gibt es diese Rolle, was ist ihre Daseinsberechtigung?
- Domäne, Eigentum, Hoheitsgebiet (Domain):
  Welche Entscheidungen darf diese Rolle selbstständig (innerhalb definierter Leitplanken, Restriktionen und Rahmenbedingungen) treffen?
- Aufgaben und Zuständigkeiten (Accountabilities):
  Welche Aktivitäten und Ergebnisse können von dieser Rolle erwartet werden?

Beispiel

Sinn und Zweck	Domäne	Aufgaben und Zuständigkeiten
Gewinnung und Bindung qualifizierter Autoren, die fachlich anspruchsvolle und didaktisch gut aufbereitete Manuskripte liefern und pflegen	Rechtliche Vertretung des Unternehmens in Bezug auf Autoren	▪ Neue Autoren suchen ▪ Beziehung zu vorhandenen Autoren pflegen ▪ Verträge mit Autoren einschließlich Vergütungsregelung ▪ Auflagenhöhen und Nachdrucke ▪ Autorenverträge

Abb. 11.07: Rollenbeschreibung „Betreuung Buchautoren“

11.3.3 Verzeichnisse, Organisationsanweisungen, Geschäftsordnungen

Arten von Verzeichnissen

Zu den verbalen Gestaltungstechniken der Aufbauorganisation gehören außerdem Verzeichnisse, Anweisungen und Geschäftsordnungen. Folgende Arten von Verzeichnissen können z. B. als Instrumente der Dokumentation eingesetzt werden:

- Befugnisverzeichnisse
  - Vertretungsbefugnisse (Stellvertretung)
  - Verfügungsbefugnisse (Bewilligungen)
  - Unterschriftsbefugnisse
- Sachmittelverzeichnisse
- Gremienverzeichnisse (welche betrieblichen Gremien gibt es?).

Die genannten Befugnisse finden sich auch in den Stellenbeschreibungen. Die Verzeichnisse dienen dazu, übergreifend für bestimmte betriebliche Bereiche oder Einheiten beispielsweise die Gesamtheit aller Verfügungsbefugnisse darzustellen.

Inhalte von Organisationsanweisung

Besonders wichtige Instrumente zur Dokumentation der Aufbauorganisation sind Organisationsanweisungen. Dies sind verbindliche Vorschriften organisatorischen Inhalts. Sie enthalten im Wesentlichen:

- Grundsatzentscheidungen zur Geschäftspolitik und daraus resultierende Ausführungsmaßnahmen
- Festlegungen der Organisation des Unternehmens (Aufbauorganisation), seiner Bereiche, Abteilungen (Stellen- und Aufgabenbeschreibungen einschließlich Organigrammen)
- Festlegung von Ordnungsbegriffen und Normen
- Festlegung des Informationsinhalts, Informationsflusses und der Berichtstermine.

Bei allen Formen verbindlicher interner Veröffentlichungen sind bestimmte formale Gesichtspunkte zu beachten.

Eine Organisationsanweisung muss folgende Punkte enthalten:

Struktur einer Organisationsanweisung

- Bezeichnung
  Name der Anordnung und kurze Inhaltsangabe
- Ordnungsnummer
  z. B. Buchstabe des Ressorts und fortlaufende Nummer
- Verfasser
  Mitarbeiter, die die fachliche und formale Richtigkeit verantworten
- Datum
- Seitenzahl
- Seitennummer
- Genehmigt
  Unterschrift des Ressortleiters
- Gültig ab
  Datum, an dem sie in Kraft tritt
- Ersatz für
  In dieser Rubrik ist einzutragen, ob bestehende Anordnungen aufgehoben werden
- Verteiler
  Bezeichnungen der empfangenden Stellen oder Rollen.

Die bisher genannten Dokumentationen zu Aufbauorganisationen werden üblicherweise in elektronischer Form in einem Intranet publiziert.

11.4 Grafische und tabellarische Techniken

11.4.1 Leitungsbeziehungen (Organigramm)

11.4.1.1 Symbole

In einem Organigramm wird die Aufgabenverteilung auf Stellen und die hierarchische Verknüpfung der Stellen abgebildet. Im Organigramm werden Leitungsstellen und Ausführungsstellen als Rechtecke dargestellt, Stäbe (Leitungshilfsstellen) als Ovale oder Arena.

Leitungsstelle
Ausführungsstelle

Stabsstelle

Abb. 11.08: Symbole für einzelne Stellen

Sollen mehrere Stellen durch ein Symbol abgebildet werden – z. B. fünf Ausführungsstellen – dann wird der Rahmen um die Stelle verdoppelt und die Zahl der Stellen vermerkt.

In dem Feld wird normalerweise die jeweilige Stellenaufgabe angegeben, zumeist in Kurzform (z. B. Einkauf, Fertigung, Vertrieb, Verwaltung). Häufig finden sich auch Bezeichnungen über die hierarchische Position (z. B. Vorstand, Abteilungsleiter Einkauf, Hauptabteilungsleiter Fertigung).

Schwerpunkt Hierarchie

Selbst wenn die Aufgaben in Kurzfassung genannt werden, so sagen Organigramme doch wenig über die vorhandene Aufgabenverteilung aus. Die eigentliche Stärke des Organigramms liegt in der Abbildung der weisungsmäßigen Beziehungen, d. h. der hierarchischen Über- und Unterordnungen.

Um die Übersicht – gerade bei einem umfangreichen Organigramm – zu vereinfachen und damit die Orientierung zu erleichtern, sollte man mit einem System von Ordnungsnummern arbeiten. Jede Stelle erhält eine bestimmte Stellennummer, aus der hervorgeht, in welche hierarchische Kette sie einzuordnen ist und auf welcher Ebene sie liegt.

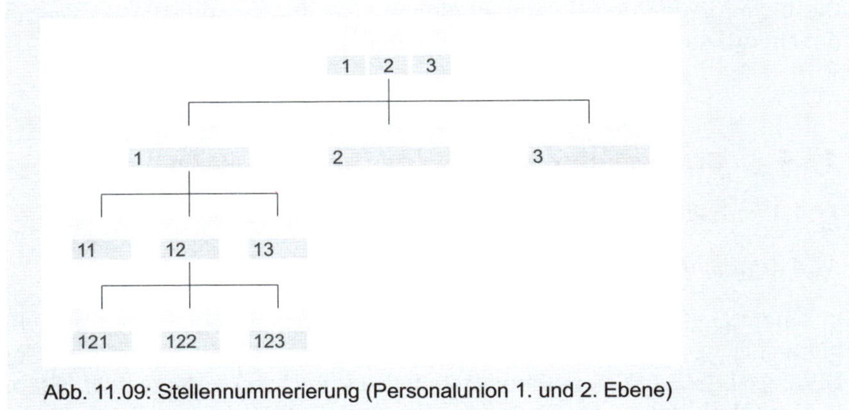

Abb. 11.09: Stellennummerierung (Personalunion 1. und 2. Ebene)

Die Interpretation der ersten beiden Ebenen in Abbildung 11.09 lautet: Der Vorstand oder die Geschäftsführung setzt sich aus drei Mitgliedern zusammen, die gleichzeitig Ressortleiter sind. Bestünde keine Personalunion zwischen der ersten und der zweiten Ebene, würde man auf der zweiten Ebene die Ziffern 11, 21, 31 einführen.

Informationen des Organigramms

Die Stellennummern können auch ergänzt werden durch merktechnisch gestaltete alphanumerische Stellenkurzzeichen, die gleichzeitig als Kurzadresse dienen (z. B. CO = Controlling, ORG = Organisationsabteilung).

Häufig werden im Organigramm auch die Kostenstellen mit angegeben, denen die einzelnen Stellen zuzuordnen sind.

In vielen Organigrammen werden auch die Namen der Stelleninhaber mit eingetragen. Da ein Organigramm dann bei jeder personellen Veränderung angepasst werden muss, empfiehlt es sich, darauf zu verzichten.

Ein Kästchen in einem Organigramm sieht häufig wie in Abbildung 11.10 aus.

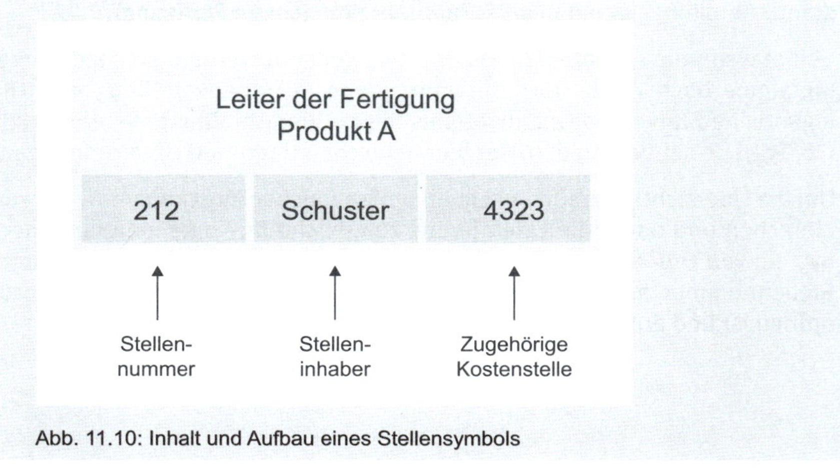

Abb. 11.10: Inhalt und Aufbau eines Stellensymbols

Zusammenfassung

Organigramme bilden die Leitungsbeziehungen ab. Stellennummern erleichtern eine eindeutige Einordnung einer Stelle in die Hierarchie. Oft werden auch die Namen der Stelleninhaber und die Nummern der Kostenstelle mit angegeben.

Nun muss eine Stelle weder zwangsläufig in Form eines Kästchens dargestellt sein, noch muss eine hierarchische Darstellungsform in jedem Fall zweckmäßig sein. Deswegen sollen hier noch einige andere Formen der organisatorischen Abbildung der hierarchischen Verknüpfungen von Stellen gezeigt werden. Vor- und Nachteile der jeweiligen Darstellungsweise werden kurz erwähnt.

11.4.1.2 Erscheinungsformen

Pyramide betont Hierarchie

Am weitesten verbreitet ist eine hierarchische Anordnung der Elemente des Organigramms. Das oberste Leitungsorgan (Vorstand, Geschäftsführung) ist auch grafisch zuoberst abgebildet. Dreiecksförmig verbreitern sich die daraus abgeleiteten Ebenen. Ein wesentlicher Vorteil dieser Darstellung liegt darin, dass leicht erkannt wird, wo „oben" und „unten" ist. Jede Position kann schnell im Zusammenhang lokalisiert werden. Leitungshilfsstellen (Stäbe) können zeichnerisch gut eingebaut werden. Diesen Vorteilen stehen zwei Nachteile gegenüber. Einmal fördert diese Darstellung das Denken in „Oben" und „Unten" und widerspricht damit einem kooperativen Führungsverständnis. Außerdem leidet diese Form der Abbildung unter einem technischen Mangel: die Schaubilder „gehen stark in die Breite".

Welche Form der Darstellung im konkreten Fall zu wählen ist, hängt von verschiedenen Faktoren ab, die hier nur stichwortartig genannt werden sollen. Welchen Faktoren dann welches Gewicht zukommt, muss im Einzelfall entschieden werden:

Kriterien für Darstellung

- Wie viele hierarchische Ebenen sind zu berücksichtigen?
- Wie viel Raum steht zur Verfügung?
- Für wen wird das Organigramm gemacht (ist leichte Verständlichkeit Voraussetzung, wie können unter Umständen Betroffene reagieren)?

Säulenform spart Platz

Der darstellungstechnische Nachteil der hierarchischen Anordnung wird gemindert bei der sogenannten Säulenform. Die ersten zwei oder drei Ebenen werden nach wie vor hierarchisch angeordnet. Die unterstehenden Ebenen der letzten horizontal gegliederten Ebene werden vertikal weiter untergliedert. Dafür spricht – wie erwähnt – vor allem der Vorteil des geringeren Platzbedarfs (siehe Abbildung 11.11).

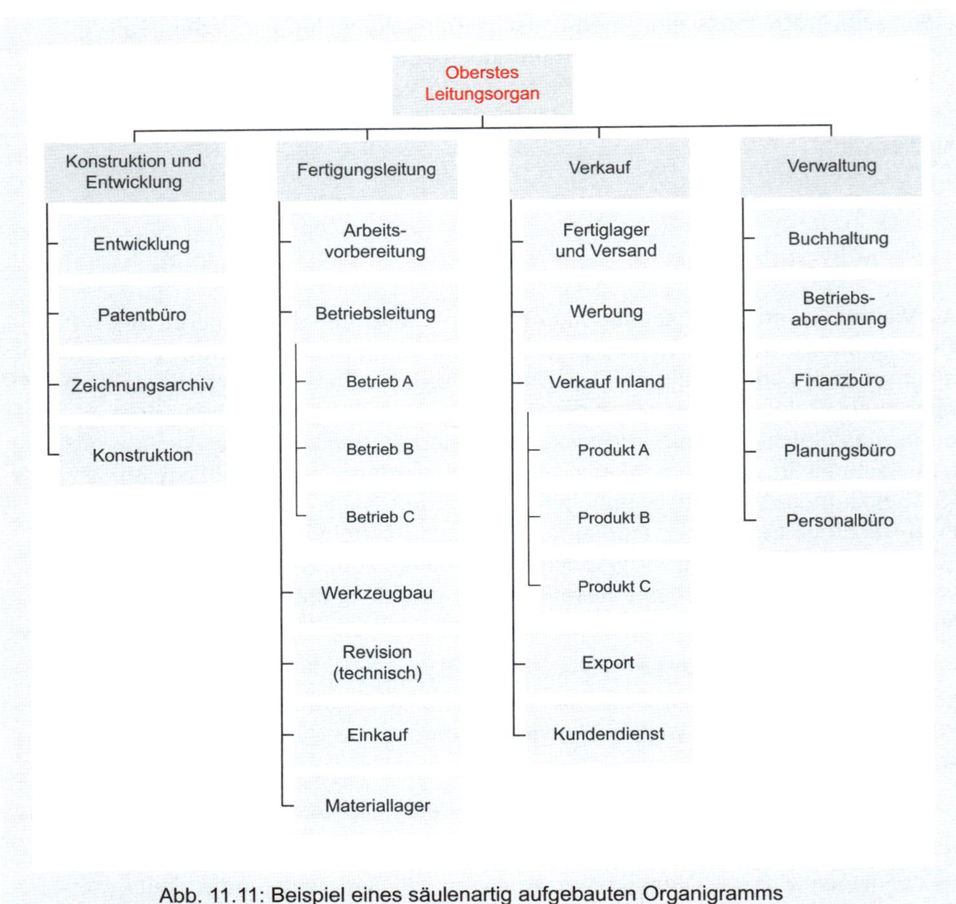

Abb. 11.11: Beispiel eines säulenartig aufgebauten Organigramms

In einer anderen Darstellungsform wird dem gleichen Schema gefolgt wie bei der Aufgabengliederung. Dadurch folgt das Organigramm der normalen Leserichtung (von links nach rechts). Der verfügbare Platz wird besser genutzt als in der hierarchischen Form (Abbildung 11.12).

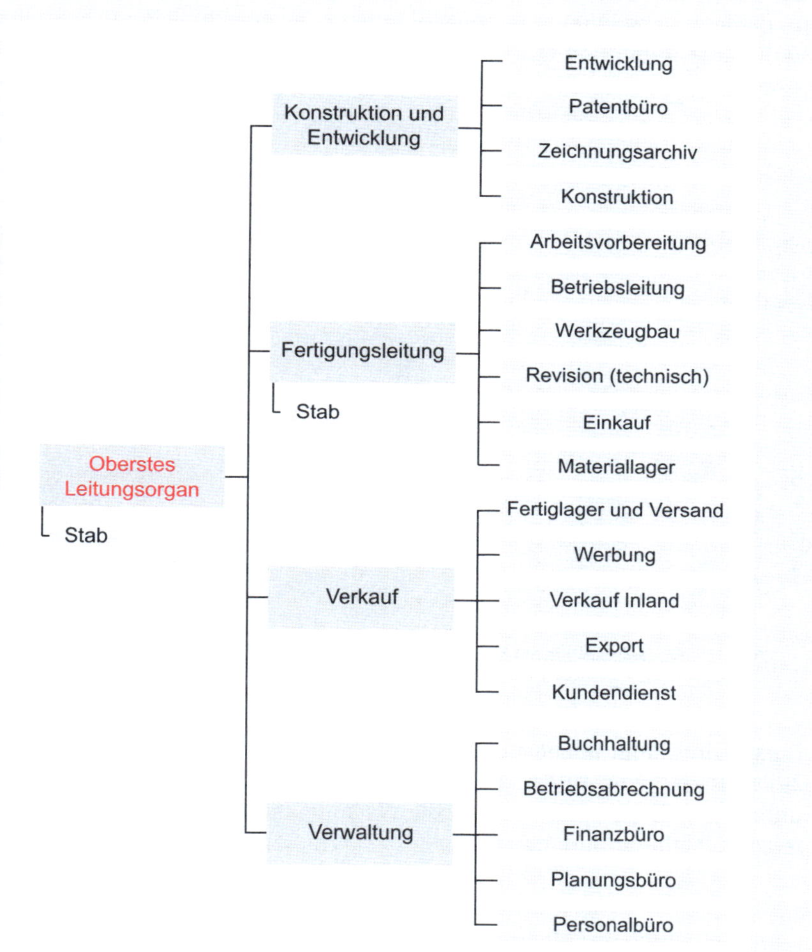

Abb. 11.12: Beispiel für ein horizontales Organigramm

In einem Blockorganigramm werden auf wenig Platz in rechteckiger Form alle hierarchischen Beziehungen abgebildet. Die Möglichkeit der Einflussnahme (Weisung) wird durch entsprechend breite Blöcke dargestellt, die andere Blöcke überlagern. Die leitungsmäßigen Bezüge werden auch so transparent. Stabsstellen können jedoch nur schwierig abgebildet werden. Bei tief gegliederten Hierarchien wird entweder der „Kopf" übergroß, oder für die letzte abgebildete Ebene steht nur noch sehr wenig Raum je Stelle zur Verfügung (Abbildung 11.13).

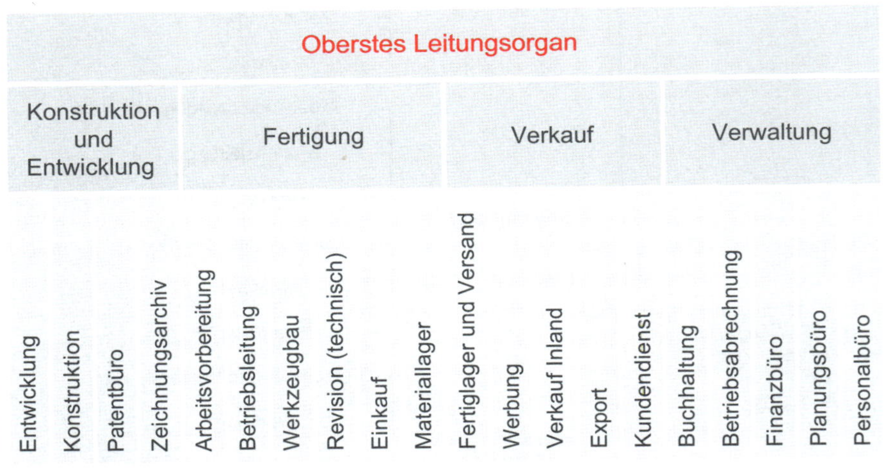

Oberstes Leitungsorgan

Konstruktion und Entwicklung: Entwicklung, Konstruktion, Patentbüro, Zeichnungsarchiv

Fertigung: Arbeitsvorbereitung, Betriebsleitung, Werkzeugbau, Revision (technisch), Einkauf, Materiallager

Verkauf: Fertiglager und Versand, Werbung, Verkauf Inland, Export, Kundendienst

Verwaltung: Buchhaltung, Betriebsabrechnung, Finanzbüro, Planungsbüro, Personalbüro

Abb. 11.13: Beispiel für ein Blockorganigramm

Diese Form kann leicht modifiziert werden. Jede Stelle wird links in einer Zeile eingetragen. Durch die Fortsetzung des Zeilenfreiraums nach rechts unten wird dargestellt, wie weit die Weisungsrechte (Leitungsbeziehungen) reichen (siehe Abbildung 11.14).

Zusammenfassung

Zur Darstellung der Hierarchie in einem Organigramm stehen verschiedene Formen zur Verfügung. Ihre Eignung hängt ab von der Zahl der Stellen, der beabsichtigten Aussage, dem verfügbaren Platz und den beabsichtigten Adressaten.

Oberstes Leitungsorgan

Konstruktion und Entwicklung

Entwicklung

Konstruktion

Patentbüro

Zeichnungsarchiv

Fertigung

Arbeitsvorbereitung

Betriebsleitung

Werkzeugbau

Revision (technisch)

Einkauf

Materiallager

Verkauf

Fertiglager und Versand

Werbung

Verkauf Inland

Export

Kundendienst

Verwaltung

Buchhaltung

Betriebsabrechnung

Finanzbüro

Planungsbüro

Personalbüro

Abb. 11.14: Beispiel für ein modifiziertes Blockorganigramm

Im Weiteren soll nun gezeigt werden, wie die Aufgabengliederung und das Blockdiagramm kombiniert werden können, um zusätzliche Informationen zu liefern, die insbesondere für die Analyse der Aufbauorganisation sehr nützlich sind.

11.4.2 Funktionendiagramm

Kombination von Aufgabengliederung und Organigramm

Mithilfe der Aufgabengliederung werden die zu erledigenden Aufgaben erfasst und transparent dargestellt. Organigramme dienen dazu, die Verteilung globaler Aufgabenpakete auf Stellen und deren hierarchische Verbindung abzubilden.

Im Funktionendiagramm können beide Darstellungsinstrumente der Aufbauorganisation vereint werden. Zusätzlich bietet es die Möglichkeit, weitere aufbauorganisatorische Sachverhalte detailliert darzustellen. In einem Funktionendiagramm kann – so detailliert wie es gewünscht wird – die Zuordnung der Aufgaben auf Stellen abgebildet werden.

Inhalte eines Funktionendiagramms

Folgende Inhalte können somit im Funktionendiagramm dargestellt werden (das Beispiel in Abbildung 11.15 verdeutlicht dies):

- Aufgaben
- an der Aufgabenerfüllung beteiligte Stellen
- Kombination der Aufgaben bei jedem einzelnen Stelleninhaber
- Mitwirkung verschiedener Stelleninhaber an der Erfüllung einer Aufgabe und damit die Arbeitsteilung.

Häufig reicht es nicht aus, lediglich die Zuständigkeiten anzugeben. Vielmehr muss differenziert werden, in welchem Umfang oder in welchen Fällen der Stelleninhaber zuständig ist. Dazu werden alphanumerische Zeichen (Buchstaben bzw. Zahlen) verwendet. Zwar gibt es für diese Zeichen keine Norm, jedoch sind folgende Kürzel verbreitet:

G = Gesamtzuständigkeit
EV = Entscheidungsvorbereitung
E = Entscheidung
EM = Mitentscheidung
- EK = Kollektiventscheidung
- EN = Entscheidung im Normalfall
- EG = Grundsatzentscheidung
- EW = Entscheidung in wichtigen Fällen
- EA = Entscheidung im Ausnahmefall

A = Ausführung
- AM = Mitwirkung bei der Ausführung

K = Kontrolle
- KE = Ergebniskontrolle
- KV = Verfahrenskontrolle.

Diese Kürzel erlauben eine sehr differenzierte Darstellung der Zuständigkeiten. Prinzipiell sind sie vor allem geeignet, den Umfang von Funktionendiagrammen zu begrenzen, was die Lesbarkeit wie auch die Pflege erleichtert.

	1	2	3	4	AA	PO	RW	VE	SB	PA*
1	Auftrag annehmen	telefonische Aufträge	entgegennehmen		x					
2			Kundendaten		x					
3			Auftragsdaten		x					
4		schriftliche Aufträge	annehmen			x				
5			Eingang stempeln			x				
6			weiterleiten			x				
7	Auftrag prüfen	Vollständigkeit	nachfragen		x					
8			ergänzen		x					
9		Bonität	klären		x					
10			vermerken	Rechnung						
11				Nachnahme	x		x	x		
12		Lieferfähigkeit	absagen	Brief verfassen	x					
13				Brief schreiben					x	
14				Brief unterschreiben	x					
15				Brief versenden		x				
16			Papiere erstellen	Auftragspapiere	x					
17				Versandpapiere				x		
18			Papiere weiterleiten						x	
19	fakturieren	Rechnung erstellen	Maske aufrufen							x
20			Kundennummer eingeben							x
21			Auftragsdaten eingeben	Artikel						x
22				Menge						x
23				Mehrwertsteuer						x
24				Lieferart						x
25				Zahlweise						x
26		Papiere prüfen	Rechnung				x			
27			Versandpapiere		x		x	x		
28			Nachnahme		x		x	x		
29		Rechnungssatz trennen					x			
30		weiterleiten	A-Papiere	Versandpapiere	x		x	x		
31				Rechnungsoriginal			x			
32				Nachnahmeschein			x			
33			Rechnungskopien				x			
34	versenden	Sendung zusammenstellen						x		
35		Sendung verpacken						x		
36		Sendung an Poststelle						x		
37		Post ausliefern			x					

** Kürzel für die beteiligten Stellen*

Abb. 11.15: Beispiel für ein Funktionendiagramm

Detaillierte Dokumentation möglich

Selbstverständlich ist es möglich, in einem Funktionendiagramm auch noch andere Sachverhalte abzubilden. Wird beispielsweise die Aufgabe „bewilligen“ nicht weiter untergliedert, kann dafür in der Matrix eingetragen werden, wer bis zu welchem Betrag hin zuständig ist (siehe Abbildung 11.16). An dem Beispiel wird deutlich, dass auch auf diesem Weg ein Funktionendiagramm wesentlich verdichtet werden kann.

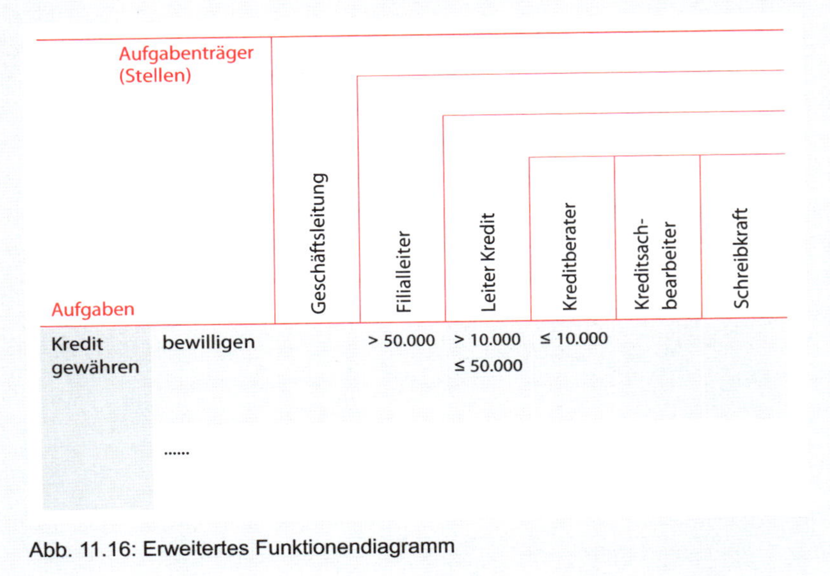

Abb. 11.16: Erweitertes Funktionendiagramm

Das Funktionendiagramm ist ein leistungsfähiges Instrument zur

- Darstellung des Istzustands
- Analyse bzw. Bewertungen von Lösungen
- Dokumentation des Sollzustands.

Vergleich mit Stellenbeschreibung

Im Vergleich zur Stellenbeschreibung bildet das Funktionendiagramm nur einen Teil aller Inhalte ab. Insbesondere fehlt die Darstellung der Information, der Kommunikation und des Anforderungsprofils. Diese Nachteile relativieren sich jedoch, da der Kern einer Stellenbeschreibung (Zuordnung der Aufgaben und Kompetenzen) eindeutig aus dem Funktionendiagramm hervorgeht. Zusammenhänge werden gut ersichtlich. Auch lassen sich in einem Funktionendiagramm schnell und flexibel die Zuständigkeiten von Rolleninhabern abbilden.

Abschließend werden die Vor- und Nachteile des Funktionendiagramms aufgelistet.

Vorteile	Nachteile
▪ Wirtschaftliche Erstellung, beansprucht weniger Zeit als eine entsprechende Stellenbeschreibungsaktion ▪ Darstellung von Zusammenhängen auf engem Raum ▪ Übersichtlichkeit bei der Abgrenzung von Aufgaben und Kompetenzen ▪ Hilfe bei der Würdigung und Bewertung, da fehlende oder unzweckmäßige Regelungen sofort ins Auge fallen ▪ Niedriger Änderungs-/Pflegeaufwand.	▪ Es ist nicht ganz einfach, eine zweckmäßige Aufgabengliederung zu erstellen, die auf ein Funktionendiagramm und die abzubildende Arbeitsteilung abgestimmt ist ▪ Bestimmte Sachverhalte wie z. B. die Informations- und Kommunikationsbeziehungen und die Anforderungsprofile können nicht wiedergegeben werden.

Abb. 11.17: Vor- und Nachteile des Funktionendiagramms

11.4.3 Anforderungsprofil

Anforderungsprofile können verbal in Stellenbeschreibungen dargestellt werden. Sollen übergreifende Zusammenhänge sichtbar gemacht werden, bietet sich eine Matrix an, um die Anforderungen an Stelleninhaber zu dokumentieren.

Drei Arten von Anforderungen können unterschieden werden:

- Aus- und Weiterbildung
- fachspezifische Anforderungen
- persönliche Merkmale.

Diese Anforderungen müssen dann im Einzelfall weiter untergliedert und konkretisiert werden. Die folgende Matrix (Abbildung 11.18) zeigt ein verkürztes Beispiel:

Anforderungen	Stellen	Filialleiter	Kundenberater	Sachbearbeiter	Schreibkraft
Aus- und Weiterbildung	Mittlere Reife	X	X		
	Berufsausbildung	X	X	X	
	Fachlehrgang Bankkaufleute	X			
	Verkaufstraining	X	X		
	Applikationsschulung	X	X	X	
	Schulung Text-Software			X	X
Fachspezifische Anforderungen	2 Jahre Kreditabteilung	X			
	6 Monate Kreditabteilung		X	X	
	6 Monate Passivgeschäft	X	X		
	3 Jahre Beratertätigkeit	X			
Persönliche Merkmale	Sicheres Auftreten	X	X		
	Kontaktfähigkeit	X	X		
	Teamfähigkeit	X	X	X	
	Verhandlungsgeschick	X	X		
	Belastbarkeit	X	X		X

Abb. 11.18: Beispiel für ein Anforderungsprofil

11.4.4 Kommunikationsbeziehungen

Durch die Fortschritte auf dem Gebiet der Kommunikationstechnik hat die Untersuchung der kommunikativen Beziehungen erheblich an Bedeutung verloren. Technisch kann heute jeder Mitarbeiter mit jedem anderen problemlos in Verbindung treten. Heute gilt eher das Problem der Überversorgung z. B. durch unterschiedliche (elektronische) Kommunikationswege und zu viele Meetings. Viele Unternehmen beklagen die großen Zeitverluste, die entstehen, wenn Mitarbeiter sich mit für sie irrelevanten Sachverhalten beschäftigen müssen oder an endlosen und wenig produktiven Treffen teilnehmen. In diesem Sinne dürfte der Kommunikationsanalyse eine Renaissance bevorstehen mit dem Fokus darauf, unnötige Kommunikation zu vermeiden oder zu begrenzen.

11.4.5 Darstellung hierarchiearmer Organisation

Die bereits erwähnten selbstorganisierten Organisationen (z. B. mit Holokratie organisiert) gehen davon aus, dass Systeme von innen heraus gesteuert werden können, dass also keine formale Hierarchie von Stellen notwendig ist, um das System zu koordinieren. Rollen und Kreise ersetzen hierarchisch geordnete Stellen. Damit sind auch die klassischen Darstellungsformen der Aufbauorganisation nicht geeignet, um solche Organisationen darzustellen. Ein einzelner Mitarbeiter nimmt in der Regel nicht langfristig eine Stelle ein, sondern besetzt eine oder mehrere Rollen, in denen er mit unterschiedlichem Umfang arbeitet, je nach seinen Qualifikationen, seinen Neigungen und nach den betrieblichen Notwendigkeiten. Die Rollen eines Mitarbeiters können sich in unterschiedlichen Kreisen befinden.

Rollen werden nicht in einer Gruppe oder Abteilung zusammengefasst, sondern in einem sogenannten Kreis. Kreise entstehen, wenn mehrere Rollen zusammenwirken, um einen gemeinsamen Purpose (Zweck) zu erfüllen. Dieser Zweck muss dem Unternehmenszweck dienen. So entstehen Subkreise und ein übergeordneter Superkreis (sogenannter Unternehmenskreis), der den gesamten Zweck des Unternehmens abdeckt (vgl. Abbildung 11.19).

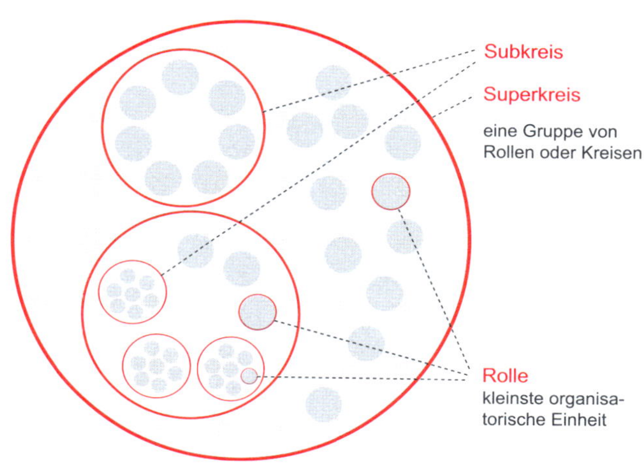

Abb. 11.19: Rollen und Kreise als Strukturelemente einer hierarchiarmen Organisation

In der Holokratie werden die Kreise jeweils durch eine Rolle geführt, den Lead Link (führendes Bindeglied), die über besondere Rechte verfügt. Sie sorgt dafür, dass ihr jeweiliger Kreis auf den Unternehmenszweck ausgerichtet und handlungsfähig ist. Sie darf Rollen mit Mitarbeitern besetzen und bei Bedarf weitere Subkreise bilden. Sie kann auch Rollen entziehen. Da Mitarbeiter häufig mehr als eine Rolle ausfüllen, führt ein Entziehen einer Rolle nicht zwangsläufig zu einer Stellenumbesetzung oder gar Entlassung. Auch haben die Lead Links keine disziplinarische Weisungsbefugnis. Eine fachliche Weisungsbefugnis üben sie nur eingeschränkt aus, indem sie den Rollen ihres Kreises Prioritäten bei deren Aufgabenerfüllung zuweisen können. Die Rolleninhaber sind allerdings weiterhin selbstorganisiert und selbstverantwortlich für die Erfüllung ihrer Aufgaben.

Details zu diesem Modell finden sich in Band 5 dieser Schriftenreihe (Schmidt, G.; Konz,C.: „Organisation gestalten – Stabile und dynamische Unternehmensstrukturen").

Beispielhaft zeigt Abbildung 11.20 die Struktur eines nach Holokratie organisierten Seminarveranstalters. Dabei gibt es vier Produktkreise (Prozessmanagement, Projektmanagement, Organisationsentwicklung, Business-Analyse), den Marktkreis, der für alle auf den Markt gerichteten Themen zuständig ist, und einen Change-Kreis, der die innerbetriebliche Entwicklung begleitet. Diese sechs Subkreise gehören zum übergeordneten Unternehmenskreis.

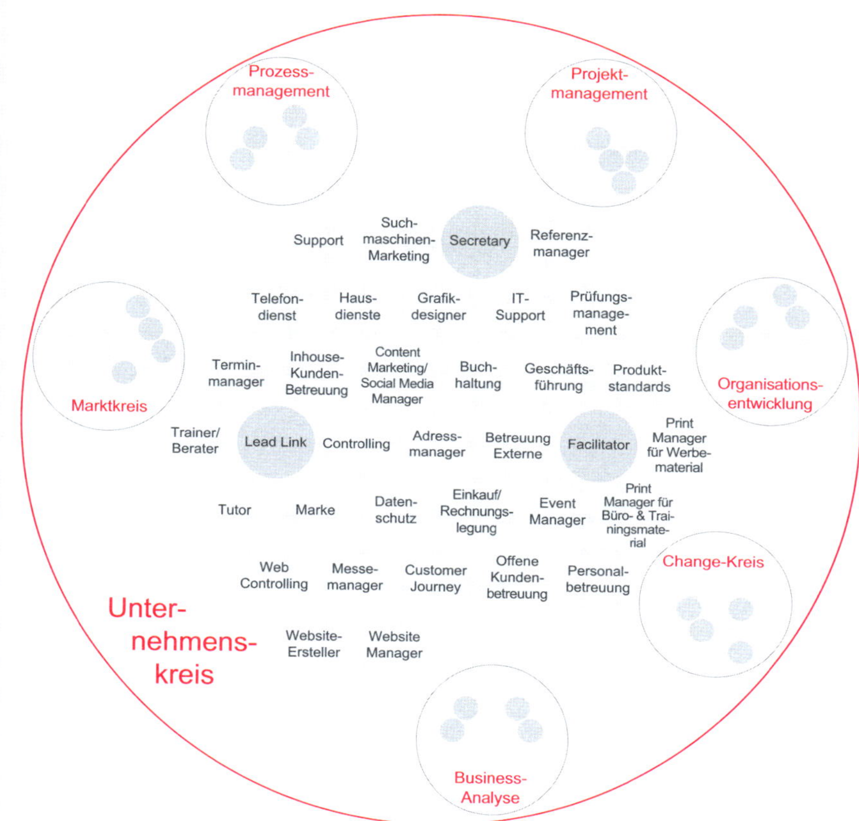

Abb. 11.20: Holokratische Struktur eines Seminaranbieters

Literatur zu Kapitel 11

Knebel, H.; Schneider, H.: Die Stellenbeschreibung. 8. Aufl., Frankfurt 2006

Schmidt, G.; Konz, C.: Organisation gestalten. Stabile und dynamische Unternehmensstrukturen. 6. Aufl., Gießen 2019

Schwarz, H.: Arbeitsplatzbeschreibungen. 13. Aufl., Freiburg i. Br. 1995

Studer, J.: Stellenbeschreibung und Anforderungsprofil – Organisationsinstrumente für die Personalprofis. Zürich 1999

Ulmer, G.: Stellenbeschreibungen als Führungsinstrument. Wien 2001

Vahs, D.: Organisation. 10. Aufl., Stuttgart 2019

12 Techniken der Prozessorganisation

Ziele dieses Kapitels – Was können Sie erwarten?

- Sie kennen Inhalte und Ziele der Prozessorganisation
- Sie kennen die Grundformen von Prozessstrukturen
- Sie kennen grundlegende Darstellungsformen von Prozessen und verschiedenen Sichten auf Prozesse
- Sie können grafisch-verbale Techniken der Prozessdokumentation einsetzen
- Sie wissen, welche grafisch-strukturellen Techniken es gibt und kennen deren Nutzungsmöglichkeiten
- Sie kennen UML-Aktivitätsdiagramme
- Sie kennen die Notationen Decision Model and Notation sowie Business Process Model and Notation
- Sie kennen den Grundaufbau von Entscheidungstabellen und wissen, wozu sie genutzt werden können.

12.1 Inhalte der Prozessorganisation

Regelungsinhalte

In der Prozessorganisation wird geregelt,

- wie die Aufgaben im Einzelnen zu erfüllen sind
  - welche Schritte in welcher zeitlichen Folge zu tun sind
  - ob es in einem Prozess Verzweigungen gibt, z. B. für parallel arbeitende Stellen
  - unter welchen Bedingungen Aufgaben zu erledigen sind
  - ob und ggf. unter welchen Bedingungen Prozesse zurückverzweigen
  - wie das anfallende Volumen bewältigt werden soll (z. B. kontinuierlich oder stapelweise)
- wo die Aufgaben zu erfüllen sind, wohin Arbeitsergebnisse zu liefern sind bzw. woher etwas zu beschaffen ist
- wann und wo Kontakte mit anderen Stellen stattfinden
  - wann Informationen geliefert werden bzw. zu liefern sind
  - zu welchen Zeiten Kommunikation stattfinden kann oder soll
  - wann und wo welche Sachmittel zur Verfügung stehen bzw. genutzt werden können.

Hinter diesen Beispielen verbergen sich die Grundstrukturen von Prozessen (vgl. Kapitel 12.4.2) und die Dimensionen der Organisation.

Dimensionen			Beispiele
Zeit	wann	▪ Zeitpunkt der Aufgabenerledigung	Öffnen des Büros um 8.00 Uhr
		▪ Zeitliche Folge der Aufgabenerfüllung	Erst Auftrag erfassen, dann speichern, dann Bestand prüfen
		▪ Zeitpunkt der Weiterleitung von Informationen	Abgabe des Berichts jeweils zum Monatsende
	wie lange	▪ Zeitraum der Bearbeitung	Telefondienst von 8.00 bis 12.00 Uhr
		▪ Dauer der Aufgabenerfüllung	Vorgabezeit von 30 Minuten für die Bearbeitung eines Antrags
Raum	wo	▪ Standort	Arbeitsplatz, Standort Sachmittel, Ort des Lagers
	woher/ wohin	▪ Transportwege	Abholen der Post vom Posteingang (örtlich), Lieferung der Vorlage an Sachbearbeitung (örtlich)
		▪ Weg	Transport über einen bestimmten Weg
Menge	wie viel	▪ Anzahl	Menge zu bearbeitender Vorgänge
		▪ Gruppierung	Größe eines zu bearbeitenden Stapels, Größe einer Stichprobe

Abb. 12.01: Dimensionen der Prozessorganisation

Die hier vorgestellten Techniken sind primär Techniken zur Darstellung und Analyse der Prozessorganisation. Geeignete Formen der Darstellung unterstützen in allen Phasen und Schritten die Projektbearbeitung. Im Einzelnen dient eine geeignete Darstellungstechnik der (dem)

Nutzung im Zyklus

- Erhebung
- Analyse
- Anforderungsermittlung/Würdigung
- Lösungsentwurf
- Bewertung

prozessorganisatorischer Sachverhalte. Damit handelt es sich bei den Techniken der Prozessorganisation im weitesten Sinne um Techniken der prozessorganisatorischen Gestaltung. Aus dem Übersichtsmodell sind damit hauptsächlich die folgenden Teile (Abbildung 12.02) angesprochen.

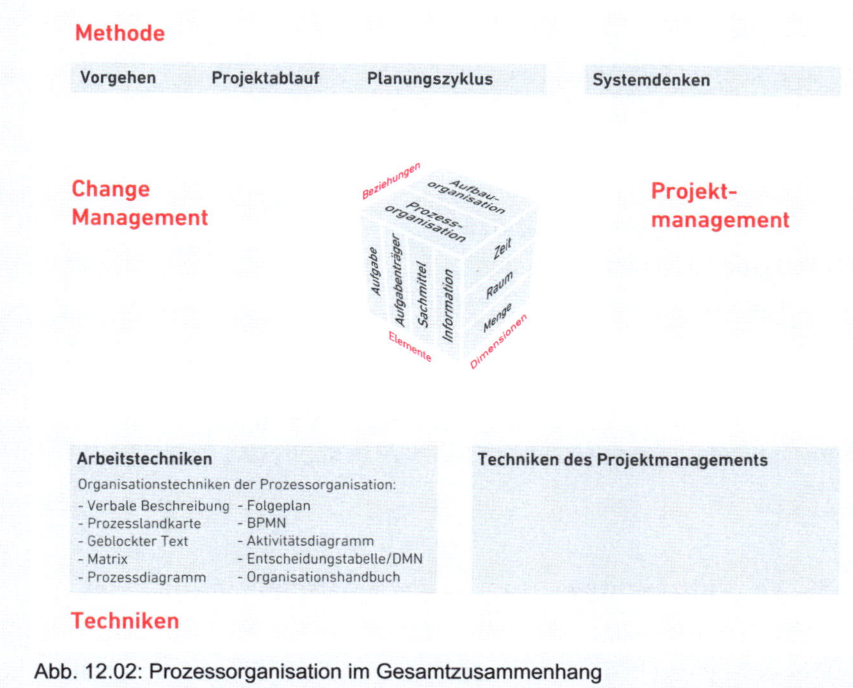

Abb. 12.02: Prozessorganisation im Gesamtzusammenhang

Detailliertere Ausführungen zum Thema Prozessorganisation finden sich in FISCHERMANNS, G.: „Praxishandbuch Prozessmanagement“ (Band 9 dieser Schriftenreihe).

Zusammenfassung

In der Prozessorganisation wird die Aufgabenerfüllung geregelt. Dabei geht es um die Gestaltung verzweigter und unverzweigter Prozesse sowie um die Regelungen der zeitlichen, räumlichen und mengenmäßigen Dimensionen.

12.2 Ziele der Prozessorganisation

Die Ziele der Prozessorganisation leiten sich aus den allgemein gehaltenen Unternehmenszielen ab (z. B. Sicherstellen kontinuierlichen Wachstums, Erzielen eines möglichst großen Gewinns, Erweitern von Marktanteilen). Aus diesen eher groben Zielen müssen Ziele abgeleitet werden, die von den Aufgabenträgern in der praktischen Arbeit umgesetzt werden können und die vor allem auch messbar sind, d. h. es muss überprüft werden können, ob bzw. inwieweit die Ziele erreicht worden sind. Wenn diese Bedingung gegeben ist, spricht man von operationalisierten Zielen.

Wichtige Ziele der Prozessorganisation sind beispielsweise:

Ziele der Prozessorganisation

- Kurze Durchlaufzeit
- hohe Termin- und Liefertreue
- niedrige Prozesskosten
- niedrige Fehlerrate, Fehlerkosten, Ausschuss
- hohe Kundenzufriedenheit
- hohe Transparenz
- wenige Schnittstellen
- hohe Mitarbeitermotivation
- gute Ressourcenauslastung
- geringe Bestände.

Derartige Ziele dienen einmal zur Auswahl der besten Variante eines Prozesses. Darüber hinaus können und sollen sie auch für die Überwachung von Prozessen (z. B. mittels Prozessmonitoring) und deren laufende Optimierung genutzt werden (vgl. KVP in Kapitel 2.6.7.2).

12.3 Vorgehensweisen in der Prozessorganisation

Aufgaben als Baumaterial

Aufgaben sind Elemente oder Bausteine der Prozessorganisation. Sollen Prozesse geregelt werden, müssen die zugrundeliegenden Aufgaben bekannt sein. In der Praxis sind bei der Gestaltung von Prozessen verschiedene Ansätze anzutreffen:

Vorgehensweisen

- Erhebung des Istzustandes und Verbesserung des Prozesses durch empirische Bearbeitung
- Ergebnisorientiertes Vorgehen durch konzeptionelles Vorgehen (was soll der Prozess hervorbringen, welche Leistungen sind dazu zu erbringen, d. h. welche Aufgaben müssen erfüllt werden?).

Wenn es einen Istzustand gibt, wird meistens auf der Grundlage der vorliegenden Lösung ein verbesserter Prozess abgeleitet.

In jedem Fall werden geeignete Darstellungsinstrumente (Dokumentationstechniken) der Prozessorganisation benötigt, die im Zentrum dieses Kapitels stehen.

12.4 Gestaltung der Prozessorganisation

12.4.1 Objekt- und Verrichtungsfolgen

Aufgaben bestehen aus Verrichtungen an Objekten. So kann in der Prozessorganisation eine Regelung aus der Sicht der Objekte (Objektfolge) oder aus der Sicht der Verrichtungen (Verrichtungsfolge) vorgenommen werden.

Objektfolgen

Objekt- und Verrichtungsfolgen

Eine Objektfolge regelt, welches Objekt an welchem Ort zu welcher Zeit zu bearbeiten ist. Wenn Einzelbestellungen und Großaufträge gleichzeitig eingehen, so kann beispielsweise festgelegt werden, welcher Auftragstyp als erster zu bearbeiten ist. Die Objektfolge könnte heißen: Großaufträge vor Einzelaufträgen.

Verrichtungsfolgen

Wird für eine Auftragsart (Objekt) festgelegt, welche Verrichtungen an ihr vorzunehmen sind, wird von Verrichtungsfolgen oder Stückprozessen gesprochen. So ist bei einem Einzelauftrag der Auftrag anzunehmen, anschließend zu prüfen, die Lieferung zusammenzustellen, eine Rechnung zu schreiben und die Lieferung schließlich zu versenden.

12.4.2 Grundformen von Prozessstrukturen

Selbst die kompliziertesten Prozessstrukturen können auf sechs Grundformen zurückgeführt werden. Diese Grundformen tauchen in fast allen später darzustellenden Techniken der Prozessorganisation wieder auf, wenngleich die zu verwendenden Symbole je nach Notation differieren. Allerdings sind nicht alle Techniken gleichermaßen geeignet, alle Grundformen zu dokumentieren.

In den folgenden Abbildungen werden (beispielhaft) die Symbole des Folgeplans/Prozessdiagramms genutzt (vgl. Kapitel 12.7.3.1).

Kette

Bei der Kette handelt es sich um eine unverzweigte Folge von Aufgaben. Die Pfeile (Karten) zeigen die Flussrichtung des Prozesses (siehe Abbildung 12.03).

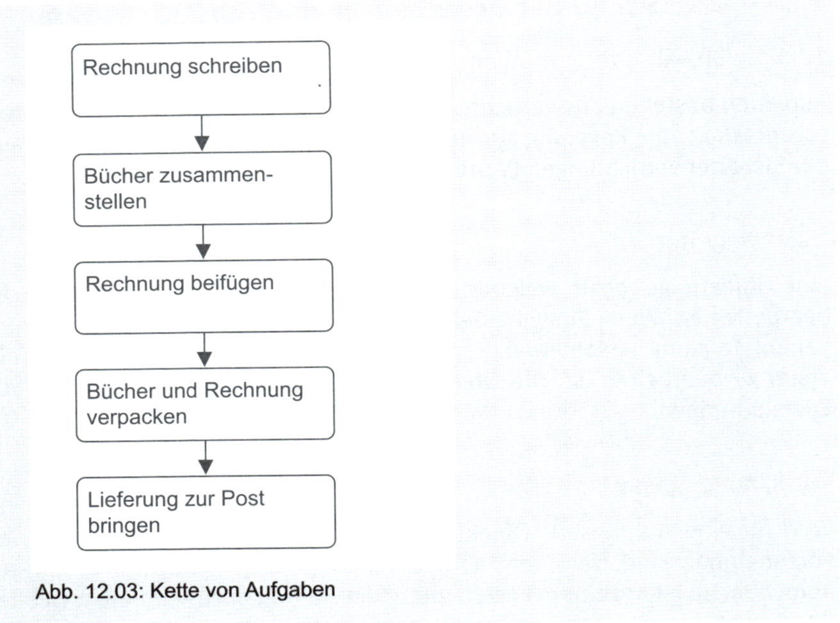

Abb. 12.03: Kette von Aufgaben

UND-Verzweigung

Können oder sollen Aufgaben parallel (zeitlich nebeneinander) durchgeführt werden, wird dieses grafisch durch die UND-Verzweigung dargestellt. In Abbildung 12.04 wird dazu ein Punkt als Symbol genutzt.

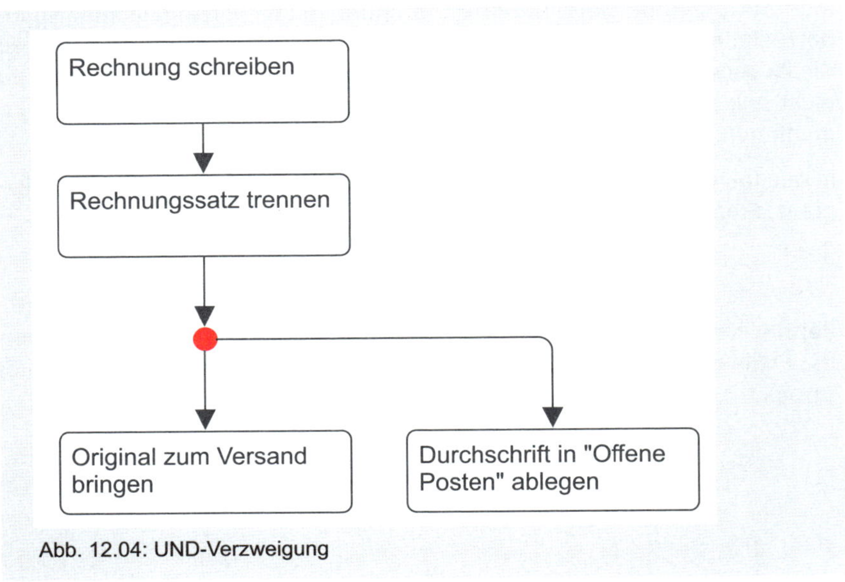

Abb. 12.04: UND-Verzweigung

UND-Verknüpfung

Die nach einer Verzweigung parallel verlaufenden Äste können getrennt ihren Abschluss finden oder aber sich wiedervereinigen und eine gemeinsame Fortsetzung haben. Die Verknüpfung wird in Abbildung 12.05 durch den unteren Punkt gekennzeichnet.

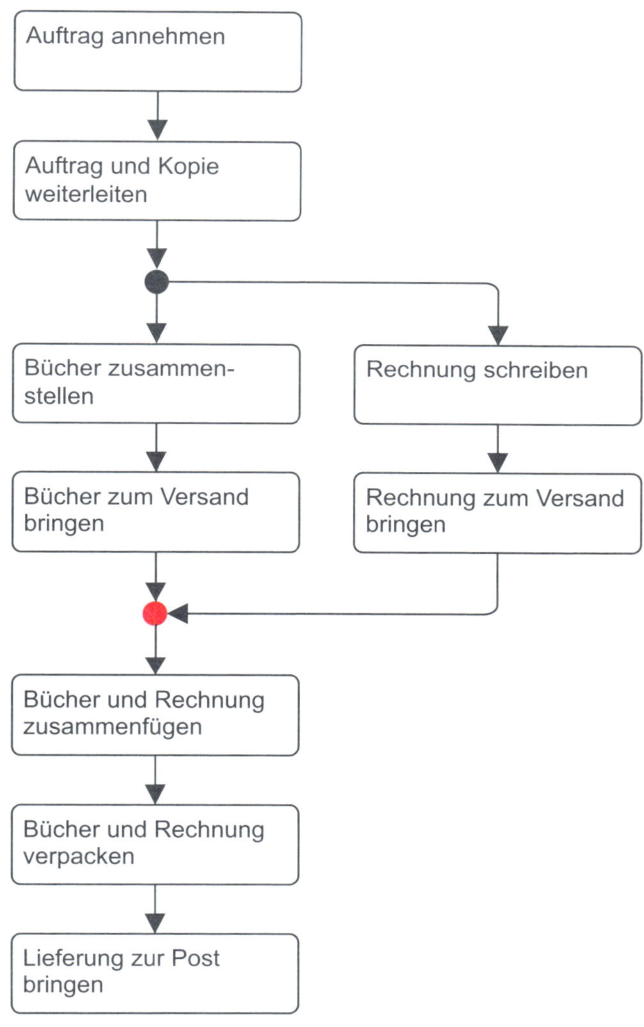

Abb. 12.05: UND-Verknüpfung

ODER-Verzweigung

Eine ODER-Verzweigung tritt auf, wenn sich zwei oder mehr Alternativen gegenseitig ausschließen (exklusives ODER), d. h. für den jeweiligen Prozessdurchlauf wird einer Flusslinie (Alternative) gefolgt. Die Verzweigung wird meistens durch eine Raute gekennzeichnet (Abbildung 12.06).

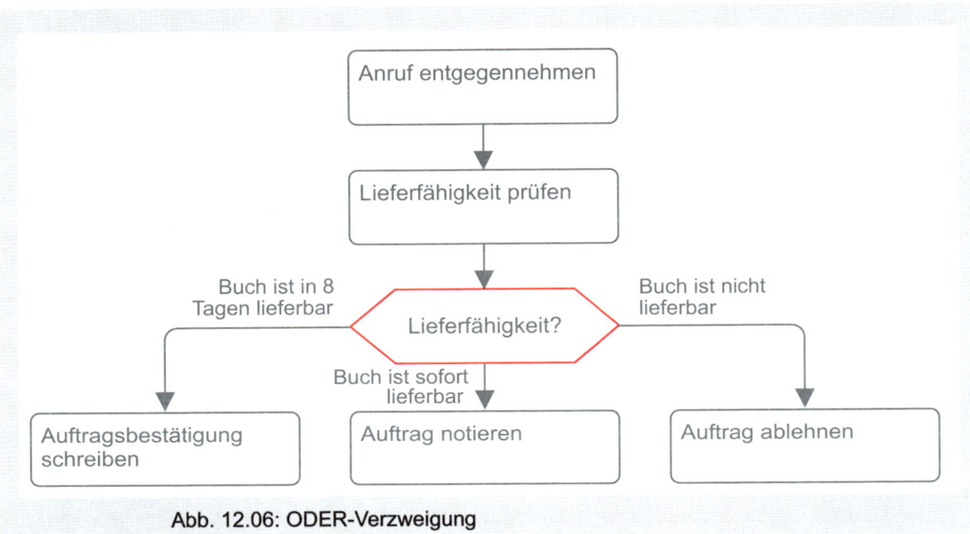

Abb. 12.06: ODER-Verzweigung

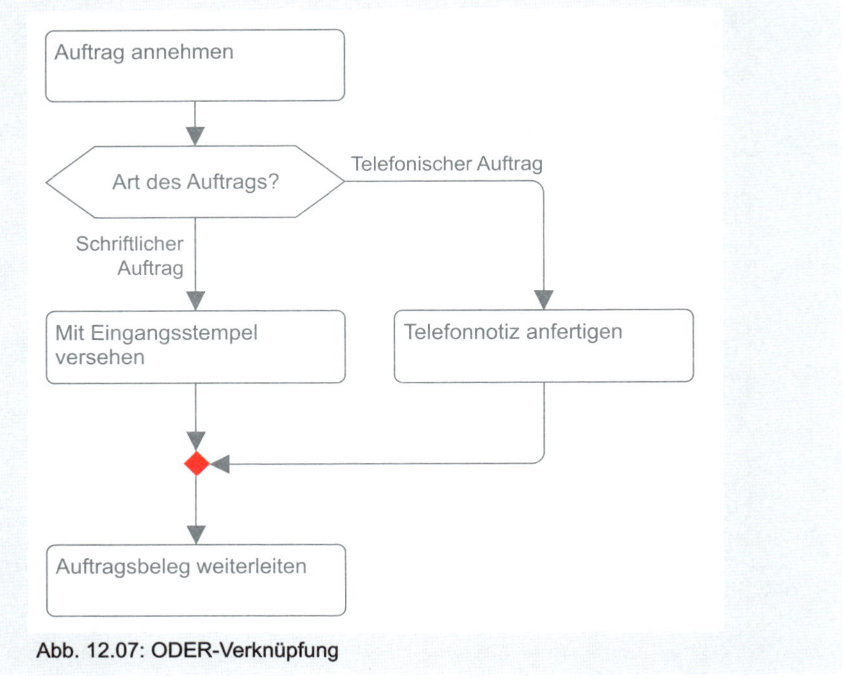

Abb. 12.07: ODER-Verknüpfung

ODER-Verknüpfung

Wie im Fall der UND-Verknüpfung ist es auch nach einer ODER-Verzweigung möglich, dass nach den getrennten Ästen gemeinsam fortgesetzt wird und diese deshalb wieder zusammengeführt werden. Im Beispiel (Abbildung 12.07) wird ein Pfeil mit einer kleinen Raute verwendet, um die Verknüpfung der beiden Flusslinien darzustellen.

ODER-Rückkopplung

Wird in einem Prozess die Bedingung geprüft, ob fortgesetzt werden kann oder ob zu einer früheren Aufgabe zurückgesprungen werden muss, liegt eine ODER-Rückkopplung vor. Im Kern handelt es sich um eine ODER-Verzweigung mit einer ODER-Verknüpfung, allerdings wird hier nach „oben" und nicht nach „unten" verzweigt. Derartige ODER-Rückkopplungen treten auf, wenn geprüft werden muss, ob etwas fertig bearbeitet, abgeschlossen, korrekt etc. ist (vgl. Abbildung 12.08).

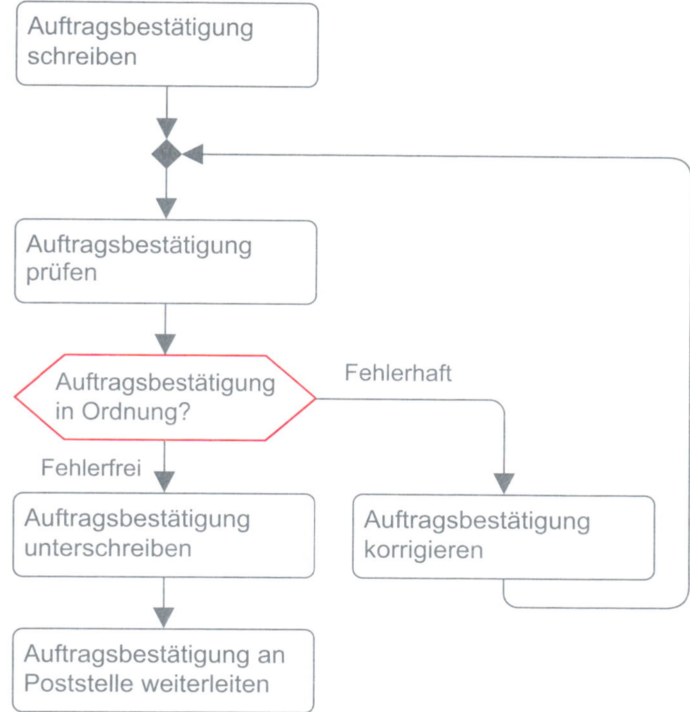

Abb. 12.08: ODER-Rückkopplung

Abschließend werden die Grundformen in der folgenden Übersicht dargestellt.

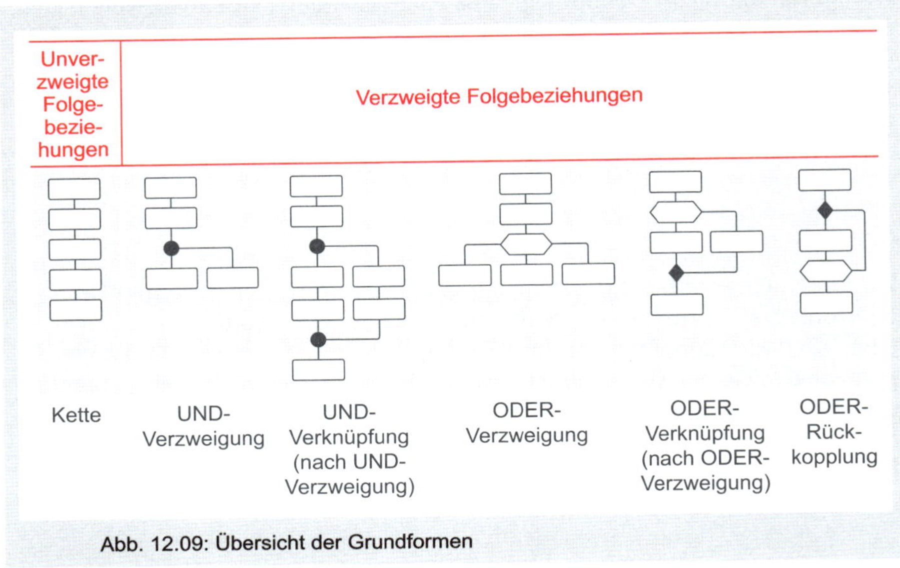

Abb. 12.09: Übersicht der Grundformen

In der weit verbreiteten Notation BPMN (vgl. Kapitel 12.7.4) gibt es zusätzliche Formen von Verzweigungen wie beispielsweise das inklusive Gateway, bei dem mehr als zwei Reaktionen auf eine Bedingung möglich sind. Sie dienen dazu, bei der Beschreibung komplizierter Prozesse die grafische Darstellung kompakt und gleichzeitig eindeutig zu halten.

Zusammenfassung

In der Prozessorganisation werden Objektfolgen oder Verrichtungsfolgen geregelt. Alle Prozesse können auf sechs Grundformen zurückgeführt werden: Kette, UND-Verzweigung, UND-Verknüpfung, ODER-Verzweigung, ODER-Verknüpfung sowie ODER-Rückkopplung.

12.5 Grundlegende Darstellungsformen von Prozessen

Bei den grafischen Darstellungsformen von Prozessen werden zwei unterschiedliche Herangehensweisen verwendet:

Formen von Prozessketten

- Vorgangsgesteuerte Prozesskette (VPK)
- Ereignisgesteuerte Prozesskette (EPK).

Die in Abbildung 12.03-12.08 gewählten Darstellungsformen sind ebenso Vorgangsgesteuerte Prozessketten wie die meisten unten folgenden Darstellungen (Folgeplan/Prozessdiagramm, BPMN-Diagramm, Aktivitätsdiagramm). Im Vordergrund stehen die zu bewältigenden Aufgaben, die auch als Aktivitäten oder Prozessschritte bezeichnet werden.

Ereignisse und Funktionen in EPK

Bei den Ereignisgesteuerten Prozessketten (Event-driven Process Chain) kann man zwar auch nicht auf die Aufgaben (sogenannte Funktionen) verzichten. Auslöser, Zwischen- oder Endergebnisse von Prozessen sind jedoch Ereignisse. Sie sind wesentlicher Bestandteil einer EPK. Die Abbildung 12.10 zeigt eine einfache Ereignisgesteuerte Prozesskette.

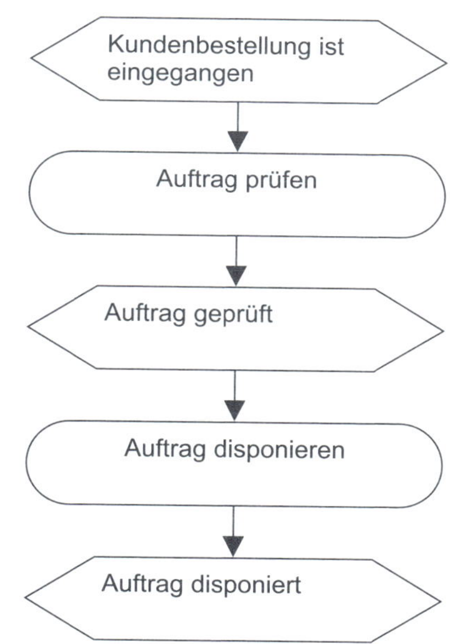

Abb. 12.10: Ereignisgesteuerte Prozesskette

Weitere Merkmale

Ereignisgesteuerte Prozessketten wie auch Vorgangsgesteuerte Prozessketten können um weitere Merkmale erweitert werden, wie etwa die zuständigen Aufgabenträger, die benutzten Softwareprogramme, die genutzten oder produzierten Informationen (Daten). Dann wird von erweiterten Ereignisgesteuerten Prozessketten (eEPK) oder erweiterten Vorgangsgesteuerten Prozessketten gesprochen. Zu einer eEPK findet sich ein formalisiertes Beispiel in Abbildung 12.11. Das Symbol ^ steht dabei für ein UND.

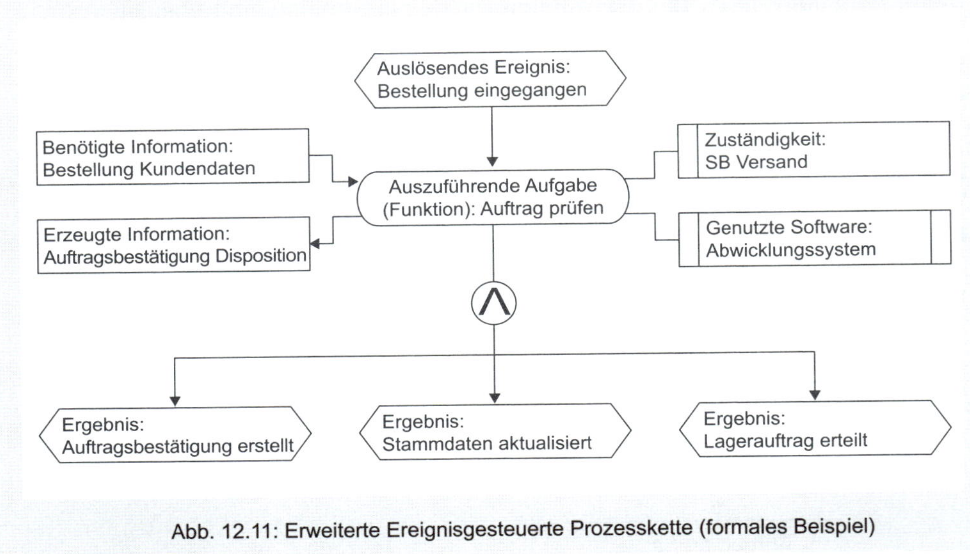

Abb. 12.11: Erweiterte Ereignisgesteuerte Prozesskette (formales Beispiel)

Nutzer für die Wahl der Darstellung maßgeblich

Für organisatorisch Tätige und insbesondere für Business-Analysten werden Darstellungsformen benötigt, mit deren Hilfe die Verständigung zwischen den Beteiligten erleichtert wird, wenn es um die Dokumentation, Modellierung, Verbesserung oder Automatisierung von Prozessen geht. Deswegen sollte bei der Auswahl der Darstellungsform immer darauf geachtet werden, wer als Kommunikationspartner beteiligt ist. Experten der IT können sich auf eine sehr formale, für sie damit aber auch eindeutige Technik einigen, wie es z. B. bei BPMN der Fall ist. Sollen Anwender die Dokumentationen verstehen, dann sind weniger formalisierte, leicht verständliche Darstellungstechniken gefragt, wie z. B. der Folgeplan. Unabhängig von der Notation sollte eine geeignete Sicht auf den Prozess gewählt werden.

12.6 Sichten in der Darstellung von Prozessen

Betriebliche Prozesse bestehen immer aus Aufgaben (Funktionen) und deren zeitlich-logischen Verknüpfungen. In die Prozesse fließen Daten (Informationen) ein, Daten werden be- oder verarbeitet, gespeichert und/oder weitergeleitet. Für die Erledigung der Aufgaben werden Sachmittel oder IT-Anwendungen eingesetzt. Aufgabenträger oder Organisationseinheiten sind für Prozesse, Teilprozesse oder einzelne Aufgaben zuständig.

Verschiedene Sichten sind möglich

Sollen organisatorische Sachverhalte dargestellt werden, ist es möglich, lediglich auf die Aufgaben zu schauen und den Prozess der Aufgabenfolge zu modellieren. Es kann auch sinnvoll sein, den Fluss der Daten darzustellen. Weiterhin ist es möglich, einen Prozess aus der Sicht der Beteiligten (wer arbeitet alles an dem Prozess mit?) zu modellieren. Ähnlich kann auch die Sachmittelstruktur (etwa die an einem Prozess beteiligte Hard- und Software) dokumentiert werden. Die Hervorhebung eines dieser Teilsysteme wird als Sicht bezeichnet.

Hier sollen fünf Sichten unterschieden werden, die sich auch aus dem Organisationswürfel ableiten lassen:

Sichten bei der Prozessdokumentation

- Prozesssicht – Struktur des Prozesses mit zeitlichen und logischen Beziehungen zwischen den Aufgaben (siehe dazu die Abbildungen 12.03-12.08)
- Organisationssicht – Beteiligte und deren Zuständigkeiten (siehe dazu die Abbildung 12.16, dort wird die Prozesssicht zur Organisationssicht – wer ist für was zuständig – erweitert)
- IT-Sicht (Sachmittelsicht) – genutzte Sachmittel bzw. Hardware und Programme
- Datensicht – eingehende, verarbeitete und ausgehende Daten (Informationen)
- Risikosicht – Risiken im Prozess werden aufgezeigt und bei Bedarf durch Kontrollen minimiert.

Transparenz und Verständlichkeit beachten

Nahezu alle Darstellungstechniken erlauben es, mehrere Sichten abzubilden. Dabei sollten immer die Nutzer (Leser) dieser Dokumentationen im Auge behalten werden. Welcher Inhalt ist relevant, wer soll damit umgehen, wie kann ein Sachverhalt eindeutig übermittelt werden? Das sind die zentralen Kriterien für die Auswahl einer Darstellungstechnik und damit auch für den Umfang an Informationen, die in eine Darstellung gepackt werden. Bei der Dokumentation von Prozessen ist es nicht zu empfehlen, zu viele Sichten in einem Dokument zu verwenden, da andernfalls schnell die Übersicht verloren gehen kann.

Zusammenfassung

Prozesse können in Ereignisgesteuerten Prozessketten (EPK) oder in Vorgangsgesteuerten Prozessketten (VPK) abgebildet werden. Neben dem Prozess mit seinen Aufgaben und den logischen und zeitlichen Beziehungen können weitere Sichten dokumentiert werden wie Organisationssicht, IT-Sicht, Datensicht, Risikosicht.

12.7 Techniken der Prozessdokumentation

12.7.1 Verbale Beschreibung

In der verbalen Beschreibung wird das geschriebene Wort in der Form eines fortlaufenden Textes verwendet. Der Leser wird optisch unterstützt durch

- Einrückungen
- Unterstreichungen
- Bilden von Absätzen

oder ähnliche Mittel, um die Übersichtlichkeit des Textes zu fördern.

Obwohl die verbale Beschreibung am wenigsten geeignet erscheint, Zusammenhänge darzustellen und Prozesse gut leserlich zu machen, ist sie in der Praxis immer noch anzutreffen.

12.7.2 Grafisch-verbale Techniken

Bei den grafisch-verbalen Techniken stehen die Texte im Vordergrund. Sie werden jedoch mehr oder weniger stark grafisch aufbereitet. Zu ihnen gehören Prozesslandkarte, Geblockter Text und Matrix.

12.7.2.1 Prozesslandkarte

Prozessübersichten

Prozesslandkarten sind einfache grafische Übersichten über die Prozesse eines Unternehmens oder eines Bereiches. Sie sollen zur Orientierung dienen, ohne dabei konkrete Prozesse in ihrer Struktur zu beschreiben. Prozesslandkarten können über mehrere Detaillierungsstufen zunehmend verfeinert werden. Neben dem Überblick können sie dazu dienen, Projekte abzugrenzen, d. h. die Systemgrenze zu bestimmen.

Drei Prozessgruppen = FAU

Auf oberster Ebene werden normalerweise Führungsprozesse (Managementprozesse), Ausführungsprozesse (Kundenprozesse, Kernprozesse) und Unterstützungsprozesse (Supportprozesse) unterschieden. Die Zuordnung zu einer dieser Kategorien ist nicht immer eindeutig. So kann die Beschaffung in einem Produktionsunternehmen ein Ausführungsprozess und in einem Dienstleistungsunternehmen ein Unterstützungsprozess sein. Die richtige Zuordnung kann weniger wichtig sein als eine möglichst vollständige Erfassung. Beispiele für Prozesse auf dieser obersten Ebene finden sich in Abbildung 12.12.

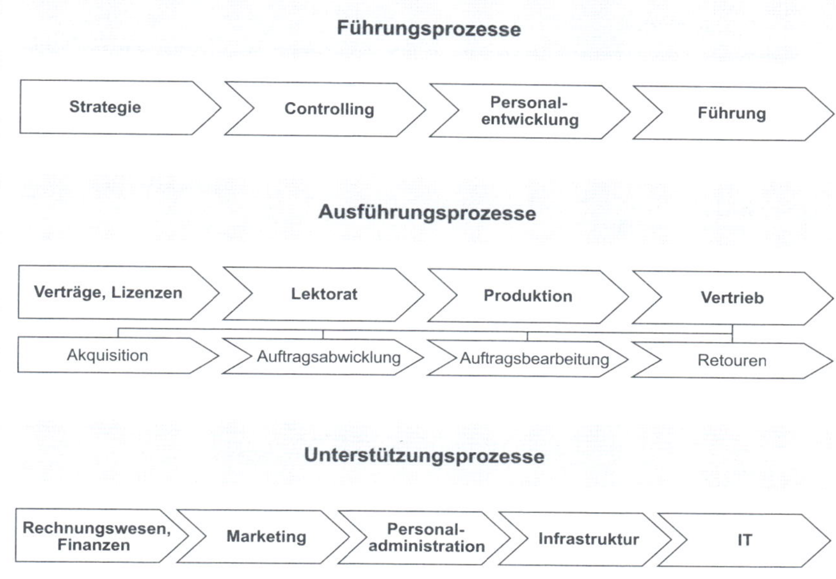

Abb. 12.12: Beispiel für eine Prozesslandkarte

12.7.2.2 Geblockter Text

Mit Geblockten Texten lassen sich Prozessbeziehungen grafisch unterstützt darstellen. Der Leser wird geleitet durch

- Umrahmung (Blockung der Texte)
- Anordnung im Fluss des Prozesses (von oben nach unten, von links nach rechts)
- Symbole, z. B. für Beginn, Ende, Abbruch, Unterbrechung.

Aufgaben, Bedingungen und weitere Informationen werden in Felder geschrieben, die durch horizontale und vertikale Trennlinien gebildet werden. Diese Felder werden Blöcke genannt. Es ist sinnvoll, Aufgaben, Aufgabenträger und Bedingungen optisch deutlich zu unterscheiden (z. B. Aufgabenträger durch Fettdruck zu kennzeichnen).

Geeignete Form für Arbeitsanweisungen

Am Markt ist Software verfügbar, die aus strukturell eindeutig definierten Abläufen automatisch geblockte Texte generiert.

Die Geblockten Texte werden häufig mit Arbeitsanweisungen gleichgesetzt. Zur Verdeutlichung soll das Beispiel in Abbildung 12.13 dienen.

ibo | **PROZESSORGANISATION**

Buchverkauf | **SEITE 1 von 1**

- AUFTRAGSEINGANG

SB Auftragsannahme
- Auftrag annehmen

Art des Eingangs

online	schriftlich	telefonisch
		SB Auftragsannahme - internen Auftrag erstellen

SB Verkauf
- Kundenbeziehung prüfen

Ergebnis?

Altkunde	Neukunde
SB Verkauf - Kundennummer ergänzen	**SB Verkauf** - Kundenstamm eröffnen

SB Verkauf
- Vollständigkeit prüfen

Ergebnis?

Vollständiger Auftrag	unvollständiger Auftrag
	SB Verkauf - Daten erfragen **SB Verkauf** - Daten ändern/ergänzen

SB Verkauf
- Lieferfähigkeit prüfen

Ergebnis?

verspätet lieferfähig	lieferfähig	nicht lieferfähig
SB Verkauf - Kunden informieren **SB Verkauf** - Wiedervorlage einrichten	**SB Verkauf** - Bonität prüfen	**SB Verkauf** - Absage erstellen - KEIN VERKAUF

Ergebnis?

Bonität i.O.	Bonität nicht i.O.
SB Verkauf - Vermerk Rechnung setzen	**SB Verkauf** - Vermerk Nachnahme setzen

SB Auftragsannahme
- Auftragsbestätigung erstellen

SB Auftragsannahme
- Auftragsbestätigung an Kunden schicken

SB Auftragsannahme
- Auftragspapiere an Versand weiterleiten

SB Versand
- Empfänger prüfen

Versandort?

Inland		Ausland	
SB Versand - Gewicht prüfen		**SB Versand** - Dringlichkeit prüfen	
Ergebnis?		Ergebnis?	
Sendung < 10 kg	Sendung >= 10 kg	hohe Dringlichkeit	geringe Dringlichkeit
SB Versand - Postfrachtpapiere erstellen	**SB Versand** - Bahnfrachtpapiere erstellen	**SB Versand** - Luftfrachtpapiere erstellen	**SB Versand** - Bahnfrachtpapiere erstellen

SB Versand
- Sendung zusammenstellen

SB Versand
- Versandpapiere weiterleiten

SB Fakturierung - Rechnung erstellen **SB Fakturierung** - Unterlagen archivieren - VORGANG ABGESCHLOSSEN	**Transportunternehmen** - Sendung ausliefern - KUNDE ERHÄLT PRODUKT

Abb. 12.13: Beispiel für einen Geblockten Text

Folgende Regeln erleichtern die Lesbarkeit und damit die Akzeptanz der Anwender:

Praktische Tipps

- Senken (Endpunkte von Prozessen) und Rückkopplungsausgänge am rechten Rand darstellen
- soweit möglich die häufigsten Fälle (den sogenannten Hauptast) links anordnen
- leere Blöcke vermeiden
- Blattbreite möglichst nutzen
- vertikale Linien (Fluchtlinien) soweit möglich beibehalten.

12.7.2.3 Matrix

Die Matrix ist eine grundlegende Technik der Prozessorganisation. Ihre Struktur sieht folgendermaßen aus (Abbildung 12.14):

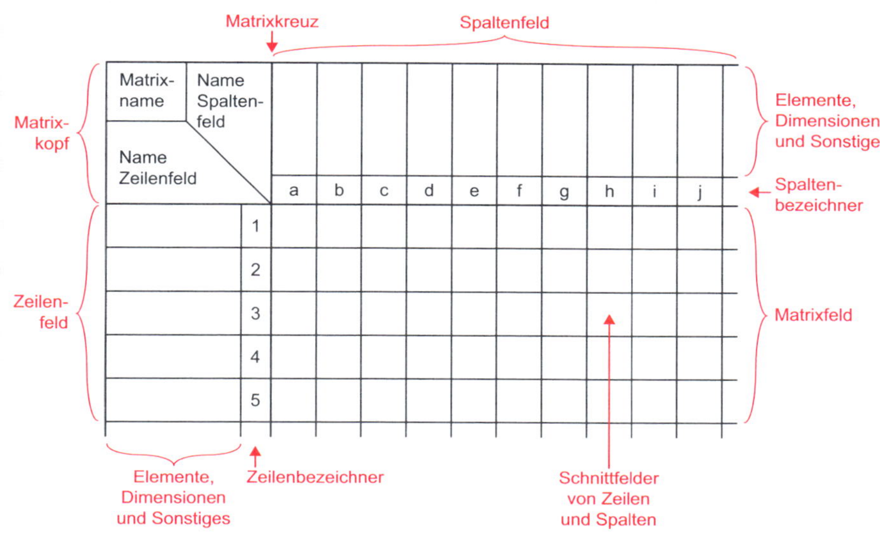

Abb. 12.14: Grundaufbau einer Matrix

In Spalten und Zeilen können die unterschiedlichsten Sachverhalte eingetragen werden, zum Beispiel die Aufgaben in den Zeilenfeldern und die Aufgabenträger in den Spaltenfeldern.

Zusammenfassung

Reine Textbeschreibungen eignen sich eher nicht zur Darstellung von Prozessen. Grafisch-verbale Techniken nutzen nur wenige Symbole, der Text steht im Vordergrund. Geblockte Texte unterstützen die leichte Lesbarkeit von Abläufen, indem eine verbale Beschreibung grafisch aufbereitet wird. Sie sind als Arbeitsanweisungen geeignet. Matrizen können zur Abbildung von Prozessen verwendet werden.

12.7.3 Vorwiegend grafische Prozessdarstellungen

Komplizierte Prozesse erfordern grafische Aufbereitung

Ein grundlegender Mangel der bisher behandelten Techniken liegt darin, dass umfangreiche Verzweigungen (UND, ODER), Zusammenführungen und Rückkopplungen nur schwierig darzustellen sind. Und wenn sie dargestellt werden können, wird dadurch normalerweise die Lesbarkeit beeinträchtigt. Diesen Mangel beheben die grafisch-strukturellen Techniken, mit denen alle Grundformen von Prozessstrukturen eindeutig abgebildet werden können. Hier werden Folgeplan/Prozessdiagramm, BPMN und UML-Aktivitätsdiagramm vorgestellt.

12.7.3.1 Folgeplan, Prozessdiagramm

Als allgemeines Beispiel für eine grafisch-strukturelle Technik soll ein Aufgabenfolgeplan/Prozessdiagramm gezeigt werden. Mit seiner Hilfe werden die Aufgaben in eine zeitliche bzw. logische Folge gebracht.

Folgende Regeln der Darstellung gelten:

Symbole des Folgeplans

- Aufgaben werden in Rechtecke geschrieben
- Rechtecke werden mit einer Flusslinie verbunden
- ODER-Verzweigungen und die Verknüpfung nach der Verzweigung werden durch ein Sechseck bzw. eine Raute dargestellt
- Eine UND-Verzweigung und die Verknüpfung nach der Verzweigung werden durch einen Punkt bzw. eine Raute kenntlich gemacht.

In Aufgabenfolgeplänen werden weitere Symbole verwendet (siehe dazu Abbildung 12.15).

Symbol	Bezeichnung	Bedeutung
	Internes Element	Symbol für Aufgaben bzw. Aufgabenträger, die zum Gestaltungsbereich gehören (system-interne Elemente).
	Externes Element	Symbol für Aufgaben bzw. Aufgabenträger, die nicht zum Gestaltungsbereich gehören (system-externe Elemente)
	Sachmittel	Symbol für aktiv verarbeitende Sachmittel zur Speicherung, Verarbeitung oder zum Transport von Informationen, Informationsträgern und sonstigen materiellen Objekten
	Flusslinie	Beziehung zwischen den Elementen eines Prozesses
	Quelle	Symbol für Prozessbeginn
	Senke	Symbol für Prozessende
	ODER-Verzweigung	Exklusives ODER Weichenstellung im Prozess
	ODER-Zusammenführung	Verbindung von Teilprozessen nach einer ODER-Verzweigung
	UND-Verzweigung	Verzweigung für Teilprozesse, die parallel nebeneinander laufen können
	UND-Zusammenführung	Verbindung von Teilprozessen nach einer UND-Verzweigung
	Zeitliche Unterbrechung	Zeitliche Unterbrechung des Prozesses. Kann durch Angabe der Zeitdauer genauer definiert werden.
	Abbruchsenke	Symbol wird verwendet, wenn die Fortsetzung des Prozesses für das Projekt nicht relevant ist oder es sich um einen Ausnahmefall handelt

Abb. 12.15 (Teil 1): Symbole des Folgeplans

Symbol	Bezeichnung	Bedeutung
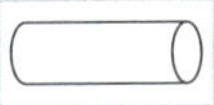	Elektronische Datei	Symbol für Informationen, die in elektronischer Form vorliegen
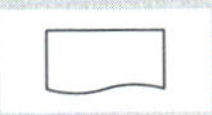	Konventionelle Datei	Symbol für Informationen, die in physischer Form vorliegen (Dokumente)
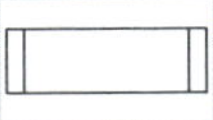	Unterprozess/ Teilprozess	Mithilfe dieses Symbols ist es möglich, Teile eines Prozesses in einen eigenständigen Prozess auszugliedern
	Konnektor	Der Konnektor kann zur Überbrückung von Flusslinien genutzt werden
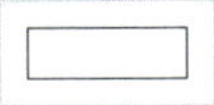	Objekt/ Information	Symbol für Informationen, Informationsträger und sonstige materielle Objektive (nicht aktiv verarbeitende Sachmittel)

Abb. 12.15 (Teil 2): Symbole des Folgeplans

Vertikale oder horizontale „Schwimmbahnen"

Prozessdiagramme/Folgepläne erlauben es zusätzlich, die jeweils beteiligten Organisationseinheiten oder Sachmittel/IT transparent abzubilden, indem für jede Organisationseinheit oder beteiligte Sachmittel/IT-Anwendungen eigene Zeilen oder Spalten gebildet werden. So hat jede beteiligte Organisationseinheit bzw. jede(s)Sachmittel/IT-Anwendung eine eigene Schwimmbahn (Swimlane). Dort werden die Aufgaben und Entscheidungen eingetragen und durch Linien miteinander verbunden, um die zeitliche Folge deutlich zu machen. Ein Beispiel für ein Prozessdiagramm mit Swimlane-Darstellung findet sich in Abbildung 12.16.

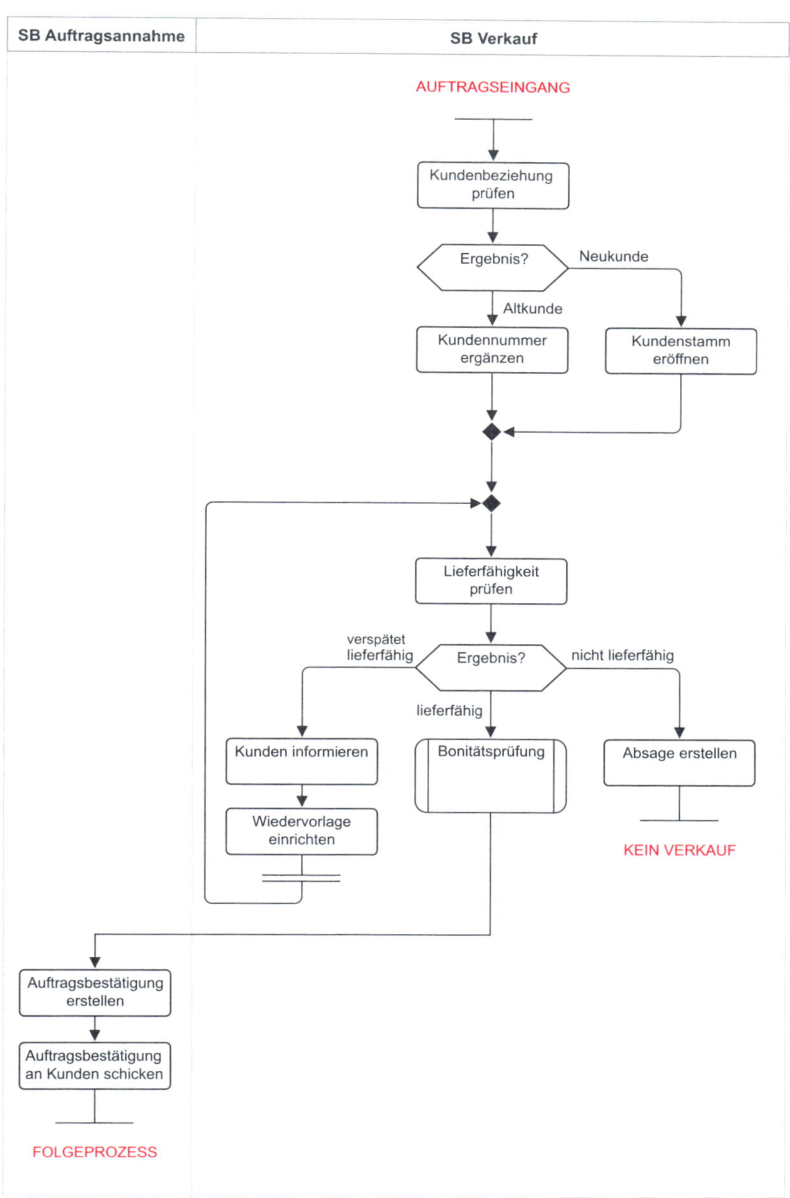

Abb. 12.16: Prozessdiagramm mit Symbolen des Folgeplans (Beispiel)

Prozessdiagramme/Folgepläne können auch ohne Swimlanes dokumentiert werden. Dennoch lassen sich die beteiligten Organisationseinheiten, die benutzten Sachmittel und die verwendeten Informationen darstellen. Dazu wird das Aufgabensymbol geteilt und um die entsprechenden Angaben erweitert. Ein formales und ein konkretes Beispiel zeigt Abbildung 12.17.

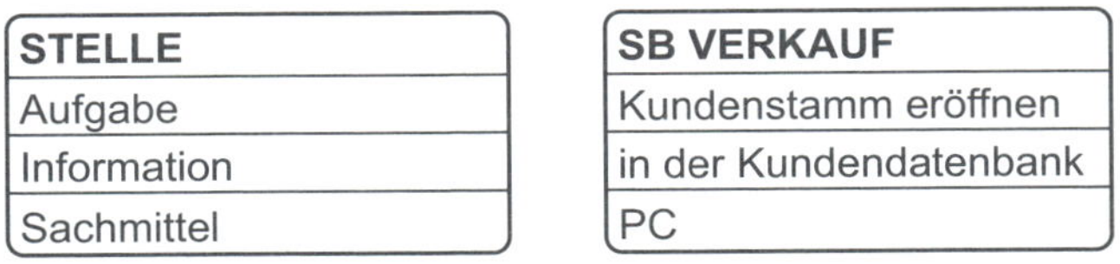

STELLE
Aufgabe
Information
Sachmittel

SB VERKAUF
Kundenstamm eröffnen
in der Kundendatenbank
PC

Abb. 12.17: Erweitertes Symbol in einem Folgeplan (formal und Beispiel)

Auch wenn heute in der Wirtschaftspraxis zunehmend die Notation nach BPMN (vgl. folgenden Abschnitt) verwendet wird, ist eine „klassische" Technik wie der Folgeplan immer noch sinnvoll, wenn weniger die Automatisierung der Prozesse als deren Analyse und Dokumentation im Vordergrund stehen. Sie ist für Laien leicht zu lesen und kann helfen, Anforderungen zu ermitteln, Lösungsvarianten durchzuspielen und verständliche Arbeitsanweisungen zu erstellen.

Zusammenfassung

Prozessdiagramme/Folgepläne setzen sich aus den Grundformen von Prozessstrukturen und einigen weiteren Symbolen zusammen. Mit den Aufgabenfolgeplänen können sämtliche Prozessformen einfach und eindeutig dargestellt werden. Sie sind leicht zu lesen und eignen sich für Prozessanalysen und als Arbeitsanweisungen.

12.7.4 Business Process Model and Notation (BPMN)

BPMN wird – wie auch die UML (vgl. das folgende Unterkapitel) – durch die Object Management Group (OMG) herausgegeben und weiterentwickelt. Durch die Aktivitäten der OMG ist die Business Process Model and Notation zu einem internationalen Standard geworden und 2013 als solcher durch ISO/IEC 19510 anerkannt. Immer mehr Unternehmen und Verwaltungen nutzen diese Dokumentationsform, weil sie einen relativ gelungenen Kompromiss darstellt zwischen leichter Verständlichkeit für alle an der Prozessgestaltung Beteiligten und der Fähigkeit, auch komplizierte Geschäftsprozesse abzubilden.

Zentraler Ergebnistyp der BPMN ist das Kollaborationsdiagramm, eine grafische Prozessbeschreibung, die aus standardisierten Symbolen besteht, mit denen Prozesse weitgehend vollständig abgebildet werden können. Im

Vordergrund steht der Prozess der Erfüllung von Aufgaben. Zusätzlich kann – mit einigen Einschränkungen – auch der Datenfluss modelliert werden.

Hier soll ein Überblick gegeben werden. Weitere Informationen finden sich bei FISCHERMANNS, G.: „Praxishandbuch Prozessmanagement". Für eine detaillierte Beschäftigung mit diesem Standard bietet sich eine entsprechende Fortbildung und spezialisierte Literatur an (z. B. FREUND/RÜCKER: „Praxishandbuch BPMN").

12.7.4.1 Einsatz der BPMN

BPMN unterstützt insbesondere die folgenden Funktionen:

Von der Dokumentation zur Automatisierung

- Dokumentation von Geschäftsprozessen
- Prozessdesign
- Technische Dokumentation von Prozessen bis zur Programmierung
- Automatisierung von Prozessen.

Die Darstellung nach BPMN erlaubt dabei unterschiedliche Detaillierungsgrade. Oft wird mit einer groben Prozessübersicht begonnen, die dann zunehmend detailliert wird.

Mit der BPMN-Version 2.0 wurde ein standardisiertes XML-Austauschformat definiert. Damit wird der Austausch von Prozessdaten mit anderen Werkzeugen möglich, insbesondere der Austausch zwischen fachlicher Software (z. B. zur Modellierung und Analyse von Prozessen) und Tools, welche eine Prozessautomatisierung unterstützen. Das Instrumentarium von BPMN spielt seine Stärken daher besonders im Umfeld von IT-Anwendungen aus.

12.7.4.2 Notationselemente der BPMN

Standardisiert wurden die folgenden Gruppen grafischer Elemente der BPMN 2.0:

Breite Symbolpalette

- Aktivitäten (Aufgaben und deren Ausführung)
- Gateways (von Bedingungen abhängige Verzweigungen)
- Ereignisse (wann ist was zu tun, was ereignet sich?)
- Swimlanes (Rollen/Beteiligte)
- Daten (welche Daten entstehen, werden benötigt, woher kommen oder fließen sie?).

Aus der Vielzahl der Symbole sollen einige ausgewählte vorgestellt werden, die erfahrungsgemäß häufig genutzt werden (vgl. dazu auch die Abbildungen 12.18-12.22).

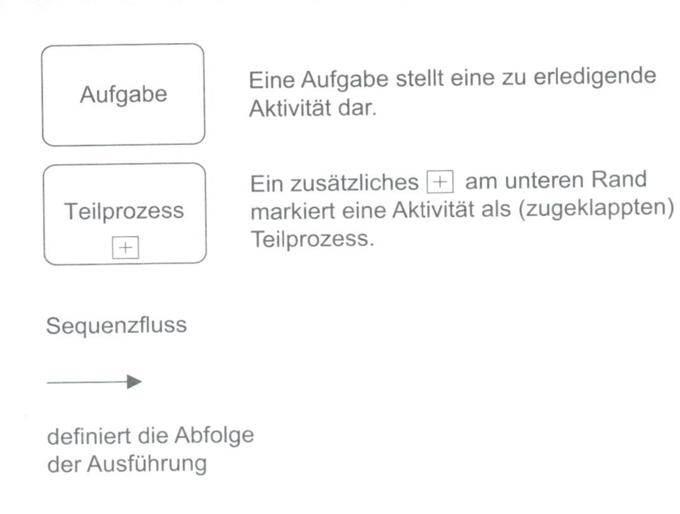

Abb. 12.18: Aktivitäten in BPMN (Auswahl)

BPMN gehört zu den Vorgangsgesteuerten Prozessketten (vgl. Kapitel 12.5), bei denen die zu erledigenden Aufgaben im Mittelpunkt stehen.

Aufgaben und Teilprozesse

BPMN fasst Aufgaben und Teilprozesse in der Gruppe der „Aktivitäten" zusammen, die jeweils durch rechteckige Symbole dargestellt werden. Aktivitäten werden durch Sequenzflüsse (Pfeile) verbunden, um ihre zeitlich-logische Abfolge zu verdeutlichen. Auch in BPMN sollten Aufgaben mit Objekt und Verrichtung (z. B. Auftrag ausführen) formuliert werden.

Je nach Adressatenkreis kann eher eine grobe Übersicht des Prozesses interessanter sein (z. B. für den Auftraggeber) oder der ausmodellierte Prozess mit allen Aufgaben (z. B. für die Beteiligten). Für eine Zusammenfassung des Prozesses können mehrere oder alle Aufgaben in Teilprozessen gebündelt werden. Das Symbol dafür entspricht dem Aufgaben-Symbol ergänzt um ein Pluszeichen. Das Arbeiten mit Teilprozessen erlaubt es, auch „große" Geschäftsprozesse kompakt darzustellen. Software zur BPMN-Modellierung ermöglicht es, die Inhalte des jeweiligen Teilprozesses auf „Knopfdruck" anzuzeigen.

Exklusives Gateway

Bei einer ODER-Verzweigung wird der Fluss abhängig von Verzweigungsbedingungen zu genau einer ausgehenden Kante geleitet. Bei einer Zusammenführung wird auf eine der eingehenden Kanten gewartet, um den von dort ausgehenden Fluss zu aktivieren.

Inklusives Gateway

Es werden je nach Bedingung eine oder mehrere ausgehende Kanten aktiviert (UND-ODER-Verzweigung) bzw. eingehende Kanten synchronisiert.

Paralleles Gateway

Wenn der Sequenzfluss verzweigt wird (UND-Verzweigung), werden alle ausgehenden Kanten simultan aktiviert. Bei der Zusammenführung wird auf alle eingehenden Kanten gewartet (Synchronisation).

Abb. 12.19: Gateways in BPMN (Auswahl)

BPMN kennt – wie andere Notationen auch – ODER- bzw. UND-Verzweigungen (vgl. Kapitel 12.4.2). Daneben bietet BPMN weitere Verzweigungen, von denen hier das inklusive Gateway vorgestellt werden soll.

Das Symbol einer ODER-Verzweigung ist eine leere Raute (alternativ eine Raute mit einem X). Bei diesem sogenannten datenbasiertem exklusiven Gateway „weiß" der Prozess, welchem der Pfade er nach der Verzweigung folgen muss, weil er diese Information in der Regel aus der Aufgabe vor dem Gateway erhält. So könnte dort beispielsweise geprüft werden, ob ein Auftrag vollständig vorliegt oder nicht – entsprechend kann der Auftrag weiterbearbeitet werden oder muss erst vervollständigt werden. ODER

Nicht immer gibt ein „Entweder-Oder" den tatsächlichen Prozessverlauf wieder. Dafür bietet BPMN ein UND-ODER-Gateway an, ein sogenanntes datenbasiertes inklusives Gateway. Nach dieser Verzweigung kann der Prozess in einem, mehreren oder allen Pfaden fortgesetzt werden. So könnte beispielsweise beim Versenden eines Buches geprüft werden, ob dieses mit Geschenkverpackung, ins Ausland und/oder versichert verschickt werden soll. UND-ODER

Das parallele Gateway entspricht der oben vorgestellten UND-Verzweigung, bei der zwei oder mehr Pfade in einem Prozess gleichzeitig durchlaufen werden. Die Raute mit einem Pluszeichen wird auch bei der Und-Verknüpfung als Symbol genutzt. UND

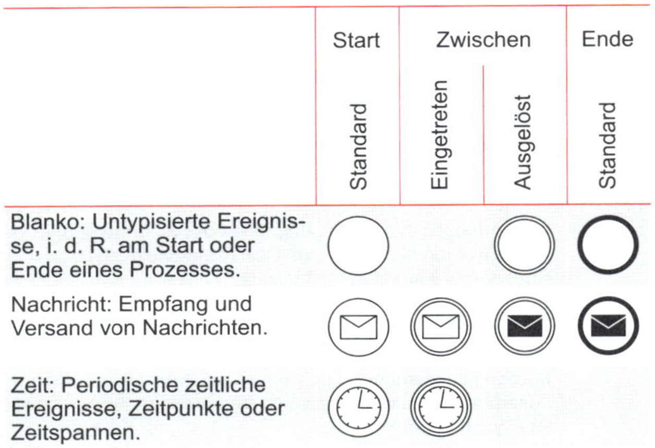

	Start	Zwischen		Ende
	Standard	Eingetreten	Ausgelöst	Standard
Blanko: Untypisierte Ereignisse, i. d. R. am Start oder Ende eines Prozesses.				
Nachricht: Empfang und Versand von Nachrichten.				
Zeit: Periodische zeitliche Ereignisse, Zeitpunkte oder Zeitspannen.				

Abb. 12.20: Ereignisse in BPMN (Auswahl)

Start, Zwischen, Ende

Vor einer ersten Aufgabe im Prozess wird ein Startereignis modelliert. Das Symbol in Form eines Kreises zeigt, welches Ereignis einen Prozess auslöst. Nach der letzten Aufgabe wird ein Endereignis modelliert. Es kennzeichnet in Form eines Kreises mit dickem Rand den Status, der erreicht wurde, oder das Ereignis, das das Ende des Prozesses darstellt. Im Prozess sind Zwischenereignisse möglich. Das entsprechende Symbol ist ein Kreis mit einem doppelten Rand.

BPMN unterscheidet zwischen eingetretenen Ereignissen, die den Prozess von außerhalb beeinflussen, und ausgelösten Ereignissen, die durch den Prozess „verursacht" werden.

Beispiel

Wird ein Buch vom Kunden an den Verlag zurückgesendet, handelt es sich um ein eingetretenes Ereignis. Verschickt der Verlag ein Buch an einen Kunden oder eine Buchhandlung, ist dies ein ausgelöstes Ereignis.

Die Ereignisse können „blanko" dargestellt oder näher beschrieben werden. Zwei gebräuchliche Ereignistypen dabei sind Nachricht und Zeit.

Nachricht

Eingetretene Nachrichten-Ereignisse werden durch einen hellen Briefumschlag symbolisiert, ausgelöste Nachrichten durch einen dunklen Briefumschlag. Sie können für unterschiedliche Arten der Kommunikation genutzt werden: elektronisch (z. B. E-Mail), physisch (z. B. Brief), mündlich (z. B. Telefonat), aber auch für andere adressierte Informationen (z. B. ein Buch).

Zeit

Das Zeit-Ereignis wird durch eine Uhr symbolisiert. Es kann beispielsweise für einen festgelegten Zeitpunkt stehen – der Prozess startet Montag um 8 Uhr – oder einen Zeitraum – der Prozess wird nach 10 Minuten Warten fortgesetzt.

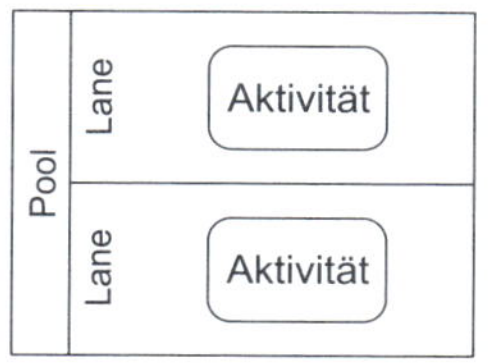

Pools (Beteiligte) und Lanes repräsentieren Verantwortlichkeiten für Aktivitäten. Ein Pool oder eine Lane können eine Organisation, eine Rolle oder ein System sein.

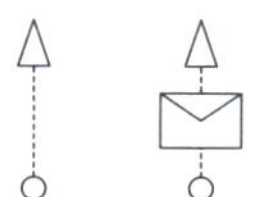

Nachrichtenfluss symbolisiert den Informationsaustausch. Nachrichtenflüsse können an Pools, Aktivitäten und Nachrichtenereignisse andocken. Der Nachrichtenfluss kann mit einem Briefumschlag um den Inhalt der Nachricht angereichert werden.

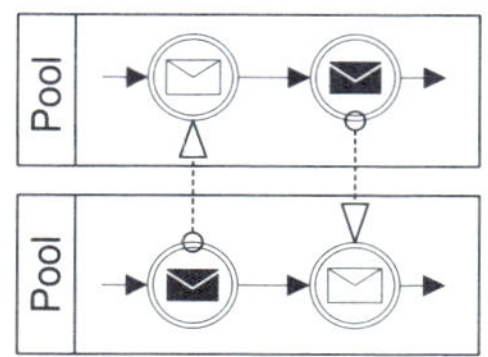

Die Abfolge des Informationsaustauschs kann spezifiziert werden, indem Nachrichtenfluss und Sequenzfluss kombiniert werden.

Abb. 12.21: Swimlanes in BPMN

Wie bei den klassischen Prozessdiagrammen können die Beteiligten und deren Zuständigkeiten in Swimlanes dokumentiert werden. In der BPMN ist es möglich, diese Darstellung horizontal oder vertikal aufzubauen, wobei die horizontale Darstellung gebräuchlicher ist. Schwimmbahn

Swimlanes werden in einem sogenannten Pool zusammengefasst, soweit es eine übergeordnete Steuerungseinheit gibt, die den Prozess der Swimlanes „orchestriert". Dabei wird die Erledigung von Aufgaben angestoßen und koordiniert. „Dirigent" kann beispielsweise eine Führungskraft sein, aber auch ein Workflow-System. Gibt es weitere Beteiligte, die nicht auf denselben „Dirigenten hören" – dies ist insbesondere bei Externen wie Kunden oder Lieferanten der Fall –, wird für diese Beteiligten bei Bedarf jeweils ein eigener Pool gebildet, in dem ein eigenständiger Prozess abläuft. Ein eigener Pool kann auch für Sachmittel oder IT-Systeme genutzt werden, falls sie selbstständig Aktivitäten durchführen. Dies trifft insbesondere auf die sogenannte Process-Engine zu, die für die Ausführung eines Prozesses zuständig sein kann. Pool

Beziehungen zwischen Pools werden durch Informationsbeziehungen (Nachrichtenflüsse) in Form gestrichelter Linien dargestellt. Dieser „Zusammenarbeit" der Pools verdankt das oben erwähnte Kollaborationsdiagramm seinen Namen. Nachrichtenfluss

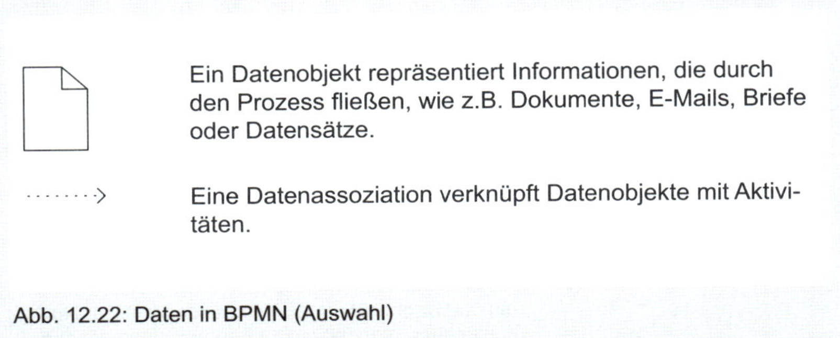

Abb. 12.22: Daten in BPMN (Auswahl)

Information

BPMN fokussiert als vorgangsgesteuerte Prozesskette auf die Darstellung von Aufgaben. Informationen können durch Symbole für Daten modelliert werden, von denen hier ein Symbol – das Datenobjekt – vorgestellt werden soll. Die durch Datenobjekte repräsentierten Informationen können unterschiedlich beschaffen sein, z. B. papierbasierte Dokumente oder elektronische Datensätze. Ein Datenobjekt wird mittels einer Datenassoziation (gestrichelter Pfeil) im Prozess verknüpft.

Beispiel

So könnte die Aufgabe „Auftrag bearbeiten" die Information „Bestelldaten" als Input benötigen (mit einer gerichteten Assoziation vom Datenobjekt zur Aufgabe) und die Information „Gesamtpreis" als Output erzeugen (mit einer gerichteten Assoziation von der Aufgabe zum Datenobjekt).

Abbildung 12.23 zeigt ein Beispiel für ein Kollaborationsdiagramm mit zwei Pools.

Zusammenfassung

BPMN (Business Process Model and Notation) ermöglicht einerseits übersichtlich dargestellte Prozesse, in dem einige gebräuchliche Symbole genutzt werden, und andererseits detailliert modellierte Prozesse, die als Vorstufe zu ihrer Automatisierung dienen.

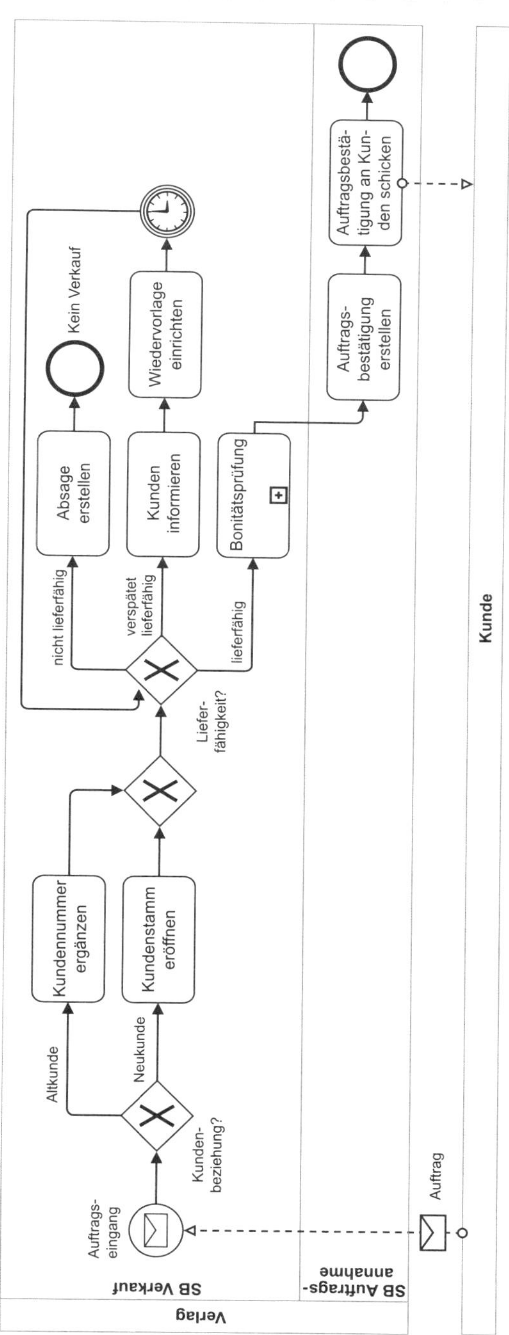

Abb. 12.23: Beispiel für ein Kollaborationsdiagramm nach BPMN 2.0

12.7.5 UML-Aktivitätsdiagramm

Die UML (Unified Modeling Language) ist seit Ende der 1990er Jahre zu einem wichtigen Werkzeug, insbesondere der (objektorientierten) Software-Entwicklung, geworden. Genauer müsste man von Werkzeugen sprechen, da die UML 14 Diagramme umfasst. Eines davon ist das UML-Aktivitätsdiagramm.

Use-Case-Diagramm als mögliche Vorstufe

Aktivitätsdiagramme gehören wie die bereits in Kapitel 8.2.1 besprochenen Use-Case-Diagramme (Anwendungsfalldiagramme) zu den sogenannten Verhaltensdiagrammen der UML. Diese modellieren die dynamischen Aspekte, das Verhalten eines (technischen) Systems und seiner Komponenten. Während ein Use-Case-Diagramm eher für die Ermittlung und Dokumentation von (fachlichen) Anforderungen geeignet ist, erlaubt ein Aktivitätsdiagramm auch eine detaillierte Modellierung einer (IT-)Lösung als Vorgabe für die Realisierung. Aktivitätsdiagramme können dabei zur weiteren Spezifikation von Use-Cases (Anwendungsfällen) dienen, indem sie deren zeitlich-logische Abfolge näher beschreiben.

12.7.5.1 Einsatz der Aktivitätsdiagramme

Vom Groben zum Detail

Die Aktivitätsdiagramme können sowohl in der Analyse-/Definitionsphase als auch in der Entwurfs-/Designphase eines Projekts eingesetzt werden. In der Analysephase werden die Diagramme im Wesentlichen zur Darstellung der Geschäftsprozesse genutzt, in der Entwurfsphase zur Modellierung interner Systemprozesse, die als Vorgaben für den späteren Systembau dienen. Durch diese Möglichkeit, die Detaillierung der Darstellung im Verlauf des Projekts zu erhöhen, eignen sich die Aktivitätsdiagramme für die Kommunikation zwischen Fachabteilung, Business-Analyst und Entwicklung.

Ist das (technische) System mit Aktivitätsdiagramm und weiteren UML-Diagrammen detailliert modelliert, kann mithilfe entsprechender Tools automatisch Code generiert (IT-Programmteile erzeugt) werden. Der Übergang zwischen Systementwurf und Systembau wird dadurch kleiner.

12.7.5.2 Notationselemente der Aktivitätsdiagramme

Symbole

Ein Aktivitätsdiagramm besteht im Wesentlichen aus Aktivitätsknoten und Aktivitätskanten. Kanten werden als Pfeile zwischen den Knoten dargestellt und definieren als Kontrollfluss oder Objektfluss die (Ausführungs-)Reihenfolge.

Wesentliche Aktivitätsknoten sind:

- Aktion (ausführbare Funktionalität)
- Start- und Endknoten
- (ODER-)Entscheidung, (UND-)Gabelung.

Symbole

Aufgaben werden als Aktionen bezeichnet und mit einem abgerundeten Rechteck dargestellt. Ein Startknoten stellt den Startpunkt eines Kontrollflusses dar, der in einem (oder mehreren) Endknoten endet. Eine ODER-Verzweigung wird mit einem sogenannten Entscheidungsknoten dargestellt, eine UND-Verzweigung mit einer Gabelung. Die Verknüpfungen nach einem ODER bzw. UND werden als Verbindungsknoten bzw. Vereinigung bezeichnet.

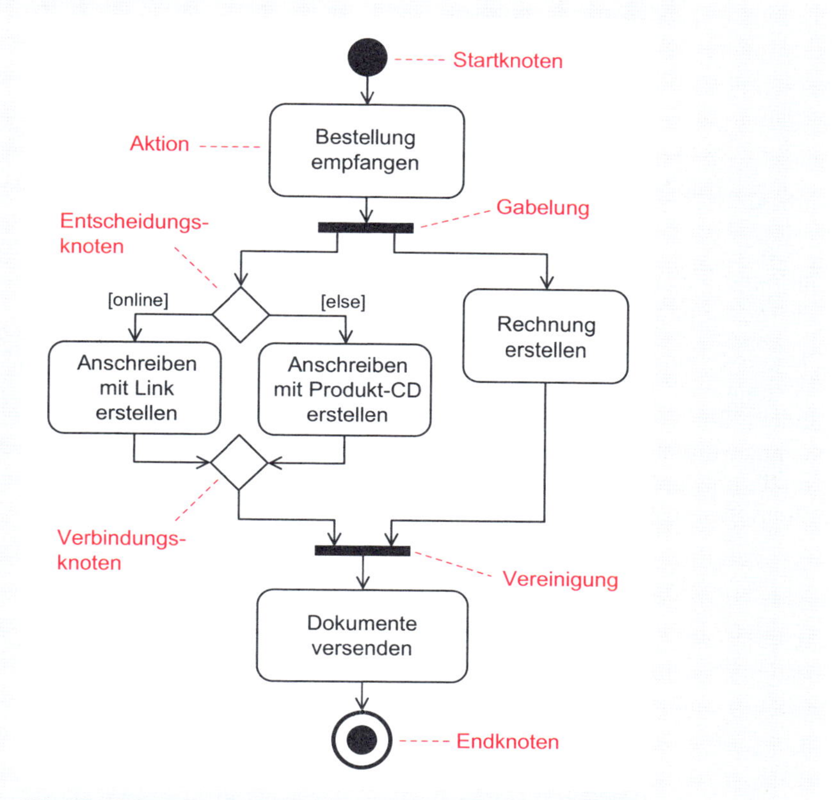

Abb. 12.24: Bestellprozess als Beispiel für ein Aktivitätsdiagramm

Mithilfe dieser Notationselemente lassen sich bereits zahlreiche Geschäftsprozesse darstellen. Aktivitätsdiagramme bieten weitere Elemente, die sich eher für eine technische Dokumentation eignen (u. a. Objektknoten, Objektfluss, Bedingungsknoten, Schleifenknoten).

Teilprozess

Die UML spricht von Aktivität bei einer geordneten Folge von Aktivitätsknoten. Zu Vergleichen ist eine Aktivität mit einem Prozess oder Teilprozess. Bei der Entwicklung von IT-Systemen ist dieser Aspekt bedeutsam, da hier Programmteile abgegrenzt werden, die später nur einmalig entwickelt und an unterschiedlichen Stellen genutzt werden können.

Beispielsweise könnte ein Teil des Bestellprozesses aus Abbildung 12.24 herausgelöst und als Aktivität dargestellt werden (vgl. Abbildung 12.25).

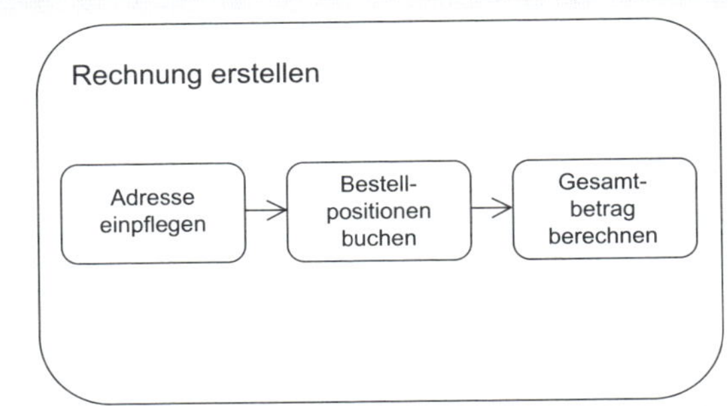

Abb. 12.25: Aktivität im Prozess „Bestellabwicklung"

Durch Aktivitätsbereiche ist es möglich darzustellen, wer für die Ausführung der Aktionen verantwortlich ist. Aktivitätsdiagramme werden dazu in Zeilen und/oder Spalten unterteilt.

Aufgaben-träger

Die Darstellung in Abbildung 12.26 zeigt die Partitionierung der Bestellabwicklung nach Organisationseinheiten. Für Geschäftsprozesse ist dies eine übliche Teilung. Auch für IT-Prozesse kann eine Partitionierung sinnvoll eingesetzt werden. In diesem Fall wird dokumentiert, welche Programmteile die Funktionen ausführen. Diese Art der Partitionierung wird von Entwicklern oder Software-Architekten vorgenommen.

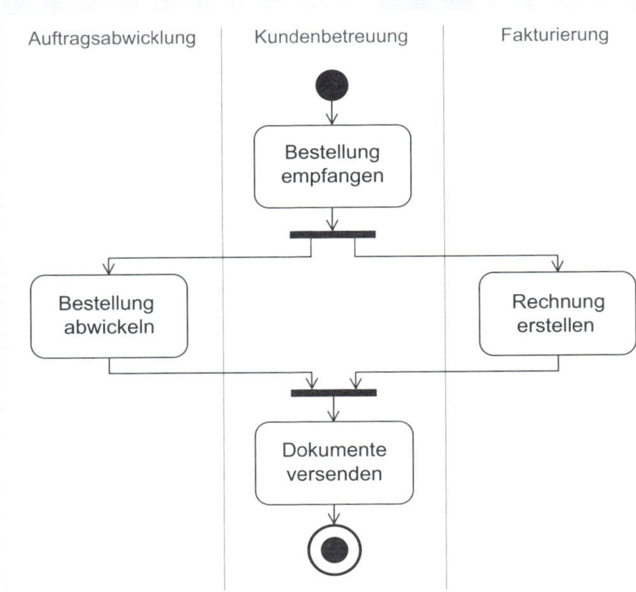

Abb. 12.26: Aktivitätsbereiche für den Prozess „Bestellabwicklung"

12.7.6 Entscheidungstabelle

12.7.6.1 Grundlagen

Für komplizierte Prozesse bewährt

Entscheidungstabellen sind Hilfsmittel zur Beschreibung von Entscheidungssituationen. Mit ihrer Hilfe lassen sich transparent und eindeutig auch komplizierte Abhängigkeiten dokumentieren.

Entscheidungen in Prozessen werden durch Verzweigungen dargestellt. Mithilfe der grafisch-verbalen Techniken sowie grafischer Techniken wie z. B. Folgeplan können zwar verzweigte Prozesse dargestellt werden. Ihre Stärke liegt aber in der Dokumentation von Abläufen, in denen die Kette (unverzweigte Folge von Aufgaben) dominiert. Viele organisatorische Prozesse sind jedoch kompliziert. Oft müssen viele Bedingungen bzw. Bedingungskombinationen („Wenn") geprüft werden, die zu unterschiedlichen Aktionen („Dann") führen.

Wenn in einem Prozess viele Bedingungen auftreten, werden Prozesse leicht unübersichtlich. Werden die Entscheidungen herausgelöst und in Entscheidungstabellen dargestellt, können die eigentlichen Prozesse schlanker gestaltet werden, was deren Pflege wiederum erleichtert. Auch können Änderungen der Entscheidungsregeln erfolgen, ohne die Prozesse selbst zu verändern. Da Änderungen der Entscheidungsregeln häufiger vorkommen können als Änderungen in den Prozessen selbst, beschränkt sich der Änderungsaufwand dann auf die Entscheidungen bzw. Entscheidungstabellen.

Kommunikation mit Entwicklern und Anwendern

Die Transparenz und Eindeutigkeit von Entscheidungstabellen fördern vollständige Lösungen. Es ist möglich, für alle denkbaren Fälle zu prüfen, ob sie in der Praxis vorkommen können und falls ja, welche Regelungen für diese Fälle zu treffen sind. Eine Entscheidungstabelle kann zudem für mehr als einen Prozess genutzt werden, wenn jeweils die gleiche Entscheidung zu treffen ist. Dies kann beispielsweise die Befugnis einer Stelle sein, bis zu einer bestimmten Betragshöhe selbstständig zu entscheiden. So können Entscheidungstabellen auch als Arbeitsanweisung eingesetzt werden. Außerdem erleichtern Entscheidungstabellen die Kommunikation zwischen Fachabteilung und Analytiker.

Entscheidungstabellen ermöglichen präzise Vorgaben für die Programmierung. Deswegen wurde von der Object Management Group (OMG) die Decision Model and Notation (DMN) entwickelt, mit der Entscheidungstabellen entworfen werden, die weitgehend automatisch in lauffähige Programme umgesetzt werden können. Diese Notation wird unten dargestellt.

12.7.6.2 Grundaufbau, begrenzte und erweiterte Entscheidungstabelle

Entscheidungstabellen bestehen aus vier Feldern. In den beiden oberen Feldern werden die Bedingungen angegeben und in den beiden unteren Feldern die sogenannten Aktionen (Maßnahmen, Aufgaben, Entscheidungen).

Im linken oberen Feld stehen die Bedingungen, und im oberen rechten Feld wird durch Texte oder Symbole angezeigt, welche Bedingungen erfüllt, nicht erfüllt oder unerheblich sind. Wenn die Bedingungen durch Symbole angezeigt werden, kommen normalerweise folgende Kürzel zum Einsatz:

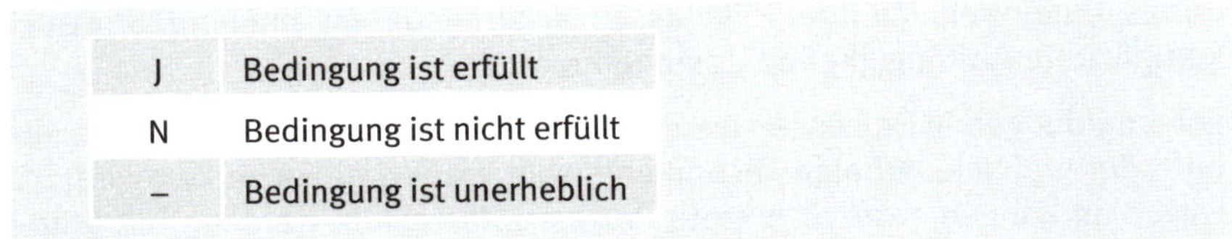

J	Bedingung ist erfüllt
N	Bedingung ist nicht erfüllt
–	Bedingung ist unerheblich

Das linke untere Feld enthält alle möglichen Aktionen, die auf die Bedingungen folgen können. Im Feld rechts unten, im sogenannten Aktionsanzeiger, wird dokumentiert, welche Aktionen oder Entscheidungen bei den jeweiligen Bedingungskombinationen ausgelöst werden sollen. Bei den Aktionen werden folgende Symbole verwendet:

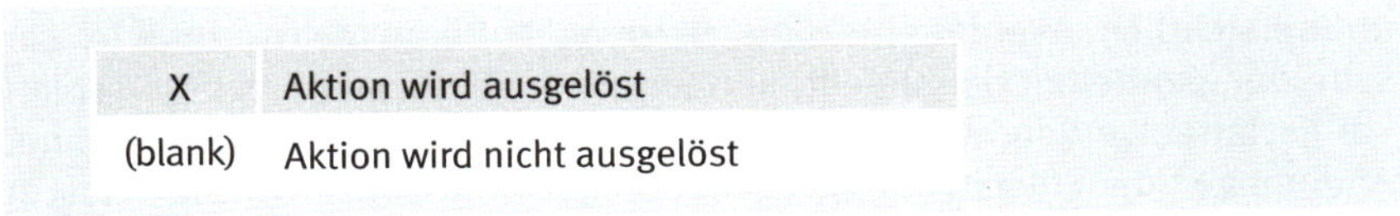

X	Aktion wird ausgelöst
(blank)	Aktion wird nicht ausgelöst

Jede Spalte mit den angezeigten Bedingungen und den dazugehörigen Aktionen, stellt eine Entscheidungsregel dar.

Somit sieht der Grundaufbau einer Entscheidungstabelle folgendermaßen aus:

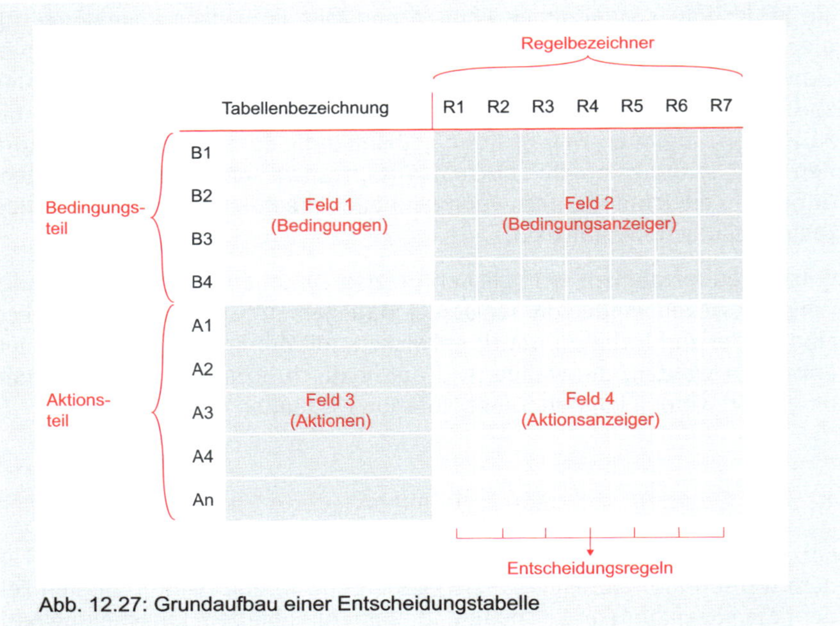

Abb. 12.27: Grundaufbau einer Entscheidungstabelle

Zusammenfassung

Entscheidungstabellen bilden übersichtlich und eindeutig auch komplizierte Entscheidungssituationen ab. Entscheidungstabellen bestehen aus Feldern für Bedingungen und Bedingungsanzeiger sowie Aktionen und Aktionsanzeiger.

Begrenzte Entscheidungstabelle

Anhand eines einfachen Beispiels soll der Grundaufbau einer sogenannten begrenzten Entscheidungstabelle gezeigt werden (Abbildung 12.28). Entscheidungstabellen werden begrenzt genannt, wenn Bedingungen und Aktionen so vollständig bezeichnet sind, dass im jeweiligen Anzeigerteil nur die Symbole J, N, - bzw. X und (blank) verwendet werden. Dieser Typ von Entscheidungstabellen ist aufgrund seiner Standardisierung als Programmvorgabe geeignet.

	Entscheidungsregeln															
	1	2	3	4	5	6	7	8	9	10	11	12	13	14	15	16
B1 Besteller ist bereits Kunde	J	J	J	J	J	J	J	J	N	N	N	N	N	N	N	N
B2 Auftrag ist vollständig	J	J	J	J	N	N	N	N	J	J	J	J	N	N	N	N
B3 Artikel ist lieferbar	J	J	N	N	J	J	N	N	J	J	N	N	J	J	N	N
B4 Bonität ist in Ordnung	J	N	J	N	J	N	J	N	J	N	J	N	J	N	J	N
A1 Auftrag vervollständigen					X	X							X	X		
A2 Lieferung mit Rechnung	X				X				X				X			
A3 Lieferung mit Nachnahme		X				X				X				X		
A4 Kundenstammsatz anlegen									X	X			X	X		
A5 Nichtlieferfähigkeit mitteilen			X	X			X	X			X	X			X	X
A6 Bonität prüfen	X	X			X	X			X	X			X	X		

Abb. 12.28: Begrenzte Entscheidungstabelle

Erweiterte Entscheidungstabelle

Von den begrenzten Entscheidungstabellen werden die erweiterten Entscheidungstabellen unterschieden. In erweiterten Entscheidungstabellen sind die Bedingungen und die Aktionen unvollständig beschrieben, sodass sie in den jeweiligen Anzeigerteilen ergänzt werden müssen, um sie vollständig zu definieren. Hier ist jede beliebige Anzeigeform erlaubt, nicht nur J und N.

Abbildung 12.29 zeigt ein (verändertes) Beispiel für eine erweiterte Entscheidungstabelle, die auch als Arbeitsanweisung genutzt werden kann, da sie mit Text gefüllt ist.

In Spalte 2 wird mit „Unerheblich“ beschrieben, dass bei einer schlechten Bonität jeder Besteller per Nachnahme zahlen muss. In Spalte 5 findet sich der Begriff ELSE, der bedeutet, dass in allen anderen, nicht genannten Fällen die Entscheidungsregel gilt, nicht zu liefern und dem Kunden dies mitzuteilen.

	1	2	3	4	5
B1 Auftrag durch	Einzelhändler	Unerheblich	Grossist	Privatkunde	E
B2 Buch ist	lieferbar	lieferbar	lieferbar	lieferbar	L
B3 Bonität ist	gut	schlecht	unerheblich	unerheblich	S
A1 liefern	mit Rechnung	mit Nachnahme	mit Monatsrechnung	mit Nachnahme	E
A2 nicht liefern					mitteilen

Abb. 12.29: Erweiterte Entscheidungstabelle

12.7.6.3 Decision Model and Notation (DMN)

Von der Tabelle zum Programmbaustein

Die Decision Model and Notation ist eine Modifikation der klassischen Entscheidungstabelle. Sie ist eine Notation zur Modellierung von Entscheidungen und enthält eine XML-Definition. Damit können Entscheidungen durch Fachanwender modelliert und in einer sogenannten Decision Engine automatisiert ausgeführt werden. DMN wird ebenso wie BPMN von der Object Management Group entwickelt, und kann deswegen eine sehr sinnvolle Ergänzung der oben vorgestellten BPMN, aber auch anderer Notierungen sein.

Mit der DMN werden verschiedene Ziele verfolgt:

- Dokumentation von Entscheidungssituationen
- Förderung der Kommunikation zwischen Fachbereich, Business-Analyse und IT-Entwicklung
- Analyse der Vollständigkeit von Entscheidungssituationen
- Modularisierung und Verschlankung von Prozessen
- Lösen der Prozesse von Entscheidungen.

DMN bietet mit Entscheidungstabellen ein Instrumentarium an, das auch von Mitarbeitern der Fachbereiche, die der IT eher fernstehen, gut verstanden wird und leicht genutzt werden kann. Das erleichtert die Analyse der Geschäftsprozesse durch den Fachbereich und damit auch die Modellierung zukünftiger Prozesse. Gleichzeitig verwendet sie eine Notierung, die so eindeutig ist, dass auch die Anforderungen der Entwickler erfüllt werden.

DMN ist anwenderfreundlich

Wie bei der klassischen Entscheidungstabelle werden systematisch alle Bedingungen und Kombinationen von Bedingungen wie auch alle möglichen Aktionen und Kombinationen von Aktionen überprüft. Damit können Entscheidungssituationen vollständig abgebildet werden.

Auch können nach DMN gestaltete Entscheidungsregeln in verschiedenen Prozessen genutzt werden, mit der Folge, dass Veränderungen nur einmal eingepflegt werden müssen, aber dennoch für alle betroffenen Prozesse wirksam werden.

Zur Verdeutlichung wird ein einfaches Beispiel für eine Entscheidungstabelle nach DMN gezeigt (Abbildung 12.30). In unserem Beispiel sollen die folgenden Bedingungen gelten:

- Auftragsgröße
- Vollständigkeit des Auftrags
- Lieferfähigkeit.

„True" steht dabei für „Ja" und „false" für „Nein".

Lieferung				
	Auftrags-größe	Vollständig-keit	Lieferfähig-keit	Aufgabe
1	<= 100	true	true	„Lieferung mit Rechnung"
2	<= 100	true	false	„Absage erteilen"
3	<= 100	false	true	„Auftrag vervollständigen"
4	<= 100	false}}	false	„Absage erteilen"
5	> 100	true	true	„Lieferung mit Nachnahme"
6	> 100	true	false	„Kunden informieren"
7	> 100	false	true	„Auftrag vervollständigen"
8	> 100	false	false	„Absage erteilen"

Abb. 12.30: Entscheidungstabelle nach DMN (Beispiel)

Hängen Entscheidungen voneinander ab, stößt eine einzelne Entscheidungstabelle an ihre Grenzen. Im obigen Beispiel könnten zusätzlich die Bedingungen Kundenart, Versandweg, Bezahlungsart, Zahlungshistorie, Betrugsverdacht etc. eine Rolle spielen. Falls diese Entscheidungen nicht mehr in

Kombination von Entscheidungstabellen

einer einfachen Tabelle abgebildet werden können, bietet DMN das sogenannte Decision Requirements Diagram (DRD, Entscheidungsdiagramm) an. Das DRD ist eine grafische Darstellung der zu treffenden Entscheidungen, der notwendigen Inputs und der Beziehungen der Entscheidungen untereinander. Es ist nicht mit einer Prozessmodellierung gleichzusetzen.

Schließlich enthält DMN die Entwicklungssprache FEEL (Friendly Enough Expression Language), die es ermöglicht, die Dokumentation und die Ausführung von Entscheidungen mit der gleichen Sprache zu bewältigen, was eine automatische Umsetzung der Entscheidungsregeln ermöglicht.

12.8 Organisationshandbuch

Sammlung betrieblicher Regelungen

Als letzte Dokumentationstechnik sollen hier Organisationshandbücher kurz erläutert werden. Im strengen Sinne gehören sie nicht zu den Techniken der Prozessorganisation, da in ihnen neben den Prozessen auch viele andere Sachverhalte dokumentiert werden. Prozesse können allerdings ein wesentlicher Bestandteil von Organisationshandbüchern sein.

Unter einem Organisationshandbuch – alternativ als Unternehmenshandbuch oder Qualitätsmanagement-Handbuch bezeichnet – wird eine gegliederte Zusammenfassung der allgemein gültigen betrieblichen Regelungen und Vorschriften verstanden. Es dient damit der Dokumentation auch solcher Normen, die nicht im engeren Sinne als organisatorisch zu bezeichnen sind. Solch ein Handbuch kann als Gesetzbuch einer Unternehmung verstanden werden. Es sollte grundsätzlich alle Vorschriften und Regelungen beinhalten, die durch Rundschreiben, Organisationsanweisungen und Betriebsvereinbarungen bekannt gemacht worden sind. Heute werden solche Handbücher normalerweise elektronisch verwaltet. Die Anwender haben dann beispielsweise über ein Intranet-System einen direkten Zugriff auf die aktuellste Version.

Umfangreiche Organisationshandbücher bestehen normalerweise aus vier Bestandteilen:

1) Allgemeiner Teil

Inhalte

In diesem Abschnitt werden die Strategie, Unternehmungsziele, Unternehmungspolitik, Satzung, sowie generelle Organisationsprinzipien dargestellt. Oft ist es auch üblich, eine allgemeine Führungsanweisung wiederzugeben.

2) Aufbauorganisation

Dieser Teil besteht in der Regel aus folgenden verbalen und grafischen Unterlagen:

- Organigramm
- Besetzungsplan

- Kostenstellenplan
- Stellenbeschreibungen
- Geschäftsordnung
- Unterschriftenregelung
- Kassenvollmachten.

3) Prozessorganisation

Dieser Teil enthält Arbeitsanweisungen (Prozessbeschreibungen) und darüber hinaus Verfahrensregelungen, wie z. B. Kassenordnung und Spesenordnung, Regelung der Aus- und Weiterbildung, Benutzung des Rechenzentrums, Benutzung von Dienstwagen und ähnliches.

4) Anhang

Der Anhang kann folgende Unterlagen beinhalten:

- Begriffssystem
- Nummernsystem
- Abkürzungsverzeichnis
- Verkaufs- und Lieferbedingungen
- Lage- und Wegeplan.

In der Praxis haben sich verschiedene Arten von Organisationshandbüchern herausgebildet. Handbücher für das Gesamtunternehmen sind in der Regel so untergliedert, wie eben beschrieben wurde. Daneben gibt es Handbücher für Teilbereiche der Unternehmung, in denen der oben geschilderte allgemeine Teil normalerweise fehlt. Außerdem gibt es Handbücher für die Darstellung von Prozessen und Verfahren, sowie Handbücher für einzelne Bereiche eines Unternehmens (z. B. Personal, Einkauf, Rechnungswesen). Schließlich gibt es noch Handbücher für Projektmitarbeiter und IT-Analytiker, in denen auch die Regelungen für das Vorgehen in Projekten zusammengefasst sind (Projekt-Verfahren, Handbuch der Systementwicklung, Projektmanagement-Handbuch etc.).

Zusammenfassung

Organisationshandbücher beinhalten eine schriftliche Dokumentation der allgemein gültigen betrieblichen Regelungen und Vorschriften. Sie bestehen normalerweise aus vier Teilen – Allgemeiner Teil, Aufbauorganisation, Prozessorganisation, Anhang. Neben Handbüchern für das Gesamtunternehmen gibt es Handbücher für Teilbereiche, Handbücher für die Darstellung von Prozessen und Handbücher mit Verfahrensregelungen.

Literatur zu Kapitel 12

Born, M.; Holz, E.; Kath, O.: Softwareentwicklung mit UML 2. München 2005

Fischermanns, G.: Praxishandbuch Prozessmanagement. 12. Aufl., Gießen 2020 (in Vorbereitung)

Fowler, M.: UML Distilled – A Brief Guide to the Standard Object Modeling Language. 3. Aufl., Boston 2003

Freund, J.; Rücker, B.: Praxishandbuch BPMN. Mit Einführung in DMN. 6. Aufl., München 2019

Gadatsch, A.: Grundkurs Geschäftsprozess-Management. 8. Aufl., Wiesbaden 2017

Gaitanides, M.: Prozessorganisation – Entwicklung, Ansätze und Programme prozessorientierter Organisationsgestaltung. München 1983

Kecher, C.; Salvanos, A.; Hoffmann-Elbern, R.: UML 2.5. Das umfassende Handbuch. 6. Aufl., Bonn 2018

Object Management Group®: Business Process Model and Notation (BPMN). Version 2.0.2 (online unter: https://www.omg.org/spec/BPMN/2.0.2/PDF)

Object Management Group®: Decision Model and Notation™. Version 1.2 (online unter: https://www.omg.org/spec/DMN/1.2/PDF)

Pilone, D.; Pitman, N.: UML 2.0 in a Nutshell. Köln 2006

REFA (Hrsg.): Methodenlehre der Organisation. Teil 2: Ablauforganisation. München 1985

Scheer, A.-W.: ARIS – Vom Geschäftsprozess zum Anwendungssystem. 4. Aufl., Berlin/Heidelberg u. a. 2002

Staud, J. L.: Geschäftsprozessanalyse: Ereignisgesteuerte Prozessketten und objektorientierte Geschäftsprozessmodellierung für Betriebswirtschaftliche Standardsoftware. 3. Aufl., Berlin/Heidelberg u. a. 2006

Strunz, H.: Entscheidungstabellentechnik. München/Wien 1977

Thurner, R.: Entscheidungs-Tabellen. Aufbau, Anwendung und Programmierung. Düsseldorf 1972

13 Managementtechniken

Ziele dieses Kapitels – Was können Sie erwarten?

- Sie kennen die Kriterien für die Ermittlung von Projektprioritäten und können Projekte priorisieren
- Sie wissen, wie Zeiten in Projekten geschätzt werden können
- Sie kennen die Grundlagen der Netzplantechnik, der Balkendiagramme und der Burn-down-Charts zur Planung und Steuerung von Projekten
- Sie kennen die wichtigsten Ziele von Präsentationen
- Sie wissen, welche Aufgaben zur Vorbereitung einer Präsentation gehören
- Sie wissen, wie eine Präsentation aufgebaut, durchgeführt und ausgewertet wird.

13.1 Einordnung

In den vorangegangenen Abschnitten wurden Arbeitstechniken behandelt. Die Arbeitstechniken dienen dazu, betriebliche bzw. organisatorische Lösungen zu gestalten. So müssen Informationen erhoben, analysiert und Anforderungen ermittelt werden, um sinnvolle, d. h. zielgerechte Lösungsvarianten zu erarbeiten. Dazu werden geeignete Zielformulierungs-, Erhebungs-, Analyse-, Anforderungsermittlungs-, Lösungsentwurfs- und Bewertungstechniken eingesetzt. Die Techniken der Aufbau- und Prozessorganisation stellen weitere Werkzeuge bereit, um Ist-Lösungen abzubilden, sie für die Analyse aufzubereiten und Soll-Lösungen zu dokumentieren.

Demgegenüber helfen die Managementtechniken den Beteiligten bei der Organisation der Projektarbeit. Sie unterstützen beispielsweise die Planung von Projektprioritäten, die Aufgaben- und Zeitplanung des Projekts – was muss im Projekt alles getan werden und in welcher zeitlichen Folge? – und die Information über Projektergebnisse – z. B. wie präsentiert man ein Ergebnis?

Managementtechniken unterstützen die Funktionen im Projekt

Auch bei Vorhaben, die nicht in den „Rang“ eines Projekts „erhoben“ werden, können die vorgestellten Managementtechniken hilfreiche Werkzeuge sein. Ihr Gebrauch kann dann bei Bedarf „sparsamer“ ausfallen.

Hier sollen nur einige ausgewählte Managementtechniken zur Projektplanung und -kontrolle behandelt werden, die für die praktische Arbeit wichtig sind (ausführliche Informationen zu diesem Thema finden sich bei Pfetzing, K.; Rohde, A.: „Ganzheitliches Projektmanagement“, Band 2 dieser Schriftenreihe). Darüber hinaus wird die Präsentationstechnik als ein Instrument zur Projektinformation dargestellt. Die Projektdokumentation – was wird wie dokumentiert? – ist normalerweise von Unternehmen zu Unternehmen sehr unterschiedlich geregelt, sodass dieses Thema hier nicht behandelt werden soll.

13.2 Projektprioritäten

Normalerweise reichen die personellen und finanziellen Mittel nicht aus, um alle angetragenen Wünsche unmittelbar zu erfüllen. Oft werden auch Wünsche geäußert, die nicht unbedingt erfüllt werden müssen. Nicht alles, was z. B. der Fachbereich gern hätte, ist auch mit einem wirtschaftlich zu vertretenden Aufwand zu bewältigen. Die Prioritätenplanung soll somit zwei Fragen beantworten:

- Welche Projekte müssen – bei begrenzten Ressourcen – überhaupt bearbeitet werden?
- In welcher zeitlichen Folge sollen die anstehenden Projekte abgewickelt werden?

13.2.1 Kriterien für Projektprioritäten

Sollen die beiden genannten Fragen beantwortet werden, sind Entscheidungskriterien notwendig. Um die Vergabe von Prioritäten zu erleichtern und um die Transparenz zu fördern, sollten möglichst wenige Kriterien verwendet werden. Die beiden Hauptkriterien sind

- die Dringlichkeit und
- die Wichtigkeit eines Projekts.

Priorisierung nach Dringlichkeit und Wichtigkeit

Projekte, die gleichzeitig wichtig und dringlich sind, erhalten eine hohe Priorität. Dringliche aber weniger wichtige bzw. wichtige aber weniger dringliche Projekte erhalten eine mittlere Priorität. Weniger wichtige und weniger dringliche Vorhaben rangieren weit hinten oder fallen sogar ganz heraus.

Diese beiden Kriterien können noch weiter unterteilt und operationalisiert werden, wie Abbildung 13.01 zeigt.

Kriterien	Beschreibung
Wichtigkeit	
Art positiver oder negativer Auswirkungen	▪ Was ist das Ziel/Problem? Ist das Ziel/Problem bedeutsam oder relativ unwichtig? ▪ Wie wichtig ist es im Vergleich zu anderen Projekten im Hinblick auf übergeordnete Ziele?
Umfang der Auswirkungen	▪ Sind die Abweichungen von einem gewünschten Sollzustand klein oder groß – unabhängig von der Gewichtung des Ziels/Problems?

Abb. 13.01 (Teil 1): Kriterien für Prioritäten

Kriterien	Beschreibung
Dringlichkeit	
aktuelle Dringlichkeit	■ Wie ist die Dringlichkeit momentan zu beurteilen? Ist das Projekt sehr eilig, eilig oder kann es warten?
tendenzielle Dringlichkeit	■ Würde sich das Ziel/Problem durch „Liegenlassen von selbst erledigen“, oder würde es durch Aufschieben nur schwieriger?

Abb. 13.01 (Teil 2): Kriterien für Prioritäten

In einzelnen Fällen kann es notwendig sein, weitere Kriterien hinzuzuziehen. Einige Beispiele für weitere Kriterien sind:

Weitere Kriterien

- Gesetzliche oder vertragliche Verpflichtungen (wie frei kann darüber entschieden werden, ob und wann ein Vorhaben erledigt wird?)
- Verfügbarkeit von Ressourcen (gibt es ausreichend Personal, finanzielle Mittel?)
- Belastung der Betroffenen (gibt es z. B. unzumutbaren „Änderungsstress“ bei den Betroffenen?)
- Abhängigkeiten zwischen verschiedenen Projekten (muss z. B. ein Projekt fertig sein, ehe mit einem anderen überhaupt begonnen werden kann, oder sollten zwei Projekte direkt nacheinander bearbeitet werden, weil sich daraus Effizienzvorteile ergeben?)
- Abbruch- oder Verschiebungskosten bei bereits begonnenen Projekten.

Wenn eine größere Anzahl von Zielen berücksichtigt wird, ist es sinnvoll, die Nutzwertanalyse (vgl. Kapitel 10.5) zur Vergabe von Projektprioritäten einzusetzen. Einige Unternehmen setzen voraus, dass für Projektideen jeweils ein Business Case zu erstellen ist (vgl. Kapitel 5.5). Mittels der dort errechneten Kennzahlen werden die Projekte priorisiert. Beschränkt man sich auf die Kriterien Wichtigkeit und Dringlichkeit, kann das folgende Rangziffernverfahren verwendet werden.

13.2.2 Rangziffernverfahren zur Vergabe von Prioritäten

Die genannten Kriterien müssen an alle anstehenden Projekte angelegt werden. Dabei kann selten absolut bewertet werden. Vielmehr ist darauf zu achten, dass die Projekte relativ zueinander „richtig“ bewertet werden. Aus diesem Grund empfiehlt sich ein Rangziffernverfahren. Das Projekt, das hinsichtlich eines Kriteriums die höchste Priorität hat, erhält die Rangziffer 1, das Projekt mit der zweithöchsten Priorität erhält die Rangziffer 2 usw. Nach diesem Muster werden anhand aller vier Kriterien Rangziffern vergeben. Diese Rangziffern sind zu addieren. Das Projekt mit der kleinsten Summe erhält die höchste Prioritätsstufe, das mit der zweitkleinsten Summe die zweite Prioritätsstufe usw.

Berücksichtigung von Gewichten möglich

Bei dieser Bewertung wird vereinfachend unterstellt, dass alle Kriterien gleichgewichtig sind. Selbstverständlich können die Kriterien unterschiedlich gewichtet werden, indem die entsprechenden Rangziffern durch Multiplikation mit Konstanten auf- oder abgewertet werden.

Ist nur zwischen drei Projekten zu entscheiden, kann die Stärke dieses Verfahrens nicht sehr überzeugend demonstriert werden. Je mehr Projekte vorliegen, desto schwieriger wird der Überblick, desto größer ist die Versuchung, intuitiv vorzugehen und sich beispielsweise dabei vom Status bzw. vom Durchsetzungsvermögen des Auftraggebers oder von eigenen Präferenzen leiten zu lassen.

Priorisierung fördert Transparenz

Da es sich um ein Bewertungsverfahren handelt, können die Prioritäten natürlich nicht „objektiv richtig“ sein. Die Kriterien und deren Gewichtung sind ebenso subjektiv wie die Vergabe der Rangziffern. Dennoch objektiviert dieses Vorgehen die Bestimmung der Prioritäten. Zum einen werden an alle anstehenden Projekte die gleichen Kriterien angelegt, eine Leistung, die schon bei drei bis vier Projekten im Kopf nicht mehr zu erbringen ist. Zum anderen können zur Bestimmung der Prioritäten mehrere Stellen eingeschaltet werden, wodurch einseitige Urteile ausgeschaltet werden. Vor allen Dingen aber verbessert sich die Position des Beauftragten gegenüber den Auftraggebern. Es ist wesentlich leichter, jemanden davon zu überzeugen, dass ein Projekt noch nicht an der Reihe ist, wenn ihm anhand des Verfahrens verdeutlicht werden kann, weshalb andere Projekte eine höhere Priorität erhalten.

Die Prioritäten sollten periodisch überarbeitet werden, um die neu hinzugekommenen Projektvorschläge oder Projektideen „einzurütteln“.

Abschließend wird in Abbildung 13.02 ein Beispiel für eine Prioritätsermittlung gezeigt.

Zusammenfassung

Wichtigkeit und Dringlichkeit sind die wesentlichen Kriterien zur Bestimmung von Projektprioritäten. Diese Kriterien sollten an alle anstehenden Projekte angelegt werden, um dann über Rangziffern die Prioritäten zu ermitteln.

	Projekt		
	Fakturierung ändern	Mahnwesen ändern	Verkaufsstatistiken erstellen
Wichtigkeit; Art der Auswirkungen	Gegenwärtig können keine Rechnungen erstellt werden	Mahnungen zu spät	Fundierte Beurteilung der Kundenbeziehung fehlt
	Image gegenüber Kunden Liquiditätsverlust Zinsentgang 1	Liquiditäts- und Zinsverlust. Mahnungen auch an gute Kunden. Ärger 3	Erschwerte Kundenansprache Umsatzeinbußen 2
Umfang der Auswirkungen	Betrifft sämtliche Rechnungen Sehr hohe finanzielle Auswirkungen 1	Relativ großer Anteil säumiger Kunden 2	Betrifft vor allem die große Zahl der kleineren und mittleren Kunden 3
Dringlichkeit: aktuell	Sehr groß 1	Nicht allzu dringlich 3	Groß 2
tendenziell	Stark zunehmende Verschärfung 1	Gleichbleibende Problematik 3	Leicht zunehmende Problematik bei starken Aktivitäten der Konkurrenz 2
Rangziffern gesamt	4	11	9
Rangfolge	1	3	2

Abb. 13.02: Beispiel für ein Rangziffernverfahren

13.3 Aufgabenplanung/Projektstrukturplan

Aufgaben als Grundlage der Projektplanung

Die folgenden Aussagen gelten nur für den Fall, dass die Situation eine längerfristige Planung erlaubt. Dies setzt voraus, dass eine zu beherrschende Situation in einem weitgehend stabilen Umfeld vorliegt. Sind diese Bedingungen nicht gegeben, dürften agile Vorgehensweisen sinnvoller sein, in denen eher situativ agiert und reagiert wird (vgl. Kapitel 13.5.6).

Wird ein planbasiertes Vorgehen gewählt, müssen die im Projekt zu erledigenden Aufgaben bekannt sein, ehe alle übrigen Pläne erstellt werden können. Erst wenn bekannt ist, welche Aufgaben (Teilprojekte, Aktivitäten) anstehen, können Aussagen gemacht werden über die benötigten Ressourcen (Mitarbeiter, Sachmittel, Finanzen), über den Zeitbedarf des Projekts und damit über Termine (Start- und Endtermine), über den Projektablauf und Meilensteine im Ablauf sowie schließlich über die Kosten des Projekts. Da aber selbst beim planbasierten Vorgehen immer wieder „Unvorhergesehenes" passiert, ist es gar nicht einfach, alle Aufgaben rechtzeitig zu erkennen.

Zur Aufgabenplanung kann auf drei methodische Hilfen zurückgegriffen werden, die in früheren Kapiteln bereits beschrieben wurden:

- Projektphasen und Planungszyklus (vgl. die Kapitel 2.4.2.1 und 2.4.2.2)
- Systemdenken (vgl. Kapitel 3)
- Technik der Aufgabenanalyse (vgl. Kapitel 7.1).

Aufgaben leiten sich aus Zyklus ab

Die Projektphasen können als (grobe und allgemeine) Aufgabenkomplexe in einem Projekt angesehen werden, die durch den Planungszyklus präzisiert werden. Die Schritte im Planungszyklus können zusammengefasst oder gruppiert werden, wie das folgende Beispiel zeigt (Abbildung 13.03).

Vorstudie durchführen	▪ Ausgangssituation untersuchen ▪ Grobkonzepte erarbeiten und bewerten ▪ Präsentation vorbereiten und durchführen
Hauptstudie durchführen	▪ Informationen über die Ausgangssituation verfeinern ▪ Lösungen für Teilprojekt I erarbeiten und bewerten ▪ Präsentation für Teilprojekt I vorbereiten und durchführen ▪ Lösung für Teilprojekt II erarbeiten und bewerten ▪ Präsentation für Teilprojekt II vorbereiten und durchführen
Teilstudien durchführen	▪ Ausführungsreife Pläne für Teilstudie 1 erstellen ▪ Ausführungsreife Pläne für Teilstudie 2 erstellen
System bauen	▪ Teilprojekt I realisieren ▪ Teilprojekt I testen ▪ Projektdokumentation abschließen ▪ Einführung vorbereiten
Lösung einführen	▪ Indirekt Betroffene informieren ▪ Direkt Betroffene schulen ▪ Einführungsunterstützung bieten

Abb. 13.03: Grobaufgaben, abgeleitet aus Projektphasen und Planungszyklus

Im konkreten Einzelfall wird es normalerweise notwendig sein, die Aufgaben zusätzlich zu konkretisieren und zu detaillieren. Eine wesentliche Hilfe bietet das Systemdenken. Insbesondere das behandelte Modell zur Abgrenzung von Unter- und Teilsystemen (Kapitel 3.3.3) kann dazu beitragen, Teilprojekte zu ermitteln, die geplant, realisiert und eingeführt werden müssen.

Systemdenken zur Ermittlung von Projektaufgaben

Lautet die Aufgabenstellung eines Projektes beispielsweise, einen IT-Benutzerservice einzurichten, dann können mithilfe des Systemdenkens unter anderem folgende Teilprojekte abgeleitet werden:

- Aufgaben des Benutzerservice festlegen (Teilprojekt I)
- Hierarchische Einordnung des Benutzerservice (Teilprojekt II)
- Personelle Besetzung (Teilprojekt III)
- Sachmitteltechnische Ausstattung des Benutzerservice (Teilprojekt IV)
- ... (evtl. weitere Teilprojekte).

In einem nächsten Schritt sind dann der Projektablauf und das Systemdenken miteinander zu verbinden, wie am Beispiel der Hauptstudie auszugsweise gezeigt werden soll (Abbildung 13.04):

Hauptstudie durchführen	Teilprojekt I ▪ Mögliche Aufgaben eines IT-Benutzerservice erheben und analysieren. Stärken und Schwächen des Istzustands ermitteln ▪ Lösungsvarianten für die Zuständigkeiten des Benutzerservice erarbeiten und bewerten ▪ Präsentation für Teilprojekt I vorbereiten und durchführen Teilprojekt II ▪ Lösungsvarianten für Teilprojekt II erarbeiten und bewerten ▪ Präsentation für Teilprojekt II vorbereiten und durchführen Teilprojekt III ... Teilprojekt IV ▪ Heutige Sachmittelausstattung und räumliche Situation untersuchen und würdigen ▪ Marktuntersuchung für geeignete Sachmittel ▪ Lösungsvarianten für die Sachmittelausstattung erarbeiten und bewerten ▪ Präsentation vorbereiten und durchführen.

Abb. 13.04: Aufgabenplanung (Ausschnitt)

Sind die Teilprojekte bekannt, lassen sich relativ einfach die Aufgaben ableiten, die in der weiteren Planung, im Systembau und in der Einführung anfallen.

Die – unabhängig vom Projektablauf ermittelten – Aufgaben werden in einem sogenannten Projektstrukturplan dargestellt, der für dieses Beispielprojekt verkürzt folgendermaßen aussehen könnte (Abbildung 13.05):

Beispiel

Strukturplan zum Projekt „Einrichtung eines Benutzerservice“

Vorstudie	Hauptstudie	Teilstudien	Systembau	Einführung
Ausgangssituation untersuchen Grobkonzepte erarbeiten und bewerten Präsentation vorbereiten und durchführen	Teilprojekte abgrenzen Teilprojekt I Mögliche Aufgaben erheben/analysieren Anforderungen ermitteln Lösungsvarianten für Zuständigkeiten erarbeiten und bewerten Präsentation vorbereiten und durchführen Teilprojekt II Lösungsvarianten für Teilprojekt II erarbeiten und bewerten Präsentation vorbereiten und durchführen	Teilprojekt I Formulierung von Stellenbeschreibungen Teilprojekt II .... Teilprojekt III .... Teilprojekt IV Detaillierte Bedarfsermittlung Sachmittel Pflichtenheft erstellen Angebote einholen Angebote auswerten Entscheidungsvorlage erarbeiten	Teilprojekt I Herstellung der Stellenbeschreibungen Teilprojekt II .... Teilprojekt III .... Teilprojekt IV Bestellen der Sachmittel Installation Tests Schulung zum Sachmitteleinsatz vorbereiten	Teilprojekt I Schulung der Mitarbeiter im Benutzerservice Teilprojekt II .... Teilprojekt III .... Teilprojekt IV Schulung der Anwender Unterstützung in der Einführungsphase

Abb. 13.05: Beispiel für einen Projektstrukturplan

Die im Projektstrukturplan ermittelten Aufgaben werden auf den oberen Ebenen auch als Teilprojekte, auf den mittleren Ebenen als Teilaufgaben und auf der letzten Zerlegungsstufe als Arbeitspakete bezeichnet. Bei der Abgrenzung solcher kleineren Einheiten sind folgende Grundsätze zu beachten (Abbildung 13.06):

Grundsatz	Teilprojekte, Teilaufgaben oder Arbeitspakete sind so abzugrenzen, dass ...
Innerer Zusammenhang	▪ Module entstehen, die möglichst wenige Schnittstellen nach außen aufweisen
Vorhandene Ressourcen	▪ sie auf entsprechend qualifizierte Spezialisten übertragen werden können
Vollständigkeit	▪ vollständig alle im Projekt zu bewältigenden Aufgaben abgedeckt werden
Angemessene Zerlegungstiefe	▪ sie für die Verteilung auf Mitarbeiter, für die Zeit-, Kosten- und Ablaufplanung geeignet sind
Rollende Planung	▪ mit dem Projektfortschritt immer detaillierter und genauer geplant werden kann.

Abb. 13.06: Grundsätze für die Abgrenzung

Zusammenfassung

Die Planung der Aufgaben eines planbasierten Projekts basiert methodisch auf dem Projektablauf, dem Systemdenken und der Aufgabenanalyse. Vollständigkeit, angemessene Tiefe (bei rollender Planung), verteilungsfähige Pakete und möglichst wenige Schnittstellen sind anzustreben, um die Zuordnung auf Aufgabenträger sowie die Planung der Ressourcen, Kosten und Zeiten zu ermöglichen.

An die Aufgabenplanung schließen sich die Ressourcenplanung, die Zeitschätzung, die Kostenschätzung und die Ablaufplanung an, die in den folgenden Abschnitten behandelt werden.

13.4 Ressourcenplanung (-schätzung)

Die Ermittlung der notwendigen Ressourcen für Projekte ist in der Praxis ein sehr schwieriges Kapitel. Normalerweise wird in einem Projekt ja Neuland betreten. Damit sind Überraschungen nahezu programmiert. Es können sich im Laufe des Projekts neue Entwicklungen ergeben, neue Erfahrungen können gemacht, neue oder zusätzliche Anforderungen gestellt werden. Deswegen wird bei iterativen und agilen Vorgehen eher von begrenzten, kleineren Teilprojekten ausgegangen, für die ein bestimmtes Ressourcenbudget festgelegt wird. Beispielsweise wird bei einem iterativen Vorgehen ein Zeitrahmen gesetzt, innerhalb dessen bestimmte Leistungen von einem Team zu erbringen sind. Bei einem agilen Vorgehen hingegen erhält das Team häufig einen Zeitraum, um bestmögliche Ergebnisse zu liefern. Bei einem planbasierten Vorgehen allerdings muss der Projektverantwortliche Aussagen machen über den vermutlichen Bedarf an Ressourcen, ehe überhaupt eine Freigabe für das weitere Vorgehen erteilt wird.

13.4.1 Zeitschätzung

Die Terminplanung (Ablaufplanung) von Projekten umfasst die Planung von

- wichtigen Zwischenterminen (Projekt-Meilensteine)
- Endterminen.

Voraussetzung der Terminplanung ist die Schätzung des zeitlichen Aufwands für die zu erledigenden Aufgaben. Hilfen zur Zeitschätzung sind:

Hilfen für die Zeitschätzung

- Zerlegung des Projekts in übersichtliche Bestandteile (siehe dazu die Ausführungen zum Projektstrukturplan, der evtl. für die Zeitschätzung noch detailliert werden muss)
- systematische Aufzeichnungen über den Zeitbedarf abgeschlossener Teilprojekte, die dann später zum Vergleich verwendet werden können (wenn Aufzeichnungen aus früheren Projekten vorhanden sind, können ähnliche Teilprojekte und deren Zeitbedarf ermittelt werden)
- Berücksichtigung von Sondereinflüssen (z. B. die Qualifikation damaliger und heutiger Mitarbeiter, besondere Erschwernisse oder Erleichterungen)
- Berücksichtigung auch extremer Zeitüber- oder -unterschreitungen, indem z. B. die aus der Netzplantechnik bekannte Formel (Drei-Zeiten-Verfahren) angewandt wird.

$$t' = \frac{1t_p + 4t_w + 1t_o}{6}$$

t' = geschätzte Zeit für den Projektabschnitt

t_p = pessimistische Zeitschätzung

t_w = wahrscheinliche Zeitschätzung

t_o = optimistische Zeitschätzung

In jedem Fall sollte eine Zeitreserve von ca. 10 % von vornherein mit eingeplant werden, die der Projektleitung zum Ausgleich von Zeitüberziehungen zur Verfügung steht.

Die so ermittelten Zeitwerte geben Aufschluss über die Menge des benötigten Personals. Dabei wird eine bestimmte Kompetenz (Qualität) des Personals unterstellt. Außerdem fließen die Zeitwerte in die später noch zu behandelnde Ablaufplanung ein.

13.4.2 Kostenschätzung/Budgetierung

Um die Kosten schätzen zu können, muss der Projektverantwortliche zuvor die Aufgaben im Projekt geplant, den notwendigen Personalbedarf ermittelt und die Beschaffung (Investition) oder Inanspruchnahme von sonstigen Kapazitäten (z. B. IT-Zeiten, Nutzung externer Beratungsleistungen) festgestellt haben. Diese Ressourcen werden mit Kostensätzen versehen und zu einem Budgetantrag verdichtet. Unter einem Budget wird ein finanzieller Rahmen verstanden, der für ein Projekt oder eine Projektphase freigegeben, d. h. von einer entscheidungsberechtigten Instanz zur Verfügung gestellt wird.

Stufenweise Budgets

Üblicherweise wird bei größeren Projekten zu Beginn der Projektplanung nur ein grober finanzieller Gesamtrahmen abgesteckt. Die Freigabe einzelner Teilbudgets erfolgt dann entsprechend dem Projektfortschritt für einzelne Projektphasen.

Aus dem bewilligten Budget muss der Projektleiter bei arbeitsteiliger Projektbearbeitung Teilbudgets auf Projektbearbeiter bzw. auf verschiedene Projektgruppen aufteilen. Dabei sollten von vornherein 10 % nicht freigegeben, sondern für unvorhergesehene Aufwendungen einbehalten werden.

Die Budgetplanung erfolgt ebenso wie die Terminplanung rollend; d. h., nachdem bestimmte Meilensteine erreicht wurden, wird ein Soll-Ist-Vergleich vorgenommen und die Schätzung des zukünftigen Zeit- bzw. Kostenaufwands präzisiert. So können rechtzeitig Über- oder Unterschreitungen erkannt werden. Die veränderten Plangrößen werden dann Bestandteil der Vorschläge für die folgenden Aufträge in dem Projekt. Wenn diese Vorschläge bewilligt werden, bestehen neue verbindliche Termin- und Budgetvorgaben.

Zusammenfassung

Bei der Ressourcenplanung geht es um die (rollende) Planung von Zeiten und Kosten für die im Projekt zu erledigenden Aufgaben. Aus dem Zeitbedarf kann auf die Menge und Qualität des benötigten Personals geschlossen werden. Für die Kostenschätzung werden der notwendige Personalbedarf, die geplanten Anschaffungen und die Inanspruchnahme sonstiger Kapazitäten ermittelt, mit Kostensätzen versehen und im Budget verdichtet. Bei größeren Projekten wird das Budget in Teilbudgets aufgeteilt und entsprechend dem Projektfortschritt für einzelne Projektphasen freigegeben.

13.5 Ablaufplanung von Projekten

13.5.1 Balkendiagramm

Ressourcen und Zeitverbrauch

Balkendiagramme werden nach ihrem geistigen Vater auch Gantt-Diagramme genannt. Sie sind wohl die älteste Technik zur Darstellung von Projektabläufen und bestehen aus einem zweidimensionalen Koordinatensystem. Horizontal wird üblicherweise ein Zeitmaßstab eingetragen, vertikal werden Aufgabenträger oder Sachmittel dargestellt, um abzubilden, zu welcher Zeit diese Kapazitäten genutzt werden. Alternativ können der Vertikalen auch Aufgaben zugeordnet werden, um darzustellen, wie viel Zeit die Erledigung der Aufgaben beansprucht.

Werden in der Vertikalen Aufgaben dargestellt, spricht man auch von einem Auftrags- bzw. Projektfortschrittsplan, der für die Planung kleinerer oder mittlerer Projekte eingesetzt werden kann. Die Länge der Balken gibt die geplante und/oder tatsächliche Dauer für die Durchführung der einzelnen Projektaufgaben an. Die Lage der Balken zueinander bildet zeitliche Abhängigkeiten ab. Damit müssen die Aufgaben (Teilaufgaben, Projektschritte, Aktivitäten) ebenso bekannt sein wie ihr voraussichtlicher Zeitbedarf.

Für das Balkendiagramm sowie für die Netzplantechnik wird ein gemeinsames Beispiel als Grundlage verwendet, um dadurch auch die Vorteile und Grenzen der beiden Verfahren besser erkennen zu können. Es handelt sich um einen Verlag, in dem die Herausgabe eines neuen Buches geplant wird. Die folgende Vorgangsliste zeigt, welche Teilaufgaben anfallen, wie groß der Zeitverbrauch ist und welche Aufgaben erfüllt sein müssen, damit später folgende Aufgaben begonnen oder abgeschlossen werden können.

Nr.	Name	Beschreibung	Dauer in Tagen	Berechnetes Ende	VG	NF
1	Start	Projektbeginn	0	10.03.		2
2	Vertrag	Vertrag abschließen	5	16.03.	1	3; 5; 6
3	Manuskript	Manuskript herstellen	30	27.04.	2	4; 7
4	Satzvorbereitung	Satzvorbereitung des Manuskripts	15	18.05.	3	9
5	Angebote	Angebote einholen	5	23.03.	2	9
6	Info Handel	Information des Handels	15	06.04.	2	14
7	Werbungsvorbereitung	Vorbereitung der Werbung	20	25.05.	3	8

Abb. 13.07 (Teil 1): Vorgangsliste (Beispiel)

Nr.	Name	Beschreibung	Dauer/ Tage	Berechnetes Ende	VG	NF
8	Werbung	Werbung	25	29.06.	7	14
9	Satz	Satz der Texte	20	15.06.	4; 5	10; 11
10	Korrekturen	Korrektur der gesetzten Texte	15	06.07.	9	12
11	Zeichnungen	Anfertigen der Zeichnungen	20	13.07.	9	12
12	Umbruch	Layout	10	27.07.	10; 11	13
13	Herstellung	Einrichten, Druck, Buchbinden	10	10.08.	12	14
14	Ende	Projektende	0	10.08.	13; 6; 8	

Abb. 13.07 (Teil 2): Vorgangsliste (Beispiel)

VG = Vorgänger (welche Aufgaben müssen fertig sein, damit mit dieser Aufgabe begonnen werden kann?)

NF = Nachfolger (welche Aufgaben können erst nach dieser Aufgabe begonnen werden?)

In Abbildung 13.08 wird ein Balkendiagramm mit den Planwerten gezeigt.

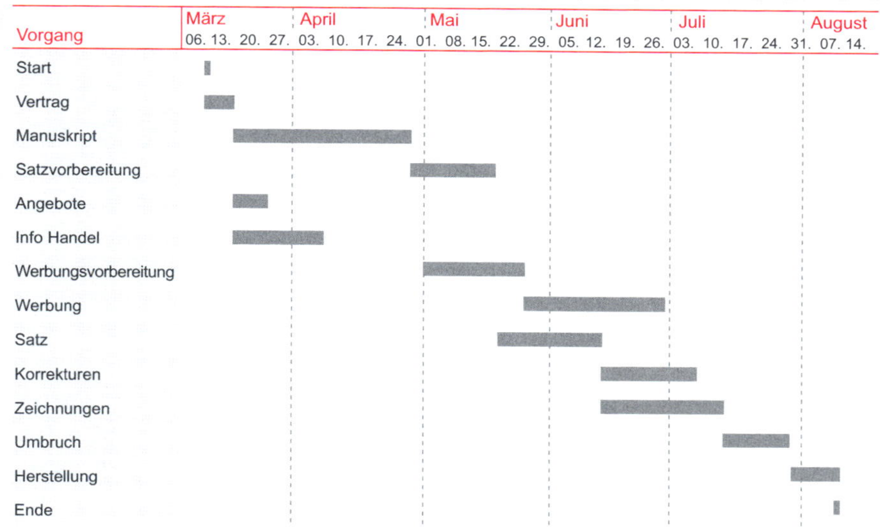

Abb. 13.08: Balkendiagramm mit Planwerten

In das gleiche Diagramm können dann auch die tatsächlich eingetretenen Istwerte eingetragen werden. Beginnt eine Aufgabe später oder dauert sie länger als geplant, hat das u. U. Auswirkungen auf andere Aufgaben. Dieser Effekt tritt immer dann ein, wenn der Start einer Aufgabe den Abschluss einer anderen Aufgabe voraussetzt (z. B. muss das Manuskript fertiggestellt sein, ehe mit der Satzvorbereitung begonnen werden kann). Unter Umständen führt das dann sogar zu einer Verspätung des ganzen Projekts, wenn es im weiteren Verlauf keine Zeitreserven mehr gibt.

Durch die Berücksichtigung von Plan- und Istwerten ist das Balkendiagramm ein geeignetes Werkzeug zur Projektkontrolle und Projektsteuerung.

Zusammenfassung

In einem Balkendiagramm in der Form des Projektfortschrittplans können Projektabläufe grafisch dargestellt werden. Diese Technik eignet sich bei kleinen und mittleren Projekten. Ist- und Planwerte können einfach dargestellt und verglichen werden.

13.5.2 Netzplantechnik

13.5.2.1 Grundlagen

Die Netzplantechnik ist ein Verfahren zur Planung, Kontrolle und Steuerung großer Projekte. Sie ist eine grafische Darstellungstechnik für die Ablaufstruktur eines Projekts wie auch eine Rechentechnik, mit der Projektdauer, Anfangs- und Endtermine der Vorgänge (Teilaufgaben), Kapazitätsbedarf und Kostenverlauf geplant bzw. ermittelt werden können. Für die Netzplantechnik wurden leistungsfähige IT-Programme entwickelt. Dadurch wird die Akzeptanz dieser Planungstechnik erheblich gesteigert.

Im Einzelnen unterstützt die Netzplantechnik die in den folgenden Abschnitten behandelte

- Ablaufstrukturplanung
- Zeitplanung
- Kapazitätsplanung
- Kostenplanung.

Es gibt verschiedene Typen von Netzplänen. Hier soll ein weit verbreiteter Typ, der sogenannte Vorgangsknoten-Netzplan, vorgestellt werden. Die Knoten des Netzes stellen Vorgänge und die Pfeile (Kanten) stellen Folgebeziehungen dar.

13.5.2.2 Ablaufstrukturplanung

Mithilfe der Strukturplanung soll die Ablaufstruktur eines Projekts grafisch dargestellt werden. Zuerst müssen die zu erledigenden Aufgaben (Vorgänge) ermittelt und die Reihenfolge der Bearbeitung – was muss fertig sein, um mit diesem Vorgang zu beginnen, was kann erst begonnen werden, nachdem dieser Vorgang beendet ist? – festgelegt werden. Hier soll auf das Beispiel in Abbildung 13.07 zurückgegriffen werden. Abbildung 13.09 zeigt aufgrund dieser Angaben einen Netzplan.

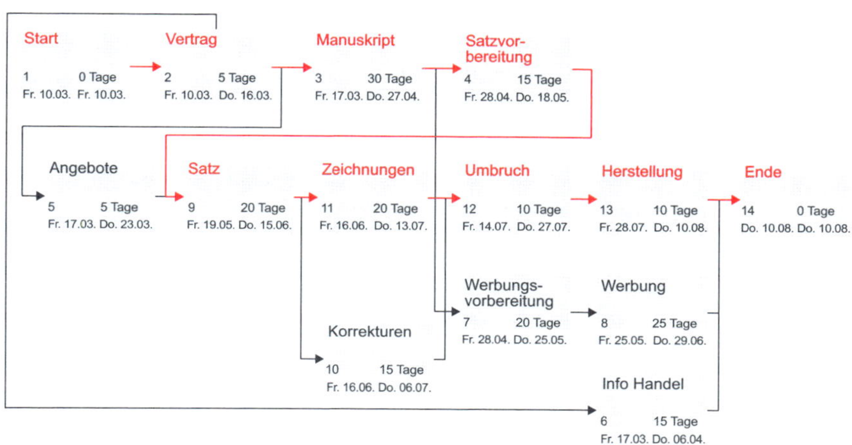

Abb. 13.09: Netzplan (Beispiel)

Die Netzplantechnik unterstützt die Struktur-, Zeit-, Kosten- und Kapazitätsplanung von Projekten. Mithilfe eines Netzplanes kann die Ablaufstruktur eines Projekts grafisch dargestellt werden.

Zusammenfassung

13.5.2.3 Zeitplanung

Ziele der Zeitplanung sind:

- Ermittlung der Projektdauer und damit des Endtermins
- Bestimmung der Anfangs- und Endtermine der einzelnen Vorgänge
- Ermitteln der Pufferzeiten, d. h. der Zeitreserven je Vorgang
- Feststellung des sogenannten kritischen Weges, d. h. des Weges durch das Projekt, auf dem keinerlei Zeitreserven zur Verfügung stehen – zeitliche Verzögerungen auf diesem Weg führen also zu einer Verschiebung des Endtermins.

Bei der Zeitplanung werden folgende Schritte durchlaufen:

Vorgehen

1. Ermittlung der Dauer jedes Vorgangs
2. Bestimmen der frühesten zeitlichen Lage jedes Vorgangs (Start- und Endtermin)
3. Bestimmen der spätesten zeitlichen Lage jedes Vorgangs
4. Errechnen der Zeitreserven je Vorgang
5. Errechnen der Projektdauer
6. Ermitteln des kritischen Weges.

Ermitteln der Dauer jedes Vorgangs

Als geschätzte Zeiten werden die Vorgangsdauern aus der Abbildung 13.07 zugrunde gelegt. Sie werden in Tagen gemessen. Bei Projekten bis zu einer Woche empfehlen sich Stunden als Zeiteinheit. Bei Projekten, die länger als ein halbes Jahr dauern, sind Wochen geeignete Zeiteinheiten.

Bestimmen der frühesten Lage sowie des frühesten Endes jedes Vorgangs

Die frühestmöglichen Anfangszeitpunkte werden ermittelt, indem beim Starttermin beginnend vorwärts gerechnet wird. Damit ergibt sich auch das frühestmögliche Ende jedes Vorganges.

Bestimmen der spätesten zeitlichen Lage jedes Vorganges

Wenn einmal unterstellt wird, dass der späteste Endtermin des Projekts als der 15. September festgelegt wird (und nicht der 10.08. als frühestmöglicher Termin), dann ergibt sich die späteste zeitliche Lage durch eine Rückwärtsrechnung, d. h. vom Endtermin werden die Zeiten abgezogen, die die Vorgänge beanspruchen. Spätester Starttermin für die Werbung ist somit der 15. September minus 25 Arbeitstage, d. h. der 14. August. Spätester Starttermin für die Vorbereitung der Werbung ist der 14. August minus 20 Arbeitstage, d. h. der 17. Juli usw. Hat ein Vorgang zwei oder mehr Vorgänger, dann ist der späteste Starttermin abhängig vom längeren Weg. So ist der späteste Starttermin für die Manuskripterstellung von dem spätesten Termin für die Satzvorbereitung abhängig und nicht vom spätesten Termin für die Werbungsvorbereitung.

Ermittlung der Zeitreserven je Vorgang

Zeitreserven werden in der Netzplantechnik „Pufferzeiten" genannt. Innerhalb dieser Zeitreserven kann ein Vorgang verschoben oder verlängert werden, ohne die Projektdauer zu gefährden. Sie erweitern damit den Gestaltungsspielraum des Planers. Besonders wichtig ist die Gesamtpufferzeit. Sie sagt aus, um wie viele Zeiteinheiten ein Vorgang verlängert oder nach vorne gezogen werden kann, sodass der oder die Nachfolger gerade noch zum spätesterlaubten Anfangszeitpunkt beginnen können. Man errechnet die Gesamtpufferzeit eines Vorgangs, indem man vom spätesten Endzeitpunkt den frühesten Endzeitpunkt subtrahiert. In der Abbildung 13.09 verfügen alle Aufgaben, die grau dargestellt sind, über Zeitreserven. Sie liegen damit nicht auf dem kritischen Weg.

Ermitteln der Projektdauer und des kritischen Weges

Der kritische Weg ist der zeitlängste Weg durch das Projekt, d. h. der Weg, auf dem keine Zeitreserven mehr zur Verfügung stehen. Die Projektdauer ist identisch mit dem zeitlängsten Weg.

Die Ergebnisse der Berechnungen für den frühestmöglichen Fertigstellungstermin dieses Projekts finden sich in Abbildung 13.10.

Name	Beschreibung	Berechneter Anfang	Berechnetes Ende	Dauer
Start	Projektbeginn	10.03.	10.03.	0
Vertrag	Vertrag abschließen	10.03.	16.03.	5
Manuskript	Manuskript herstellen	17.03.	27.04.	30
Satzvorbereitung	Satzvorbereitung des Manuskripts	28.04.	18.05.	15
Angebote	Angebote einholen	17.03.	23.03.	5
Info Handel	Information des Handels	17.03.	06.04.	15
Werbungsvorbereitung	Vorbereitung der Werbung	09.05.	25.05.	20
Werbung	Werbung	06.06.	29.06.	25
Satz	Satz der Texte	19.05.	15.06.	20
Korrekturen	Korrektur der gesetzten Texte	16.06.	06.07.	15
Zeichnungen	Anfertigen der Zeichnungen	16.06.	13.07.	20
Umbruch	Umbruch/Layout	14.07.	27.07.	10
Herstellung	Einrichten, Druck, Buchbinden	28.07.	10.08.	10
Ende	Projektende	10.08.	10.08.	0

Abb. 13.10: Zeitplanung mithilfe der Netzplantechnik (Beispiel)

Zusammenfassung

Mit der Zeitplanung werden Projektdauer, früheste und späteste Anfangs- und Endtermine, der kritische Weg und die Pufferzeiten ermittelt. Diese Werte ergeben sich durch Vorwärts- bzw. Rückwärtsrechnung.

13.5.2.4 Kapazitätsplanung

Jeder Schätzung über den Zeitverbrauch bestimmter Vorgänge liegt eine Annahme über die Zahl der einzusetzenden Aufgabenträger und sonstiger Ressourcen zugrunde. Da die früheste und späteste Lage der Vorgänge bereits errechnet wurden, kann vorausgesagt werden, innerhalb welcher Zeiträume wie viele Aufgabenträger und sonstige Ressourcen benötigt werden, vorausgesetzt, die Leistung dieser Kapazitäten ist bekannt.

Grafische Darstellung des Kapazitätsbedarfs

Wenn bei einzelnen Vorgängen Pufferzeiten vorhanden sind, können die Vorgänge verschoben werden mit dem Ziel, die vorhandenen Kapazitäten möglichst gut zu nutzen. In der Abbildung 13.11 sind zwei Kapazitätsanforderungsprofile dargestellt, je eines für den frühest möglichen (FA) und eines für den spätest möglichen (SA) Anfang der Tätigkeiten. Diese Profile zeigen den Kapazitätsbedarf im Zeitablauf des Projekts.

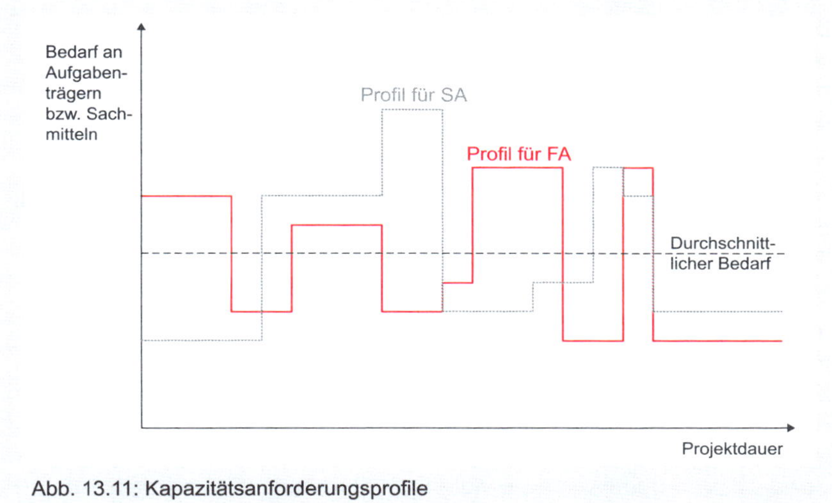

Abb. 13.11: Kapazitätsanforderungsprofile

Ziel der Planung kann es nun sein, möglichst gleichmäßig die Kapazitäten zu nutzen, d. h. so nahe wie möglich an den durchschnittlichen Bedarf heranzukommen, oder aber auch bewusst Spitzen einzuplanen, etwa wenn benötigte Ressourcen für dieses Projekt nur zu bestimmten Zeiten zur Verfügung stehen.

13.5.2.5 Kostenplanung

Prinzipiell ähnelt die Kostenplanung der Kapazitätsplanung. Es werden die Kosten ermittelt, die jeder Vorgang verursacht. Die Addition der einzelnen Vorgangskosten ergibt die Gesamtkosten. In einem Koordinatensystem kann analog zur Kapazitätsbedarfskurve der Projektkostenverlauf in Abhängigkeit von der zeitlichen Lage der Vorgänge ermittelt und dargestellt werden.

Zusammenfassung

Kapazitätsanforderungsprofile werden für den frühesten Anfang und den spätesten Anfang ermittelt. Durch die Verschiebung der Vorgänge mit Pufferzeiten kann der Bedarf an die verfügbaren Kapazitäten angepasst werden. Analog können die Kosten der Vorgänge ermittelt und dargestellt werden.

13.5.3 Planung und Steuerung in agilen Projekten

Wie in Kapitel 2.2.1 dargestellt, ist eine (vollständige) Vorabplanung eines Projekts nicht sinnvoll, falls davon auszugehen ist, dass sich Ziele, Anforderungen oder Umfeldbedingungen im Laufe des Projekts (erheblich) ändern. Dann sind normalerweise iterative und insbesondere agile Vorgehensmodelle die bessere Wahl.

Planung je Iteration

Die weiter oben bereits erwähnte rollende Planung wird dann intensiv genutzt. Die Planung der Iterationen (in Scrum als Sprints bezeichnet) findet häufig zu Beginn der jeweiligen Iteration statt. In Scrum treffen sich die Projektmitglieder zum sogenannten Sprint Planning (vgl. Kapitel 2.6.6.2).

Kanban-Board

Als typisches Werkzeug kommt dabei das in Kapitel 2.6.7.1 vorgestellt Kanban-Board zum Einsatz. Es umfasst alle (bislang bekannten) Anforderungen und Aufgaben. Anforderungen, die zur Umsetzung anstehen, liegen dabei meistens im Format einer User-Story vor (vgl. Kapitel 8.2.4).

Burn-down-Chart

Zur Ermittlung des Fortschritts und zur Steuerung der jeweiligen Iteration nutzt das Team ein sogenanntes Burn-down-Chart. Es zeigt an, wie viel der geplanten Arbeit bereits erledigt wurde und wie die Prognose bis Sprintende ausfällt. Dazu wird zu Beginn der Iteration für jede umzusetzende User-Story der Umsetzungsaufwand geschätzt und in sogenannten Story-Points angegeben. Aus den bislang absolvierten Iterationen (mit ihren jeweiligen Burn-down-Charts) ergibt sich, wie viele Story-Points das Team in einer Iteration umsetzen kann, wie viel Arbeit also bewältigt werden kann. Aus diesen Erfahrungen wird ein Story-Point-Zielwert für die anstehende Iteration abgeleitet. Von diesem Zielwert ausgehend werden täglich die umgesetzten Story-Points subtrahiert. Idealerweise „brennt" der Kurvenverlauf des Charts bis zum Ende der Iteration auf Null herunter; dann wären alle Anforderungen bzw. User-Storys umgesetzt, die für die Iteration geplant worden sind.

Abbildung 13.12 zeigt ein Beispiel für ein Burn-down-Chart am 8. Tag mit einem Zielwert von 250 Story-Points für diese Iteration.

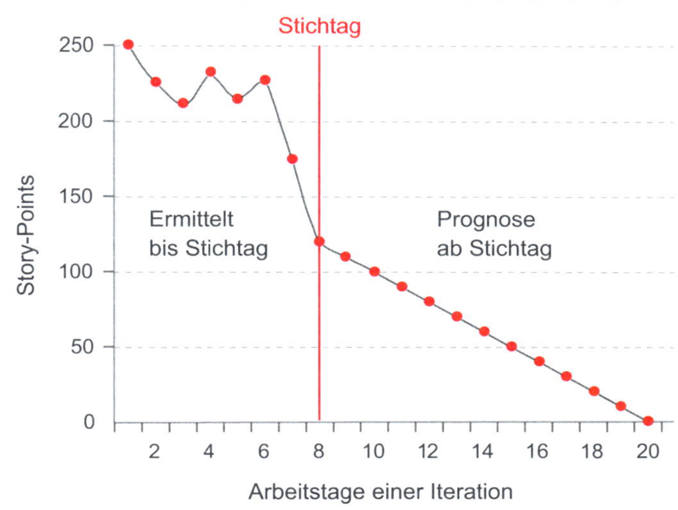

Abb. 13.12: Burn-down-Chart (Beispiel)

13.6 Präsentationstechnik

13.6.1 Präsentation im Rahmen des Projektablaufs

Hier sollen einige grundlegende Bemerkungen zur Präsentationstechnik gemacht werden. Eine ausführliche Darstellung findet sich bei CIEZKI, N.; PAULSEN, W.: „Techniken der Präsentation“ (Band 6 dieser Schriftenreihe).

Die folgenden Ausführungen sind vor allem bei umfangreichen Vorhaben und einem planbasierten Vorgehen relevant. Bei agilen Ansätzen steht eher die Vorstellung und Abstimmung des Ergebnisses mit den direkt Betroffenen vor Ort und mit den Entscheidern im Vordergrund (beispielsweise im Vorgehensmodell Scrum im sogenannten Sprint-Review).

Bei einem planbasierten Vorgehen in einem kleineren betrieblichen Vorhaben wird eine Präsentation vor der eigentlichen Entscheidungssitzung fällig, also vor dem sogenannten Systembau. Hier soll von den Entscheidungsberechtigten (Lenkungsausschuss) grünes Licht eingeholt bzw. eine Entscheidung für eine von mehreren Konzeptionen gefällt werden. Bei umfangreichen Vorhaben finden im Laufe der Projektarbeit häufig mehrere Präsentationen mit unterschiedlichen Inhalten und unterschiedlichen Zwecken statt.

Drei verschiedene Anlässe von Präsentationen können unterschieden werden:

Ziele von Präsentationen

- Präsentation zur Entscheidungsfindung
- Präsentation zur Information
- Präsentation zur Meinungsbildung.

Präsentationen zur Entscheidungsfindung

Vor Lenkungsausschuss präsentieren

Entscheidungspräsentationen finden zu ereignisorientierten Entscheidungspunkten statt (z. B. nach Vorstudie, vor Einführung) und u. U. auch zu zeitpunktorientierten Entscheidungspunkten (z. B. alle vier Wochen). Sie ähneln Verkaufssitzungen. Der Leiter der Projektgruppe präsentiert allein oder mit seinen Projektmitarbeitern vor dem Entscheider, um grünes Licht für die Fortführung des Projekts zu erhalten, oder um zu erfahren, welchen Weg sie weiterverfolgen sollen.

Präsentationen zur Information

Bei den Präsentationen zur Information stehen die Ergebnisse fest. Es sind keine Entscheidungen zu fällen. Die Veranstaltungen dienen dazu, entwickelte und verabschiedete Lösungen vorzustellen, zu erläutern und zu begründen. Sie unterstützen die Politik der offenen Tür während der Projektarbeit und die Einführung neuer Lösungen.

Präsentationen zur Meinungsbildung

Beteiligung von Stakeholdern

Bei Präsentationen zur Meinungsbildung – häufig auch Workshop genannt – soll weniger ein geplantes Ergebnis verkauft, als vielmehr eine breite gemeinsame Basis für Lösungen gefunden werden. Stakeholder, wie z. B. Mitglieder des betroffenen Bereiches, werden mit Lösungsansätzen und offenen Fragen konfrontiert. Die Beteiligung der vom Vorhaben Betroffenen bringt neben sachlichen Hinweisen normalerweise auch psychologisch positive Folgen mit sich. Durch die Beteiligung wird meistens eine Identifikation mit dem Projekt erreicht. Die Ergebnisse der Projektarbeit werden eher akzeptiert. Aus diesen Überlegungen heraus sollte regelmäßig geprüft werden, ob und in welchem Umfang Präsentationen zur Meinungsbildung abzuhalten sind.

Präsentationen sind Verkaufsveranstaltungen

Präsentationen bieten viele Chancen, bergen allerdings immer auch Risiken in sich. Gelingt eine Präsentation, gewinnt die Projektgruppe Vertrauen. In der Einführung werden tendenziell weniger Widerstände zu überwinden sein. Eine Präsentation ist eine Leistungsschau der Projektverantwortlichen, nicht eine lästige Pflichtübung. Misslungene Präsentationen sind häufig auf eine mangelhafte Vorbereitung oder Durchführung, nicht auf schlechte Sachlösungen zurückzuführen. Die Vorbereitung kann in zweierlei Hinsicht mangelhaft sein: Zum einen sind möglicherweise elementare technische Regeln nicht beachtet worden, und zum anderen wurde die psychologische Komponente der Präsentation unterschätzt. Was für den geschulten Verkäufer ein Gemeinplatz ist, wird von Projektleitern nicht immer ausreichend beachtet: Neben rationalen, sachorientierten Argumenten muss die Befindlichkeit der Beteiligten, müssen Wünsche, Bedürfnisse, Befürchtungen, Werthaltungen, Erfahrungen bewusst berücksichtigt und angesprochen werden.

Zusammenfassung

Hinsichtlich ihrer Zielsetzung können Präsentationen zur Entscheidungsfindung, zur Information und zur Meinungsbildung unterschieden werden.

13.6.2 Vorbereitung der Präsentation

Adressatenanalyse, Teilnehmerkreis

Die richtigen Ansprechpartner finden und korrekt einschätzen

Für den Erfolg einer Präsentation ist es sehr wichtig, die richtigen Adressaten zu finden und sie korrekt einzuschätzen. Die Wahl der Adressaten hängt zum einen ab vom Ziel der Präsentation und zum anderen von den Interessen, die von Stakeholdern in das Projekt hineingetragen werden (zu den Stakeholdern siehe Kapitel 5.3). Der Teilnehmerkreis sollte klein gehalten werden (maximal 15 bis 20 Teilnehmer, bei meinungsbildenden Präsentationen deutlich weniger), da andernfalls aus der Präsentation ein Vortrag wird und sie nicht zu einer gemeinsamen Diskussion führt.

Bei der Analyse der Adressaten sind unter anderem die folgenden Punkte zu beachten:

- Welche Ziele verfolgen die Adressaten?
- Welche Einstellung zu den Präsentationsinhalten ist zu erwarten?
- Welches Vorwissen bringen sie mit?
- Was wollen, was sollen sie wissen?
- Welche Einwände sind zu erwarten? (siehe dazu Pro- und Contra-Spiel in Kapitel 10.8)
- Welches Interesse kann vorausgesetzt werden?
- Wer sind die Schlüsselpersonen?
- Welche Erwartungen haben sie an die Präsentation (Visualisierung, Medieneinsatz, Beteiligung etc.)?

Die Ergebnisse der Adressatenanalyse sind Grundlage für eine adressatengerechte Argumentation und für eine angemessene Vorbereitung und Durchführung der Präsentation selbst.

Information, Raum

Entscheider vor großen Überraschungen bewahren

Die Vorabinformation der Teilnehmer beschränkt sich auf technische Daten. Ort, Zeit, voraussichtliche Dauer, Teilnehmer, Begründung, Thema und Ziel der Veranstaltung sind mitzuteilen. Im Normalfall sollten keine Informationen über Inhalte, Lösungsansätze, Thesen usw. vorab gegeben werden. Derartige Vorabinformationen führen zu Diskussionen und Meinungsbildungsprozessen vor der Präsentation, die nicht beeinflusst werden können. Die Teilnehmer kommen dann u. U. schon mit fest gefügten Standpunkten in die Präsentation und sind nicht mehr offen für einen gemeinsamen Meinungsbildungsprozess. Allerdings sollte bei wichtigen Entscheidern bereits im Vorfeld der Präsentation geklärt werden, ob grundsätzliche Bedenken gegen die beabsichtigten Vorschläge bestehen, bzw. ob die mit dem Projekt verbundenen Erwartungen voraussichtlich erfüllt werden. Dazu muss für diese Zielgruppe der „Schleier" vorher schon ein wenig gelüftet werden.

Raum

Die Präsentation sollte möglichst in einem Raum stattfinden, in dem die benötigten technischen Hilfsmittel verfügbar sind. Beamer oder ein großer Fernseher, Tafeln (Whiteboards), Flipcharts und Pinnwände sollten selbstverständliche Utensilien jedes Präsentationsraumes sein.

Träger und Arbeitsteilung

Arbeitsteilige Präsentation

Die Vortragsphase einer Präsentation, die normalerweise nicht länger als 15 bis 20 Minuten dauern sollte, kann vom Projektleiter, vom rhetorisch geschicktesten Mitglied der Projektgruppe oder von mehreren Mitgliedern der Projektgruppe bestritten werden. Für den Projektleiter spricht die Übersicht über das gesamte Projekt und die Übung im Umgang mit Menschen, insbesondere mit Vorgesetzten. Für den rhetorisch Begabtesten spricht die Überzeugungskraft, die von einem gekonnten Vortrag ausgeht. Die Mehrheit der Argumente scheint jedoch für den Einsatz mehrerer Mitglieder der Projektgruppe zu sprechen. Ein Wechsel der Präsentierenden weckt neues Interesse und erhöht damit die Aufmerksamkeit. Allerdings darf der Wechsel nicht zu häufig stattfinden – maximal drei Präsentierende in 15-20 Minuten –, da der Wechsel sonst eher störend wirkt und zu viel Aufmerksamkeit durch die jeweils neue Person absorbiert wird. Darüber hinaus spricht für die arbeitsteilige Präsentation, dass der jeweilige Fachmann der Projektgruppe – wenn er ausreichend rhetorisch geschickt ist – über sein Spezialgebiet Auskunft geben kann. Schließlich – und dieses Argument wiegt aus Führungsüberlegungen heraus schwer – haben auf diese Weise mehrere Mitarbeiter Gelegenheit, aus dem Schatten der Anonymität herauszutreten und ihre eigene Arbeit vorzustellen. Diese Chance erhöht die Motivation und die Identifikation mit dem Projekt.

Vortragsphase						Diskussionsphase
	Themenfelder					
Einführung - Thema/Ziel - Beteiligte - Ablauf - Regeln	Istzustand	Probleme/ Ziele	Varianten	Bewertung der Ergebnisse	Zusammenfassung, Überleitung	Moderation durch Projektleiter
Projektleiter	Projektmitarbeiter				Projektleiter	

Abb. 13.13: Ablauf und Arbeitsteilung einer Präsentation

Projektleiter als Klammer und Moderator

Wenn mehrere Mitarbeiter präsentieren, ist der Projektleiter für den Rahmen zuständig. Er erläutert zu Beginn Zielsetzung und Themenschwerpunkte und stellt die Präsentierenden vor. Nach den Teilpräsentationen fasst er die Ergebnisse stichwortartig zusammen und leitet in die nächste Phase – Diskussionsphase – über. Diese Arbeitsteilung führt zu einer „Sandwich-Präsentation". Der Projektleiter fungiert als Klammer, die Projektmitarbeiter bringen die eigentlichen Sachaussagen. Dadurch wird die Rolle des Projektleiters bewusst neutralisiert, ohne dass seine Verantwortlichkeit für das Projekt verwischt wird. Der Projektleiter hat sich nicht selbst zu sehr als Partei engagiert, was seine Moderationsrolle in der Diskussionsphase wesentlich erleichtert.

Diese Diskussionsphase folgt auf die Vortragsphase und dauert üblicherweise 45-60 Minuten.

Struktur

Die Struktur einer Präsentation wird in Abbildung 13.13 skizziert. Hier sollen die einzelnen Themenfelder etwas eingehender dargestellt werden. Jede Präsentation umfasst in der Vortragsphase nach den einleitenden Bemerkungen die folgenden vier Themenfelder, die normalerweise auch in dieser Reihenfolge zu behandeln sind:

Themenfelder einer Präsentation

1. Istzustand
2. Anforderungen, Probleme des Istzustandes bzw. Ziele dieses Projekts (was soll verbessert werden?)
3. Mögliche Lösungsvarianten
4. Bewertung der Lösungsvarianten und Empfehlung.

Diese Themenfelder sind allerdings, abhängig von Zielgruppe und der Zielsetzung der Präsentation, unterschiedlich intensiv zu behandeln (vgl. Abbildung 13.14).

Der Istzustand ist den von der Lösung Betroffenen normalerweise bekannt; die Entscheidungsberechtigten dürfte er kaum interessieren. Bei einer Präsentation zur Meinungsbildung kann es jedoch notwendig sein, die Ausgangssituation etwas ausführlicher darzustellen, besonders wenn nicht alle den gleichen Informationsstand besitzen.

Ziele besser als Probleme

Anforderungen an die Lösung ergeben sich oft aus den Problemen des Istzustandes. Deswegen müssen die Soll-Ist-Abweichungen normalerweise ausführlich geschildert werden, da aus ihnen die Begründung für die vorgeschlagenen Lösungsvarianten abgeleitet werden kann. Bei einer Informationspräsentation können aufgetretene Probleme eher im Hintergrund bleiben. Psychologisch dürfte es besser sein, nicht von den Problemen sondern von Verbesserungsmöglichkeiten (Zielen) zu sprechen. Damit können insbesondere die Betroffenen und deren Vorgesetzte meistens besser umgehen.

Die Beschreibung der Varianten sollte speziell in einer Entscheidungspräsentation sehr kurz gefasst werden, da die Entscheider sich mit den grundsätzlichen Vor- und Nachteilen, mit der Eignung der Lösungen auseinandersetzen sollten, nicht mit den Lösungsdetails. Präsentationen vor den späteren Benutzern können demgegenüber detailliertere Ausführungen über die Varianten erfordern.

Normalerweise sollten in Entscheidungspräsentationen und in Meinungsbildungspräsentationen mehrere Varianten vorgestellt werden. Nur so lässt sich der Eindruck vermeiden, dass die Anwesenden vor vollendete Tatsachen gestellt werden sollen. Gleichzeitig wird deutlich, dass die Projektträger sich bemüht haben, den gesamten Bereich möglicher Lösungen zu untersuchen.

Vom Ziel zur Empfehlung – durchgängig argumentieren

Die Bewertung der Ergebnisse sollte bei allen Präsentationen (ausgenommen Informationspräsentationen) den breitesten Raum einnehmen. Nur wenn es gelingt, überzeugend die Vorteile der favorisierten Lösung herauszuarbeiten, ist zu erwarten, dass der Vorschlag angenommen wird. Die Argumentation wirkt in der Bewertung besonders schlüssig, wenn – möglichst auch optisch – deutlich gemacht wird, dass die früher genannten Probleme durch den favorisierten Lösungsvorschlag beseitigt werden bzw. die angestrebten Ziele auch erreicht werden können. Grundsätzlich steigt das Vertrauen in die Seriosität der Präsentation, wenn die Präsentierenden von sich aus Schwachstellen nennen. Allerdings sollte dann eine überzeugende Liste von Vorteilen vorbereitet sein, die ein eindeutiges Übergewicht haben müssen. Das bereits erwähnte Pro- und Contra-Spiel kann dazu beitragen, frühzeitig mögliche Schwächen zu erkennen und sich argumentativ darauf vorzubereiten.

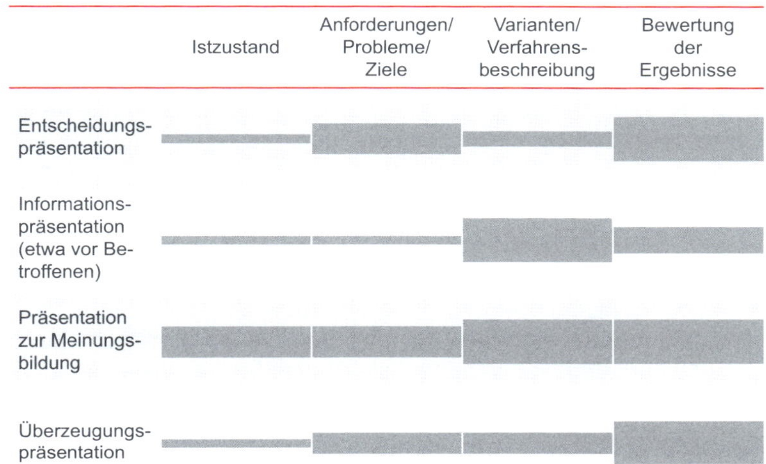

Abb. 13.14: Zeitanteile in der Vortragsphase einer Präsentation

Der Vortragsteil einer Präsentation besteht normalerweise aus vier Themenfeldern (Ist, Anforderungen/Probleme/Ziele, Varianten, Bewertung), die abhängig vom Ziel und abhängig von den Beteiligten zeitlich unterschiedlich zu gewichten sind. Besonders wichtig ist es, mögliche Gegenargumente rechtzeitig zu erkennen und zu entschärfen.

Zusammenfassung

Visualisierung

Die Technik der Visualisierung ist ein wichtiges Instrument der Projektarbeit. Einem Sprichwort zufolge sagt ein Bild mehr als tausend Worte. Aus dieser allgemeinen Formulierung lassen sich die Vorteile der Visualisierung ableiten:

Visualisierung durch Bild und Text

- leichteres Erkennen von Zusammenhängen
- Aufmerksamkeitswirkung
- Orientierungshilfe für Vortragenden wie Zuhörende bzw. Diskussionspartner
- Hervorheben von Aussagen
- Besseres Behalten von Gesehenem und Gehörtem.

Da zur Visualisierung nicht nur der Einsatz von Bildern, sondern auch von Texten zählt, kann auch eine Diskussion visualisiert werden, indem die wichtigsten Aussagen für alle ersichtlich stichwortartig festgehalten werden. Dadurch liegt nach Ablauf der Sitzung gleich ein (lebendes) Stichwort-Protokoll vor. Für beide Formen der Visualisierung, Text und Bild, gelten unterschiedliche Regeln und Gesetzmäßigkeiten, die im Folgenden skizziert werden.

Erklärungsbedürftige Stichworte

Visualisierung durch Text kann mit erklärungsbedürftigen Stichworten oder mit selbst sprechenden Aussagen erfolgen. Für die Präsentation empfiehlt sich zumeist das erklärungsbedürftige Stichwort; dies weckt die Neugier des Zuhörers, während bei selbst sprechenden Aussagen leicht die Aufmerksamkeit vom Präsentierenden auf die Texte übergeht. Die Teilnehmer lesen die Aussagen durch, lehnen sich zurück und schalten ab.

Aussagen, Vor- und Nachteile sollten in dem Umfang visualisiert werden, wie sie das Nachvollziehen des Vortrags, das Erkennen der Zusammenhänge erleichtern. Zusätzlich kann eine Visualisierung an Stelle eines Manuskriptes dem Präsentierenden als Leitfaden dienen. Er schützt sich durch die Visualisierung davor, vom beabsichtigten Weg abzuweichen und wichtige Aussagen zu vergessen.

Inhalt wichtiger als perfekte Form

Einige technische Regeln zur verbalen Visualisierung sind zu beachten. So muss die Schriftgröße auf die Größe des Raumes und die Zahl der Teilnehmer abgestellt sein. Farben sind ein wichtiges Mittel, um bedeutsame Aussagen herauszustellen. Weitere Formen für Hervorhebungen sind Unterstreichungen, Einrahmungen, Unterlegung, Wechsel von Groß- und Kleinschreibung. Es ist zu beachten, dass die Anforderungen an die Qualität der Visualisierung – insbesondere bei Folien und Tischvorlagen – aufgrund der immer besseren Unterstützung durch geeignete Tools deutlich gestiegen sind.

Vor- und Nachteile, Einsparungen, Mengen-, Zeit- oder Wertrelationen sollten bildhaft dargestellt werden. Durch eine geschickte Aufbereitung können manche Aussagen wesentlich besser „rübergebracht" werden. Diese Darstellungen können in Software-Tools für Präsentationen mit relativ geringem Aufwand angefertigt werden. Technische Hinweise sollen sich hier auf die Herstellung und einige Grundregeln beschränken:

Regeln für die Visualisierung

- Wenige Aussagen pro Folie bzw. Bild
- nicht zu viele Bilder (1-2 pro Folie)
- Vergleiche nebeneinander abbilden
- Verwendung von Farben zur Hervorhebung
- nicht mehr als 3 Farben pro Bild/Folie
- wichtige Aussagen ins Bildzentrum
- Harmonie von Bild und Text
- gute Nutzung der Fläche.

Als letztes soll hier noch auf die technischen Hilfsmittel der Präsentation eingegangen werden. Zur Verfügung stehen beispielsweise Tafel (Whiteboard), Flipchart, Pinnwand oder Beamer. Sie sind je nach Darstellungsinhalt, räumlichen Gegebenheiten, Teilnehmerkreis etc. unterschiedlich geeignet. Eine Beurteilungshilfe soll Abbildung 13.15 bieten.

Kriterien \ Hilfsmittel	Tafel/ Whiteboard	Flipchart (Papierständer)	Pinnwand (Weichfaserplatten)	Papierbögen/ Packpapier	Beamer
Anschaffungskosten	+	+	+	++	-
Unterhaltungskosten	++	-	++	++	+
Transportierbar	+-	+	o	++	+
Dauerhafte Dokumentation	-	+	o	+	o
Duplizierbar	-	+-	o	-	+
Anforderungen an den Raum	+	+	-	+	o
Vorbereitungszeitaufwand	+	+	o	+	+
Gleichzeitig mehrere Darstellungen möglich	-	+	+	+	-
Platzbedarf	-	+	+	+	+
Aktiviert Teilnehmer zu Ergänzungen	+	+	+	++	-
Entwickeln von Aussagen	-	+	+	++	++

Abb. 13.15: Bewertungsmatrix für Visualisierungshilfsmittel

Zusammenfassung

Die textliche und bildliche Visualisierung wichtiger Ergebnisse und Aussagen helfen Präsentierenden und Teilnehmern. Eine ansprechende optische Aufbereitung, bei der elementare technische Regeln beachtet werden, fördert die Verständigung und erhöht die Akzeptanz.

Unterlagen

Sofern nicht der Umweltgedanke, „papierloses Arbeiten" oder ähnliches dagegenspricht, kann eine Präsentation durch papierbasierte Unterlagen für die Teilnehmer unterstützt werden. Alternativ bieten sich elektronische Unterlagen an.

Es gilt das Prinzip Qualität vor Quantität. Zu viele Unterlagen (auch in elektronischer Form) lenken von der eigentlichen Präsentation ab. Zu ausführliche Texte verhindern ebenfalls aufmerksames Zuhören. In geraffter Form sollten die wichtigsten Aussagen zur Verfügung gestellt werden. Besonders ist darauf zu achten, dass alle visualisierten Sachverhalte in den Teilnehmerunterlagen enthalten sind. Das ist ein Schutz gegen technische Pannen – Beamer fällt aus oder jemand hat seine Brille vergessen – und kommt dem offensichtlich elementaren menschlichen Bedürfnis entgegen, Gesehenes auch zu Hause/am Arbeitsplatz nutzen zu können.

Unterlagen ankündigen

Es empfiehlt sich, die Teilnehmer zu Beginn der Sitzung darauf hinzuweisen, dass nach Abschluss der Präsentation eine aussagekräftige analoge oder digitale Dokumentation zur Verfügung gestellt wird. Das verhindert Aufmerksamkeit bindendes Mitschreiben oder Blättern in den Unterlagen.

13.6.3 Durchführung der Präsentation

13.6.3.1 Einleitung

Neben der Begrüßung der Teilnehmer und einigen technischen Informationen (Vorstellung der Beteiligten, Zeitdauer, Trennung in Vortrags- und Diskussionsphase, Regeln) dient die Einleitung insbesondere auch dazu, das Interesse zu wecken und den Anwesenden das Ziel der Präsentation und damit die Erwartungen an ihren Beitrag zu verdeutlichen. Wichtig für den Erfolg der Präsentation ist es auch, ganz zu Beginn eine positive Beziehung zu den Anwesenden aufzubauen (Sympathiefeld).

13.6.3.2 Vortragsphase

Konzentrationsspanne beachten

Wie schon erwähnt, gliedert sich eine Präsentation in eine Vortrags- und in eine Diskussionsphase. Die Vortragsphase sollte etwa 1/4 der Präsentationszeit nicht überschreiten, insgesamt normalerweise nicht länger als 15-20 Minuten dauern. Das bedingt im Regelfall Mut zur Lücke und eine Konzentration auf die wichtigsten Aussagen. Langwierige Vorträge führen schnell zu sinkender Konzentration bei den Zuhörern.

Rhetorisches Geschick gefragt

Es versteht sich von selbst, dass in dieser Phase die Regeln der Rhetorik gelten, wie freie Rede, Blickkontakt, Variation der Lautstärke und Modulation, Gestik, Mimik usw. Sind die Präsentatoren in der Kunst der freien Rede wenig geübt, sollten Präsentationen zuvor trainiert werden.

13.6.3.3 Diskussionsphase

Ausreichend Zeit für die Diskussion

Die Diskussionsphase sollte etwa 3/4 der Präsentationszeit einnehmen. Je nach Präsentationsziel gilt es, Anregungen zu erhalten, offene Fragen zu klären, zu Einwänden Stellung zu nehmen, Bedenken zu zerstreuen oder die Teilnehmer positiv einzustimmen. Der Projektleiter dient als Moderator zwischen Teilnehmern und Projektgruppenmitgliedern; er fasst die Ergebnisse zusammen und sorgt für die Beteiligung der Anwesenden. Einige bewährte Beteiligungstechniken, die dazu beitragen sollen, die Teilnehmer zum Mitdenken, zu Kritik, zu Verbesserungsvorschlägen etc. zu aktivieren, sollen hier genannt werden.

Motivation zur Mitarbeit

Eine wichtige Beteiligungstechnik ist das „motivierende Gruppenverhalten". Der Moderator versucht, die Diskussion zu aktivieren, indem er Diskussionsregeln bekannt gibt, z. B. Beschränkung der Redezeit, Visualisierung aller gemachten Aussagen etc. Er versucht, möglichst alle Teilnehmer einzubeziehen, spricht auftretende Spannungen offen an und versucht auf diesem Wege, sie zu beseitigen, verhindert sogenannte Killerphrasen, geht auf die Gruppenmeinung ein, d. h. er moderiert statt zu leiten.

Anonyme oder offene Abfragen

Zur Beteiligung der Teilnehmer können auch Abfragetechniken verwendet werden. Wenn in kurzer Zeit Tatbestände, Daten, Erfahrungen, Haltungen, Einstellungen usf. gesammelt werden sollen, kann dieses auf dem Weg einer offenen oder einer anonymen schriftlichen Befragung geschehen. Mit anonymen Abfragen gelingt es eher, auch schweigsame Teilnehmer zur Mitarbeit zu bewegen. Diese Technik eignet sich insbesondere, wenn auch unkonventionelle Äußerungen erwartet werden, zu denen man sich unter Umständen in der Gruppe nicht trauen würde. Wichtig sind eine präzise Abgrenzung und eine verständliche Formulierung des Themas. Zur weiteren Bearbeitung der Gedanken ist es sinnvoll, dass die Teilnehmer ihre Gedanken stichwortartig auf Karten oder in einem Tool festhalten, das eine Kollaboration ermöglicht.

Visualisierung der Abfragen

Schließlich sollen hier – ohne Anspruch auf Vollständigkeit – noch Techniken genannt werden, die dazu dienen können, die Meinung der Teilnehmer etwa über Prioritäten, Präferenzen, Schwerpunkte usw. festzustellen. Beim Punktverfahren erhält jeder Teilnehmer einige selbstklebende Punkte, die er bei der Abfrage z. B. auf die seiner Ansicht nach beste(n) Variante(n), wichtigsten Fälle usf. verteilt, d. h. er klebt sie an die entsprechende Stelle in einem vorbereiteten Schema. Da diese Abfrage nicht anonym ist, können allerdings die Ergebnisse erheblich verzerrt werden, wenn starke „Meinungsführer" anwesend sind und andere Teilnehmer deren vermutete Erwartungen erfüllen möchten.

Ergebnisse einfordern und bewusst machen

Bei der Informationspräsentation werden am Ende der Diskussionsphase die Lösungen vom Projektleiter zusammengefasst, dargestellt und es werden die weiteren Schritte erläutert. Bei einer Präsentation zur Meinungsbildung und bei Entscheidungspräsentationen werden ebenfalls die erarbeiteten Ergebnisse zusammengefasst und der Projektfortschritt aufgezeigt. Zusätzlich muss aber versucht werden, von den Anwesenden eine Entscheidung bzw. das Signal einer Zustimmung zu erhalten, da die weitere Arbeit am Vorhaben unmittelbar davon abhängt.

13.6.3.4 Abschluss

Der Projektleiter fasst die wichtigsten Resultate zusammen, schildert das beabsichtigte weitere Vorgehen und bedankt sich für die Zusammenarbeit mit den Adressaten.

13.6.3.5 Auswertung der Präsentation

Abschlussprotokoll und Manöverkritik

Nach Abschluss der Präsentation ist ein Protokoll anzufertigen sofern nicht das oben erwähnte Stichwort-Protokoll als ausreichend erscheint. Daran sollten möglichst alle Mitglieder der Projektgruppe mitarbeiten, um Fehlinterpretationen und Missverständnisse zu vermeiden. Das Protokoll ist allen Teilnehmern sowie den verhinderten Mitgliedern des Lenkungsausschusses zuzuleiten. Es sollte sich auf das Wesentliche beschränken (Ergebnisprotokoll). Ein nicht innerhalb gewisser Frist beanstandetes Protokoll sollte vereinbarungsgemäß als verabschiedet gelten.

Weiter empfiehlt sich eine Manöverkritik in der Projektgruppe, sowohl aus inhaltlicher Sicht wie auch aus Sicht der Präsentation selbst. Pannen, Probleme, aber auch Erfolge sollten analysiert werden, um aus den Erfahrungen für weitere Präsentationen zu lernen.

Zusammenfassung

Während der Präsentation ist neben der sachlichen Argumentation bewusst zu versuchen, ein Sympathiefeld aufzubauen. Nach der Vortragsphase (etwa 15-20 Minuten) folgt die Diskussionsphase (2- bis 3-fache Zeit der Vortragsphase), deren Effizienz durch den gezielten Einsatz von Visualisierungs- und Beteiligungstechniken gesteigert werden kann. Nach Abschluss der Präsentation muss ein Protokoll angefertigt werden. Die Projektgruppe sollte anschließend eine Manöverkritik durchführen.

Literatur zu Kapitel 13

Bingel, C.: Visualisieren. 2. Aufl., Freiburg 2012

Burke, R.: Project Management Techniques. 3. Aufl., o. O. 2019

Ciezki, N.; Paulsen, W.: Techniken der Präsentation. 7. Aufl., Gießen 2012

Daenzer, W. F.; Huber, F. (Hrsg.): Systems Engineering. Methodik und Praxis. 11. Aufl., Zürich 2002

Hierhold, E.: Sicher präsentieren – wirksamer vortragen. 7. Aufl., Heidelberg 2006

Litke, H.-D.: Projektmanagement. Methoden, Techniken, Verhaltensweisen. 5. Aufl., München 2007

Nöllke, C.; Schmettkamp, M.: Präsentieren. 3. Aufl., Freiburg 2016

Pfetzing, K.; Rohde, A.: Ganzheitliches Projektmanagement. 7. Aufl., Gießen 2020

Schnelle-Cölln, T.; Schnelle, E. : Visualisieren in der Moderation. Eine praktische Anleitung für Gruppenarbeit und Präsentation. Hamburg 1998

Schulenburg, N.: Exzellent präsentieren: Die Psychologie erfolgreicher Ideenvermittlung – Werkzeuge und Techniken für herausragende Präsentationen. Wiesbaden 2018

Seifert, J. W.: Visualisieren – Präsentieren – Moderieren. 33. Aufl., Offenbach 2015

14 Einführung betrieblicher Neuerungen

Ziele dieses Kapitels – Was können Sie erwarten?

- Sie wissen, welche laufenden Maßnahmen zur Förderung der Akzeptanz von Lösungen ergriffen werden können
- Sie kennen die wichtigsten Adressaten der Einführung und deren Informationsbedürfnis
- Sie kennen die zentralen Inhalte, die in einer Einführung zu vermitteln sind, und kennen unterschiedliche Verfahren der Einführung
- Sie kennen die Vor- und Nachteile unterschiedlicher Träger der Einführung
- Sie kennen wichtige Regeln, die bei einer Einführung zu beachten sind.

14.1 Maßnahmen zur Akzeptanzsteigerung

Die wirksamsten Wege, um Akzeptanz zu fördern und Widerstände abzubauen, wurden schon in Kapitel 1 genannt. Diese Maßnahmen sind auch geeignet, die Einführung von Lösungen zu fördern. Sie sollen zur Erinnerung aufgelistet werden:

Einführung beginnt mit dem Projektstart

- Beteiligung der Betroffenen (Stakeholder)
- laufende Information der Betroffenen über die Ziele des Vorhabens und über den Projektfortschritt
- Berücksichtigung der Ziele der Betroffenen
- adressatengerechte Argumentation
- Gewinnen von Sponsoren
- Selbstverständnis des Projektverantwortlichen als „Berater" (Inhouse Consultant)
- gut vorbereitete Einführungen.

Vermarkten des Projektes

Die Summe aller Maßnahmen, die dazu beitragen, dass neue Lösungen auch akzeptiert und getragen werden, wird als Projektmarketing bezeichnet. Das Projektmarketing stellt eine Kernaufgabe des Projektleiters dar. Der gute Projektverantwortliche ist immer auch ein guter Verkäufer. Das ist bei heiklen Projekten sogar noch wichtiger als die fachliche/inhaltliche Qualifikation, die durch entsprechende Experten in das Projekt eingebracht werden kann.

Projektbegleitende Maßnahmen

Stakeholder können (und sollten) während aller Planungsphasen eines Projektes eingebunden werden. Ihre Beteiligung fördert die Chancen, dass sie ihre Interessen vertreten können und anschließend für die gewählte Lösung

Verständnis aufbringen, selbst wenn ihre Vorstellungen nicht in allen Punkten umgesetzt werden konnten. Diesem Ziel dient auch die projektbegleitende Information wichtiger Stakeholder. Diese Information sollte spätestens beginnen, wenn die definitive Entscheidung für das Vorhaben gefallen ist.

Die systematische Erarbeitung der Anforderungen in allen Planungsphasen stellt sicher, dass die Ziele der Betroffenen bekannt und – soweit möglich und sinnvoll – umgesetzt werden. Diese wenigen Hinweise sollen zeigen, dass das Fundament für eine erfolgreiche Einführung bereits in den frühen Planungsphasen eines Projekts gelegt wird.

In größeren Projekten kann die Einführung als ein eigenständiges Teilprojekt angesehen werden. Bei einem planbasierten Vorgehen startet dieses Teilprojekt in der Hauptstudie, spätestens aber in den Teilstudien.

Bei iterativen und agilen Projekten wird Wert gelegt auf nützliche (Teil-)Ergebnisse (sogenannte Inkremente), die möglichst in jeder Iteration bzw. jedem Sprint entstehen sollen. Ob diese (Teil-)Ergebnisse dann jeweils direkt eingeführt werden oder „gebündelt" nach mehreren Iterationen, hängt von der inhaltlichen Ausgestaltung des Projekts ab. Die folgenden Ausführungen gelten auch für iterative und agile Projekte; die „Intensität" der Aktivitäten mag bei der Einführung kleinerer Teilergebnisse entsprechend geringer ausfallen.

14.2 Vorbereiten der Einführung

Zur Einführung sind Entscheidungen über die folgenden Sachverhalte zu fällen (Abbildung 14.01).

Vorbereitung der Einführung	
Adressaten	Wer ist zu informieren/schulen?
Inhalte	Was müssen/sollen die Adressaten wissen?
Form	Wie wird informiert (schriftlich/mündlich)?
Träger	Wer übernimmt die Einführungsaktivitäten?
Verfahren	Welche Modalität wird gewählt (schlagartige, stufenweise oder parallellaufende Einführung)?
Zeit und Ort	Wann und wo findet die Einführung statt?

Abb. 14.01: Themen der Vorbereitung

Wer ist zu informieren/schulen?

Abhängig vom Informationsbedarf können verschiedene Gruppen von Adressaten unterschieden werden (Abbildung 14.02).

Adressaten, die Informationen über was (Beispiele) benötigen	Adressaten, die Informationen über was und warum benötigen	Adressaten, die Informationen über was, warum und wie (Training) benötigen
■ Mitarbeiter, die es lediglich wissen sollten (weil sie nicht selbst betroffen sind) ■ Kunden ■ Lieferanten ■ Öffentlichkeit	■ Management ■ Mitarbeiter des betroffenen Bereiches, der betroffenen Bereiche ■ andere Stakeholder	■ Anwender ■ eigentliche Benutzer ■ Wartungsspezialisten ■ „entlastete", freigesetzte Mitarbeiter

Abb. 14.02: Welche Informationen für welche Adressaten?

Was müssen die Adressaten wissen?

Grundsätzlich können folgende wichtige Themenbereiche unterschieden werden, die jedoch adressatengerecht ausgewählt und gewichtet werden müssen (Abbildung 14.03).

Themenbereiche der Einführung

Inhalte der Information an die Adressaten	
	■ Istzustand, Ausgangssituation ■ Angestrebte Verbesserungen, Anforderungen, Probleme im Istzustand und Ursachen für die Probleme ■ Untersuchte Lösungsvarianten ■ Beschreibung der vorgeschlagenen Lösung ■ Vorteile und Nachteile der vorgeschlagenen Lösung, Hintergründe für die Lösung, Behandlung von Einwänden ■ Beschreibung und Demonstration der Anwendung der Lösung ■ Unterstützung in der Anwendung während der Lernphase

Abb. 14.03: Katalog der Informationsinhalte

Wie wird informiert?

Eine Einführung kann

- ausschließlich schriftlich
- schriftlich und mündlich (Präsentation, Schulung)
- nur mündlich

erfolgen.

Schriftliche Einführung als Ausnahme

Es wurde schon erwähnt, dass für die Einführung eine Benutzerdokumentation erstellt werden muss. Dabei kann es sich beispielsweise um Arbeitsanweisungen, Stellenbeschreibungen, Organigramme oder Bedienungsanleitungen handeln. Solche Dokumente sind notwendig, normalerweise jedoch nicht hinreichend. Als Regel muss gelten: Keine Einführung ohne schriftliche Unterlage, aber auch keine Einführung nur auf dem Schriftweg. Dazu einige Begründungen:

- Kein Papier kann auch nur annähernd so gut verkaufen wie eine Person
- Kein Dokument kann so umfassend informieren, dass keine Fragen offenbleiben
- Die meisten Menschen lesen solche Dokumente nur flüchtig oder gar nicht (nicht ohne Grund spricht man von Hardware, Software und Schrankware – mit letzterer sind dann solche Dokumentationen gemeint), sodass sich in der Einführungsphase Probleme ergeben können, die dann den Projektverantwortlichen angelastet werden.

Organisatorische Neuerungen sollten erst in Präsentationen vorgestellt und erläutert werden (siehe dazu Kapitel 13.6). Bei veränderten Abläufen, neuen IT-Anwendungen und dem Einsatz neuer Sachmittel sollten die Mitarbeiter Gelegenheit bekommen, die Neuerungen einzuüben. Diese Übungen sollten von Fachleuten begleitet werden.

Direkte Ansprache in Kleingruppen

Präsentationen zur Einführung sollten grundsätzlich nur vor kleinen Gruppen stattfinden. Besonders geeignet sind Gruppen bis maximal 12-15 Teilnehmer. In einem kleinen Kreis hat fast jeder Beteiligte noch den Mut, Fragen zu stellen. Man kann individuell auf die Einzelnen eingehen. Bei großen Veranstaltungen bleiben demgegenüber Fragen offen. Sie werden dann später mit den Kollegen besprochen. Erfahrungsgemäß ist das eine Quelle für Missverständnisse und unterschiedliche Interpretationen.

Wird bei der Einführung an Geräten trainiert, z. B. bei der Einführung neuer Software, dann können in einer ersten Phase durchaus zwei Übende je Arbeitsplatz vorgesehen werden. Zwei Personen können sich gegenseitig helfen und dabei dennoch sehr intensiv trainieren. Wenn es um die Festigung und Vertiefung der Handhabung geht, sollte für jeden Mitarbeiter ein eigener Übungsarbeitsplatz bereitgestellt werden. Nutzt jeder Übende ein eigenes Gerät, sollte ein Betreuer maximal 8-10 Teilnehmer gleichzeitig begleiten.

Wer übernimmt die Einführung?

Die Einführung kann von unterschiedlichen Mitarbeitergruppen übernommen werden. Infrage kommen:

- Mitarbeiter aus dem Projekt (z. B. Mitarbeiter aus Organisation oder Business-Analyse)
- Speziell dafür vorbereitete Mitarbeiter – sogenannte Multiplikatoren, die sich immer dann anbieten, wenn eine große Anzahl Betroffener zu informieren bzw. zu schulen ist. Hier können wiederum drei verschiedene Gruppen unterschieden werden:
  - Spezialisten der Aus- und Weiterbildung (Schulungsspezialisten)
  - Mitarbeiter in den Fachabteilungen, die – normalerweise als Nebenaufgabe – bestimmte Betreuungsfunktionen bei organisatorischen oder IT-Anwendungen übernommen haben. Solche Mitarbeiter werden auch als ORG-/IT-Koordinatoren in den Fachbereichen bezeichnet. Sie können eine wichtige Rolle als Multiplikator in der Einführung neuer Anwendungen übernehmen. Sie dienen darüber hinaus auch als erste Anlaufstelle bei Fragen zu bereits eingeführten Anwendungen (sogenannter „First level support"). Außerdem wirken sie als Ansprechpartner bei Neuentwicklungen mit.
  - Vorgesetzte der betroffenen Fachbereiche (z. B. Abteilungs- oder Gruppenleiter, Filialleiter), die normalerweise nicht direkt von den Anwendungen betroffen sind.

Multiplikatoren

Diese Lösungen bringen Vor- und Nachteile mit sich, die in der folgenden Übersicht (Abbildung 14.04) beispielhaft genannt werden.

Träger der Einführung			
	Multiplikatoren		
Mitarbeiter aus dem Projekt	Spezialisten der Aus- und Weiterbildung	ORG-/IT-Koordinatoren	Vorgesetzte im Fachbereich
+ Sachkenntnis im Projekt hoch + Motivation für Projekt eher hoch	+ Schulungsspezialisten + ausreichend Zeit für Einführung	+ gute Kenntnis der Fachabteilung + hohe Akzeptanz in der Fachabteilung möglich + mittel- bis langfristig hohes Wissenspotenzial (wichtiger Ansprechpartner im Fachbereich)	+ hohe Autorität + signalisiert, dass die Linie hinter der Lösung steht
- Akzeptanz gelegentlich gering - Sachkenntnis über Fachabteilung eher gering - Kapazität für weitere Projekte blockiert	- Projektkenntnisse gering - Fachabteilungskenntnisse eher gering - Motivation für Projekt u. U. eher gering	- Projektkenntnis u. U. eher gering	- Sachkenntnis im Projekt eher gering - Motivation kann gering sein (Alibi-Information) - Hierarchische Position behindert Rückfragen

Abb. 14.04: Vor- und Nachteile der Träger der Einführung

Sorgfältige Vorbereitung von Multiplikatoren

Beim Einsatz von Multiplikatoren ist zu beachten, dass diese Mittler sehr gründlich vorzubereiten sind. Das bei der Einführung verwendete Material ist zentral zu erstellen und gut aufzubereiten, da sonst Fehlinterpretationen und Missverständnissen Tür und Tor geöffnet sind. Ein Schneeballsystem – Multiplikatoren schulen Multiplikatoren – hat sich in der Praxis weniger bewährt.

Wie wird zeitlich eingeführt?

Bei der Einführung können insbesondere drei Formen unterschieden werden:

- schlagartige Einführung
- stufenweise Einführung
- parallellaufende Einführung.

Bei der schlagartigen Einführung wird zu einem festen Termin von dem alten auf das neue Verfahren umgestellt. Diese Einführungsform birgt zwar das größte Risiko in sich, führt aber in aller Regel zu weniger Brüchen und Übergangslösungen. Komplizierte technische Systeme lassen sich oft nur schlagartig einführen, weil aus Kapazitäts- oder Kostengründen ein anderer Weg nicht beschritten werden kann, oder weil die Nutzung einer Teilanwendung den Betrieb anderer Anwendungsbestandteile voraussetzt.

Volle Nutzung = volles Risiko

Eine stufenweise Einführung liegt vor, wenn Teillösungen nacheinander eingeführt werden oder wenn verschiedene Organisationseinheiten nicht gleichzeitig umgestellt werden – beispielsweise werden Lösungen in ausgewählten Einheiten pilotiert. Die stufenweise Einführung von Teillösungen bietet sich immer dann an, wenn das Vorhaben in kleinere, voneinander relativ unabhängige Pakete aufgegliedert werden kann, und wenn es möglich ist, für die Übergangszeit die Schnittstellenprobleme zu lösen. Damit wird das Einführungsrisiko auf ein einzelnes Teilprojekt reduziert. So könnten beispielsweise erst das Modul für die Standardfälle und später die Module für die Spezialfälle eingeführt werden. Organisationseinheiten nach und nach umzustellen wird oft bevorzugt, wenn es mehrere Anwender für die gleiche Lösung gibt – z. B. Umstellung einer von mehreren Geschäftsstellen. Generell dominiert bei einem iterativen oder agilen Vorgehen die stufenweise Einführung von Teilergebnissen.

Teillösungen oder Pilotanwendungen

Das mit Abstand sicherste, aber auch aufwendigste Einführungsverfahren ist der Parallellauf. Im strengsten Sinne werden in der Einführungsphase alle anfallenden Geschäftsfälle doppelt bearbeit. Die alte und die neue Lösung laufen für eine bestimmte Zeit parallel, bis die neue Anwendung ausreichend stabilisiert ist. Häufig wird eine neue Lösung eingeführt, die alte Lösung aber als Ausfallverfahren (Backup) genutzt. Das neue Verfahren wird zwar grundsätzlich angewendet, wenn es „abstürzen" sollte, geht man zum alten Verfahren zurück (man fällt in das aufgespannte Sicherheitsnetz). Was sich so einfach anhört, birgt in der Praxis meistens eine Fülle von Schnittstellenproblemen, speziell an den Übergängen von dem neuen auf das alte Verfahren und zurück.

Parallellauf: Kosten gegen Sicherheit

Wann und wo finden die Einführungsmaßnahmen statt?

In diesem Zusammenhang sind unter anderem die folgenden zeitlichen Aspekte zu planen:

- Zeitpunkte von Informationsveranstaltungen und Schulungen
- die voraussichtliche Zeitdauer dieser Veranstaltungen
- Zeitpunkte des Versands von Informationsmaterial
- Zeitrahmen, innerhalb dessen die Einführung als Ganzes abgeschlossen sein muss, wenn also zum Tagesgeschäft übergegangen werden soll.

Außerdem sind die Orte der Veranstaltungen, die dazu notwendige räumliche und technische Infrastruktur zu planen und zu reservieren bzw. bereitzustellen.

Zusammenfassung

Bei der Planung der Einführung ist zu bestimmen, welchen Adressaten welche Sachverhalte vermittelt werden müssen. Die Einführung sollte möglichst nicht nur auf dem schriftlichen Weg stattfinden. Bei einer großen Anzahl Betroffener kann es sinnvoll sein, Schulungsspezialisten oder Koordinatoren als Multiplikatoren einzusetzen. Multiplikatoren müssen sehr gründlich vorbereitet werden. Abhängig vom Einführungsrisiko und von den Kosten ist zu entscheiden, ob schlagartig, stufenweise oder parallellaufend eingeführt wird. Zeiten und Orte der Einführung sind festzulegen.

14.3 Grundsätze der Einführung

Hier sollen einige zusätzliche Hinweise gegeben werden, die bei der Durchführung einer Einführung zu beachten sind. Die Regeln in der Einführung lauten:

- Mitarbeiter nicht überfordern
- persönliche Betreuung vor Ort
- Hotline für Rückfragen einrichten
- alte Regelungen außer Kraft setzen
- Stabilisieren der Lösung.

Nicht überfordern

Es hört sich wie eine Selbstverständlichkeit an, und dennoch wird in der Praxis dagegen verstoßen: Die Mitarbeiter sollten durch die Einführung nicht überfordert werden. Das bedeutet zum einen, dass nicht zu viel auf einmal eingeführt wird – etwa nach dem Motto: „Wenn wir schon mal dabei sind, können wir das auch noch mit erledigen". Zum anderen bedeutet es, sich der subjektiven Belastung der Betroffenen bewusst zu sein, die „kleine" Veränderungen (aus der Sicht der Projektbeteiligten) oft gar nicht als klein empfinden.

Routine erschwert das Umlernen

Mitarbeitern, die immer wieder an Veränderungen mitwirken und die vorwiegend in Projekten arbeiten, fällt es oft besonders schwer, sich in die Rolle der Betroffenen hinein zu versetzen. Während es das tägliche Brot der Projektmitarbeiter ist, sich mit Neuerungen zu beschäftigen und mit ihnen umzugehen, lebt der erfolgreiche Mitarbeiter in der Fachabteilung von und mit gewohnten Arbeitsweisen und bewährtem Wissen. Man könnte auch von fest gespeicherten Programmen dieses Mitarbeiters sprechen. Je fester die Programme „verdrahtet" sind und je mehr Programme ein Mitarbeiter gespeichert hat, desto „erfahrener" ist er. Diesem unbestreitbaren Vorteil der Erfahrung steht aber der Nachteil gegenüber, dass es sehr schwerfällt, solche Programme zu löschen oder zu verändern – jeder Sportler mit eingeübten Bewegungen oder Taktiken kann ein Lied davon singen. Aber gerade das verlangt eine Reorganisation oder die Einführung anderer Neuerungen.

Persönlich betreuen vor Ort

Anlaufprobleme überdecken Stärken der Lösung

Die Erfahrung der Mitarbeiter in den Fachabteilungen bietet auch eine Erklärung dafür, dass es nach der Einführung von Neuerungen normalerweise erst einmal schlechter läuft, ganz gleich wie gut die Neuerung sein mag. Bei der Umstellung entstehen Fehler, die bei den Betroffenen den Eindruck erwecken, als sei früher doch alles besser gewesen. So können sich Widerstände aufbauen, die zuvor gar nicht zu erkennen waren. Darum ist es wichtig, die Betroffenen in der Einführung persönlich zu betreuen. Nur so kann vor Ort versucht werden, die Motivation für die neue Lösung zu erhalten oder zu gewinnen. Erst jetzt erkannte Schwachstellen können beseitigt oder in ihren Auswirkungen gemildert werden.

Hotline

In der Einführungsphase sollte auch ein „heißer Draht" (Hotline) eingerichtet werden, der insbesondere beim Einsatz von Multiplikatoren wichtig ist. Eine Hotline ist ein ständig besetztes Telefon, um bei Bedarf Anfragen zu beantworten. Diese Hotline wird bei IT-Anwendungen dann meistens auch in das Tagesgeschäft übernommen.

Alte Regelungen außer Kraft setzen

Im Falle einer Reorganisation ist bei der Einführung außerdem daran zu denken, bisher geltende Regelungen oder Anweisungen zu aktualisieren oder ggf. außer Kraft zu setzen.

Stabilisieren

In der Einführungsphase, die bei umfangreichen Projekten durchaus mehrere Monate dauern kann, treten normalerweise Störungen auf oder es werden Mängel erkannt, welche die normale Nutzung erheblich beeinträchtigen können. In diesen Fällen ist dafür zu sorgen, dass Störungen beseitigt und Mängel behoben werden. Diese Nachbesserungsarbeiten werden auch als Stabilisierung bezeichnet. Das Projekt gilt erst dann als abgeschlossen, wenn die Lösung stabil funktioniert.

14.4 Übergabe in den Tagesbetrieb

Die Einführungsphase ist abgeschlossen, wenn der Nachweis erbracht wurde, dass die Lösung betriebsfertig ist. Ergänzungs- und Anpassungswünsche stehen einer Nutzungsfreigabe nicht im Weg. Es sollte eine formelle Übergabe stattfinden, die gleichzeitig das Ende des (Teil-)Projekts bedeutet.

Nach der Einführungsphase sollten sich alle Beteiligten zusammensetzen, um eine Manöverkritik abzuhalten. Damit soll vor allem sichergestellt werden, dass Fehler zukünftig vermieden, aber auch, dass bewährte Ansätze weiterhin angewendet werden.

Zusammenfassung

Bei der Einführung sind folgende Regeln zu beachten: Nicht überfordern, Unterstützung und Betreuung vor Ort, Rückfragemöglichkeiten (z. B. Hotline) bieten sowie alte Regelungen aktualisieren bzw. außer Kraft setzen. Formell ist der Projektabschluss zu vereinbaren, nachdem die Stabilisierung der Lösung abgeschlossen ist.

Literatur zu Kapitel 14

Berger, M.; Chalupsky, J.; Hartmann, F.: Change Management – (Über-) Leben in Organisationen. 7. Aufl., Gießen 2013

Ciezki, N.; Paulsen, W.: Techniken der Präsentation. 7. Aufl., Gießen 2012

Comelli, G.; Rosenstiel, L. v.; Nerdinger, F. W.: Führung durch Motivation: Mitarbeiter für die Ziele des Unternehmens gewinnen. 5. Aufl., München 2014

Doppler, K.; Lauterburg, C.: Change Management – Den Unternehmenswandel gestalten. 14. Aufl., Frankfurt 2019

Naumann, A.-B.: Business-Analyse – Systematisches Anforderungsmanagement für nutzerorientierte Lösungen. Gießen 2018

Literaturverzeichnis

Alexander, I.; Stevens, R.: Writing Better Requirements. Boston/San Francisco u. a. 2002

Ambler, S.: The Elements of UML 2.0 Style. Cambridge 2005

Atteslander, P.: Methoden der empirischen Sozialforschung, 13. Aufl., Berlin 2010

Barth, P.: Das Buch für Ideensucher: Denkanstöße, Inspirationen und Impulse für Kreative. Bonn 2016

Beck, K.: Extreme Programming. Die revolutionäre Methode für Softwareentwicklung in kleinen Teams. München 2003

Berger, M.; Chalupsky, J.; Hartmann, F.: Change Management – (Über-)Leben in Organisationen. 7. Aufl., Gießen 2013

Bertalanffy, L. v.: General system theory. Foundations, Development, Applications. New York 2015

Bingel, C.: Visualisieren. 2. Aufl., Freiburg 2012

Borgert, S.: Unkompliziert! Das Arbeitsbuch für komplexes Denken und Handeln in agilen Unternehmen. Offenbach 2018

Born, M.; Holz, E.; Kath, O.: Softwareentwicklung mit UML 2. München 2005

Brandes, U. et al.: Management Y: Agile, Scrum, Design Thinking & Co. Frankfurt 2014

Bühner, R.: Betriebswirtschaftliche Organisationslehre. 10. Aufl., München u. a. 2004

Burghardt, M.: Projektmanagement. Leitfaden für die Planung, Überwachung und Steuerung von Projekten. 10. Aufl., Erlangen 2018

Burke, R.: Project Management Techniques. 3. Aufl., o. O. 2019

Buzan, T.; Buzan, B.: Das Mind-Map-Buch: Die beste Methode zur Steigerung Ihres geistigen Potenzials. München 2013

Churchman, C. W.: The systems approach. München 1984

Ciezki, N.; Paulsen, W.: Techniken der Präsentation. 7. Aufl., Gießen 2012

Cockburn, A.: Agile Software Development. The cooperative game. 2. Aufl., Boston 2006

Comelli, G.; Rosenstiel, L. v.; Nerdinger, F. W.: Führung durch Motivation: Mitarbeiter für die Ziele des Unternehmens gewinnen. 5. Aufl., München 2014

Daenzer, W. F.; Huber, F. (Hrsg.): Systems Engineering. Methodik und Praxis. 11. Aufl., Zürich 2002

De Bono, E.: Lateral Thinking. London 2009

De Bono, E.: Six Thinking Hats. London/New York u. a. 2016

De Bono, E.: Bewerten, beurteilen, entscheiden. Frankfurt/Wien 2004

Doppler, K.; Lauterburg, C.: Change Management – Den Unternehmenswandel gestalten. 14. Aufl., Frankfurt 2019

Ebert, C.: Systematisches Requirements Engineering. Anforderungen ermitteln, dokumentieren, analysieren und verwalten. 6. Aufl., Heidelberg 2019

Eisenführ, F.; Weber, M.: Rationales Entscheiden. 4. Aufl., Berlin/Heidelberg et al. 2002

Fischermanns, G.: Praxishandbuch Prozessmanagement. 12. Aufl., Gießen 2021 (in Vorbereitung)

Fowler, M.: UML Distilled – A Brief Guide to the Standard Object Modeling Language. 3. Aufl., Boston 2003

Freund, J.; Rücker, B.: Praxishandbuch BPMN. Mit Einführung in DMN. 6. Aufl., München 2019

Gadatsch, A.: Grundkurs Geschäftsprozess-Management. 8. Aufl., Wiesbaden 2017

Gaitanides, M.: Prozessorganisation – Entwicklung, Ansätze und Programme prozessorientierter Organisationsgestaltung. München 1983

Gilb, T.; Graham, D.: Software Inspection. Boston/San Francisco u. a. 1993

Götze, U.: Investitionsrechnung: Modelle und Analysen zur Beurteilung von Investitionsvorhaben. 7. Aufl., Berlin/Heidelberg 2014

Gomez, P.; Probst, G. J.: Die Praxis des ganzheitlichen Problemlösens. 3. Aufl., Bern/Stuttgart/Wien 2007

Gottesdiener, E.: Requirements by Collaboration: Workshops for Defining Needs. Boston/San Francisco u. a. 2002

GPM Deutsche Gesellschaft für Projektmanagement e. V. (Hrsg.): Kompetenzbasiertes Projektmanagement (PM4). Handbuch für Praxis und Weiterbildung im Projektmanagement. Nürnberg 2019

Harrington, H. J.: Business Process Improvement: The Breakthrough Strategy for Total Quality, Productivity and Competitiveness. New York 1991

Heinrich, L. J.; Burgholzer, P.: Systemplanung. Planung und Realisierung von Informatik-Projekten. Band 1: Der Prozess der Systemplanung, der Vorstudie und der Feinstudie. 7. Aufl., München/Wien 1996

Heinrich, L. J.; Riedl, R.; Stelzer, D.: Informationsmanagement: Grundlagen, Aufgaben, Methoden. 11. Aufl., München 2014

Hierhold, E.: Sicher präsentieren – wirksamer vortragen. 7. Aufl., Heidelberg 2006

Hirth, H.: Grundzüge der Finanzierung und Investition. München 2005

Hoffmeister, W.: Investitionsrechnung und Nutzwertanalyse. Eine entscheidungsorientierte Darstellung mit vielen Beispielen und Übungen. 2. Aufl., Berlin 2008

Horvàth, P.; Herter, R. N.: Benchmarking. Vergleich mit den Besten der Besten. In: Controlling 1/1992, S. 4-11

IIBA® International Institute of Business Analysis (Hrsg.): BABOK® v3 – Leitfaden zur Business-Analyse. BABOK® Guide 3.0. 3. Aufl., Gießen 2017

Kecher, C.; Salvanos, A.; Hoffmann-Elbern, R.: UML 2.5. Das umfassende Handbuch. 6. Aufl., Bonn 2018

Kepner, C. H.; Tregoe, B. B.: Entscheidungen vorbereiten und richtig treffen. Rationales Management – die neue Herausforderung. 5. Aufl., Landsberg/Lech 1991

Kepner, C. H.; Tregoe, B. B.: Der rationale Manager: Aktualisierte Ausgabe für eine neue Welt. Princeton 2013

Kerzner, H.: Projektmanagement: Ein systemorientierter Ansatz zur Planung und Steuerung. 2. Aufl., Heidelberg 2008

Khanna, K. K.: Benchmarking. A Tool for Competitive Advantage. 2017

Knebel, H.; Schneider, H.: Die Stellenbeschreibung. 8. Aufl., Frankfurt 2006

Knieß, M.: Kreativitätstechniken. Methoden und Übungen. Berlin 2006

Kommunale Gemeinschaftsstelle für Verwaltungsvereinfachung (Hrsg.): Organisationsuntersuchungen in der Kommunalverwaltung. 5. Aufl., Köln 1977

Kostka, C.; Kostka, S.: Der Kontinuierliche Verbesserungsprozess. Methoden des KVP. 6. Aufl., München 2013

Krüger, W.: Zielbildung und Bewertung in der Organisationsplanung. Wiesbaden 1981

Krüger, W.: Organisation der Unternehmung. 4. Aufl., Stuttgart 2004

Kruschwitz, L.; Lorenz, D.: Investitionsrechnung. 15. Aufl., Berlin 2019

Kühl, S.; Strodtholz, P. (Hrsg.): Methoden der Organisationsforschung. Reinbek 2002

Kupper, H.: Die Kunst der Projektsteuerung. 9. Aufl., München/Wien 2001

Lauesen, S.: Software Requirements. Styles and Techniques. Boston/San Francisco u. a. 2002

Litke, H.-D.: Projektmanagement. Methoden, Techniken, Verhaltensweisen. 5. Aufl., München 2007

Luhmann, N.: Zweckbegriff und Systemrationalität: über die Funktion von Zwecken in sozialen Systemen. 2. Aufl., Frankfurt 1973

Mack, O.; Khare, A. et al. (Hrsg.): Managing in a VUCA World. Heidelberg, New York 2016

Mayer, H. O.: Interview und schriftliche Befragung. Grundlagen und Methoden empirischer Sozialforschung. 6. Aufl., Stuttgart 2013

Naumann, A.-B.: Business-Analyse – Systematisches Anforderungsmanage ment für nutzerorientierte Lösungen. Gießen 2018

Nölke, M.: Kreativitätstechniken. 7. Aufl., Freiburg 2015

Nöllke, C.; Schmettkamp, M.: Präsentieren. 3. Aufl., Freiburg 2016

Object Management Group®: Business Process Model and Notation (BPMN). Version 2.0.2 (online unter: https://www.omg.org/spec/BPMN/2.0.2/PDF)

Object Management Group®: Decision Model and Notation™. Version 1.2 (online unter: https://www.omg.org/spec/DMN/1.2/PDF)

Palmer, S.; Felsing, J.: A Practical Guide to the Feature-Driven Development. London 2002

Pfetzing, K.; Rohde, A.: Ganzheitliches Projektmanagement. 7. Aufl., Gießen 2020

Pichler, R.: Scrum – Agiles Projektmanagement erfolgreich einsetzen. Heidelberg 2008

Pilone, D.; Pitman, N.: UML 2.0 in a Nutshell. Köln 2006

Pohl, K.; Rupp, C.: Basiswissen Requirements Engineering, 4. Aufl., Heidelberg 2015

Probst, G. J. B.; Gomez, P.: Vernetztes Denken. Ganzheitliches Führen in der Praxis. 2. Aufl., Wiesbaden 1991

Project Management Institute (Hrsg.): A Guide to The Project Management Body of Knowledge. PMBOK Guide. 6. Aufl., Newton Square 2017

REFA (Hrsg.): Methodenlehre der Organisation. Teil 2: Ablauforganisation. München 1985

REFA (Hrsg.): Methodenlehre der Betriebsorganisation. Datenermittlung. München 1997

Robertson, S.; Robertson, J.: Mastering the Requirements Process. 2. Aufl., Boston/San Francisco u. a. 2006

Röthig, P.: Empfehlung zur Durchführung von Wirtschaftlichkeitsbetrachtungen beim Einsatz der IT in der Bundesverwaltung. Köln 1992

Rohm, A. (Hrsg.): Change-Tools II – Erfahrene Prozessberater präsentieren wirksame Workshop-Interventionen. 2. Aufl., Bonn 2016

Rosenberg, D.; Boehm, B. et al.: Parallel Agile – faster delivery, fewer defects, lower costs. Wiesbaden 2019

Rosenstiel, L. v.; Nerdinger, F. W.: Grundlagen der Organisationspsychologie. 7. Aufl., Stuttgart 2011

Rupp, C. & die SOPHISTen: Requirements-Engineering und -Management. 6. Aufl., München/Wien 2014

Saaty, T. L.: Multicriteria decision making – the analytic hierarchy process. Planning, priority setting, resource allocation. 2. Aufl., Pittsburgh 1990

Scheer, A.-W.: ARIS – Vom Geschäftsprozess zum Anwendungssystem. 4. Aufl., Berlin/Heidelberg u. a. 2002

Schelle, H.; Linssen, O.: Projekte zum Erfolg führen: Projektmanagement systematisch und kompakt. 8. Aufl., München 2018

Schmidt, G.: Organisatorische Grundbegriffe. 15. Aufl., Gießen 2014

Schmidt, G.; Konz, C.: Organisation gestalten. Stabile und dynamische Unternehmensstrukturen. 6. Aufl., Gießen 2019

Schnell, R.; Hill, P. B.; Esser, E.: Methoden der empirischen Sozialforschung. 11. Aufl., München/Wien 2018

Schnelle-Cölln, T.; Schnelle, E. : Visualisieren in der Moderation. Eine praktische Anleitung für Gruppenarbeit und Präsentation. Hamburg 1998

Schulenburg, N.: Exzellent präsentieren: Die Psychologie erfolgreicher Ideenvermittlung – Werkzeuge und Techniken für herausragende Präsentationen. Wiesbaden 2018

Schwaber, K.; Sutherland, J.: Software in 30 Tagen: Wie Manager mit Scrum Wettbewerbsvorteile für ihr Unternehmen schaffen. Heidelberg 2014

Schwarz, H.: Arbeitsplatzbeschreibungen. 13. Aufl., Freiburg i. Br. 1995

Seifert, J. W.: Visualisieren – Präsentieren – Moderieren. 33. Aufl., Offenbach 2015

Senge, P. M.: Die fünfte Disziplin. Kunst und Praxis der lernenden Organisation. 11. Aufl., Stuttgart 2017

Snowden, D.: Cynefin: A sense of time and space, the social ecology of knowledge management. In: Despres, C.; Chauvel, D. (Hrsg.): Knowledge Horizons: The Present and the Promise of Knowledge Management. Oxford 2000

Staud, J. L.: Geschäftsprozessanalyse: Ereignisgesteuerte Prozessketten und objektorientierte Geschäftsprozessmodellierung für Betriebswirtschaftliche Standardsoftware. 3. Aufl., Berlin/ Heidelberg u. a. 2006

Strunz, H.: Entscheidungstabellentechnik. München/Wien 1977

Studer, J.: Stellenbeschreibung und Anforderungsprofil – Organisationsinstrumente für die Personalprofis. Zürich 1999

Thurner, R.: Entscheidungs-Tabellen. Aufbau, Anwendung und Programmierung. Düsseldorf 1972

Tietjen, T.; Decker, A.; Müller, D. H.: FMEA-Praxis. 3. Aufl., München 2011

Ulmer, G.: Stellenbeschreibungen als Führungsinstrument. Wien 2001

Ulrich, H.; Probst, G. J. B.: Anleitung zum ganzheitlichen Denken und Handeln. 3. Aufl., Stuttgart 1991

Vahs, D.: Organisation: Ein Lehr- und Managementbuch. 10. Aufl., Stuttgart 2019

Wenger, A. P.; Thom, N.: Organisationsarbeit – eine Tätigkeit im Wandel. Glattbrugg 2005

Westermann, G.: Kosten-Nutzen-Analyse: Einführung und Fallstudien. Berlin 2012

Zangemeister, C.: Nutzwertanalyse in der Systemtechnik. 5. Aufl., Winnemark 2014

Stichwortverzeichnis

Zu den Autoren

Götz Schmidt

Götz Schmidt wurde am 05.09.1940 in Lemgo (Ostwestfalen) geboren. Dort absolvierte er die Schule bis zum Abitur. Anschließend Studium der Betriebswirtschaftslehre in Hamburg, Saarbrücken und Köln. Ab 1967 Assistent an der Justus-Liebig-Universität Gießen. 1969 Promotion zum Dr. rer. pol.

1978 Gründung des Verlags Dr. Götz Schmidt. Nach einer zwölfjährigen Tätigkeit als stellvertretender Leiter der Akademie für Organisation gründete er 1982 die ibo Beratung und Training GmbH und 1987 die ibo Software GmbH. Bis 2005 war er geschäftsführender Gesellschafter der ibo Beratung und Training GmbH. Mitbegründer und Verwaltungsrat der SGO Business School bis 2017. Heute Mitgesellschafter der ibo GmbH.

Er war mehr als drei Jahrzehnte als Trainer und Berater zu den Themenfeldern Betriebswirtschaft, Organisation und Management tätig.

Neben seiner Tätigkeit als Verleger für organisatorische Fachliteratur ist er Autor mehrerer Bücher im Themenbereich Organisation und Business-Analyse.

1975 wurde er Lehrbeauftragter an der RWTH-Aachen und 1989 Honorarprofessor der RWTH. Von 2002-2007 war er Vorsitzender des Vorstands der Gesellschaft für Organisation und baute ein Netzwerk für international anerkannte Zertifizierungen auf.

Axel-Bruno Naumann

Axel-Bruno Naumann wurde 1974 in Wattenscheid geboren. Dort besuchte er die Schule bis zum Abitur. Anschließend absolvierte er eine Ausbildung zum Bankkaufmann. Das Studium der Wirtschaftswissenschaften in Duisburg und Hagen schloss er mit Diplom-Kaufmann und Diplom-Volkswirt ab.

Mehrere Jahre arbeitete er bei einer internationalen Großbank im Bereich Business-Analyse. 2008 kam er zur ibo Beratung und Training GmbH (heute ibo Akademie GmbH). Dort baute er das Themenfeld Business-Analyse auf, das

Seminarreihen, Einzelmodule und Beratungsangebote umfasst. Als Produktmanager und Lead Link verantwortet er dieses Portfolio bis heute.

Er ist als Trainer und Senior Consultant zum Prozessmanagement und zur Business-Analyse tätig. Mit CBPP (Certified Business Process Professional) und CBAP (Certified Business Analysis Professional) hat er jeweils den höchsten Level der internationalen Personenzertifizierungen inne.

Seit 2018 ist er nebenberufliche Lehrkraft an der Steinbeis-Hochschule Berlin.

Neben zahlreichen Blog-Artikeln ist er Autor eines Fachbuchs zur Business-Analyse.